365일, 최재천의 오늘

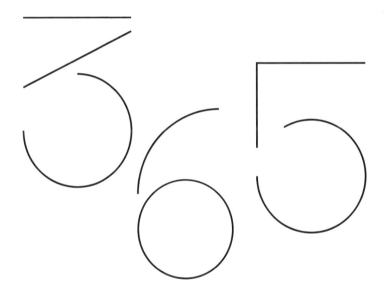

365

최재천 지음

365일, 최재천의 오늘

초판 1쇄 2024년 6월 26일
지은이 최재천

펴낸이 주일우
책임편집 이임호
편집 이유나, 강지웅
디자인 cement

펴낸곳 이음
출판등록 제2005-000137호 (2005년 6월 27일)
주소 서울시 마포구 월드컵북로1길 52 운복빌딩 3층 (04031)
전화 02-3141-6126
팩스 02-6455-4207
전자우편 editor@eumbooks.com
홈페이지 www.eumbooks.com
인스타그램 @eum_books

ISBN 979-11-90944-87-8 03400
값 48,000원

일러두기

— 저자의 고유한 말맛을 살리기 위해 국립국어원의 규정을 따르지 않은 경우도 있다.
— 해당 날에 쓴 글이 아닌 경우 실제 쓴 날짜를 적어 두었다.
— 책의 특성상 차례와 쪽수를 따로 적지 않았다. 대신 왼쪽 색인을 월마다 다르게 배치해 두었다.

논객의 삶

논객으로 살아온 지 어언 사반세기가 넘었습니다. 15년에 걸친 타국 생활을 접고 서울대 교수로 부임한 지 불과 2년 후인 1996년부터 『한겨레』에 '다윈 의학'이라는 제목의 칼럼을 게재하며 시작한 제 논객 생활은 2022년 3월 『조선일보』 칼럼 '최재천의 자연과 문화'를 마감할 때까지 무려 26년 동안 이어졌습니다. 그 사반세기 동안 저는 『한겨레』와 『조선일보』 외에도 『동아일보』, 『중앙일보』, 『한국일보』, 『문화일보』, 『서울신문』, 『국제신문』, 『교수신문』과 더불어 네이버를 비롯해 『샘터』, 『현대문학』, 『숨소리』, 『과학동아』, 『시사저널』, 『AsiaN』 등 다양한 신문 및 잡지에 줄기차게 글을 연재했습니다. 어느 해 어느 달인가 세어 보니 한 달 동안 무려 원고지 1,000매가 넘는 분량의 글을 썼더군요.

논객의 삶은 겉으로는 언뜻 화려해 보이지만 속으로는 고행의 연속입니다. 매일 매 순간 무엇에 대해 쓸지 고민하며 삽니다. 길을 걸을 때나 밥을 먹을 때나 온통

글 소재 생각뿐입니다. 언론 매체에 글을 쓰는 일은 책을 집필하는 것과 여러모로 사뭇 다릅니다. 가장 큰 차이점은 바로 시사성입니다. 신문이나 잡지의 글은 당시 사회상을 반영하지 않으면 독자들의 주목을 받지 못하는 것은 물론, 때로는 비난의 대상이 되기도 합니다. 독자의 눈초리는 늘 매섭습니다.

오래전 어느 문학평론가께서 제 글에 기승전결이 없다고 지적하셨습니다. 어느 순간 저는 그 비판을 있는 그대로 받아들이기로 했습니다. 어차피 제 글에는 두 갈래의 전통과 문화가 섞여 있습니다. 찬 바람만 불면 어김없이 신춘문예 열병을 앓으며 익힌 문학적 글쓰기와 20대 후반 미국에 유학하여 지금까지 해 온 과학적 글쓰기가 혼재되어 있음을 고백합니다. 언제부턴가 저는 이 어색함과 긴장감을 즐기기로 했습니다. 이게 바로 작가로서 제 고유함이니까요.

이 책에 담은 글들은 모두 『조선일보』 '최재천의 자연과 문화'에 실었던 글들입니다. 시사성을 염두에 두고 소재를 찾는 과정에서 저는 종종 글이 실리는 날에 맞아떨어지는 기념일의 유래와 의미에 관해 쓰거나 그날 벌어진 역사적인 사건을 반추하는 글을 쓰곤 했습니다. 무려 13년에 걸쳐 매주 쓴 글이라 날짜별로 나열해 보니 얼추 1년 365일을 빼곡히 채우더군요. 그래서 책 제목을 『365일, 최재천의 오늘』이라 지었습니다. 이 책은 오랜 세월 제가 성심껏 만들어 온 '최재천의 비타민'입니다. 늘 곁에 두고 매일 한 알씩 드시면서 하루하루를 의미 있고 건강하게 사시기 바랍니다.

2024년 5월 통섭원에서
최재천

1

Meme

선전자

베풀 선 宣

전할 전 傳

터전자

펼 터 攄 　 터득

파전자

뿌릴 파 播 　 퍼뜨리다, 널리 미치게 하다

흩다, 옮다.

• '파다' - 소문 등이 널리 퍼짐

'전파'

시스템생물학

Genetics

Gene

Genic system

Behavior

Neurosystem

Ecology

Ecosystem

1월 1일*

대탐소실

* 신정

『교수신문』은 2018년 '올해의 사자성어'로 '짐은 무겁고 가야 할 길은 멀다'는 뜻의 임중도원(任重道遠)을 선정했다. 문재인 정부의 한반도 평화 구상이 성공적으로 완수되기를 바라는 마음과 평등 세상 구현의 짐을 내려놓지 말라는 당부가 담겨 있다. '사악하고 그릇된 것을 깨고 바른 것을 드러낸다'는 2017년 파사현정(破邪顯正)에 이어 또다시 사뭇 긍정적인 사자성어를 내놓았다. 예년의 『교수신문』 사자성어가 한결같이 부정적이었음을 고려하면 문재인 정부에 거는 교수 사회의 기대가 남다른 듯싶다.

'작은 것을 탐하다 되레 큰 것을 잃는다'는 뜻의 소탐대실(小貪大失)이라는 사자성어가 있다. 도토리를 아침에 세 개 그리고 저녁에 네 개를 주겠다면 시무룩하다가 반대로 아침에 네 개를 먼저 주고 저녁에 나머지 세 개를 준다면 이내 해해거리는 조삼모사(朝三暮四)의 우를 범하거나 당장 눈앞의 성과에 눈이 어두워 두고두고 거둘

이익을 걷어차는 살계취란(殺鷄取卵)을 저지르기도 한다.

2019년 새해 첫날 나는 올해의 사자성어를 미리 발의하고자 한다. 소탐대실을 뒤집어 '대탐소실(大貪小失)'을 제안한다. 취준생 사이에서는 '대기업만 바라보다 알짜 중소기업을 놓치지 말라'는 의미로 회자된다지만, 실은 절대로 타협하지 않을 원칙 한두 개는 철저히 지키되 자잘한 것들은 대범하게 흘려보내도 좋다는 뜻이다.

일곱 명이 벌이는 포커 게임을 연상해 보자. 그저 그런 패를 들고 번번이 혹시나 하며 운을 탐하다 보면 거덜 나기 십상이다. 판이 일곱 번 돌 동안 한 번만 이기면 본전은 챙긴다. 싹수가 노랄 땐 주저 없이 접고 이길 조짐이 보일 땐 작심하고 판을 키워 거둬들이면 딸 수도 있다.

유사 이래 소탐대실을 반복하며 크게 된 사람은 눈을 씻고 봐도 없다. 우리 모두 대탐소실의 여유를 갖고 범사에 서로 양보하면 본인에게도 유리하고 우리 사회도 훨씬 살기 좋아질 것이다.

1월 2일

전당포의 추억

이 땅의 50·60대라면 누구나 전당포의 추억 하나쯤은 다 갖고 있을 것이다. 시계가 손목에 채워져 있던 시간보다 전당포에 잡혀 있던 시간이 더 길었던 그런 추억 말이다. 최근 사양 일로에 있던 전당업이 IT 덕택에 되살아나고 있단다. 용산전자상가에 요즘 전자 제품을 담보로 돈을 빌려주는 'IT전당포'가 성업 중이라는 얘기를 들으며 묘한 격세지감을 느낀다. 1970년대 중반에 등장하여 당시 젊은이들 사이에서 선풍적인 인기를 끌었던 카시오 전자시계를 전당포에 맡기려다 낭패를 본 친구가 떠올랐기 때문이다. 그 친구가 전자시계를 건네자 전당포 아저씨는 그걸 귀에 대 보더니 가지도 않는 시계로 돈을 빌리려는 나쁜 놈들이라고 우릴 매몰차게 꾸짖었다. 재깍재깍 아날로그 시계만 취급하던 그로서는 갑자기 들이닥친 디지털 시대가 그리 만만치 않았으리라.

전당업은 퍽 오랜 역사를 지니고 있다. 우리 역사에서는 전당이라는 용어가 15세기 중반에 편찬된 『고려사』에 처음 등장하지만, 중국에서는 당나라 시절에 이미 채무 담보를 일컫는 명칭이 열일곱 개나 있었다고 한다. 1876년 조선의 개항과 더불어 이주하기 시작한 일본인들이 질옥(質屋)을 만들어 수십 년 동안 우리의 토지와 재산을 갈취하던 시절은 가히 전당업의 전성기라고 할 수 있다. 하지만 전당업은 원래 물품이 아니라 사람을 담보로 하는 인질 또는 인신매매로 시작된 사금융업이다. 생계유지를 위해 처자식을 전질(典質)로 잡히던 시절이 있었다.

이런 관점에서 보면 학자금 대출 제도도 사람 또는 그 사람의 미래를 담보로 돈을 빌려주는 일종의 '인질 전당업'이다. 대책 없는 진보주의자라고 욕먹을지 모르지만, 나는 오랫동안 돈이 공부의 걸림돌이 되지 않는 사회를 꿈꿔 왔다. 물론 부모를 비롯한 가족에게 학비 조달의 우선 책임이 있지만 누구든 공부하려는 의지만 있으면 어떻게든 뒷바라지해 주는 그런 사회를 만들 수 없을까 꿈꾸며 산다. 아무리 저금리라지만 취업하자마자 갚기 시작해야 하는 삶이 왠지 전당포에 잡혀 있는 시계나 노트북 같아 서글프다. 가진 것 없고 물려받은 것 없는 이 나라가 기댈 데는 오로지 교육밖에 없다. 나는 우리의 목표가 학자금의 대출이 아니라 지원이어야 한다고 생각한다. 모름지기 복지의 종결은 교육이기 때문이다.

2012

1월 3일

붉은 닭의 해

붉은 닭의 해가 밝았다. 닭은 원래 야생종인 들닭을 가축화한 것인데, 그 가운데서도 특히 붉은들닭(red jungle fowl)의 후손으로 알려져 있다. 여느 닭의 해보다 적통을 뽐내기 좋은 해인 셈이다.

12간지의 유래는 불교, 도교, 유교에 걸쳐 의견이 분분하지만, 한 가지 분명한 것은 만일 요즘 만든다면 이른바 형평성 논란으로 엄청 시끄러울 것이라는 점이다. 전체 간지 중 무려 아홉을 포유동물이 독식했다. 상상의 동물인 용은 그렇다 치더라도 고작 뱀과 닭이 파충류와 조류를 대표할 따름이다. 뱀은 파충류의 대표로 손색이 없어 보이는데, 닭이 새를 대표하는 건 포유류 편중과 더불어 비리의 구린내가 물씬거린다.

지구상에는 약 1만 종의 새가 있는데 무려 9,200여 종이 일부일처제를 채택한다. 유전자 검사가 일상화하면서 암컷들의 은밀한 외도가 속속 드러나고 있지만 사회적으로는 일부일처제가 압도적이다. 한편 포유류의 기본 번식제도인 일부다처제를 채택한 새는 2퍼센트 미만이다. 닭이 바로 그 별난 새들 중의 하나다. 수탉 한 마리가 암탉 여럿을 거느린다.

이 땅의 닭들은 지금 유사 이래 최대 고비를 겪고 있다. 우리 정부는 연방 애꿎은 철새에게 손가락질하느라 바쁘지만 문제의 핵심은 닭이 더 이상 동물이 아니라 괴물이라는 데 있다. 세상에 매일 자식을 하나씩 낳는 동물이 또 어디 있으랴? 우리 인간이 붉은들닭을 수천년 동안 오로지 '알 낳는 기계'로 탈바꿈시키는 과정에서 닭은 어느덧 유전자 다양성이 거의 완벽하게 결여된 '복제 닭'이 돼 버렸다. 비록 한 가족이라도 어느 정도 유전적 차이가 있기 때문에 아무리 지독한 독감 바이러스라도 가족 모두를 감염시키지는 못한다. 그러나 닭은 한두 마리만 비실거리면 순식간에 닭장 전체로 번진다는 걸 잘 알기 때문에 한꺼번에 묻어 버리는 것이다. 붉은 닭의 해에 적통은커녕 가문의 명운이 경각에 달렸다. 이번 닭의 해에는 영문도 모른 채 해마다 연례행사처럼 떼죽음을 당하는 닭들의 수난사를 멈춰야 한다.

2017

1월 4일

생물다양성의 해

『창세기』 1장 28절에 따르면 하느님께서는 우리 인간을 만드시며 "생육하고 번성하여 땅에 충만하라, 땅을 정복하라, 바다의 고기와 공중의 새와 땅에 움직이는 모든 생물을 다스리라"고 하셨다. 우리에게 자연에 대한 소유권은 물론 그것을 정복하고 관리할 자격을 주신 것이다. 하느님이 이르신 대로 우리는 농업혁명과 산업혁명을 일으키며 성공적으로 생육하고 번성하여 실로 이 땅에 충만하기에 이르렀다. 그러나 우리에게 부여하신 지구의 주인 내지는 자연 파수꾼의 역할을 생각하면 우리는 천벌을 받아 마땅하다.

지난 세기 말 뉴욕 미국자연사박물관은 여론 조사 기관 해리스에 의뢰하여 저명한 과학자 400명을 대상으로 설문조사를 실시했다. 그들이 지적한 우리 시대의 가장 심각한 문제는 다름 아닌 생물다양성의 감소 및 고갈이었다. 생물다양성이란 자연계의 모든 조직 수준에 존재하는 모든 생명 형태의 다양성을 총칭한다. 따라서 어느 특정 지역의 생물다양성은 그곳에 사는 종은 물론 생태계와 유전자의 다양성까지 포괄한다.

2010년 현재 생물학자들이 기재한 지구의 생물종은 거의 200만에 이른다. 이는 1천 만이 넘을 것으로 추정되는 지구 전체의 생물다양성에 비해 턱없이 초라한 실적이다. 우리가 찾아내어 이름을 붙여 주기도 전에 사라지는 생물이 너무도 많아 안타깝다. 하지만 사람들은 종종 모든 생태계마다 다양한 생물들이 꼭 있어야 하느냐고 묻는다. 우리 강에서 쉬리나 줄납자루가 사라진다 해도 아직 피라미와 붕어가 있는데 무슨 일이 일어나겠느냐고 반문한다.

직육면체 모양의 나무토막 54개를 18층으로 쌓은 다음 무너지지 않도록 조심하며 하나씩 빼내는 '젠가'라는 게임이 있다. 젠가 게임에서 어느 나무토막을 빼야 전체가 무너지는지 모르듯이 우리는 아직 어느 종이 사라지면 생태계가 붕괴하는지 알지 못한다. 인간이 다스린 생태계치고 생물다양성이 제대로 유지된 곳을 찾기 어렵다. 우리 DMZ가 세계적인 생물다양성의 보고가 될 수 있었던 것은 오로지 인간의 접근이 배제된 까닭이다. 이정록 시인은 "마을이 가까울수록 나무는 흠집이 많다"고 했다.

2010년은 유엔이 정한 '생물다양성의 해'이다. 금년 내내 우리 모두 슬기로운 자연 파수꾼이 되는 방법을 함께 고민했으면 한다.

2010

1월 5일

자유취업제

오래전부터 나는 대학 총장님만 만나면 사뭇 파격적인 제안을 드렸다. 학생들이 대학에 입학하자마자 한 학기 혹은 한 해 동안 세상으로 내쫓아 달라고. 고교 시절 내내 시험지에 적힌 문제만 풀어 온 우리 아이들에게 세상의 문제들은 어떻게 생겼는지 온몸으로 부딪쳐 볼 기회를 주자는 제안이다. 퍽 여러 총장님께 열변을 토했건만 아무 대학도 채택하지 않은 가운데 정부에서 덜컥 중학생을 위한 자유학기제를 들고나왔다. 하지만 이참에 성적이나 따라잡자며 아이를 학원에 더 깊숙이 잡아넣으려는 부모들을 보며 중학교가 과연 알맞은 시기인지 의문스럽다.

자유학기제와 더불어 '자유취업제'를 제안한다. 대기업 취업 시험이 대학 입시의 지옥을 그대로 재현하는 현실에서 우리 젊은이들에게 세상의 일거리들을 발굴하고 체험할 기회를 주자는 제안이다. 워낙 배낭여행에 익숙한 세대라서 최소한의 경비만 제공하면 나름의 방식으로 세상을 누빌 것이다. 고등학교나 대학을 졸업하며 세상을 품어 보겠다는 확고한 의지를 표현하는 젊은이들에게 '마패'를 쥐여 주자. 여행과 숙식 등 기본적인 활동에 마패 카드를 무료 또는 할인된 가격으로 사용할 수 있게 하고, 차익은 세금이나 기부금으로 충당하는 방안을 찾아보면 어떨까?

현실을 왜곡하자는 제안으로 들릴까 우려스럽지만 자유 취업을 선택한 어사(御史)들은 청년 실업 통계로 잡지 않았으면 한다. 일에 대한 정의가 변하고 있는 마당에 고주알미주알 죄다 실업 통계로 잡아넣어 가슴 철렁할 수치를 만들어 놓고 우울해할 까닭이 있을까 싶다. 예전에 우리가 수렵 채집 생활을 하며 살 때에는 직장이 없는 자는 먹지도 말라는 규정 따위는 없었다. 사냥감에 화살을 꽂은 사람이 물론 더 먹었지만 어영부영 참여한 이들도 다 함께 먹었다. 그러다 평소 꾀만 부리던 누군가가 기발한 아이디어를 꺼내 놓는 바람에 인간 사회가 도약한 게 아니던가? 자유 취업 어사 중에서 스티브 잡스가 그저 한두 명만 나와도 창조경제는 대성공이다.

2016

1월 6일

70년의 기적

기적을 믿느냐고 물으면 나는 아니라고 답할 수밖에 없다. 기독교인이라면 누구나 모세의 기적을 믿을 것이다. 지팡이 하나로 바다를 가르고 이집트로부터 이스라엘 민족을 구했다는 얘기는 과학자인 나로서는 받아들이기 힘들다. 그러나 우리나라 서해나 남해에도 매년 몇 차례씩 바닷길이 열리는 걸 보면서 나는 혹시 모세가 살던 시절에 홍해의 수심이 특별히 낮았던 것은 아닐까 의심해 본다. 만일 모세가 기원전 2000년경 실존했던 인물이라면 해양지질학적으로 연구해 볼 가치가 충분한 '기적'이다.

나는 모세의 기적보다 훨씬 더 믿기 어려운 기적을 하나 알고 있다. 지질하게 가진 것도 없고 변변하게 물려받은 것도 없는데 동족상쟁의 전쟁까지 겪으며 거의 완벽하게 쑥대밭이 되었다가 불과 반세기 만에 세계 10위권 경제 대국으로 성장한 어느 한 나라의 얘기를 알고 있다. 그 나라 어디든 시커먼 액체가 콸콸 용솟음치는가? 그 나라 전국 곳곳에 조상들이 금괴라도 파묻어 뒀다던가? 그 나라가 기적을 일구는 동안 다른 나라들은 그저 매일 빈둥빈둥 놀았나 보다. 그 나라 국민만 열심히 일하고 다른 나라 국민은 죄다 뒷짐 지고 구경만 한 모양이다.

2015년 대한민국은 광복 70주년을 맞는다. 빼앗긴 나라를 되찾은 기쁨이 채 가시기도 전에 참혹한 전쟁을 치렀고 민주화의 아픔과 IMF 사태 등 온갖 경제적 어려움을 겪으면서도 그동안 우리의 국내총생산(GDP)은 무려 1천억 배 이상 증가했다. 내가 아는 한 세상에 이보다 더 엄청난 기적은 없다. 우리나라에서 11년이나 살았던 전 『이코노미스트』 서울 특파원 대니얼 튜더는 대한민국을 "기적을 이룬 나라, 기쁨을 잃은 나라"라며 아쉬워한다. 올 한 해 우리 모두 스스로를 믿고 한번 자신 있게 살아 보자. 지나친 걱정은 마땅히 누려야 할 기쁨마저 앗아간다. 우리 모두 스스로 자기 어깨를 한번 도닥여 주자. 양팔을 크게 벌려 스스로를 꼭 껴안아 주자. 그리고 말해 주자. 나는 기적을 이뤄 낸 위대한 국민이라고.

2015

1월 7일

딸꾹질

아직 엄마 배 속에 있으면서 제왕 절개 시술을 하고 있는 의사 선생님의 손가락을 움켜쥔 태아의 사진이 인터넷을 뜨겁게 달구고 있다. 사진을 보는 사람들은 모두 너무나 신기해하지만, 사실 갓 태어난 아기에게 빨랫줄을 쥐여 주면 거뜬히 자기 몸을 지탱하며 매달린다. 하지만 일주일쯤 지나면 우리 아기들은 언제 그랬느냐는 듯 도로 무기력해진다. 잠깐이나마 이런 능력이 나타나는 이유는 아마도 그 옛날 우리 영장류 조상이 아프리카 초원에서 갑자기 위급해져 도망칠 때 새끼가 어미의 털이나 가죽을 붙들고 매달려야 했기 때문이었을 것이다.

진화의 흔적으로 남아 있는 또 다른 인간 행동에 딸꾹질이 있다. 딸꾹질은 우리가 무의식적으로 급작스럽게 숨을 들이마시면서 후두 입구가 갑자기 수축하며 일어나는 생리 현상이다. 우리 귀에는 '딸꾹'이라 들리지만 서양인들에게는 '힉(hic)'처럼 들리는 소리는 그야말로 성대의 문, 즉

성문(聲門)이 쾅 하고 닫히는 소리이다.

딸꾹질의 빈도는 나이와 반비례한다. 아이들이 어른보다 훨씬 많이 한다. 임신 8주부터 시작하는 딸꾹질은 실제로 태아가 숨쉬기 운동보다도 더 빈번하게 하는 행동이다. 그 유명한 발 달린 물고기 틱타알릭(Tiktaalik)을 발견한 시카고대의 고생물학자 슈빈은 저서 『내 안의 물고기』에서 딸꾹질은 그 옛날 우리가 뭍으로 올라오기 전 올챙이로 살던 시절에 빠끔거리며 하던 아가미 호흡의 연장이라고 설명한다. 딸꾹질도 분명 진화 과정에서 어느 순간 필요에 따라 생겨난 현상일 것 같은데, 지금은 점잖은 자리에서 우리를 민망하게 만드는 것 외에는 별다른 기능이 없어 보여 여전히 풀기 어려운 진화의 수수께끼로 남아 있다.

『기네스북』에는 68년 동안 딸꾹질을 무려 4억 3천만 번 정도 한 미국 남성이 세계 기록 보유자로 올라 있다. 1분에 거의 40번 정도 딸꾹거린 셈이다. '딸꾹질 걸(Hiccup girl)'이라는 별명을 얻은 미국 플로리다의 한 소녀는 5주 동안 매분 50번 딸꾹질을 한 걸로 유명하다. 우리 사회에서는 긴장하거나 당황하면 딸꾹질을 한다고 알려져 있지만, 동유럽 문화권에서는 어디선가 남이 내 얘기를 할 때 딸꾹질이 나온다고 한다. 그럴 땐 귀가 가려운 거 아닌가?

2013.1.14

1월 8일

동물계의 우사인 볼트

글쓰기를 워낙 좋아해 부단히 쓰다 보니 어느덧 저서, 역서, 편저, 공저를 다 합해 100권이 넘는다. 내 첫 책은 1997년 영국 케임브리지대학교 출판부에서 나온 두 권의 영문 서적이었다. 우리말로는 그보다 2년 후인 1999년에 출간한 『개미제국의 발견』이 첫 책이다. 이 책이 올해 출간한 지 20년이 되어 지금 개정판을 준비하고 있다.

지난 20년간 개미에 관해 새롭게 밝혀진 내용을 제법 꼼꼼하게 다뤘다고 생각했는데 인쇄소로 넘어가기 전에 급히 수정해야 할 게 생겼다. 『개미제국의 발견』 초판에 나는 그동안 우리가 가장 빠른 움직임을 자랑하는 동물이 높이뛰기 선수인 벼룩이라고 알고 있었지만 실제로는 순식간에 턱을 다물어 먹이를 잡는 덫개미라는 사실을 소개했다. 벼룩이 튀는 데 1000분의 0.7~1.2초가 걸리는 데 비해 덫개미가 턱을 닫는 데 걸리는 시간은 3000분의 1초에서 1000분의 1초밖에 걸리지 않는다.

그러나 최근 스미스소니언 연구소는 덫개미보다 세 배로 빨리 턱을 닫는 드라큘라개미를 '동물계의 우사인 볼트'로 등극시켰다. 이는 시속 320킬로미터가 넘는 빠르기로 눈 깜짝하는 사이에 턱을 무려 5천 번이나 여닫는 셈이다. 드라큘라개미는 원래 자기가 돌보는 애벌레나 번데기에 작은 구멍을 내고 체액을 빨아먹는 습성 때문에 드라큘라라는 이름을 얻으며 유명해졌는데, 이번에는 뜻밖에 빠른 동작으로 또 한번 세상을 놀라게 했다.

하지만 드라큘라개미가 동물 올림픽 속도 경기에서 얼마나 오랫동안 챔피언 자리를 고수할지는 아무도 모른다. 비슷한 방식으로 먹이를 사냥하는 병정 흰개미들도 막강한 후보다. 척추동물로는 시속 300킬로미터를 웃도는 속도로 먹이를 향해 하강하는 송골매도 훌륭한 경쟁자다. 물속에 사는 말미잘이나 해파리 같은 강장동물의 가시 세포가 독침을 발사하는 속도도 만만치 않다. 자연계에는 우리가 모르는 신비한 세계가 아직 무궁무진하다.

2019

1월 9일

몸짓 신호와 거시기

우리는 자연계에서 가장 정교한 언어를 구사하는 동물이다. 여기서 언어란 물론 말과 글을 의미하지만 우리는 사실 몸짓으로도 상당히 다양한 의사를 전달한다. 고개를 위아래로 흔들면 긍정의 의미이고 좌우로 흔들면 부정의 의미이다. 고개를 흔들어 의사를 표시하는 이 같은 몸짓 신호는 언어가 달라도 인간이라면 누구나 이해하는 우리 종(種)의 보편적 속성이다.

최근 이처럼 고개를 흔드는 신호가 우리랑 가장 가까운 영장류 사촌인 보노보에서도 관찰되었다. 독일 영장류학자들은 보노보가 고개를 흔든 49차례의 행동 중에서 적어도 13번은 다른 보노보에게 하던 짓을 멈추라고 요청하는 상황이었음을 확인했다. 보노보는 긍정의 뜻으로 고개를 끄덕이지는 못하지만 좌우로 흔들며 "안 돼"라고 말할 수는 있다. 틈만 나면 나무에 기어오르려는 아기의 손목을 잡고 머리를 좌우로 흔들며 그러면 안 된다고 가르치는 엄마의 모습이 여러 차례 관찰되었다.

인도 사람들은 긍정도 아니고 부정도 아니게 어중간한 각도로 고개를 흔든다. 이는 '그렇다'나 '고맙다'에서 '좋다' 또는 '이해한다'는 뜻까지 아우르는 매우 복합적인 몸짓 신호이다. 상대의 존재를 확인했다는 의미도 지닌다. 길 건너에 있는 친구에게 알아보았다는 뜻으로 손 대신 머리를 흔든다. 버스에서 옆에 앉아도 좋다는 뜻으로 고개를 까닥이기도 한다. 빠른 속도로 여러 차례 흔들면 잘 알았다는 뜻이고, 얼굴 가득 미소를 띠며 천천히 흔들면 우정과 배려의 표시이다.

흥미롭게도 인도 사람들은 이런 고개 흔들기 행동의 복합적인 의미를 거의 다 담고 있는 '아차(accha)'라는 힌디어 단어도 사용한다. 우리말에도 '아차' 못지않게 다양한 의미를 지닌 말이 있다. 바로 '거시기'이다. 언젠가 목포대에 계시는 선배 교수가 학생에게 "거시기에 가서 거시기를 가져오라"고 했는데 그 학생이 정확하게 그 선배가 원하는 물건을 가져오는 걸 보고 탄복한 적이 있다. 눈빛만 보고도 '거시기'를 알려면 함께 부대끼며 살아야 한다. 국민은 '거시기'를 말하는데 정치인들은 도무지 그게 뭔지 알아채지 못하고 있다. 다음 국회에는 해외 동포는 물론, 20대와 비정규 근로자들을 대표하는 사람들도 고르게 포함돼야 비로소 국민들의 다양한 '거시기'를 알아차릴 수 있을 것이다.

2012

1월 10일

소통의 공간

소통은 이제 시대의 부름이다. 소통을 원활하게 하는 온갖 경영 소프트웨어는 물론 하드웨어, 즉 사무실 자체를 소통의 공간으로 디자인하는 기업이 늘고 있다. 그야말로 창의성 하나로 먹고산다 해도 과언이 아닌 세계적인 IT 기업들이 이런 흐름을 선도했다. 직원들이 꽈배기 모양의 미끄럼틀을 타고 카페 같은 회의실로 내려오는 구글, 회의 탁자 상판을 아예 태블릿 PC로 제작한 마이크로소프트, 직원들을 위해 게임룸까지 완비한 페이스북…. 이제 곧 완공될 우주선 모양의 애플 제2캠퍼스에는 또 어떤 기발한 소통 공간들이 마련돼 있을지 몹시 궁금하다.

2008년 국립생태원 건립 기획을 총괄하던 나는 공공 기관이라고 예외일 수 없다며 소통 공간에 대해 많은 공부를 했다. 직원들의 동선이 필연적으로 교차하도록 건물을 부채꼴로 짓는 아이디어에서, 복사기를 사무실마다 따로 둘 게 아니라 한방에 모아 최소한의 소통이라도 도모한 사례들까지 두루 벤치마킹했다.

그러나 2013년 초대 원장으로 부임한 나는 국립생태원 건물이 이런 나의 제안이 털끝만치도 반영되지 않은 채 구태의연하게 지어진 걸 보고 좌절했다. 사무실 칸막이를 없애는 노력도 기울여 봤으나 큰 변화는 일어나지 않았다. 그래서 나는 직원들이 수시로 이용할 수 있는 소통 공간을 따로 만들기로 하고 본관 중정에 카페 공사를 시작했다. 워낙 협소한 공간이라 미국 어느 기업에 있는 것처럼 볼링장은 고사하고 끝내 당구대나 탁구대도 놓지 못했다. 이름은 내가 제안하고 업무 보고 회의에서 중지를 모아 '생태둥지방'이라 정했다. 평소에는 그냥 짧게 '둥지방'이라 부르기로 했다. 아쉽게도 나는 완공을 조금 앞두고 퇴임하는 바람에 아직 내가 그토록 심혈을 기울여 만든 둥지에 앉아 보지 못했다. 언제 몰래 가서 생태원 식구들이 오순도순 모여 앉아 창조의 불꽃을 튀기는 모습을 엿보고 싶다. 아니, 창조의 부담 따위는 떨쳐 내고 그냥 게으름의 공간이어도 좋다. 진정한 창조는 정돈이 아니라 흐트러짐에서 나오는 법이다.

2017

1월 11일

세대

하루살이나 개구리 사회에서는 세대를 구분하고 정의하는 일이 비교적 쉬워 보인다. 물속에서 사는 유충이나 올챙이 시절과 물 밖에서 성체로 사는 시절이 너무도 확연히 구별되기 때문이다. 그러나 우리처럼 연속적인 성장을 하는 동물의 경우에는 세대를 구분하려는 의도 자체가 애당초 무의미하거나 불가능한 일일지도 모른다.

공자는 우리 삶을 10년 단위로 나누어 정의했다. 『논어』는 "40에 의혹이 사라지며(不惑), 50에 천명을 알게 되고(知天命), 60에는 귀가 순해지며(耳順), 70에는 멋대로 해도 법도에 어긋나지 않더라(不踰矩)"고 적고 있다. 유태인들의 생활 규범인 『탈무드』도 남자의 일생을 20세 이전에는 5, 10, 13, 15, 18세 등으로 세분하지만 그 후로는 10년 단위로 나눈다. 그러나 이 같은 10년 구분은 우리에게 익숙한 10진법에 따른 구분일 뿐 별다른 생물학적 의미는 없어 보인다.

정치사학자 피터 래슬릿(Peter Laslett)은 인간의 삶을 의존에서 시작하여 성장과 성취의 시기를 거쳐 또다시 의존으로 돌아와 죽음을 맞는 네 시기로 나눈다. 사회학자 윌리엄 새들러(William Sadler)도 인간은 배움과 성장, 직업 생활, 고령화로 인한 제2의 생활, 노화의 네 연령기를 거친다고 설명한다. 흥미롭게도 이 같은 4단계 구분은 인간의 수명을 100년으로 보고 25년 단위의 '아슈라마'로 나누는 힌두교의 구분과 매우 흡사하다. 힌두교는 인생을 '학습기(브라흐마차르야)', '가정생활기(그리하스타)', '은둔기(바나프라스타)', '순례기(산야사)'로 정확하게 4등분한다.

하지만 이 모든 세대 구분들은 다분히 숫자에 따른 일괄적인 구분일 뿐 생물학적 나이와는 여전히 거리가 있어 보인다. 그래서 나는『당신의 인생을 이모작하라』에서 우리 인생을 자식을 낳아 기르는 '번식기'와 자식을 길러 낸 후의 삶인 '번식후기'로 구분하자고 제안한 바 있다. 요즘 별다른 준비도 없이 속절없이 길어진 번식후기를 맞을 일로 시름이 깊은 이들이 많다. 일하는 세대와 일 안 하는, 아니 일하고 싶은데 못 하는 세대를 나누는 구조로는 더 이상 사회가 유지될 수 없다. 일도 못 하고 밥상을 받아야 할 세대의 규모가 걷잡을 수 없이 커질 테니 말이다.

2010

1월 12일

곁쇠 교육

미국 펜실베이니아주립대에 유학하던 어느 날 다른 대학으로 떠나는 젊은 교수가 내게 수상한 열쇠를 하나 건네주었다. 학과 건물의 모든 문을 열 수 있는 마스터 키(master key)라는데 몰골은 영 아니었다. 그냥 곧바르고 매끈한 뼈대 끝에 작은 돌기 하나가 돋아 있는 열쇠였다. 그런 밋밋한 열쇠로 뭐가 열릴까 싶었는데 그날 밤 나는 그 열쇠로 거의 모든 방을 기웃거릴 수 있었다. 이렇듯 제 열쇠가 아닌데도 자물쇠를 열 수 있는 만능열쇠를 순우리말로 곁쇠라고 한다.

거의 모든 출입문에 설치되어 있는 원통형 자물쇠는 대개 납작한 뼈대에 오돌토돌 돌기들이 도드라진 열쇠로 연다. 언뜻 생각하면 이 돌기들이 자물쇠의 움푹한 홈들과 결합해 잠금을 푸는 것 같지만, 사실 돌기는 핀을 밀어 올려 아무 문이나 다 열리는 걸 방지한다. 결국 문을 여는 건 돌기가 아니라 뼈대이다. 그래서 마스터 키를 '골쇠(skeleton key)'라고도 부른다.

인생 100세 시대를 살아갈 지금 청년 세대는 평생 직종을 적어도 대여섯 번이나 바꾸며 살 것이란다. 대학에서 취업 관련 수업이나 듣고 스펙이나 쌓아 본들 기껏해야 첫 직장을 얻는 데나 도움이 될 뿐이다. 첫 직장의 문이나 열어 주는 평범한 열쇠가 아니라 평생 여러 직장의 문에 꽂아 볼 수 있는 곁쇠가 필요하다. 하버드, 예일, 옥스퍼드 등 세계적 명문 대학들은 왜 사회 변화와 산업 수요에 맞춰 학과를 개편하기는커녕 수백 년 동안 변함없이 인문학과 기초과학 위주로만 가르치고 있을까? 인문학과 기초과학의 기반만 쌓으면 언제든 새로운 분야에 도전할 수 있다는 걸 그 대학들은 잘 알고 있기 때문이다.

다만 한 직장의 문이라도 열려고 돌기투성이 열쇠 하나를 깎느라 대학 4년을 온전히 바치는 것은 참으로 손해 막심하고 위험천만한 일이다. 21세기형 4년제 대학에는 그 어느 때보다 '곁쇠 교육'이 필요하다. 곁쇠의 뼈대가 바로 기초 학문이다. '사회 수요 맞춤형 인재 양성'은 전문 대학의 몫이다.

2016

1월 13일

건강하게 오래 사는 법

대학 시절 '포이에시스(Poiesis)'라는 독서 동아리를 할 때 이화여대 영문학과에 다니던 여학생이 칼 윌슨 베이커(Karle Wilson Baker)의 「아름답게 늙게 해 주오(Let me grow lovely)」라는 시를 번역해 줘 모두 함께 읽은 적이 있다. 시인은 레이스, 상아, 금, 그리고 비단은 꼭 새것일 필요 없고 고목에 난 상처도 아물며 오래된 거리가 매력 있는 법인데, 우리는 왜 이들처럼 곱게 늙을 수 없느냐 묻고 있었다.

영국 리버풀대 생물학자들은 최근 이 질문을 수염고래(bowhead whale)에게 하는 게 좋겠다는 연구 결과를 발표했다. 수염고래는 무려 200년이나 살면서도 노화와 관련된 질병을 거의 앓지 않는 것으로 밝혀졌다. 다 자란 수염고래는 몸길이가 15미터에 달하며 무게는 5만 킬로그램이 넘는다. 따라서 그들의 몸에는 우리 인간보다 무려 1천 배 이상의 세포가 있다. 인간보다 훨씬 세포 수도 많고 오래 사는 고래가 암에 걸릴 확률이 당연히 더 높아야 하는데 그렇지 않다는 사실은 무얼 의미하는가? 그들에게 강력한 '항암 유전자'가 있을 가능성이 높다는 얘기다. 리버풀대 연구진은 수염고래의 유전자들을 쥐에게 이식한 다음 노화 속도와 암 발병 여부를 관찰하는 실험을 기획하고 있단다.

노화 현상 중에는 모든 동물에게서 보편적으로 나타나는 것도 있지만 종에 따라 특이하게 발생하는 것도 많다. 늙은 말은 종종 창자가 꼬여 죽지만 인간에게는 그리 치명적이지 않다. 새는 인간보다 체온이 6~7배나 낮고 훨씬 많은 산소를 소모하며 사는데도 산화로 인한 손상이 거의 없다. 개와 사람은 전립선암에 걸리지만 쥐는 그렇지 않다. 그런데도 세계 거의 모든 의학 연구소에서는 여전히 쥐를 대상으로 노화와 질병에 관한 연구를 계속하고 있다. 쥐의 암 발생을 연구하여 많은 걸 배운 건 사실이지만, 쥐에 비해 훨씬 탁월한 저항력을 가진 인간의 암을 이해하기에는 부족하기 짝이 없다. 건강하게 오래 사는 방법을 찾으려면 쥐나 초파리가 아니라 고래나 새를 연구해야 한다.

2015

1월 14일

축제의 품격,
국가의 품격

언젠가 독일인 지인이 해 준 얘기다. 준법정신으로는 세계에서 둘째가라면 서러워할 독일인이지만 제3세계 휴양지에서는 그야말로 개차반으로 논다고. 세계 제일 법치 국가가 드리우는 서슬 시퍼런 규제 속에서 옴짝달싹 못 하고 사는 것이지 실제로는 그리 도덕적이지 못하다는 자조 섞인 고백이었다. 모든 규제가 다 나쁜 건 아닌 듯싶다.

반려동물 천만 시대에 때아닌 동물 축제 광풍이 불고 있다. 화천 산천어 축제에서 살아 팔딱대는 물고기를 입에 물고 환호하는 외국인을 보노라면 적이 착잡하다. 자기 나라에서는 꿈도 꾸지 못하다 '후진국 대한민국'에 와서 고삐 풀린 망아지처럼 분별없이 저지르는 추행에 어이가 없다. 어느덧 경제적으로는 세계 10대 강국이건만 그들은 여전히 우리를 천박하기 짝이 없는 제3세계 나라쯤으로 생각하는 것 같아 심히 언짢다. 아무리 돈이 좋다지만 국가 비하까지 감수하며 벌어야 하는가?

대한민국은 더 이상 외국인들이 몰려와 더러운 욕망을 배설해도 되는 그런 나라가 아니다. 우리는 최첨단 반도체를 세계 각국에 공급하며 5세대(5G) 이동 통신 시대를 선도하는 기술 강국이다. 양궁, 펜싱, 스케이팅 등에 힘입어 줄곧 올림픽 10위권을 유지하는 스포츠 강국이며, BTS의 넘치는 끼와 품격 높은 메시지를 세계 젊은이들이 한글까지 배우며 추종하는 매력적인 문화 강국이다.

윤리철학자 피터 싱어의 『동물 해방』이 출간된 지 어언 사반세기가 흘렀다. 덕분에 세계인들은 종차별주의(speciesism)의 모순에 눈을 떴는데, 우리는 거기에 철 지난 인종 차별까지 자초하며 시대착오적 향연을 벌이고 있다. 2011년 미국 CNN은 화천 산천어 축제를 세계 7대 불가사의 겨울 축제 중 하나로 선정하며 염장을 질렀다. 옛말에 '망둥이가 뛰니 꼴뚜기도 뛴다'더니, 산천어가 뜨니 송어와 빙어도 덩달아 수난이다. 겨울이 너무 길다.

2020

1월 15일

순서 주고받기

문화인류학자 김정운에 따르면 인간의 의사소통이 독특한 것은 바로 순서 주고받기(turn-taking) 덕택이란다. 일방적으로 혼자 떠들어 대는 게 아니라 상대의 순서를 존중하고 기다려 줄 수 있어야 진정한 의사소통이 가능하다고 설명한다. 세상 모든 문화권에서 엄마가 아기에게 하는 '우르르 까꿍' 놀이가 바로 순서 주고받기 훈련이다.

김정운 박사는 "인간이 위대한 이유는 타인의 순서를 인정하고 기다릴 줄 알기 때문"이라 했는데, 이 위대한 인간의 아성도 바야흐로 무너질 참이다. 일본원숭이 암컷 열다섯 마리의 대화를 분석한 도쿄대 영장류학자들의 최근 연구 결과가 주목을 끌고 있다. 총 64회의 음성 신호 교환에서 한 원숭이의 말이 끝난 후, 다음 원숭이가 이어가는 데 걸린 시간이 평균 0.25초로 측정되었다. 이는 대화 간 멈춤 시간이 0.2초인 인간에 가장 근접한 수치로서 인간을 제외한 영장류 중 제일 빠르다.

대화 간격이 짧다는 것은 상대의 이야기에 주목하며 즉각적으로 반응한다는 증거가 될 수 있다. 2013년에도 프린스턴대 영장류학자들이 마모셋원숭이의 대화를 분석해 서로 순서를 주고받는다는 결과를 보고했으나 그 간격이 3~5초나 되어 크게 주목받지 못했다. 이에 비하면 일본원숭이의 대화는 정해진 패턴이 아니라 상대의 말에 신속하고 능동적으로 반응하는 대화 형식을 따르는 것처럼 보인다.

일본원숭이가 평소 예의 바른 일본 사람들의 행동을 보고 배워 특별히 조신하게 구는 게 아니라면, 앞으로 다른 영장류에서도 비슷한 관찰 결과가 잇따를 것으로 보인다. 세계 10위권 경제 대국이 되었지만 요즘 우리 사회는 순서 주고받기 규칙이 무너져 내려 뒤죽박죽이 되면서 사람들이 분노를 참지 못해 상당히 혼란스러워지고 있다. 순서 주고받기는 대규모 사회를 이루고 사는 동물들에게 특별히 필요한 속성인 듯싶다. 영장류뿐 아니라 개미와 꿀벌 사회의 대화도 들여다봐야 할 것 같다.

2019

1월 16일

AI 역발상

지난주 미국 라스베이거스에서 열린 CES(Consumer Electronics Show)는 곧 다가올 미래를 흥미진진하게 보여 줬다. 날씨와 교통 상황을 알려 주는 욕실 거울, 날씨에 알맞은 옷을 증강 현실로 입혀 보여 주는 옷장, 무선 충전기 등은 당장이라도 시장에 모습을 드러낼 참이다.

LG디스플레이가 내놓은 65인치 두루마리 TV와 에이서의 8.98밀리미터 초박형 노트북은 조만간 소비자의 지갑을 열 상품으로 주목받았다. 여전히 실망스러운 분야는 로봇 기술이다. 온갖 가사(家事) 도우미 로봇이 넘쳐 나지만 아직 너무 느리고 어설프다. 무엇보다 로봇이 하는 일에 비해 가격이 너무 비싸다.

이번 전시회에서 최고 인기 상품은 단연 소니의 로봇 강아지 '아이보(Aibo)'였다. 손으로 쓰다듬으면 실제 강아지처럼 반응하고 사람의 얼굴을 인식해 교태까지 부린단다.

10년도 훌쩍 전에 홍익대 산업디자인학과 조택연 교수는 내게 '말썽꾸러기 로봇'을 만들고 싶다고 했다. 가사를 돕기는커녕 집 안 곳곳을 돌아다니며 짓궂은 장난을 일삼고 소소한 사고를 치는 로봇을 만들겠다는 얘기였다. 남들은 죄다 도우미 로봇을 만드느라 여념이 없는데 무슨 엉뚱한 발상이란 말인가?

2015년에 나온 '잔소리 로봇'이라는 어린이 책이 있다. 아이가 스스로 선택하고 결정할 때까지 기다리지 못하고 '잔소리 리모컨'을 들고 아이가 해야 할 일을 일일이 지시하고 참견하는 엄마를 그린 책이다. 잔소리는 대개 나이가 들며 더 심해지건만 어느 날 홀연 잔소리할 대상이 사라진다. 아이가 커서 집을 떠나면 늙은 부모만 덜렁 남는다. 바로 이때 귀여운 로봇이 집 안을 돌아다니며 말썽을 부리면 그 녀석에게 잔소리하며 적적함을 달랠 수 있다. AI 시대에도 기발한 역발상이 필요하다. 성공은 종종 도도한 흐름을 거스를 때 일어난다. 조택연 교수가 정말 이런 로봇을 만들면 나는 그 회사에 투자할 생각이다.

2018

1월 17일

유전-환경 논쟁

생물학과 인류학에서 가장 오래된 논쟁은 아마 우리 인성의 형성에 유전(nature)과 환경(nurture) 중 어느 것이 더 큰 영향을 미쳤는가에 관한 논쟁일 것이다. 내가 1994년 귀국하자마자 제일 먼저 초청받은 토론회도 유전과 환경의 중요성을 판가름하자는 모임이었다. 당시 나는 아무런 머뭇거림 없이 그 초청을 고사했다. 선진국에서는 이미 판정이 나서 더 이상 하지 않는 논쟁이라는 건방진 이유까지 달아서.

오늘은 바로 이런 나의 단호함을 이론적으로 뒷받침해 준 두 걸출한 진화생물학자가 태어나고 죽은 날이다. 1834년 오늘은 다윈의 이론 정립에 가장 큰 공헌을 했다고 해도 과언이 아닌 생식질(germ plasm) 이론의 창시자 아우구스트 바이스만(August Weismann)이 탄생한 날이다. 인간을 비롯한 다세포 생물의 몸에는 세포가 두 종류 있다. 하나는 난자와 정자, 즉 생식 세포이고, 다른 하나는 그

밖의 우리 몸 전체를 구성하는 체세포이다. 발생생물학자인 바이스만은 생식 세포는 체세포를 만들어 내지만 반대로 체세포는 생식 세포를 만들어 낼 수 없다는 점에서 유전 물질은 오로지 생식 세포를 통해서만 후세에 전달된다는 사실을 처음으로 인식한 사람이다. 그는 이를 바탕으로 라마르크의 '획득 형질 유전'의 오류를 지적하며 다윈의 이론에 큰 힘을 실어 주었다.

오늘은 또한 1911년 다윈의 사촌이자 우생학의 창시자인 프랜시스 골턴(Francis Galton)이 89세 나이로 세상을 떠난 날이기도 하다. 우생학이 가치 편향적 연구로 이어져 오명을 얻긴 했어도 인간의 신체와 개성의 변이에 관한 골턴의 연구는 진화론의 기초를 다지는 데 크게 기여했다. 『유전적 천재(Hereditary Genius)』(1869)라는 책에서 그는 당시 영국 왕립학회 회원 190명의 부모와 친척들의 직업과 인종에 관한 정보를 통계적으로 분석하여 능력이 출중한 사람끼리 더 가까운 친척 관계를 갖고 있음을 밝혔다. 그는 또한 쌍둥이 연구도 수행하여 환경보다는 유전의 역할이 더 크다는 증거를 제시했다.

환경의 영향은 어디까지나 유전자가 깔아 놓은 멍석 위에서만 벌어진다. 환경이 중요하지 않다는 건 결코 아니지만 어느 것이 더 중요하냐고 물으면 아무래도 유전이 먼저이다. 유전자에 없는 일이 나타날 수는 없다.

2012

1월 18일

엄지

인간을 만물의 영장으로 만들어 준 신체 기관으로 대부분의 사람들은 아마 뇌를 꼽을 것이다. 나도 동의한다. 그러면서도 슬쩍 손도 함께 끼워 넣고 싶다. 손 중에서도 특히 엄지야말로 우리로 하여금 진정 인간으로 거듭나게 해준 일등 공신이었다. 물리학자 뉴턴이 인간의 엄지가 신의 존재를 입증한다고 했을 정도로 엄지는 앞발을 손으로 바꿔 준 엄청난 진화적 도약이었다. 동물원에서 코로 과자를 받아먹는 코끼리를 보며 감탄의 박수를 치고 있는 자신의 손을 들여다보라. 엄지 덕택에 코끼리의 코와는 비교도 할 수 없게 정교해진 우리의 손은 실로 위대한 진화의 산물이다.

인간의 손은 모두 27개의 뼈로 이루어져 있다. 그중 세 개가 나머지 손가락들과 마주 보는 엄지를 만들어 낸다. 마주 보는 엄지는 거의 모든 영장류에 보편적으로 나타나는 특징이다. 코알라와 주머니쥐, 그리고 판다도 다른 발가락들과 마주 보는 엄지를 갖고 있어 나무를 타거나 이파리를 뜯어 먹을 수 있다. 하지만 엄밀히 말해 판다의 '엄지'는 첫째 발가락이 아니라 별나게 툭 불거진 발목뼈이다. 그런가 하면 코알라는 앞발에 두 개의 엄지를 갖고 있다.

이처럼 적지 않은 숫자의 동물들이 마주 보는 엄지를 갖고 있지만 우리 인간에 이르러서야 그 기능이 경지에 이른 것이다. 침팬지도 엄지를 갖고 있지만 너무 작아 제 기능을 발휘하지 못한다. 예를 들어 연필을 쥐고 글씨를 쓰는 행동은 아무리 가르쳐도 버거워한다. 젓가락 사용은 애당초 꿈도 꾸지 못한다. 포크를 사용하는 서양인들에 비해 오랜 세월 젓가락을 써 온 우리가 훨씬 섬세한 손놀림을 자랑하게 된 것도 결국 우리 엄지의 예민함 덕분일 것이다.

몇 년 전 뉴욕에서 세계 13개국 대표들이 참가하여 겨룬 'LG 모바일 월드컵'에서 우리나라 젊은이들이 미국과 아르헨티나를 누르고 휴대전화 문자 빨리 보내기 세계 최고의 자리에 올랐다고 한다. 컴퓨터와 서구 음식의 보편화로 인해 언제부터인가 우리 아이들도 점점 엄지를 덜 사용하는 것 같아 걱정이었는데 다시 한번 세계 제일의 '엄지족'임을 확인한 셈이다. 하지만 지나침과 모자람 모두가 문제라 했던가? 과도한 문자 보내기 때문에 엄지 부상이 속출한다니 이를 또 어쩌나. 엄지는 휴대전화를 위해 진화한 게 아닌데 말이다.

2010

1월 19일

내각 다양성

내일 드디어 조 바이든 제46대 미국 대통령이 취임한다. 코로나19와 안전 문제 때문에 역대 가장 썰렁하고 뒤숭숭한 취임식이 되겠지만, 두 번씩이나 탄핵 소추를 당한 전임 대통령에게 속절없이 흔들린 미국과 세계 질서를 제자리로 돌려놓으리라 기대한다.

아울러 미국 역사상 가장 다양한 내각이 될 것이라는 기대감 역시 크다. 미국에서 여성이 최초로 입각한 때는 프랭클린 루스벨트 대통령이 프랜시스 퍼킨스를 노동부 장관에 임명한 1933년이었다. 미국 정부의 흑인 장관으로는 1966년 린든 존슨 대통령이 주택도시개발부 장관으로 임명한 로버트 위버가 처음이었고, 최초의 흑인 여성 장관은 1977년 지미 카터 대통령이 발탁한 퍼트리샤 해리스 주택부 장관이었다.

캐나다 쥐스탱 트뤼도 총리는 2017년 그의 공약대로 내각의 절반을 여성으로 채웠지만, 미국에서는 1933년 이래 여성을 장관으로 임명한 대통령은 열한 명에 불과하다. 트럼프 행정부에서 멈췄지만 그동안 여성과 소수 집단의 내각 참여 비율은 꾸준히 늘어 왔다. 다만 재무와 국방만큼은 여전히 금녀(禁女) 구역이었다. 바이든 행정부에서는 이 유리 천장 중 하나가 무너졌다. 미국 연방준비제도이사회 의장을 지낸 재닛 옐런이 최초의 여성 재무장관으로 임명됐다. 우리나라 최초의 여성 장관 임영신은 1948년 초대 상공부 장관으로 입각했다. 대한민국 정부는 처음부터 여성 장관과 함께 시작했다.

내각의 다양성은 왜 중요한가? 민주제를 직접이 아니라 대의로 하려면 사회 여러 계층의 의사를 대변하고 집행해 줄 대리인들이 필요하다. 남자는 죽었다 깨어나도 여성의 마음을 모른다. 소외 계층으로 살아 보지 않은 '금·은수저'가 어찌 그 아픔과 억울함을 제대로 가늠할 수 있으랴? 다양성은 편하고 좋아서 추구하는 덕목이 아니다. 귀찮고 힘들지만 반드시 떠받들어야 할 최고의 사회적 가치다.

2021

1월 20일

인식, 생각, 실행, 회고

인간의 행동은 인식, 생각, 실행, 회고의 네 단계를 거친다. 중추신경계가 제대로 발달하지 않은 동물은 외부의 자극에 즉각적으로 반응할 뿐 생각 과정을 거치지 않는다.

그렇다고 인간의 모든 행동이 다 생각 단계를 밟는 것은 아니다. 숲을 거닐다 갑자기 등 뒤에서 부스럭 소리가 났을 때 자연계에서 가장 잘 발달한 대뇌를 지닌 동물답게 그 소리의 원인을 분석하다가는 큰 낭패를 볼 수 있다. 소리 크기로 미뤄 볼 때 그저 토끼 정도로 생각했다가 정작 곰이 덮칠 수 있기 때문이다. 그래서 우리는 이럴 경우 본능적으로 일단 몸을 숨기고 본다. 체면을 따질 때가 아니다. 진화의 역사에서 때론 대뇌의 사고 단계를 생략하는 것이 더 유리했기 때문이다.

인간의 생각 과정은 돈키호테에서 햄릿까지 천차만별이다. 우리는 생각을 깊이 하지 않고 행동에 옮기는 사람을 돈키호테라 부른다. 하지만 산초가 말렸는데도 풍차로 돌진한 돈키호테는 생각이 부족한 게 아니라 인식의 오류를 범한 것이다. 평원에 줄지어 서 있던 풍차들이 거대한 괴물들이라고 잘못 인식한 게 문제였지 기사로서 그들을 물리쳐야 한다고 생각한 게 잘못은 아니었다.

우리는 실행 단계에서 문제가 발생하면 대개 생각 부족에 책임을 묻지만 실제로는 어설픈 인식이 주범인 경우가 더 많다. 우리의 뇌는 매우 정교하게 조율된 판단 기계이다. 얼마나 정확한 데이터가 입력되느냐에 따라 얼마나 훌륭한 결론이 도출되는지가 결정된다. 1561년 "아는 것이 힘이다"라는 명언을 남긴 철학자 프랜시스 베이컨이 태어났다. 그에 따르면 생각이란 지식을 기반으로 한 자연스러운 귀납 과정에 지나지 않는다. 힘은 일단 인식에서 비롯된다.

헌법 수호의 수장을 뽑는 과정이 엉망진창이다. 애써 천거한 후보가 이 땅의 보통 시민보다도 훨씬 자주 법의 언저리를 위험하게 넘나들었다는 사실이 드러났는데도 철회하지 못하는 이유가 무얼까? 만일 스스로 생각이 짧았음을 인정하기 싫어서라면 다시 생각해 보라. 이건 생각이 아니라 정보 부족으로 벌어진 일이다. 오류의 소재를 파악하고도 바로잡지 않는다면 인간의 행동만이 유일하게 거치는 단계인 회고의 문제가 된다. 돌이켜 생각할 줄 모른다? 이거 당최 인간 체면이 서질 않네.

2013

1월 21일

지구의 열규

최근 미국 항공우주국(NASA)과 해양대기청(NOAA)의 관측에 따르면 2019년은 지난 140년 중 2016년에 이어 둘째로 더운 해였다. 2019년 평균 기온은 20세기 100년 평균 기온보다 섭씨 0.95도 높았다. 더욱 괄목할 만한 점은 가장 더웠던 다섯 해가 죄다 2014~2019년에 몰려 있다는 사실이다. 우리는 지금 역사상 가장 뜨거웠던 2010년대를 거쳐 2020년대로 들어서고 있다.

2010년 뉴욕에 폭설이 내린 어느 날 "지구온난화라더니 겨울이 왜 이리 추운 거냐? 앨 고어의 노벨평화상을 박탈하라"며 독설을 퍼붓던 부동산 재벌 트럼프를 기억한다. 시장 추세를 읽어야 하는 기업인이 지구온난화가 통계적 현상임을 이해하지 못하다니 어이가 없었다. 추세란 본디 들쭉날쭉 크고 작은 변이를 동반하는 법이건만. 그런 사람이 어쩌다 세계에서 가장 막강한 나라 대통령이 되어 대놓고 기후 위기를 부정하고 있는 걸까?

1988년 시사 주간지 『타임』은 이례적으로 '올해의 인물(The Person of the Year)' 대신 '올해의 행성(The Planet of the Year)'을 뽑았다. 당연히 지구가 뽑혔다. 2019년에는 말만 앞세우고 행동하지 않는 어른들의 위선을 통렬하게 꾸짖은 스웨덴 소녀 그레타 툰베리가 '올해의 인물'로 선정되었다. "당신들은 자녀를 가장 사랑한다 말하지만 기후변화에 적극적으로 대처하지 않음으로써 자녀의 미래를 훔치고 있다".

툰베리에 대한 호불호가 엇갈린다. 툰베리에게 '분노 조절 프로그램'에 등록하라는 트윗을 날린 트럼프와 더불어 푸틴도 "누구도 툰베리에게 세상이 얼마나 복잡한지 말해 주지 않은 듯싶다"며 비아냥거린다. 퍼포먼스는 다소 무리한 부분이 있지만 발언만큼은 과학적으로 빈틈을 찾기 어렵다. 툰베리의 절규뿐 아니라 지구의 열규(熱叫)에 귀 기울여야 한다.

2020

1월 22일

2018년 출산율 쇼크

이제 곧 2018년 출산율이 공표되면 우리 사회가 또 한번 요동칠 것이다. 유사 이래 처음으로 1 미만으로 떨어질 것이기 때문이다. 2017년의 출산율 1.05도 역대 최저로 충격적이었지만, '영 점'으로 시작하는 수치가 안겨 줄 충격은 가늠하기조차 어렵다.

우리 정부는 출산율이 대체출산율 2.1보다 낮아진 1983년 이후에도 계속 산아 제한 정책을 밀어붙이다가 1999년에야 공식 폐기했다. 그러나 어영부영하는 사이에 2002년 드디어 출산율이 당시 세계 최저 수준인 1.17로 급감했다. 자연 생태계에서 동물 개체군의 변동을 연구하던 나는 스스로 번식을 자제하는 기이한 동물인 '한반도 호모 사피엔스'에 관해 책을 쓰기로 했다.

그 책이 바로 2005년에 출간된 『당신의 인생을 이모작하라』이다. 평생 책을 쓰며 살았지만 책을 내고 그렇게 많은 욕을 먹은 적은 일찍이 없었다. 우선 동료 교수들의 질책이 따가웠다. 생물학자가 세포나 들여다보지 무슨 고령화 책까지 쓰냐는 것이었다. 고령화만큼 철저하게 생물학적 현상도 별로 없는데 싶어 적이 섭섭했다.

그 책에서 나는 당시로서는 파격적인 두 가지 주장을 해서 비판을 자초했다. 저출생 문제의 해결책으로 나는 이민을 허용하고 정년제를 폐기하자고 주장했는데 너무 앞서간 듯싶긴 하다. 하지만 13년이 지난 지금 사뭇 성급했던 나의 주장들이 진지하게 논의되고 있다. 지난 13년간 우리 정부는 143조 원이라는 천문학적 예산을 투입했으나 출산율은 끝 모르게 곤두박질치고 있다.

『당신의 인생을 이모작하라』의 에필로그에서 나는 "혁명적인 문제에는 혁명적인 발상이 필요하다"고 적었다. 우리 정부는 정책을 수립할 때마다 거의 습관적으로 해외 사례를 벤치마킹한다. 그러나 저출생, 고령화에 관한 한 벤치마킹은 아무 소용이 없다. 세계에서 우리가 맨 먼저 부딪히는 나라이기 때문이다. 좌고우면하지 말고 과감하게 밀어붙여야 한다.

2019

1월 23일

사라지는 추억의 명소

15년 이상 이화(梨花)인의 사랑을 받아 온 '이화사랑'이 결국 문을 닫았다. 교수인 나야 그저 가끔씩 들러 참치 김밥 한 줄 사 들고 나오는 게 고작이었지만 학생들에게는 '군내 나는' 아지트였는데 영원히 사라져 버리니 왠지 짠하다. 세상 모든 게 어쩔 수 없이 경제 논리에 의해 영락(榮落)을 겪기 마련이지만, 마치 1970년대 대학 교정으로 밀고 들어오던 탱크들처럼 프랜차이즈 업체들이 캠퍼스로 진군하고 있다.

2016년이 저물던 무렵 서울대 교정에 있던 '솔밭식당'도 함께 스러졌다. 문을 닫는다는 소식을 듣고 마침 서울대에 볼일이 있어 간 김에 혼자 언덕을 걸어 올라 솔밭식당을 찾았다. 11월이라 야외에 앉을 수 없어 섭섭했지만 옛날 생각을 떠올리며 따뜻한 소고기국밥 한 그릇을 시켜 국물째 들이켰다. 사흘이 멀다 하고 점심때마다 솔밭에 앉아 대학원생들과 함께 먹던 열무국수가 그립다.

익숙한 곳들이 자꾸 사라진다. 익숙한 곳이 사라지면 그곳에서 만나던 사람들에 대한 기억도 함께 아스라해진다. 그 옛날 솔밭식당에 가면 나처럼 허름한 음식을 좋아하는 다른 과 교수들을 만난다. 밥값이 몇 푼 되지 않아 먼저 자리를 뜨는 사람이 다른 테이블 밥값까지 내고 간다. 저만치 먼저 가면서 꾸벅하는 인사가 돈 다 냈으니 맛있게 드시고 가라는 인사였음을 나중에야 알게 된다. 그런 추억이 말간 국물에 흐느적거리는 흰 국수 가닥처럼 아리다.

세상이 통째로 치매를 앓는 것 같다. 나는 한곳에 그대로 서 있는데 주변이 자꾸 떨어져 나간다. 이러다 언젠가 나도 기억에서 사라질 걸 생각하면 적이 음울하다. 차라리 스스로 치매라도 앓아야 아스라한 추억 속에 남을 수 있는 게 아닐까 싶다. 이런 와중에도 우리에게는 아직 '학림다방'이 남아 있다. 그냥 남아 있는 정도가 아니라 얼마 전에는 '학림커피'라는 이름의 2호점을 냈단다. 부슬부슬 눈발이 날리면 오랜만에 대학로로 마실이나 가 볼까?

2018

1월 24일

창작의 뇌

박완서 선생님이 끝내 “못 가본 길이 더 아름답다”며 다시는 돌아오지 못할 먼 길을 떠나셨다. 남들은 조기 퇴직이라도 할 40세 늦은 나이에 등단했지만, 지난 40년간 그는 우리 문단 역사를 통틀어 그 어느 문인보다도 열정적으로 주옥같은 작품들을 발표했다. 1970년 『나목』을 시작으로 『그 많던 싱아는 누가 다 먹었을까』, 『그 산이 정말 거기 있었을까』, 『아주 오래된 농담』 등 장편들은 물론, 수없이 많은 단편 소설, 수필, 그리고 동화까지 참으로 많은 작품들을 쉴 틈 없이 쏟아 냈다.

나는 선생님과의 첫 만남을 잊지 못한다. 2002년 『현대문학』에 ‘최재천의 자연 에세이’를 연재하던 어느 날 난생처음 문인들 모임에 초대를 받아 참석했다. 그 당시만 해도 아는 문인이 몇 없던 터라 그나마 친분이 있는 최승호 시인 옆 자리에 앉았다. 잠시 후 따님인 호원숙 작가와 함께 들어오신 선생님은 나보다 대여섯 줄 앞 좌석에 앉으시려다 말고 홀연 우리 쪽으로 다가오셨다. 나는 당연히 최승호 시인과 인사를 나누시려니 하고 상체를 뒤로 젖히며 비켜 앉았다. 하지만 선생님은 뜻밖에도 수줍은 듯 따뜻한 특유의 미소로 나를 바라보며 "선생님의 글을 잘 읽고 있습니다"라고 말씀하시는 것이었다. 나는 너무나 황망하여 벌떡 일어나 허리를 굽히며 "아, 예, 선생님"만 몇 번이고 반복했다.

나는 지난 한 달여 동안에 장인어른과 장모님을 차례로 떠나보냈다. 생명을 연구하는 생물학자에게도 숨이 멎음과 동시에 한 인간의 삶이 그처럼 간단하고 깨끗하게 막을 내릴 수 있다는 사실은 여전히 낯설다. 움직임을 멈춘 몸뿐 아니라 그분들의 말씀, 시선, 그리고 체취도 더 이상 이곳에 존재하지 않는다는 것 또한 서름하긴 마찬가지이다. 죽음은 어쩌면 이렇게 말끔히 삶의 흔적을 걷어 내는 것일까?

박완서 선생님도 이제 다시 뵐 수 없게 되었다. 하지만 비록 몸은 떠나시더라도 뇌는 남겨 두고 가시라고 말한다면 생물학자의 음울한 궤변일까요? 선생님의 그 기막힌 '창작의 뇌'를 잃는 건 인간 집단 지능에 결정적 손실입니다. 곁에 계시지는 않더라도 선생님의 이야기는 계속 들을 수 없을까요? "이 세상에 태어나길 참 잘했다" 하시더니 왜 이리 서둘러 가셨습니까? 사랑하는 선생님, 안녕히 가세요.

2011

1월 25일

너무 큰 발자국

현생 인류 호모 사피엔스가 지구에 등장한 것은 지금으로부터 약 25만~30만 년 전이었다. 우리는 우리의 존재 역사 거의 대부분 동안 존재감조차 없던 지극히 하찮은 한 종의 영장류였다. 수렵과 채집을 하며 살던 시절에는 기껏해야 6백만~1천만 명 정도가 지구 전역 여기저기에 흩어져 살다가 불과 1만여 년 전 농경을 시작하며 폭발적으로 숫자가 늘어 오늘에 이른다.

농경을 시작하기 전 지구 생태계에서 인간의 존재감은 어느 정도였을까? 당시 인간의 무게와 기르고 있던 개와 고양이의 무게를 다 합해 본들 포유류와 조류 전체 중량의 1퍼센트 미만이었다. 그러나 지난 1만여 년 동안 농업혁명, 산업혁명, 정보혁명 등을 일으키며 어언 80억 명에 육박하는 인류의 무게와 우리가 기르는 가축 전체의 무게를 합하면 비율은 무려 96~99퍼센트에 달한다. 지구 생명의 역사에서 일찍이 이런 반전은 없었다.

『지구에서 가장 큰 발자국』이라는 책이 번역돼 나왔다. ‘80억 명의 인간을 한데 모아 1명의 거인을 만들면?’이라는 기발한 발상으로 쓴 책이다. 키가 무려 3킬로미터이며 몸무게가 2억 9천만 톤에 달하는 이 거인은 1년에 나무 150억 그루를 베고 1초에 수영장 크기만큼 땅을 파헤쳐 돌, 모래, 광물, 화석 연료 등을 꺼내 쓴다. 매년 달걀 1조 3천억 개를 먹어 치우고 우유 8,400억 리터를 들이켠다. 그나마 깨끗이 먹으면 좋으련만 만든 음식의 3분의 1을 그냥 내버린다.

코로나19도 결국 이 엄청난 생물다양성 불균형이 야기한 재앙이다. 야생 동물의 몸에 붙어 사는 세균이나 바이러스가 불안함을 못 이겨 이주하면 거의 확실히 ‘80억 거인’이나 그가 기르는 가축의 몸에 내려앉는다. 거인이 지구 표면에 찍는 생태 발자국이 너무 크다. 거인이 오줌 한 번만 싸도 베네치아 운하가 범람할 지경이니 더 말해 무엇하리. 그나마 뭉치면 1천만 톤에 달하는 80억 두뇌에 기대를 걸 뿐.

2022

1월 26일

詩가 나를 춤추게 하네

제46대 미국 대통령 취임식에서 22세 청년 계관시인 어맨다 고먼이 낭송한 축시 「우리가 오르는 언덕(The Hill We Climb)」은 시(詩)가 왜 예술의 최정점인지 확실히 보여 줬다. "시는 전달하려는 이야기가 너무 좋아 완벽한 문장일 필요도 없다"는 말처럼 그는 겨우 3,937자로 우리 모두의 마음을 훔쳤다. "빛은 언제나 거기 있다/우리에게 빛을 바라볼 용기만 있다면/우리에게 빛이 될 용기만 있다면".

고먼은 미국 대통령 취임식에서 시를 낭송한 여섯 번째 시인이다. 이 전통은 1961년 케네디 대통령이 「가지 않은 길(The Road Not Taken)」의 시인 로버트 프로스트를 모시면서 시작됐다. 그 후 클린턴 대통령은 마야 안젤루(1993)와 밀러 윌리엄스(1997)를, 그리고 오바마 대통령은 엘리자베스 알렉산더(2009)와 리처드 블랭코(2013)를 초대했다. 공화당 출신 대통령의 취임식에서 시를 낭송한 적은 한 번도 없다.

프로스트가 케네디 대통령을 위해 따로 축시를 준비했다가 당일 아침 눈이 너무 부셔 읽지 못하고 자신의 시 중 하나를 암송한 일화는 유명하다. 바이든 대통령 영부인 질 바이든의 요청을 받은 고먼도 탈고의 진통을 겪다가 지난 6일 의회 폭동을 지켜본 뒤 밤을 새워 쏟아 냈다고 한다. "우리는 나라를 산산조각 내려는 힘을 지켜보았다/(…)/그리고 그 노력은 거의 성공할 뻔했다/그러나 민주주의는 때로 멈출 수는 있어도/결코 완전히 무너지지는 않는다".

시인 칼 샌드버그는 일찍이 "시는 그림자도 춤추게 하는 메아리"라 했다. "우리의 따뜻한 마음과 힘을 합하면/그리고 그 힘과 공정함을 합하면/사랑이 우리의 유산이 된다". 고먼의 시는 우리 모두의 그림자를 갈등과 분열의 늪에서 건져 내 화합과 희망의 언덕으로 밀어 올려 주었다. 20세기가 기실 1914년 제1차 세계 대전과 함께 시작했듯이, 21세기의 막은 2021년에 오른다.

1월 27일

복고풍 범퍼

서울 시내에서 운전을 하다 보면 종종 울화통이 터진다. 딱히 막힐 곳도 아니고 막힐 시간도 아니건만 졸지에 길게 늘어선 차들 꽁무니에 코를 박게 될라치면 정말 짜증 난다. 한참을 엉금엉금 기어 사고 현장을 지나칠 무렵 기껏해야 범퍼가 약간 긁힌 정도의 사소한 접촉 사고란 걸 발견할 때면 정말 어처구니가 없다. 나는 사고를 낸 두 운전자가 서로 돈 몇 푼 덜 내려고 승강이를 벌이는 바람에 아무 잘못도 없이 금쪽같은 시간을 낭비한 모든 운전자에게 손해 배상을 하게 만드는 제도가 필요하다고 생각한다.

하지만 사실 좀 더 근원적인 해결책이 있다. 1990년대 중반 우리나라에서도 방영된 미국 영화 〈하우스게스트(Houseguest)〉에는 주인공이 피츠버그 길거리에서 평행 주차를 하는 장면이 나온다. 아무리 봐도 차가 들어갈 만한 공간이 아니건만 그는 범퍼를 이용해 앞뒤에 주차되어 있는 차들을 차례로 밀어붙이며 능숙하게 구겨 넣는다. 예전에 보스턴에 살 때 나도 즐겨 사용하던 주차 기술이다. 주차 공간이 부족한 도심에서 범퍼는 더할 수 없이 유용한 부품이었다. 옛날 차에는 대개 고무 재질의 탄력성 범퍼가 앞뒤로 붙어 있어서 주차할 때나 저속으로 운행할 때 발생하는 가벼운 충돌은 사고 축에도 끼지 못했다.

'범프(bump)'는 '부딪치다'라는 뜻의 동사이고 '범퍼(bumper)'는 부딪치라고 만든 물건이다. 그러나 언제부터인가 자동차 회사들이 차체와 동일한 색의 범퍼 커버를 만들어 씌운 다음부터는 조금만 긁혀도 큰돈을 들여 전체를 교체해야 한다. 미국 CBS TV 시사 프로그램 〈60분(60 Minutes)〉의 독설가 앤디 루니는 "범퍼가 보호하는 것은 차와 사람이 아니라 자동차 부품 회사"라고 꼬집은 바 있다. 그의 계산에 따르면 2만 달러를 주고 산 차가 큰 사고를 당해 모든 부품을 교체하여 복원하려 했더니 물경 12만 5천 달러가 들더란다. 범퍼만 복고해도 서울 시내 교통 체증이 확 줄어들 것이다. 접촉 사고를 낸 운전자들이 마치 유원지에서 범퍼카를 즐기는 사람들처럼 서로 웃으며 지나칠 테니 말이다.

2015

1월 28일

허파꽈리 수난 시대

감기가 달라졌다. 근래 몇 년 동안 한 번이라도 감기에 걸려 본 사람이라면 누구나 하는 얘기지만, 요즘 감기는 왜 이리 끈질긴지 모르겠다. 감기는 기본적으로 바이러스로 인해 생기는 병인 만큼 특별한 약이 없다는 걸 잘 아는 나는 그저 휴식을 취하며 이겨 내려 했다. 하지만 보름이 넘도록 나아지지 않자 하는 수 없이 병원을 찾았다. 그러곤 감기를 미처 털어 내지 못한 상태에서 어쩔 수 없이 해외 출장을 나왔다. 그런데 외국에 나온 지 며칠 만에 신기하게도 몸이 한결 편해졌다.

내가 정말 감기를 앓기나 한 것인가? 이번 겨우내 중국 전역이 극심한 스모그에 뒤덮여 있다. 심한 날에는 베이징의 가시거리가 20미터도 채 안 된다고 한다. 예전에는 우주선에서도 또렷이 볼 수 있었던 만리장성을 언제부터인가 스모그 때문에 볼 수 없게 되었단다. 덩달아 한반도 상공의 미세 먼지 농도도 종종 위험 수준을 넘나들고 있다.

바야흐로 허파꽈리의 수난 시대이다.

동물의 호흡은 피부나 아가미에서 직접 기체 교환이 일어나는 외호흡에서 일단 기관과 허파로 공기를 들여온 다음 기체를 교환하는 내호흡으로 진화한 것처럼 보인다. 사람을 비롯한 포유류의 경우에는 코에서 후두를 통해 기관으로 들어온 공기가 두 갈래의 기관지로 나뉜 다음 허파 안으로 들어서면 기관세지들로 갈라졌다가 그 끝에 연결되어 있는 수많은 허파꽈리로 전달된다. 허파꽈리는 허파의 내부 표면적을 넓혀 공기 접촉을 극대화함으로써 일단 포집한 공기에서 산소를 효과적으로 분리해 낸다. 대단한 진화적 적응의 산물이다.

그러나 우리 포유류 조상들이 미처 예상하지 못했던 일이 벌어졌다. 먼 훗날 후손 중의 하나가 화석 연료를 캐내어 태우기 시작하면서 숨쉬기조차 불편할 지경으로 공기를 더럽힐 줄은 미처 몰랐던 것이다. 우리가 아직도 아가미로 호흡한다면 가끔 드러내 놓고 물로 씻어 낼 수 있으련만 허파꽈리는 뒤집어 빨 수가 없다. 허구한 날 온갖 오염 물질을 한반도 쪽으로 토해 내는 중국을 어찌할꼬? 소화 기관은 입에서 항문으로 뚫려 있건만 호흡 기관은 어쩌다 이렇게 막다른 골목으로 만들어 놓았을까? 작은 알약 크기의 내시경 로봇이 우리 내장을 활보하고 있건만 허파꽈리 구석에 박혀 있는 미세 먼지를 제거할 나노 로봇은 언제나 개발되려나.

2013

1월 29일

식물도 듣는다

'벼는 농군의 발자국 소리를 듣고 자란다'는 옛말이 있다. 모내기만 해 놓고 나 몰라라 하는 게 아니라 수시로 논을 둘러봐야 뜬묘나 병충해도 찾아내고 물도 제때 빼고 댈 수 있어 벼가 잘 자란다는 말이다. 그런데 벼가 실제로 농군의 소리를 듣고 있을지도 모른다는 연구 결과가 나왔다.

꽃이나 과일을 재배하는 사람들 중에는 식물에게 좋은 음악을 들려주면 훨씬 더 고운 꽃이 피고 열매도 많이 달린다고 주장하는 이들이 있다. 지금까지는 학계의 검증을 거친 연구가 별로 없어 그저 흥미로운 얘깃거리였지만 이제는 진지하게 들여다봐야 할지도 모른다.

최근 이스라엘 텔아비브대 연구진이 달맞이꽃에서 꽃가루를 옮겨 줄 벌이 다가오면 순간적으로 단물의 당도(糖度)가 높아진다는 연구 결과를 발표해 학계의 주목을 받고 있다. 흡사 위성 방송 수신 접시안테나처럼 생긴 달맞이꽃의 꽃잎은 벌의 날갯짓 소리를 포집해 꽃부리 속으로 내려보낸다. 연구진은 실내에서 달맞이꽃을 기르며 실험을 진행했다. 유리통 안에 넣어 공기 진동을 차단한 꽃과 벌의 소리를 녹음해 들려준 꽃을 비교했더니 후자의 단물 당도가 12~20퍼센트 증가하는 것으로 나타났다.

대부분의 꽃에서는 꽃 속 깊숙이 있는 단물을 빨아 먹으려 벌이 비집고 드나드는 과정에서 암술과 수술을 문지르며 꽃가루가 옮겨진다. 그러나 호박벌처럼 제법 몸집이 있는 벌들은 강력한 날갯짓으로 수술을 흔들어 꽃가루를 떨어뜨린다. 이번 연구 결과를 보며 나는 어쩌면 식물이 능동적으로 벌의 몸 위에 꽃가루를 뿌릴 수도 있겠다 싶었다.

소리는 공기나 물 등 다양한 매체의 진동이기 때문에 어떤 형태로든 진동을 감지(感知)할 수 있는 장치만 있으면 들을 수 있다. 우리는 귀로 듣지만 동물계에는 다양한 형태의 소리 감지 기관들이 있다. 식물이라고 듣지 못할 이유가 없어 보인다. 식물은 그동안 우리가 생각했던 것보다 훨씬 더 적극적이고 능동적일지도 모른다.

2019

1월 30일

스마트

나는 앞으로 10년간 우리가 가장 자주 사용할 단어 중의 하나가 '스마트(smart)'라고 생각한다. 스마트폰 사용자가 이미 2천만 명을 넘어섰고 이른바 '스마트시장'의 규모도 연간 50조 원을 육박하고 있다. 조만간 우리는 스마트홈에서 스마트TV를 보며, 스마트카를 타고 스마트시티를 누빌 것이란다. 기존의 전력 공급 시스템에 IT를 접목하여 공급자와 소비자가 실시간으로 정보를 교환하며 에너지 효율을 최적화할 수 있는 차세대 지능형 전력망 스마트그리드(smart grid)가 구축되고 있다. 바야흐로 '스마트시대'이다.

이처럼 스마트라는 말은 여기저기에서 쓰이고 있는데, 정작 그 뜻이 무어냐고 물으면 명확하게 답해 주는 사람이 별로 없다. '스마트(smart)'라는 단어는 원래 '똑똑하다(intelligent)', '맵시 있다(dandy)', '깔끔하다(neat)', '고급스럽다(fashionable)',

'민첩하다(quick)' 등의 뜻풀이를 가진 말이었는데 언제부터인가 '컴퓨터로 조절되는(computer-controlled)'이라는 뜻을 얻으면서 기존의 다른 좋은 의미 모두를 아우르는 대단히 포괄적인 단어로 거듭났다. 꼭 새로운 일이 아니더라도 좀 더 효율적으로 할 수 있고, 그래서 더 가치 있는 일들을 할 수 있는, 그러면서도 스스로 통제할 수 있는 상태가 스마트가 추구하는 이상향이다.

2001년부터 유엔이 추진하고 있는 새천년생태계평가(Millennium Ecosystem Assessment) 프로젝트의 2005년 보고서는 웰빙(well-being)과 일빙(ill-being)의 차이를 자신의 삶을 스스로 선택하고 추진할 수 있는 상태와 그러지 못해 무기력함을 느끼는 상태로 구분한다. 그렇다면 스마트는 이제 '현명하다(wise)' 또는 '행복하다(happy)'라는 뜻도 품어야 한다. 우리의 삶이 그저 성실하고 열심히 일하는 방식에서 효율적이고 창의적으로 일하는 방식으로 탈바꿈하고 있다. 날이 갈수록 다양해지고 복잡해지는 기술들을 통제 가능하도록 서로 융합하고 단순화하여 노자가 말한 무위이화(無爲而化)의 상태에 이르는 것이 바로 스마트가 꿈꾸는 세상이다. 그런데 이처럼 모든 게 하루가 다르게 스마트해지는데 도대체 정치는 언제나 스마트해지려나?

2012

1월 31일

이상적인 정부 조직

국립생태원장으로 부임하자마자 부서와 직책의 영문명을 정해야 했다. 나는 우선 원장을 디렉터(Director)가 아니라 프레지던트(President)로 정했다. 프레지던트라는 이름이 주는 권위의 육중함에 끌려 그리한 것은 결코 아니었다. 오히려 그 정반대였다. '지휘·감독하는 사람'이라는 뜻의 디렉터보다 '사회·주재하는 사람'이라는 뜻의 프레지던트가 훨씬 민주적이다. 프레지던트를 '대통령'으로 처음 번역한 사람이 누군지 모르지만, '클 대(大), 거느릴 통(統), 거느릴 령(領)'이니 백성 위에 군림하는 제왕을 모시고 그 거느림을 받기로 작정하고 자진해서 무릎을 꿇은 셈이다. 나는 이 봉건적인 호칭부터 바꿔야 한다고 생각하지만, 만일 그게 어렵다면 제도를 개선해야 한다.

무려 19년이나 미국 연방준비제도이사회 의장으로 세계 경제를 쥐락펴락했던 앨런 그린스펀은 참모들을 매파와 비둘기파로 갈라 논쟁을 벌이게 한 다음 이른바 정반합(正反合)의 결정을 이끌어 낸 것으로 유명하다. '벚꽃 대선'의 가능성을 전제로 정부 조직 개편 논의가 활발하다 해서 거의 15년 전에 제안했던 '두 부총리 제도'를 다시 한번 논의 테이블에 꺼내 놓는다. 물론 내 제안을 받아들여 그리한 것은 결코 아니겠지만, 우리 정부에는 현재 기획재정부 장관과 교육부 장관이 부총리를 겸하고 있으나 그들의 부처 간 조정 역할은 미미해 보인다.

산업·경제와 국방·외교 관련 부처들을 한데 묶고 교육·문화와 환경·복지 관련 부처들을 따로 묶어 위상이 대등한 두 부총리를 선임해, 이를테면 개발을 주장하는 매파와 보전을 옹호하는 비둘기파로 하여금 치열한 논리 싸움을 하게 하고 대통령 또는 '책임 총리'의 주재로 합의를 이끌어 내는 체제를 구축해야 한다고 생각한다. 우리 정부에는 경제를 담당하는 여러 부서의 장들을 한데 모은 경제팀은 있으나 복지·환경·문화·교육·과학 등을 아우르는 팀은 없다. 민주주의의 근간인 견제와 균형이 한 사람의 카리스마와 배려에서 나올 수는 없지 않은가?

2017

SECRETARIAT
COP PRESIDENT

CO-CHAIR

경험

도정일 선생님과 「대담」

두려운 세계와 호모 심비우스

과학은 가치와 의미를 추구하지 않는다?

진화생물학이 바로 이걸 하기 시작해서 인문학자를 불편하게 한다.

Identity & communication

소통

Robert Frost "좋은 담이 좋은 이웃을 만든다"

자연과학도 '무지'로부터 자유 확장

수학에서는 상상과 증명이 중심

– 증명 과정에서의 상상 ⇒ 생물학, 물리, 화학에서도

추론 conjecture

추론이 풀릴 때마다 quantum leap

푸앵카레의 추론은 실제로 계산으로 풀 수 있는 게 아니었음

상상력에도 급이 있다

과학은 말할 나위도 없고 — 과학에서는 상상이 문제풀이에 도움?

문학 작품에는 전부 상상이니

고급 상상력은 무엇인가?

우리와 공감(empathy, sympathy)

나의 상상력을 확장시켜주는

Brain excitement.

Jared Diamond '총, 균, 쇠'는 브로노프스키와 다르다

David Hume

Newton의 발견에 감명 → 자연철학

2

2월 1일

경제학 문진

나는 지난해부터 여러 다양한 분야의 학자들과 함께 교육과학기술부의 지원을 받아 문진포럼이란 걸 꾸리고 있다. '문진(問津)'은 공자가 제자 자로(子路)에게 "나루터가 어딘지 물어오라"며 한 말로 『논어』의 「미자(微子)」편에 나오는 표현이다. 강 건너에 있는 목적지에 가려면 반드시 거쳐야 하는 나루터는 이 시대의 인문사회학과 자연과학이 꼭 함께 찾아야 할 길목이다.

최근 정말 진지하게 나루터를 묻는 학문이 있다. 바로 경제학이다. 2007년 미국을 진원으로 하여 일어난 세계 금융 위기는 경제학을 심각한 주체성의 위기에 빠뜨렸다. 노벨경제학상 수상자들을 비롯한 대부분의 경제학 대가들조차 전혀 예상하지 못한 세계 경제의 총체적인 붕괴 앞에서 경제학은 학문의 뿌리부터 다시 생각할 수밖에 없게 되었다. 며칠 전 막을 내린 제40회 다보스 세계경제포럼의 주제도 '더 나은 세계-다시 생각하고, 다시 디자인하고,

다시 건설하자'였으며, 지난 1월 초 애틀랜타에서 열린 미국경제학회의 연례 총회에 모인 학자들도 경제학을 근본부터 다시 생각하자고 입을 모았다. "시장이 가장 잘 안다"는 믿음을 기반으로 한 시카고 학파의 시대가 저물고 있다.

그동안 경제학은 인간을 지극히 합리적인 동물로 간주하고 모든 이론 모델들을 세워 왔다. 하지만 우리가 제법 그런 존재이던가? 불과 몇 푼 싼 기름을 넣겠다고 먼 주유소까지 가느라 돈은 물론 시간까지 허비하며, 재래시장에서는 콩나물값 10원을 깎느라 승강이를 벌이곤 윤리적 기업이 만든 제품이라면 기꺼이 두둑한 웃돈까지 얹어 사는 게 우리들이다. 경제학이라면 모름지기 경제 활동의 주체인 인간이라는 동물의 행동과 본성을 들여다봐야 한다.

그래서 길을 찾는 경제학이 제일 먼저 진화생물학과 손을 잡았다. 시장을 하나의 적응 현상으로 보는 진화경제학은 30여 년의 역사에도 불구하고 제대로 조명받지 못했던 행동경제학에 행동의 메커니즘을 밝혀 줄 뇌과학을 접목하고 있다. 또한 세포와 생태계의 구조와 기능을 분석하는 시스템생물학으로부터 경제 구조를 보는 새로운 렌즈를 얻고 있다. 바야흐로 기계론적인 '뉴턴표' 경제학이 물러가고 '다윈표' 경제학이 들어서고 있다. 학문의 통섭(統攝)이 경제학과 더불어 어떤 탐스러운 열매를 맺을지 자못 기대된다.

2010

2월 2일

봄을 알리는 꽃나무

예넌에 비해 특별히 추운 것도 아니었건만 코로나19로 잔뜩 웅크린 마당에 바짝 추웠던 며칠 때문에 유난히 봄이 그리운 겨울이다. 요 며칠 일찌감치 숲에 다녀온 지인들이 SNS에 앞다퉈 복수초 사진을 올리고 있다. '영원한 행복과 슬픈 추억'이라는 꽃말을 지닌 복수초에는 변심한 여인에게 자살로 복수(復讐)한 남자의 무덤에 핀다거나 억울하게 죽임을 당한 노비가 주인에게 복수하려 꽃이 되었다는 설화가 전해 내려온다. 꽃이 피며 뿜어내는 열기로 덮인 눈을 녹인다 하여 '식물 난로'로 불리며 몸이 붓거나 복수(腹水)가 차는 병에 약재로도 쓰인다.

그러나 복수초의 '복수(福壽)'는 행복과 장수를 뜻한다. 일본 이름을 그대로 가져온 것인데 왠지 어색하다. 우리 식으로 수복초라 바꿔 불렀더라면 훨씬 익숙했을 것이다. 눈이나 얼음 속에서 꽃을 피운다 하여 설연화(雪蓮花) 혹은 빙리화(氷里花)라고도 부르지만, 이참에 '얼음새꽃'이라는 예쁜 우리 이름으로 부르면 좋을 것 같다.

봄에 제일 먼저 꽃이 피는 초본에 대해서는 이견이 없어 보이는데 목본에 관해서는 의견이 분분하다. 일반인들은 대개 산수유가 가장 빨리 꽃을 피우는 나무라고 생각하지만 그보다 앞서 저 남녘으로부터 음력 섣달에 피는 매화라는 이름을 가진 납매(臘梅)를 비롯해 풍년화와 동백의 개화 소식이 들려온다.

그러나 한겨울에도 산을 타는 산사람들이 만나는 봄의 전령은 따로 있다. 바로 생강나무다. 꽃 모양이 언뜻 산수유와 너무 흡사해 무심코 지나치기 십상이지만 생강나무 꽃은 꽃자루가 짧아 꽃들이 작은 공처럼 가지에 바짝 들러붙어 있다. 마을 가까이에서 사람이 돌봐 줘야 자라는 산수유와 달리 생강나무는 깊은 산 속 응달에서도 잘 자란다. 우리 산속의 봄은 얼음새꽃과 생강나무가 먼저 노랗게 물들인 다음 진달래가 분홍색 점을 찍으며 익어 간다.

2021

2월 3일

음악이 죽은 날

휴대전화 링톤으로 〈빈센트(Vincent)〉를 들은 게 올 들어 벌써 네 번째다. "별이 빛나는 밤에(Starry, starry night)"로 시작하는 돈 매클레인의 이 노래를 우리나라 사람들이 정말 좋아하는 모양이다. 하지만 개인적으로 나는 그의 노래 중에서 〈아메리칸 파이(American Pie)〉를 더 좋아한다. 영어 공부 삼아 외운 팝송 중에서 내가 가장 탐닉했던 가사다. "아주 먼 옛날/그 음악이 어떻게 나를 미소 짓게 했는지 나는 아직도 기억할 수 있다/(…)/그러나 2월은 나를 몸서리치게 만들었다/(…)/음악이 죽은 그날".

매클레인이 말하는 '음악이 죽은 날'이란 바로 1959년 2월 3일 버디 홀리가 비행기 추락 사고로 세상을 떠난 날이다. 홀리는 활동 기간이 기껏해야 3년밖에 안 됐지만 음악평론가들로부터 초기 로큰롤 음악 발전에 가장 큰 영향을 미친 음악인으로 평가받는다. 기타 둘, 베이스 하나, 드럼 하나로 만든 그의 밴드 '크리켓츠(The Crickets)'의 구성은 이내 록 밴드의 표준이 되었다. 딱정벌레를 연상시키는 이름 비틀스(The Beatles) 역시 홀리의 '귀뚜라미 밴드'에서 영감을 얻은 것이란다.

비록 요절했지만 지울 수 없는 족적을 남긴 버디 홀리에 비견할 우리나라 가수가 있다면, 그는 아마 유재하일 것이다. 홀리와 마찬가지로 유재하 역시 겨우 3년 남짓 활동하다 자동차 사고로 목숨을 잃었다. 《사랑하기 때문에》라는 이름의 앨범 한 장을 달랑 남겼을 뿐이지만 "우리나라 발라드 음악은 모두 유재하 음악의 모방"이라는 평이 나돌 정도로 그의 영향은 절대적이다. 나는 한때 종로 바닥의 음악 다방 디제이 대타를 뛸 만큼 팝송에 푹 빠져 살았다. 버디 홀리는 미국에 유학하여 뒤늦게나마 가까이 접할 수 있었지만 유재하가 활동하던 시절 내내 이 땅에 함께하지 못한 아쉬움은 영원히 채워지지 않을 것 같다. 짧고 굵게 살다 간 이들 앞에 가늘고 길게 살고 있는 내가 어딘지 초라하고 구차하다.

2015

2월 4일

인간유일 (人間唯一)

국제 신경과학 학술지 『뉴런(Neuron)』 최신 호에는 영국 옥스퍼드대 연구진이 다른 영장류와 달리 인간의 뇌에만 존재하는 독특한 부위를 찾았다는 연구 결과가 실렸다. 인간을 비롯한 영장류 두뇌에서 전두 피질의 복부 측면은 미래를 기획하거나 중요한 결정을 내리는 과정에 관여한다. 각각 25명의 인간과 마카크원숭이의 뇌를 MRI로 비교해 보았더니 12개 부위 중 11개 부위는 비슷하나 한 부위는 오로지 인간 뇌에서만 발견되었다. 그런데 바로 이 부위가 '멀티태스킹(multi-tasking)'을 포함한 고도의 인지와 언어 능력을 조정하는 부위라는 것이다.

예로부터 인간은 늘 우리가 다른 동물과 어떻게 다른가를 얘기하느라 바쁘다. 그래서 때론 '인간은 이런데 동물은 이렇다'는 식으로 얘기한다. 마치 인간은 동물이 아니라는 것처럼. 그렇다고 우리가 식물이나 무생물도 아니건만. 인간도 엄연한 동물이다. 척삭동물문, 포유강, 영장목,

사람과에 속하는 동물이다. 게다가 우리와 가장 가까운 침팬지와는 유전자를 98.6퍼센트나 공유하는 것으로 드러났다.

'생각한다, 그러므로 존재한다'는 명제를 남긴 근대 철학의 아버지 데카르트는 세상이 정신과 물질의 두 실체로 이뤄져 있다고 보았다. 그에 따르면 인간만이 정신과 물질이 한데 어우러진 존재이고 다른 모든 생물은 오로지 물질로만 구성돼 있다. 철학과 수학보다 어떤 면으로는 해부학과 생리학에 더 심취해 있던 그는 당시 인간의 뇌에서만 발견된 송과체(松果體·pineal gland)를 '영혼의 자리(seat of the soul)'로 규정했다. 그러므로 오로지 인간만이 영혼을 지닌다고 설명했다.

그러나 머지않아 송과체는 다른 여러 동물의 뇌에서도 발견됐다. 하지만 데카르트는 이에 대해 일언반구 언급 없이 세상을 떠났다. 이 세상 모든 생명이 DNA의 역사로 이어져 있는 마당에 인간만 유일하다는 주장은 결코 쉽게 할 게 아니다. 이번에 발견했다는 그 '유일한' 부위도 언제 어느 다른 영장류에서 불쑥 튀어나올지 아무도 장담하지 못한다.

2014

2월 5일

끼

온 세상을 졸지에 말춤의 도가니로 몰아넣은 싸이를 보며 도대체 끼라는 게 무얼까 생각해 본다. 아내는 나더러 끼가 많은 남자라고 한다. 예술은 자기가 하면서 과학 하는 나한테 예술을 했더라면 오히려 더 잘했을지 모른다고 부추긴다.

하기야 나는 중학교 시절부터 시인이 되겠답시고 껍죽거렸고 대학 입시를 얼마 남기지 않은 시점에는 홀연 미대에 가겠다는 어쭙잖은 꿈을 꾸기도 했다. 어느 책에서 고백했듯이 나는 어쩌면 다음 생에서 춤꾼으로 태어날지도 모른다. 어쩌다 점잖은 학자가 되어 호시탐탐 튀어 오르려는 끼를 애써 억누르고 사는 내가 가끔 안쓰럽긴 하다.

평생 음악인으로 산 한국예술종합학교 이강숙 전 총장님은 은퇴하신 뒤 소설을 쓰느라 여념이 없다. 선생님이 과연 세계적인 문호로 거듭날지는 더 두고 봐야겠지만 자신의 끼가 피어오르는 대로 사시는 모습이 마냥 아름다워 보인다.

지난해 서울대생들이 도서관에서 많이 빌린 책 중 하나인 『총, 균, 쇠』의 저자 다이아몬드 UCLA 교수는 학자로서 끼를 종횡무진 흩뿌리며 산다. UCLA 의대 생리학 교수로 시작하여 생태진화생물학과 교수를 거쳐 지금은 아예 지리학과로 자리를 옮겨 인류 문명에 관한 연구를 하고 있다. 학자의 삶에도 끼를 펼칠 길은 무궁무진하다. 반드시 붓을 꺾어야만 끼를 부릴 수 있는 건 아니다.

영어 사전은 '끼'를 'talent'로 번역하지만 'talent'를 다시 우리말로 번역하면 '재능'이 된다. 그러나 재능은 있어 보이는데 그걸 발휘하지 못하는 사람을 가리켜 끼가 없다고 하는 걸 보면 끼는 분명 재능 이상의 속성이다.

21세기 세계 경제의 패권은 누가 더 탁월한 창의적 인재를 길러 내느냐로 판가름 날 것이다. 끼를 학술적으로 어떻게 규정해야 할지 잘 모르겠지만 우리가 그토록 갈구하는 창의성이란 결국 끼의 구체적인 표현이 아닐까 싶다. 재능은 연마할 수 있지만 끼는 타고나는 기질이다. 박근혜 당선인은 '학생들의 꿈과 끼를 끌어내는 행복 교육'을 공약으로 내세웠는데 "학교의 자율성을 확대하고 진로 교육을 강화하겠다"는 사뭇 구태의연한 노력으로는 수십 년간 꽁꽁 싸매 둔 끼를 풀어헤치기 어렵다. 우리 교육계에 그야말로 환골(換骨) 수준의 개혁이 필요하다.

2013

2월 6일*

SNS와 페로몬

* 세계 여성 할례 금지의 날

다세포 생물의 몸 안에서 세포들 간의 정보 전달을 도와주는 화학 물질을 호르몬이라고 한다. 비슷한 일이 개체와 개체 간에도 벌어지는데 이때 작용하는 화학 물질이 바로 페로몬이다. 호르몬은 주로 내분비선에서 분비되어 혈관이나 림프관을 타고 표적 기관으로 수송된다. 반면 페로몬은 그걸 만들어 낸 개체의 몸을 빠져나와 공기와 물과 같은 매체에 의해 다른 개체들에게 전달되어 특정한 생리적 또는 사회적 반응을 일으킨다.

처음으로 화학 구조식이 밝혀진 페로몬은 누에나방의 성(性)페로몬인 봄비콜(bombykol)이었다. 1959년 독일의 생화학자 아돌프 부테난트는 누에나방 암컷을 무려 25만 마리나 잡아 그로부터 12밀리그램의 추출물을 얻어 봄비콜의 화학 구조를 분석해 냈다. 이제는 암나방 한 마리만 가져도 가능한 분석이지만 당시로서는 엄청난 노동을 요구하는 연구였다. 부테난트는 이미 다른 연구로 1939년 노벨화학상을 수상한 바 있지만, 만일 '노벨노동상'이란 게 있다면 당연히 그가 수상했어야 한다고 생각한다.

예전에 우리는 확성기를 사용하여 고함을 지르거나 한꺼번에 여럿이 전화통에 매달려 보다 많은 사람들에게 소식을 전하곤 했다. 신문이 동시에 많은 사람들에게 전달되지만 아침이나 저녁까지 기다려야 했다. 그래서 정말 급하면 호외를 돌렸다. 그런데 나는 요즘 우리 사회에 만연되어 있는 SNS를 지켜보며 이제 우리 인간에게도 드디어 본격적인 페로몬이 생겼다는 생각이 든다. 현대인이라면 누구나 '페로몬 수신기' 한 개쯤은 다 지니고 다닌다. 우리가 어느덧 순식간에 동일한 정보를 수신하고 집단으로 행동하는 개미가 된 느낌이다.

페로몬은 기능에 따라 분비량과 지속 기간이 매우 다양하다. 오줌이나 똥에 섞여 나와 자신의 영역을 표시하는 데 사용되는 페로몬은 오래 지속될수록 좋아 비교적 다량으로 분비되지만, 개미 사회에서 동료들을 먹이가 있는 곳으로 인도하기 위해 분비하는 냄샛길페로몬이나 위험을 알리기 위해 뿜어내는 경고페로몬은 휘발성이 강한 것이 상대적으로 유리하다. 먹이나 위험이 사라진 후에도 길게 남으면 공연히 헛수고를 부르기 때문이다. 이제 SNS도 기능에 따라 유형을 분류하여 전략적으로 연구할 필요가 있어 보인다.

2012

2월 7일

유난히도 긴 겨울

설날 다음 날인 지난 2월 4일이 입춘이었다. 빼앗긴 들에도 봄은 온다더니 요 며칠 동안에는 희미하게나마 봄이 오는 소리가 들리는 듯싶다. 창문 가득 내 방을 들여다보며 서 있는 목련나무 꽃봉오리도 한결 도톰해진 것 같다. 하지만 마당 한편에 지난해에 내린 눈이 여전히 녹지 않고 매달려 있는 걸 보면 동장군이 우리를 그리 쉽사리 놓아줄 것 같지 않아 보인다. 이번 겨울은 왜 이리도 길게 느껴지는 것일까?

나는 그 이유가 어쩌면 우리가 운전을 할 때 가는 길보다 오는 길을 훨씬 짧게 느끼는 이치와 흡사할 것 같다고 생각한다. 목적지를 향해 갈 때보다 돌아올 때 훨씬 짧다고 느낀 경험은 누구에게나 있을 것이다. 이번 설 연휴에도 귀성길과 귀경길이 다르게 느껴졌는지 모르지만 이런 차이는 초행길이나 자주 다니지 않는 길의 경우에 특별히 두드러진다.

가고 오는 길의 실제 거리가 서로 다를 리 없지만 돌아오는 길은 적어도 한 번은 달려 본 길인 만큼 조금이라도 더 익숙하여 빨리 달렸을 가능성을 배제할 수는 없다. 하지만 어느 프랑스 심리학자의 실험에 의하면 실제로 차이가 나는 게 아니라 우리 뇌가 그렇게 착각하는 것이란다. 파리 시민에게 파리의 거리 사진을 보여 주며 그들이 느끼는 시간의 길이를 측정한 결과, 사람들이 본 사진의 수와 그들이 느끼는 시간의 길이가 비례하는 걸로 나타났다. 가령 1분에 서른 장의 사진을 본 사람들이 같은 시간 동안 열 장을 본 사람들보다 시간이 훨씬 많이 지났다고 느낀 것이다. 목적지를 향해 운전을 할 때 우리 뇌는 마음속에 지도를 만들기 위해 주변 풍경에 대해 되도록 많은 정보 사진을 찍느라 바쁘지만 돌아오는 길에는 그럴 필요가 없어 덜 분주하다.

이번 겨울이 예년의 겨울과 특별히 다른 점이 있다면 예전에는 그저 한 사나흘 춥다간 풀리던 날씨가 이번에는 호되게 추운 날들이 지겹도록 길게 이어졌다는 것이다. 나는 바로 이 점이 우리로 하여금 이번 겨울을 유난히도 길게 느끼도록 만든 게 아닐까 싶다. 실제로는 지구온난화의 영향으로 한반도의 겨울은 최근 점점 짧아지고 있다. 그러니 이장희 시인이 「봄은 고양이로다」에서 읊은 것처럼 "고요히 다물은 고양이 입술에/포근한 봄 졸음이 떠돌" 날도 그리 머지않았으리라.

2011

2월 8일

오름과 내림

도요타의 추락이 예사롭지 않다. 자동차 산업의 재기를 절치부심(切齒腐心)하던 미국이 마치 피 냄새를 맡은 하이에나처럼 연일 으르렁거린다. 자동 제동 장치의 결함으로 시작된 리콜 사태가 잘나가던 하이브리드 자동차 프리우스로 번지며 도요타는 창사 이래 최악의 위기를 맞고 있다.

사실 도요타는 최근까지 일등 기업의 대명사였다. 2007년 우리말로 번역되어 나온 『도요타는 어떻게 세계 1등이 되었나』에는 도요타의 열다섯 가지 기본 원칙이 소개되어 있다. 그중에는 '도요타는 완벽을 추구한다', '권위적인 태도보다 겸손의 힘이 더 세다' 등 지금 읽으면 낯이 뜨거워질 원칙들이 줄줄이 담겨 있다. 특히 '문제를 드러내면 해결책이 보인다'라는 원칙의 세부 사항에는 "문제를 발견하면 환영받는다"라는 말도 있고, '문제점은 최대한 빨리 드러낸다'에는 "도요타는 리콜을 망설이지 않는다"라는 말도 버젓이 적혀 있다.

세계 자동차 업계에서 도요타는 오랫동안 2등이었다. 1등을 추격할 때에는 겸손하게 문제를 드러내고 리콜도 마다하지 않았는데, 어느 순간 1등이 되고 난 다음부터는 고백이 예전처럼 쉽지 않았나 보다. 1등으로서 지켜야 할 권위와 완벽 추구의 자박(自縛)이 도요타를 망설이게 한 것이다. “가장 높은 정상까지 올라갈 수는 있지만 거기 오래 머물 수는 없다”던 버나드 쇼의 혜안이 새롭다.

세상사를 둘러보면 오름의 추세는 대체로 완만한데 내림은 너무나 급하기 짝이 없어 보인다. 따뜻한 공기는 상승 기류를 타고 서서히 하늘로 올라 구름이 되었다가 비나 눈이 되어 땅으로 곤두박질한다. 주가도 오를 땐 야금야금 애를 태우다가 떨어질 땐 폭락한다. 얼마 전에는 평소 좋은 이미지를 쌓아 가던 어느 개그맨이 야밤 폭행 사건 하나로 하루아침에 추락하고 말았다.

사전에서 ‘상승’의 반대말을 찾으면 ‘하강’ 또는 ‘하락’이라 이르건만, 실제로는 ‘폭락’ 아니면 ‘추락’이라고 느낀다면 나만의 관찰 오류일까? 하기야 물가는 종종 폭등하며 일단 오르면 좀처럼 내려오지 않지만. 오름과 내림의 이런 불균형에는 어떤 물리 법칙이 존재하는 것일까? 공중으로 던진 공이 그리는 포물선에서 자연의 대칭성을 읽는 고전역학으로는 설명하기 어려울 듯싶다.

2010

2월 9일

우생학의 그림자

2월 16일은 우생학과 인연이 깊은 날이다. 우생학은 영어로 'eugenics'라 하는데, '우월한'이라는 뜻의 그리스어 'eu'와 '태생'을 의미하는 'genos'가 합쳐진 말로 '우월한 태생에 관한 연구'라는 뜻이다. 이 말을 처음 만든 영국의 생물통계학자 프랜시스 골턴(Francis Galton)은 사촌인 다윈의 자연선택 이론을 적용하면 미래 세대 인류를 질적으로 향상 또는 저하시킬 수 있다고 확신했다.

이 같은 긍정적 혹은 부정적 우생학 개념과 제안은 플라톤의 '국가론'까지 거슬러 올라간다. 플라톤은 우월한 사회를 만들려면 상류층만 자식을 낳고 하류층은 자식 낳기를 자제해야 한다고 주장했다. 싱가포르 리콴유 전 총리는 "우수한 교육을 받고 사회적으로 성공한 사람들만 아이를 낳아야" 국가가 발전한다며 고등학교 졸업장이 없는 저소득층 여성이 불임 수술을 받으면 아파트 계약금을 지원했다.

1822년 2월 16일 프랜시스 골턴이 태어났다. 이어서 1834년에는 에른스트 헤켈, 1891년에는 한스 귄터가 탄생했다. "개체 발생은 계통 발생을 되풀이한다"는 명제로 유명한 헤켈은 과학적 인종주의를 옹호했다. 하버드대 고생물학자 스티븐 제이 굴드는 헤켈의 연구가 훗날 나치 이데올로기의 초석이 되었다고 평가했다. 헤켈의 전통을 이어받은 귄터는 히틀러가 권력을 쥐기 1년 전부터 나치당에 가입해 아리안(Aryan) 민족주의 우월 사상의 정신적 지주로 군림했다. 히틀러의 서재에는 그의 책이 여섯 권이나 꽂혀 있었다고 한다.

나치의 만행으로 우생학은 학계에서 거의 퇴출되다시피 했지만 사실 우생학은 그 자체로는 손색없는 과학이다. 그러나 태아의 성을 감별해 낙태 시술을 하는 행위나 유전자를 선별적으로 제거 또는 조작할 수 있는 유전자 가위(CRISPR) 기술 개발 등 우생학의 언저리에는 늘 이데올로기 바이러스가 넘실댄다.

2021

2월 10일

성공하는 입버릇

거의 10년 전에 나온 일본 작가 사토 도미오의 『인생은 말하는 대로 된다』는 책이 있다. 우리 주변에는 매사를 부정적으로 말하는 사람이 있다. 유심히 관찰해 보라. 그런 이 중에 성공한 사람이 몇이나 있는지. 인생이 마음먹은 대로 풀리지 않아 부정적으로 말하게 되는 경우도 있지만 부정적으로 말하다 보면 결국 인생을 망친다는 게 저자의 주장이다.

우리 뇌에는 오래된 뇌인 변연계와 새로운 뇌인 신피질이 공존하는데, 신피질에서 어떤 생각을 하느냐에 따라 변연계가 우리 몸의 생리를 그에 맞게 조율한다. 또한 우리는 다른 동물과 달리 생각을 말로 내뱉는 순간 그걸 귀가 듣고 다시 뇌로 전해 효과가 가중된다. '실패하는 입버릇'에서 '성공하는 입버릇'으로 바꾸는 순간 인생이 180도 달라진단다.

평생 환경 운동에 헌신해 온 최열 환경재단 대표가 당신도 지인에게 들었다며 살면서 절대 하지 말아야 할 말 세 마디를 알려 줬다. 바로 "바쁘다, 힘들다, 죽겠다"였다. 나는 종종 "대한민국에서 제일 바쁜 사람이 왔다"는 소개를 받는다. 타고난 오지랖을 어쩌지 못해 온갖 세상일에 두루 참견하느라 솔직히 바쁜 건 사실이다. 그래서 어쩌면 나도 모르게 '바쁘다'는 말은 한두 차례 뱉었는지 모른다. 하지만 '힘들다' 또는 '죽겠다'는 말은 해 본 기억이 없다. 그런데 어떤 이는 아예 이 세 마디를 3종 세트로 묶어 "바빠서 힘들어 죽겠다"며 산단다.

아내가 요즘 들어 부쩍 '힘들다'는 말을 입에 달고 산다. 타고난 책임감 때문에 무슨 일이든 맡으면 거의 목숨 걸고 하는 성격인데, 대형 연구 프로젝트를 수행하는 것도 모자라 얼마 전부터는 학교 보직까지 맡아 정말 눈코 뜰 새 없이 바쁘다. 아무리 책임감 때문이라지만 이러다 자칫 건강을 해칠까 두렵다. 우리 모두 "바빠서 힘들어 죽겠다" 대신 "신나서 행복해 죽겠다"며 살 수 있으면 얼마나 좋을까? 어이쿠, 내가 어쩌다 그만 '죽겠다'고 했네. 하지만 이런 문맥의 '죽겠다'는 오히려 '살판난다'는 뜻임을 우리 뇌는 잘 알고 있다.

2015

2월 11일

억울한 천산갑

신종 코로나바이러스가 박쥐에서 천산갑을 거쳐 인간으로 전파됐을 것이라는 연구 결과가 나왔다. 중국 화난농업대 연구진은 최근 다양한 야생 동물에서 추출한 시료들을 검사한 결과 천산갑에서 나온 바이러스 유전체 염기 서열이 신종 코로나바이러스의 서열과 99퍼센트 일치한다고 밝혔다. 연구진이 분석한 천산갑 시료가 우한 화난시장에서 나온 것이 아니라서 직접적인 경로가 판명된 것은 아니지만 천산갑이 중간 숙주일 가능성은 충분해졌다.

천산갑은 비늘로 뒤덮인 개미핥기다. 우리가 흔히 개미핥기라고 부르는 동물은 아메리카 대륙 열대 지방에 살며 다른 포유동물과 마찬가지로 온몸이 털로 뒤덮여 있다. 천산갑은 특이하게 머리, 몸, 다리, 꼬리 윗면이 마치 솔방울처럼 비늘로 켜켜이 덮여 있으며 대만과 중국 남부에서 동남아시아와 아프리카에 걸쳐 분포한다. 길이가 30~40센티미터에 이르는 긴 혀로 주로 개미나 흰개미를 잡아먹으며 위협을 느끼면 몸을 공처럼 동그랗게 말아 방어한다.

천산갑의 비늘은 예로부터 갈아 먹으면 종기를 가라앉히고 혈액 순환에 좋다 하여 한약재로 쓰인다. 이 때문에 천산갑은 멸종위기종으로 분류되어 있는데도 대량으로 포획돼 중국으로 밀수출되고 있다. 천산갑 비늘의 화학 성분은 머리털, 손톱, 발톱, 피부 등 상피 구조의 기본을 형성하는 각질 단백질 케라틴(keratin)이다. 비싼 돈 주고 어렵게 구한 천산갑 비늘은 화학적으로 볼 때 가끔씩 깎아 버리는 우리 손톱, 발톱과 진배없다.

이 법석판에 공교롭게도 2월 15일이 '세계 천산갑의 날'이다. 아무리 뜯어봐도 딱히 약재로 쓸 만한 게 없어 보이는데 언제부턴가 뜬금없게도 정력에 좋다는 소문까지 나돌아 중국에서는 밀수하다 적발된 천산갑 비늘이 때로 수십 톤에 달한다고 한다. 케라틴 쪼가리 떼려다 바이러스 혹 붙여 올 일 있나? 제발 천산갑도 살리고 우리도 살자!

2020

2월 12일

링컨과 다윈

지금으로부터 204년 전인 1809년 오늘 인류 역사의 향방을 송두리째 바꿔 놓은 두 거인, 에이브러햄 링컨(Abraham Lincoln)과 찰스 다윈(Charles Darwin)이 태어났다. 링컨은 미국 켄터키의 통나무집에서 태어났고 다윈은 대서양 건너 영국의 슈루즈베리에서 태어났다. 두 사람은 모두 어려서 어머니를 여의고 50대에 들어서야 이른바 '출세'했다는 공통점을 지닌다. 다윈이 『종의 기원』을 출간한 해가 그의 나이 50이 되던 1859년이었고, 링컨은 52세에 제16대 미국 대통령으로 취임했다.

해마다 이 무렵이면 사람들은 이 둘 중 누가 인류사에 더 큰 영향을 미쳤는가를 두고 부질없는 공방을 벌인다. 링컨이 없었더라면 미국의 노예 해방은 아예 일어나지 않았거나 상당히 늦어졌을 것이고, 그랬다면 오바마가 미국의 대통령이 되는 사건은 일어나지 않았을 것이다. 링컨이 인권 평등의 역사를 바로 세웠다면, 다윈은 인간을 포함한 모든 생물이 태초에 한 생명체로부터 분화되어 나온 진화의 산물임을 깨닫게 해 주었다. 인간이 이 세상 모든 다른 생물과 근원적으로 한 가족이라는 사실처럼 우리를 철저하게 겸허하게 만드는 개념이 또 있을까? 다윈은 우리에게 생명권의 평등을 일깨워 준 사상가이다.

'노예 제도 철폐'는 사실 다윈의 집안사였다. 다윈의 외삼촌이자 장인인 조스 웨지우드는 영국 깃발 아래 노예를 그려 넣고 "신은 피 하나로 모든 민족을 만드셨다"는 문구를 새긴 상표를 사용했으며 반노예 단체에 기부금을 내기도 했다. 영국의 과학사학자 에이드리언 데즈먼드와 제임스 무어는 아직 우리말로 번역되지 않은 그들의 공저 『다윈의 신성한 대의(Darwin's Sacred Cause)』에서 다윈의 진화 이론을 추동한 힘은 그가 비글 항해 중에 목격한 야만적인 노예 제도에 대한 혐오감이었다고 주장한다. 다윈은 흑인 노예들에게 채찍을 휘두르며 복종하지 않으면 자식들을 팔아 버리겠다고 협박하는 주인들을 보고도 "항의 한마디 못 하는 나 자신이 어린애처럼 무력하게 느껴졌다"고 적었다. 그는 영국에 돌아오자마자 거의 곧바로 '공동 자손(common descent)'의 개념에 대해 연구하여 결국 자연선택 이론을 개발했다. 다윈의 이론은 도덕을 과학으로 승화시킨 아름다운 사례이다.

2013

2월 13일

폭탄먼지벌레

일명 '방귀벌레'라 불리는 딱정벌레가 있다. 정식 명칭은 '폭탄먼지벌레(bombardier beetle)'인데 잘못 건드리면 항문에서 피식 소리를 내며 매캐한 독가스를 내뿜는다. 냄새가 역겨운 건 둘째 치고 엄청나게 뜨겁다. 펄펄 끓는 물의 온도인 100도에 달한다.

과산화수소와 하이드로퀴논을 복부 주머니에 따로 저장하고 있다가 위협을 느끼면 판막을 열어 배설강으로 내보내 한데 섞이게 하면 순식간에 끓어오르며 수증기 상태로 분사된다. 평범한 딱정벌레인 줄 알고 집어삼키려던 포식 동물은 "어마 뜨거라" 하며 줄행랑을 친다.

찰스 다윈이 어렸을 때 이 벌레에 혀와 입천장을 덴 일화는 유명하다. 딱정벌레를 양손에 한 마리씩 잡은 상태에서 또 한 마리를 잡으려고 오른손에 쥐고 있던 딱정벌레를 입안에 잠시 털어 넣었다가 봉변을 당한 얘기가 그의 자서전에 적혀 있다.

최근 일본 고베대 생태학자들이 다윈이 겪었던 고통을 두꺼비는 어떻게 견뎌 내나 연구했다. 놀랍게도 실험 과정에서 두꺼비가 삼킨 폭탄먼지벌레 중 거의 절반(43퍼센트)이 광명을 되찾았다. 두꺼비 배 속에 들어간 지 짧게는 12분, 길게는 1시간 47분 만에 끈적끈적한 점액에 휩싸인 채 토해진 벌레들은 제 발로 사고 현장을 빠져나가 17일에서 무려 562일 동안 제2의 삶을 누렸단다.

지금 평창에서 동계올림픽 경기를 즐기고 계신 분들을 위해 폭탄먼지벌레 핫 팩을 개발하면 어떨까 싶다. 이처럼 오랜 진화의 역사를 통해 자연이 먼저 개발해 놓은 원리나 기술을 베껴다 사용하고자 하는 시도를 '생체 모방' 또는 '자연 모사'라 한다.

1980년대 후반부터 싹트기 시작한 이른바 '청색 기술'을 탐구하는 이 학문 분야에 나는 '의생학(擬生學)'이라는 이름을 붙여 줬다. 하버드대 뷔스연구소를 비롯해 세계 각국이 각축을 벌이기 시작한 이 새로운 분야에 우리 정부도 드디어 팔을 걷어붙였다. 다짜고짜 시장에 내놓을 기술에 코부터 박지 말고 기초부터 제대로 다졌으면 한다.

2018

2월 14일

기후변화와 거북이

고등학교 시절에 생물학을 배운 사람이라면 누구나 알고 있다. 인간 세포에는 23쌍의 염색체가 들어 있고 그중 한 쌍이 이른바 성염색체인데, 그 한 쌍의 염색체가 크기나 모양이 서로 동일하면 여성(XX)이 되고 다르면 남성(XY)이 된다. 그러나 성을 결정하는 메커니즘은 이뿐이 아니다. 새와 일부 파충류에서는 정반대의 시스템이 작동한다. 한 쌍의 성염색체가 동일하면 수컷(ZZ)이 되고 다르면 암컷(ZW)이 된다. 메뚜기, 귀뚜라미 그리고 바퀴벌레의 수컷은 아예 성염색체가 하나뿐(XO)이다. 수벌이나 수개미는 성염색체뿐 아니라 염색체 모두를 쌍이 아니라 한 짝씩만 갖고 있다. 염색체의 양으로만 보면 수벌과 수개미는 그야말로 반쪽짜리다.

황당하게도 성 결정을 아예 환경 조건에 내맡기는 동물도 있다. 대표적으로 악어와 거북이의 경우 알이 부화하는 과정에서 온도에 따라 암수가 갈린다. 악어는 중간 온도에서는 수컷으로 태어나고 특별히 춥거나 더우면 암컷이 된다. 거북이의 경우에는 온도가 낮을수록 수컷이 많이 태어나고 높아지면 암컷이 많아진다. 최근 기후변화로 인해 이들의 성비가 널을 뛰기 시작했다. 지구의 평균 온도가 빠른 속도로 상승하면서 지나치게 많은 암컷 거북이 태어나고 반대로 수컷이 너무 희귀해져 자칫 멸종에 이를 것이라는 섬뜩한 예측이 나와 있다.

하지만 영국 『왕립학회보B』 최신 호에 게재된 논문에 따르면 이 예측은 기우에 지나지 않았다. 암컷이 많아지긴 했어도 소수의 수컷이 여러 암컷과 짝짓기를 하는 데 전혀 어려움이 없어 개체군의 크기는 별로 줄어들지 않았다. 연구진은 대신 온도가 너무 많이 오르면 알들이 부화하지 못하고 익어 버릴 수 있다고 경고했다. 바닷가 모래밭의 온도가 섭씨 35도까지 오르면 부화율이 5퍼센트까지 떨어질 것이라는 계산이 나왔다. 왜곡된 성비가 문제가 아니라 '삶은 귀란(龜卵)'이 걱정이다. 어미 거북이 이 같은 기후변화를 감지하고 좀 더 서늘한 바닷가를 찾으면 좋으련만 아직은 그럴 기미가 보이지 않는다.

2017

2월 15일

유추,
생각의 중추

2월 15일 오늘은 세 사람의 탁월한 사상가가 태어난 날이다. 제러미 벤담(1748), 앨프리드 화이트헤드(1861), 그리고 더글러스 호프스태터(1945)가 얼추 100년 간격으로 탄생했다. 법률가로 시작해 공리주의 철학을 집대성한 벤담과 수학을 공부하고 이른바 과정철학(process philosophy) 분야를 정립한 화이트헤드에 관해서는 익히 알고 있겠지만 호프스태터는 좀 낯설지 모른다. 그러나 1979년 그에게 퓰리처상과 전미도서상을 안겨 준 책 『괴델, 에셔, 바흐』를 최애하는 독자는 은근히 많다.

호프스태터에게는 '걸어 다니는 백과사전(Walking encyclopedia)'이라는 별명이 따라다닌다. 서양의 다빈치나 우리나라의 정약용 같은 사람을 일컫는 말이다. 물리학 박사 과정에서 훗날 '호프스태터의 나비(Hofstadter's butterfly)'로 불리게 된 자기장 전자 프랙털 현상을 발견해 일약 유명해지지만, 그는 이내 그 무렵 막 태동한 인지과학 분야로 뛰어든다. 지금은 주로 심리학과 철학의 영역에서 노닌다.

2017년 나는 그가 프랑스 심리학자 에마뉘엘 상데와 함께 저술한 『사고의 본질』 우리말 번역본의 감수와 해제를 맡았다. 이상화 시인이 봄을 고양이에 비유한 것처럼 우리는 흔히 유추를 시적 수사법의 하나쯤으로 생각한다. 그러나 호프스태터와 상데는 유추를 생소한 사물이나 개념을 경험의 기억에 비교해 이해하는 '순진한' 수준이 아니라 우리의 생각을 지배하는 중추 메커니즘이라고 역설한다.

유추 혹은 비유가 사고의 한 유형이 아니라 인간 인지 활동의 핵심이라는 저자들의 주장은 선뜻 받아들이기 쉽지 않다. 그러나 책을 읽으며 가랑비에 옷 젖듯 서서히 스며들다 보면 어느덧 구름이 걷히고 책을 덮을 무렵이면 유추를 거치지 않는 사고가 있는지 찾기 시작한다. 적어도 나는 그렇게 설득당했다. 오미크론 변이의 창궐로 뜻하지 않게 격리당했다면 한번 도전해 보시라. 슬기로운 격리 생활이 될 것이다.

2022

2월 16일

붉은원숭이해

2016년이 밝자마자 병신년(丙申年)이 왔다고 떠들썩했지만 간지(干支) 달력에 따르면 양력설이 아니라 음력설이 새해의 시작이다. 올해는 삼장 법사, 저팔계, 사오정과 더불어 『서유기』의 주인공인 손오공의 해, 즉 '붉은원숭이의 해'이다. 손오공의 실제 모델은 들창코원숭이(snub-nosed monkey)인데 중국 남부 및 베트남과 미얀마 북부에 모두 다섯 종이 살고 있다. 그중 제일 예쁜 황금들창코원숭이가 에버랜드 동물원에 있다. 우리는 "원숭이 똥구멍은 빨개"라고 노래하지만 특이하게도 이 원숭이는 눈가와 똥구멍이 파랗다.

면적이나 인구뿐 아니라 생물다양성도 풍성한 중국에는 적어도 18종의 영장류가 살고 있다. 이 중 세계 최대의 개체군을 자랑하는 현생 인류 호모 사피엔스를 제외하면 들창코원숭이를 비롯해 나머지 모두 거의 멸종위기종이다. 한 종의 영장류가 화려한 성공 가도를 달리는 동인 다른 종들은 존재 자체를 위협받고 있다. 일본 열도에도 1억 2천만여 명의 호모 사피엔스와 11만여 마리의 일본원숭이가 살고 있다.

많은 사람이 한반도에는 단 한 종의 영장류인 호모 사피엔스만 존재한다고 아는데 그건 사실과 다르다. 충북대 박물관에는 충북 청원군 두루봉 동굴에서 발굴한 구석기 시대 유물이 전시되어 있는데, 그중에는 현생 일본원숭이의 사촌 격인 '큰원숭이(*Macaca robusta*)' 화석이 포함되어 있다. 일본과 중국에는 지금도 원숭이들이 살아 있건만 어쩌다 우리 조상은 함께 지내던 원숭이들을 모조리 절멸시켜 버렸는지 심히 섭섭하다. 기후를 탓할 수는 없어 보인다. 황금들창코원숭이가 사는 중국 서남부 고산 지대에는 툭하면 눈이 쏟아지고 일본원숭이는 온천을 즐기며 겨울을 난다. 두루봉 동굴에서는 모두 46종의 동물 뼈가 발견되었는데 포유류가 대부분이었고 화덕 자리 옆에서 돌칼 등과 함께 발견된 것으로 보아 사냥에 의한 절멸 가능성을 배제하기 어렵다. 예나 지금이나 이 땅의 동물들은 참 별난 인간들이랑 사느라 고생이 이만저만이 아니다.

2016

2월 17일

공룡과 龍

노천명 시인은 사슴을 가리켜 “모가지가 길어서 슬픈 짐승”이라 했다. 그러나 목이 긴 걸로 치면 단연 기린이 으뜸이다. 곧추섰을 때 키가 얼추 6미터인데 목이 2미터나 된다. 기린이 달릴 때나 물을 마실 때 몸길이의 3분의 1에 이르는 목을 어쩌지 못해 거추장스러워하는 모습은 안쓰럽기까지 하다.

그런데 최근 중국에서 기린도 울고 갈 기이한 공룡이 발견됐다. 몸길이가 15미터인 것도 놀랍지만 목 길이가 장장 7미터가 넘는다. 몸길이의 거의 절반이 목인 셈이다. 고생물학자들은 이 공룡에게 ‘치장룽(Qijianglong)’ 즉 ‘치장의 용(龍)’이라는 이름을 붙여 주었다.

공사 현장에서 대형 크레인이 가끔 고꾸라지는 걸 보면 도대체 이 공룡은 어떻게 그 긴 목을 쳐들고 살았을까 궁금하다. 이번에 발견된 치장룽은 머리뼈와 목뼈 거의 온전하게 발견됐는데, 머리는 몸집보다 어처구니없을 정도로 작고 목뼈는 속이 텅 비어 있어 보기보다 훨씬 덜 무거웠을 것이란다. 그리고 목뼈 관절 구조로 미뤄 우리가 만들어 쓰고 있는 크레인과 마찬가지로 이들의 목도 좌우보다는 주로 위아래로 움직인 것으로 보인다. 그렇다면 기린은 진화 과정에서 목의 상대적 길이는 줄이고 대신 상하좌우로 움직일 수 있는 유연성을 얻은 듯싶다.

용의 전설이 오로지 동양 문화에만 있는 줄 알았다면 천만의 말씀이다. 비록 부르는 이름은 다를지라도 용은 거의 모든 문화권에 살아 있다. 그 옛날 아프리카에서는 나일강의 악어와 맞닥뜨리며 용의 존재를 상상했고, 오세아니아 지역에서는 모니터도마뱀이 그 역할을 했을 것으로 추정한다. 어쩌다 바닷가로 밀려와 뼈만 남은 고래는 세계 여러 해안 지방에서 용으로 승천했다.

치장룡이 인류 역사를 통틀어 이번에 처음 발견된 것일까? 그저 이번에 처음으로 과학자들이 연구했을 뿐일지 모른다. 화석의 정체와 진화의 개념에 대해 무지했던 그 옛날 거대한 공룡 뼈를 마주한 고대인이 용을 창조해 낸 과정을 상상하는 것은 그리 어렵지 않은 일이다.

2015

2월 18일

모든 건
생태학이다

'IT 다음은 생태학… 복지·건강이 다가올 시대의 화두'.

2007년 6월 4일 미래학자 앨빈 토플러가 서강대에서 경영학 명예박사 학위를 받고 손병두 당시 서강대 총장과 대담한 이튿날 이를 보도한 『조선일보』 기사 제목이었다. IT에 이어 우리를 먹여 살릴 자산은 건강이며 한국은 복지와 건강에 투자해 새로운 도약을 이루라는 게 토플러의 주문이었다. 그리고 그러자면 무엇보다 생태학이 발전해야 한다고 주장했다.

1991년 보스턴시(市)는 대규모 토목 사업 '빅딕(Big Dig)'을 발주했다. 그 일환으로 보스턴 시내에서 로건공항으로 해저 터널을 뚫어야 했는데 뜻밖의 복병이 불거졌다. 바다 밑으로 터널을 뚫으려면 보스턴 시내 하수도를 열어야 했는데, 그 과정에서 자칫하면 보스턴 지하 세계를 누비던 쥐 떼가 한꺼번에 몰려나와 도시를 삽시간에 아비규환으로 만들 것이라는 예측이었다. 언론은 연일 흑사병까지 운운하며 시민들을 공포로 몰아넣었다.

지구촌 곳곳에서 자연 서식처가 찢어발겨지며 그곳에 서식하던 동식물들이 혼비백산 흩어지는 바람에 그들의 몸에서 뛰쳐나온 바이러스도 허둥지둥 새로운 숙주를 찾고 있다. 보스턴 빅딕 사업은 용케 쥐들의 대방출을 막았지만, 겁 없이 열어젖히는 생태 판도라 상자에서 박쥐가 날아 나오고 있다. 2002년 사스, 2012년 메르스, 그리고 이번 코로나19 모두 박쥐가 토해 낸 바이러스에서 시작됐다. 자연이 내뱉는 기침과 가래가 질펀하게 우리 얼굴로 튀고 있다.

토플러는 생태학을 경제 발전의 근간이 될 학문으로 지목했다. 게다가 이제 생태를 제대로 이해하고 변화에 대비하지 않으면 막대한 경제 손실은 물론, 엄청난 인명 피해를 겪게 된다는 게 명약관화해졌다. 우리의 무절제한 생태계 파괴가 결국 우리 스스로를 파멸시킬 것이다. 우리가 진정 '현명한 인류' 호모 사피엔스(*Homo sapiens*) 맞나?

2020

2월 19일

공정한 게임

미국에 유학해 대학교수까지 됐지만 나는 끝내 미국 시민권을 신청하지 않았다. 그곳에서 안정된 직장을 갖고 살다 보면 자연스레 미국 시민이 될 텐데 서두를 까닭이 없다고 생각했지만, 어쩌면 마음 한구석에 언젠가는 조국으로 돌아가리라는 막연한 기대가 있었는지도 모른다.

하지만 내게도 미국 시민권을 선망했던 때가 있었다. 하버드대 기숙사 사감이 된 후 내가 지도하던 학생이 로즈(Rhodes) 장학생으로 선발돼 영국 옥스퍼드대로 떠나는 걸 보며 나도 미국에서 태어났더라면 도전해 봤을 텐데 하며 부러워했던 기억이 난다. 우주 망원경을 만든 천문학자 에드윈 허블, 빌 클린턴 전 미국 대통령, 가수 크리스 크리스토퍼슨 등이 로즈 장학생이었다.

금년도 로즈 장학생 명단에는 하버드대를 졸업한 박진규라는 한국계 청년이 들어 있다. 그는 미국의 '불법

체류 청년 추방 유예 제도(DACA·다카)' 수혜자로서 로즈 장학생의 영예를 안은 최초의 인물이다. 그는 미국에서 대학을 졸업하는 학생이라면 누구나 꿈꾸는 로즈 장학생이 되어 오는 10월 옥스퍼드로 유학을 떠나지만, 트럼프 행정부의 다카 폐지 정책 때문에 영영 미국으로 되돌아오지 못할 수도 있다.

몇몇 정치인이 그의 '비범한 능력'을 들먹이며 그에게 미국 시민권을 부여해야 한다고 목청을 높이고 있지만 정작 그는 『뉴욕 타임스』와 『보스턴 글로브』에 기고한 글에서 정의를 설파하고 있다. 존 롤스의 '공정한 게임' 모델을 거론하며 천재나 경제적으로 탁월한 인재만 미국 시민이 될 수 있다면 그건 정의로운 사회가 아니라고 주장한다. 미국의 불법 이민자들은 정작 자신들은 혜택을 받지도 못하는 미국의 의료 보험이나 사회 보장 제도를 위해 꼬박꼬박 세금을 내고 있다. 그는 로즈 장학생이라서가 아니라 이미 미국 사회의 일원이기 때문에 당당히 시민권을 받아야 한다고 주장한다. 미국은 지금 공정한 나라이기를 포기하고 있다.

2019

2월 20일*

멸종과 IPBES

* 세계 사회 정의의 날

오늘은 지금으로부터 94년 전 미국 신시내티동물원에서 '잉카스(Incas)'라는 이름의 수컷 잉꼬가 마지막 숨을 거둔 날이다. 캐롤라이나잉꼬라는 생물종이 지구에서 영원히 절멸한 순간이었다. 그 새장은 또한 그로부터 4년 전 나그네비둘기의 마지막 생존자가 세상을 떠난 곳이기도 하다. 생물학자들은 환경 파괴가 지금처럼 계속된다면 10년 이내로 동식물 2퍼센트가량이 멸종할 것이라고 예측한다.

어느덧 우리 시대의 가장 중요한 사회 문제로 자리매김한 기후변화에 비해 생물다양성 문제는 대중의 경각심을 불러일으키는 데 적지 않은 어려움을 겪고 있다. 기후변화는 분명히 심각한 문제이지만 사실은 생물다양성의 감소가 더 근본적인 문제이다. 저녁 뉴스 시간에 지구온난화로 빙하가 녹아 익사하는 북극곰을 보는 순간에는 우리 모두 혀를 차지만, 일단 다음 뉴스로 넘어가면 이내 까맣게 잊고 만다. 기후변화만큼 늘 피부로 느끼는 게 아니기 때문이다.

나는 영원히 우리 곁을 떠난 한 동물의 마지막 순간을 지켜보았다. 1980년대 중반 코스타리카의 고산 지대 몬테베르데에 머물던 어느 날 밤 나는 숲속에서 눈이 부시도록 아름다운 황금두꺼비를 보았다. 어른 한 사람이 들어앉기도 비좁을 물웅덩이에 언뜻 세어도 족히 스무 마리는 될 듯한 수컷 두꺼비가 마치 우리 옛이야기 '선녀와 나무꾼'의 선녀들처럼 멱을 감고 있었다. 실제로 자연에 그렇게 밝고 화려한 오렌지색이 존재해도 되는 것인지 의심스러울 지경으로 아름다운 동물이었다. 하지만 1986년 이후 나는 더 이상 그들을 보지 못했고, 세계자연보전연맹은 2004년 끝내 그들이 완전히 멸종한 것으로 보고했다. 지금도 나는 그들이 영원히 사라졌다는 게 믿기지 않아 열대에 갈 때마다 종종 이마에 전등을 두르고 숲속을 헤맨다. 왠지 그들이 어딘가에 살아 있을 것만 같아서.

환경부는 지금 새롭게 출범하는 유엔 산하 국제기구인 '생물다양성과학기구(IPBES)'의 사무국을 유치하기 위해 총력을 기울이고 있다. 이는 '기후변화에 관한 정부 간 협의체(IPCC)'에 준하는 대규모 국제기구로서, 유치에 성공한다면 우리나라가 환경 강국으로 도약하는 데 큰 도움이 될 것이다. 다시금 평창올림픽 유치를 위해 보여 줬던 범국민적 단결이 필요한 때이다.

2012

2월 21일*

아하! 순간

* 세계 모국어의 날

욕조에 몸을 담그자 물이 넘쳐흐르는 걸 보며 들쭉날쭉한 물건의 부피를 재는 방법을 찾은 기쁨에 벌거벗은 채 "유레카(Eureka)!"를 외치며 그리스 시라쿠사 거리로 달려 나갔다는 아르키메데스. 정원에 앉아 있다가 머리 위로 사과가 떨어지는 바람에 졸지에 만유인력의 법칙을 발견했다는 뉴턴. 과학계에는 이처럼 통찰과 창의의 '아하! 순간' 설화가 회자된다.

오늘은 64년 전 생물학자 제임스 왓슨이 DNA의 구조를 떠올린 날로 유명하다. 우연한 기회에 킹스칼리지의 로절린드 프랭클린이 촬영한 X선 사진을 보고 나선 구조를 확신했지만 염기들이 어떻게 규칙적으로 사슬을 이루고 있는지 머리를 쥐어짜고 있었다. 1953년 2월 21일 새벽 왓슨은 아무도 없는 연구실에 나와 책상을 말끔히 치운 다음 빳빳한 도화지로 오려 만든 염기 분자 모형을 이리저리 끼워 맞추고 있었다. 허구한 날 같은 염기끼리의 결합만 궁리하던 그는 불현듯 서로 다른 염기끼리 짝을 지어 보다가 놀랍도록 가지런히 꽈배기 모양으로 정렬된다는 사실을 발견했다. 그는 저서 『이중나선』에 이 순간을 "하늘에라도 날아오를 듯한 기분"이라고 적었다.

왓슨은 22세 젊은 나이에 미국 인디애나대에서 박사 학위를 하고 코펜하겐대를 거쳐 영국 케임브리지대 캐번디시연구소에서 물리학자 프랜시스 크릭과 공동 연구를 시작한다. 둘은 그들이 몸담은 학문만큼이나 다른 사람들이었다. 수다스럽고 치열한 크릭은 거의 매일 오후 테니스나 치고 툭하면 머리를 식힌다며 영화나 보러 다니는 왓슨을 못마땅해했다. 하지만 지나치게 문제의 핵심만 파고드는 '분석적 사고'가 빈둥거리며 때로는 먼 산도 바라볼 줄 아는 '통찰형 사고'보다 문제 풀이 효능이 오히려 떨어진다는 인지심리학 연구 결과들이 나오고 있다. 그렇다고 대놓고 농땡이를 치라는 뜻은 아니다. 왓슨 역시 "영화를 보면서도 나는 염기 문제를 한시도 잊지 않았다"고 토로한다. '아하! 순간'은 몰입하는 자에게만 찾아온다.

2017

2월 22일

AI 심판

멀지 않은 미래에 우리가 AI의 지배를 받을지 모른다는 우려가 크다. 몇 년 전 AI, 즉 '인공 지능'은 엄밀한 의미에서 지능이 아니라는 하버드대 심리학과 스티븐 핑커 교수와 나는 AI가 인류 위에 군림하는 세상은 결코 오지 않으리라고 합치했다. 일시적으로 AI에 일자리를 뺏겨 고통을 겪는 사람들이 생겨나고 그를 틈타 큰돈을 버는 사람들도 나타나겠지만, AI는 끝내 우리의 심부름꾼 또는 동반자 역할을 수행할 뿐이다.

이번 베이징 동계올림픽을 보며 나는 AI가 우리를 도울 수 있는 분야로 운동 경기의 심판을 떠올렸다. 축구, 배구, 쇼트트랙 등에 비디오 판독이 채택되었지만 판정은 결국 인간 심판이 내린다. 여러 각도에서 촬영한 비디오 화면을 보며 과연 오프사이드 반칙을 범했는지 혹은 무리하게 노선 변경을 했는지를 왜 끝내 인간의 눈이 판단해야 하는가? 명확한 가이드라인을 입력하여 프로그램한 AI가 훨씬 더 정확한 판정을 내릴 텐데.

더욱 은밀하고 고질적인 편파 판정은 피겨 스케이팅에서 벌어진다. 큰 실수 없이 무난히 경기를 마친 우리 김예림, 유영 선수보다 약물 검출 논란 때문인지 엉덩방아까지 찧으며 처참하게 무너진 러시아 선수가 더 높은 순위에 오르는 실태를 어떻게 이해해야 하는가? 잘할 것으로 기대한 선수가 저지른 실수는 여전히 아름답고 탁월하단 말인가? 어떤 경우이든 확증 편향은 공정과는 거리가 멀다.

피겨스케이팅 심판진은 모두 13명인데, 이 중 레퍼리를 제외한 기술 패널 3명과 심판 9명이 채점한다. 기술 전문가가 점수를 매기고 보조 전문가가 확인하는데, 둘의 의견이 충돌하면 조정자가 최종 결정권을 갖는다. 이렇게 결정된 기본 점수를 두고 9명의 심판이 각 기술 요소에 가산점을 매긴다. 개선의 첫 단계로 기술 점수는 AI에 맡기고 인간 심판들은 표현 점수에만 관여하도록 하면 어떨까? 경로 의존적 집단 편향은 은밀하게 도모한 편파 판정보다 더 무섭고 질기다.

2월 23일

우리말 발음

주말이라 오랜만에 느긋하게 TV를 보는데 연예인들의 우리말 발음이 연신 귀에 거슬렸다. '무릎'을 제대로 발음하는 이가 없었다. 모범이 돼야 할 아나운서마저 '무릎이'를 '무르피'가 아니라 '무르비'라 발음하는데 이건 아니다는 생각이 들었다. '빚이 많다'를 '비지 만타'가 아니라 '비시 만타'로 발음하거나 '꽃이'를 '꼬시'로 발음하는 사람이 너무 많다. 그렇다고 '꽃잎'을 '꼬칲'으로 발음하면 안 되지만, '솥이 작다'는 '소시 작다'가 아니라 '소치 작다'고 발음해야 한다.

우리말 발음은 사실 그리 만만하지 않다. 'ㅌ' 받침이 모음 '이'와 만나면 'ㅊ' 소리가 나는 이른바 구개음화가 일어나 '같이'가 '가치'로 발음되지만, '밭을 갈다'는 '바츨 갈다'가 아니라 '바틀 갈다'로 읽어야 하고 '제3한강교 밑을'은 어느 유명 가수가 그랬듯이 '제3한강교 미츨'로 발음하는 것은 옳지 않다. '넓다'는 '널따'로 읽지만 '넓적다리'는 '넙쩍다리'로 읽는다. 마찬가지로 '즈려밟고'는 '즈려발꼬'가 아니라

'즈려밟꼬'로 읽어야 한다.

나는 우리말에서 가장 어려운 발음이 '외'라고 생각한다. 세종대왕님이 훈민정음을 제정해 공표하셨던 당시에는 모두 제대로 발음했는지 모르지만 지금은 너무 많은 사람이 단모음이 아니라 복모음 '웨'나 '왜'로 발음한다. 내 성 '최'는 정말 발음하기 어렵다. 대부분은 '췌'에 가깝고 '최에'라고 발음하면 그나마 나은 편이다.

영어로 표기하는 일도 만만치 않다. 최씨 성을 가진 사람은 대개 Choi로 표기하는데 그러면 서양 사람들은 대번에 '초이'라고 읽는다. 우리말 '외'와 가장 흡사한 발음이 독일어 '오 움라우트(Ö)'인 듯싶어 나는 내 성을 Choe로 표기한다. 하지만 영어권 친구들은 나를 모두 '초우'라 부른다. 까다롭게 '최'를 고집하려다 졸지에 조씨가 돼 버렸다. Goethe는 '고우테'가 아니라 '괴테'로 발음하면서 왜 내 이름은 같은 방식으로 불러 주지 않는지 야속하다.

2016

2월 24일

뱀의 다리

세상에 뱀처럼 기이한 동물이 또 있을까 싶다. 무슨 연유로 멀쩡한 다리를 포기하고 평생 기어다니며 사는 것일까? 지금까지는 약 1억 년 전 중생대 중반에 도마뱀이 다리가 퇴화하며 뱀으로 진화한 것으로 알려져 있었지만 최근 영국에서 1억 6,700만 년 전 중생대에 살던 뱀의 화석이 발견되었다. 몸은 이미 지금의 뱀처럼 퍽 긴 원통형을 갖췄지만 여전히 네 다리를 지니고 있었다. 레바논과 아르헨티나에서 발견된 1억 년 전 뱀 화석에도 아직 뒷다리가 남아 있는 걸로 보아 초기 뱀은 앞다리부터 포기한 것으로 보인다. 다리를 잃으면서도 뱀은 현재 3,400종으로 분화하여 지구촌 곳곳을 누비고 있다.

약 3억 7,500만 년 전 다리가 넷 달린 척추동물이 늪을 빠져나와 뭍에 정착하기 시작했다. 포유동물은 약 2억 년 전부터 등장하기 시작했지만 그 당시는 공룡이 판을 치던 세상이라 숨죽이고 살다가 6,500만 년 전 거대한 운석이 카리브해에 떨어져 엄청난 기후변화를 일으키며 공룡을 싹쓸이하는 바람에 드디어 활개를 치게 됐다. 그러다가 5천만 년 전 무슨 까닭인지 일군의 포유동물이 오던 길을 거슬러 다시 바다로 돌아가기 시작했다. 오늘날 80종 정도 남아 있는 고래들은 물로 돌아갔어도 여전히 허파로 숨을 쉬어야 하는 불편함을 감수하는 대신 세상에서 가장 큰 몸집을 자랑할 수 있게 됐다.

노자는 『도덕경』에서 "얻는 것과 잃는 것 중 어느 것이 더 해로운가" 물었다. 애플의 팀 쿡은 "남의 것이라도 좋은 것이라면 얼마든지 가져다 쓸 수 있다"며 역대 최대 호황을 이끌어 냈지만 나는 애플의 호황은 그저 '반짝 호황'에 지나지 않을 것이라고 생각한다. 궁지에 몰려 전혀 애플답지 않은 변신을 도모한 것이 잠시 소비자의 마음을 얻은 것뿐이다. 쿡도 그렇지만 삼성의 이재용 부회장도 카리스마형 리더는 아니다. 그러나 그는 냉정하게 계산하고 가차 없이 버릴 줄 안다 들었다. 노자는 또한 "방과 그릇을 크게 쓰려면 비우라"고 가르쳤다. 삼성이 과감히 버리고 비우며 끝내 고래와 뱀으로 진화하는 모습을 보고 싶다.

2월 25일

사랑의 간격

병원체란 본디 혼자선 살 수 없는 기생 생물이다. 따라서 병원체는 독성을 낮추는 방향으로 진화한다는 것이 학계 통념이었다. 숙주를 일찍 죽게 하면 자기가 사는 집을 불태우는 셈이라는 논리다. 포식 동물은 먹잇감을 곧바로 죽여서 잡아먹지만 기생 생물은 숙주를 서서히 죽이며 오랫동안 양분을 빨아먹도록 진화했다고 생각했다.

문제는 말라리아다. 방역과 퇴치에 연 3조 원 남짓 쏟아붓건만 여전히 해마다 40만 명 이상 죽어 나간다. 질병의 독성과 전염성은 대체로 역의 상관관계를 보인다. 독성이 너무 강해 자기가 감염시킨 숙주를 돌아다니지도 못하게 하는 병원체는 증식과 전파에 한계를 지닌다. 모기가 옮겨 주는 말라리아 병원체는 숙주의 이동성을 걱정할 필요가 없다. 버젓이 피를 빠는 모기를 때려잡을 기력조차 없도록 만들어야 더욱 안전하고 쉽게 다음 숙주로 옮아갈 수 있다. 전파가 쉬워지면 독한 병원체가 고개를 든다.

다행히 지금 우리나라에 돌아다니는 코로나바이러스는 독성이 그리 강하지 않아 보인다. 개인위생 준칙을 철저히 따르고 의심 증상이 나타나면 1339로 전화하여 필요하면 검진받고 혹여 확진자로 판명되더라도 곧바로 치료를 시작하면 거의 다 완쾌된다. 그렇다면 상황은 매우 간단하다. 바이러스의 전파 경로만 효율적으로 차단하면 큰 인명 피해 없이 마무리될 일이다. 중국 우한과 청도대남병원처럼 병을 키우지만 않으면 된다.

2019년 공초문학상 수상자 유자효 시인의 시 「거리」는 사랑의 간격을 이렇게 묘사한다. "그를 향해 도는 별을/태양은 버리지 않고/그 별을 향해 도는/작은 별도 버리지 않는/그만한 거리 있어야/끝이 없는 그리움". 우리 앞으로 딱 2주 동안만 가족이 아닌 남과는 침이 튀거나 날숨이 덮치지 않을 만큼의 거리를 두자. 혐오의 거리가 아닌 사랑의 간격을 유지하자. 그러면 그리움도 끝이 없다.

2월 26일

배움과 나눔

오늘은 내가 오랜 세월 꿔 오던 꿈을 현실에 펼치는 날이다. 나는 오늘 세계적인 영장류 학자이자 환경 운동가인 제인 구달 박사와 함께 '생명다양성재단(Biodiversity Foundation)'을 설립한다. 입으로는 생명의 소중함을 떠들지만 실제로는 생명을 대하는 참기 어려운 가벼움이 도처에 널려 있다. '나'의 생명만 존귀하고 '남'의 생명은 하찮게 여기는 풍조가 확산하고 있다. 그래서 나는 10여 년 전부터 오랜 자연 연구에서 얻은 깨달음을 바탕으로 함께 사는 인간의 모습을 '호모 심비우스(*Homo symbious*)'의 정신으로 승화시키려 노력해 왔다. 이제 생명다양성재단의 설립으로 좀 더 구체적이고 적극적인 활동을 전개하려 한다.

재단의 이름을 두고 나는 많은 생각을 했다. 영어로 'biodiversity'는 흔히 우리말로 '생물다양성'이라 번역한다. 영어권 사람들은 'biodiversity'를 대체로 '지구상에 존재하는 생명 전반(Life on Earth)'을 의미하는 대단히 포괄적인 용어로 이해하는 반면 우리는 '생물다양성'을 그저 쑥부쟁이 보전이나 반달곰 복원 정도로만 생각하는 경향이 있다. 그래서 나는 고심 끝에 '생물다양성' 대신 '생명다양성'을 재단의 이름으로 선택했다. 따지고 보면 '물건 물(物)'과 '목숨 명(命)'의 치환, 그야말로 글자 하나 차이인데 감흥은 사뭇 다르다. 생명다양성재단은 물론 지구의 생물다양성 보전을 가장 중요한 목표로 삼는다. 하지만 그에 덧붙여 그동안 내가 글과 강연을 통해 부르짖어 온 남녀·세대·문화·빈부 갈등 등 다양한 인간 사회의 문제들도 두루 보듬으려 한다.

나는 '알면 사랑한다'는 말을 좌우명처럼 떠들며 산다. 우리는 서로 잘 알지 못하기 때문에 미워하며 헐뜯고 산다. 자신은 물론 다른 생명에 대해서도 속속들이 알게 되면 결국 사랑할 수밖에 없는 게 인간의 심성이다. 이 세상에 사랑처럼 전염성이 강한 질병은 없다. 알면 사랑하게 되고, 사랑하면 행동하게 된다. 우리를 둘러싼 모든 이웃과 자연에 대해 더 많이 알려고 노력하며 그렇게 얻은 앎을 많은 이웃과 나누다 보면 이 세상은 점점 더 아름답고 밝은 곳이 되리라 믿는다.

2013

2월 27일

다양성과 선진국

유치에서 준비까지 파란곡절의 연속이었던 평창동계올림픽이 성공적으로 마무리됐다. 이번 올림픽을 관통하는 키워드를 하나 꼽으라면 나는 서슴없이 '다양성'이라고 말하련다. 쇼트트랙과 스피드 스케이팅은 여전히 흥미진진했지만 컬링, 스켈레톤, 봅슬레이, 스노보드 등 이른바 비인기 종목 경기가 뜻밖의 즐거움을 안겨 줬다.

나는 얼마 전 '달라서 아름답고, 다르니까 특별하고, 다르므로 재미있다'는 표제어를 내걸고 『다르면 다를수록』이라는 생태 에세이를 출간했다. 다양성이 사물의 원형이자 변화의 원동력임을 주장하려 쓴 책이다. 나는 '스켈레톤(skeleton)'이라면 당연히 '뼈'를 의미하는 생물학 용어로만 알았다. 집게처럼 생긴 기구로 머리를 만다는 뜻의 일본어 '고데'의 영어 표현(curling)이 운동 경기 이름인 줄 몰랐다.

만일 우리 선수들이 이런 종목에서 두각을 나타내지 않았더라면 우리는 큰돈 들여 국제 대회를 유치해 놓고 기껏해야 쇼트트랙과 스피드 스케이팅만 즐겼을 것이다. 우리 안방에서 외국 선수들만 판치는 다른 경기를 중계하면 곧바로 채널을 돌렸을 것이다. 다양해야 재미있다. 윤성빈, 이상호, 김동현, 원윤종, 전정린, 서영우 선수 모두 특별하다. 김경애, 김선영, 김영미, 김은정, 김초희도 모두 참 아름답다.

4년 전 강원도 평창에서는 제12차 생물다양성협약 당사국 총회가 열려 세계 194국 대표단이 함께 지구의 생물다양성을 어떻게 보전할지 논의했다. 이번 올림픽에서 우리 선수들이 딴 메달은 그 어느 때보다 다양한 분야에서 얻은 수확이다.

우리는 더 이상 메달의 거의 80퍼센트를 쇼트트랙 한 분야에서 캐는 나라가 아니다. 선수들은 다양한 분야에서 고르게 실력을 발휘하고 관중은 그 진가를 알아보는 사회. 스포츠가 이뤄 낸 선진화가 교육, 연구, 정치 등 다른 분야에도 뿌리내리기를 기대해 본다. 다름을 받아들이고 키워 나가야 한다.

2018

2월 28일*

돌고래 없는 수족관

* 2.28민주운동 기념일

나는 동물 행동에 관한 강연을 할 때마다 청중에게 한 가지만 약속해 달라고 호소한다. 앞으로 돌고래를 전시하는 수족관에는 절대로 가지 않겠다고. 그래서 그 수족관들이 망하면 내가 그곳에 있는 돌고래를 모두 바다에 풀어 주겠노라고. 나는 '제돌이야생방류시민위원회' 위원장을 맡아 2013년 7월 18일 제돌이를 제주 김녕 앞바다에 풀어 주는 데 성공했다. 나는 죽기 전에 이 세상 수족관에 있는 모든 돌고래를 한 마리도 빠짐없이 바다로 돌려보내는 과업을 마무리할 생각이다.

얼마 전 울산 남구청 고래생태체험관에서 일본으로부터 수입해 온 야생 돌고래가 폐사하는 바람에 정의당 이정미 의원과 관련 정부 부처, 그리고 핫핑크돌핀스와 동물자유연대 등 동물 관련 시민 단체들이 참여해 전국의 돌고래 사육 시설을 점검하고 있다. 이참에 동물행동학자로서 내가 생각하는 최소한의 사육 조건을 알려 드리니 참고하시기 바란다.

첫째, 수조의 크기는 최소한 직경 20~30킬로미터 정도는 확보해야 한다. 돌고래는 하루에 줄잡아 100킬로미터 이상을 유영하는 동물이다. 둘째, 수조의 벽은 '재반사 초음파'를 흡수할 수 있는 최첨단 재질로 축조해야 한다. 돌고래는 초음파를 내보내고 그것이 반사되는 것을 감지해 물체를 인식하고 대화도 나눈다. 수조에 갇힌 돌고래는 하루 종일 초음파가 사방 벽에 연쇄적으로 부딪혀 돌아오는 소음에 시달린다. 인간이 가장 견디기 힘든 고통 중의 하나인 '이명'을 수족관의 모든 돌고래가 겪으며 산다.

셋째, 감금으로 인한 정신적 충격을 완화할 수 있는 심리 치료를 제공해야 한다. 해파리나 금붕어는 자기가 사육되고 있다는 사실을 모를 수 있다. 하지만 거울에 비친 자신을 인식하고 도구도 사용할 줄 아는 돌고래는 자신의 의지와 상관없이 억류돼 있다는 걸 분명히 안다. 야생에서 족히 50년을 사는 돌고래는 언제 포획됐느냐에 따라 잘못하면 수십 년을 '빠삐용'이나 '만델라'로 살아야 한다. 누가 우리에게 그런 권한을 부여했단 말인가? 돌고래를 가두지 마라!

2017

서울특별시

생방사를 위한 「시민위원회」 개최
서울동물원
서울대공원 2012. 4. 17(화) 15:00

3

3월 1일*

배움과 가르침

* 3.1절

평생 가르치는 일을 해 왔지만 새 학기를 맞을 때면 언제나 설레고 두렵다. 이번 학기에는 또 어떤 학생들을 만나게 될까 설레고 그들에게 내가 정말 얼마나 도움이 될 수 있을까 두렵다. 어느 가족이든 그해에 입시생이 한 명이라도 있느냐 없느냐에 따라 삶의 질 자체가 달라진다. 어쩌다 우리는 이처럼 교육에 목을 매고 사는 걸까?

불과 이삼십 년 전만 하더라도 국제동물행동학회에서 동물의 학습 능력을 운운하면 그야말로 웃음거리가 되기 십상이었다. 그러나 이제 우리는 정말 다양한 동물에서 학습이 이뤄지고 있다는 수많은 증거를 가지고 있다. 우리 인간을 포함한 포유류는 말할 나위도 없거니와 새와 곤충은 물론, 물속에 사는 편형동물인 플라나리아도 배울 줄 안다. 플라나리아로 하여금 T형 미로 위를 기어가게 하고 갈림길에 도달할 때마다 한쪽에서 가벼운 전기 자극을 주는 실험을 몇 차례 반복하다 보면, 더 이상 전기 자극을 주지 않아도 그 지점에 가까워지면 알아서 반대쪽으로 방향을 튼다. 좁쌀보다도 훨씬 작은 두뇌를 지닌 그들이지만 자극에 관한 정보를 입력해 두었다가 그걸 검색해 내 적용하는 것이다.

이처럼 다른 동물들도 배우는 건 분명해 보이는데 과연 그들도 가르치는지는 확실하지 않다. 우리와 가장 가까운 동물인 침팬지의 경우를 보더라도 견과의 단단한 껍데기를 돌로 내리쳐 깨 먹거나 흰개미 굴에 나뭇가지를 집어넣어 일개미들이 그걸 물어뜯으면 살며시 빼내어 훑어 먹는 테크닉 자체는 분명히 전수되지만 애써 다른 침팬지를 붙들고 앉아 가르쳐 주는 모습은 관찰된 바 없다. 엄마 침팬지는 자식이 지켜보는 가운데 그런 행동을 끊임없이 반복할 따름이다. 이제 곧 둥지를 떠나야 할 새끼에게 어미 새도 그저 끊임없이 나는 모습을 보여 줄 뿐 결코 다그치지 않는다. 동물 세계에는 배움은 있되 가르침은 없어 보인다.

짧은 시간에 많은 걸 학습해야 하기 때문에 가르침이란 과정이 생겨났겠지만 스스로 배우려 할 때 훨씬 학습 효과가 높음은 너무나 당연하다. 왜 배워야 하는지도 모르는 아이들을 데리고 다짜고짜 가르치려 드는 우리의 교육법이 과연 최선일까? 최근 들어서야 우리는 드디어 '스스로학습' 또는 '자기주도학습'을 부르짖고 있지만 다른 동물들은 이미 수천만 년 전부터 하고 있던 일이다.

2011

3월 2일

길들임의 저주

설 연휴에 『꿈꾸는 황소』를 다시 읽었다. 2012년 내가 번역한 책이다. 2010년 방한했던 제인 구달 박사가 읽어 보라며 보내온 책인데 그냥 혼자 읽으라는 게 아니라 많은 사람이 읽을 수 있도록 하라는 분부로 알고 냉큼 번역했다. 저널리스트로 활동하는 미국 의사 션 케니프가 농장에서 사육되는 소들의 삶을 가슴 저미도록 뭉클하게 그려 낸 우화 소설이다. 마침 올해가 소띠 해라서 오랜만에 다시 읽어 보았다.

2017년 6월 봉준호 감독의 〈옥자〉 시사회에 초대돼 영화를 관람하고 돌아온 날 밤에도 나는 이 책을 다시 읽었다. 너무도 섬뜩하게 묘사된 '옥자'의 도살장 장면이 『꿈꾸는 황소』에서도 결정적 변곡점으로 그려져 있다. '존재'라는 뜻의 프랑스어 이름을 지닌 황소 '에트르(Être)'가 어느 날 엉겁결에 따라 들어간 도살장 건물 안에서 사랑하는 암소의 죽음을 목도하곤 아들 송아지를 데리고 농장을 탈출한다.

그러나 자유의 희열은 잠시일 뿐 농장 밖 야생의 삶은 고난의 연속이었다. 결국 코요테 무리의 습격으로 아들을 잃고 숲의 끝자락에서 다시금 울타리로 둘러싸인 푸른 목초지를 발견한다. 그 안에서 풀을 뜯는 소들은 짐짓 행복해 보였다.

최근 호주에서는 농장을 벗어나 야생에서 살다 발견돼 '바락(Baarack)'이라는 이름을 얻은 메리노 양이 화제다. 그동안 자란 털의 무게가 자그마치 35킬로그램에 달한다. 성인용 스웨터를 60벌이나 짤 수 있단다. 우리가 기르는 양의 조상인 무플론(mouflon) 양은 철 따라 자연스레 털갈이를 하지만 가축화하면서 그 기능을 상실했다. 자기 맘대로 털갈이를 못 하도록 우리가 그들을 길들인 것이다. 일 년에 깎아 내는 양털의 무게가 대략 4~5킬로그램이니 버락은 7년이 넘도록 그 치렁치렁한 털을 매달고 험준한 산야를 헤맨 것이다. 길들임의 저주가 질기고 깊다.

2021

3월 3일*

세계 야생 동식물의 날

* 세계 야생 동식물의 날

엊그제 제인 구달 선생님의 연락을 받았다. 코로나바이러스가 창궐하는데 건강하게 잘 지내는지 내 안부를 물었다. 올해 85세인데도 매년 거의 100국을 순방하며 자연보호 메시지를 전파하느라 여념이 없는 세계적 환경 운동가의 따뜻하고 세심한 배려에 몸 둘 바를 모르겠다. 매사에 긍정적인 선생님은 이 불행한 사건이 어쩌면 역설적으로 야생 동식물에 관한 우리 인식을 바꿔 줄 수 있을지 모른다는 희망을 얘기한다.

오늘은 유엔이 정한 '세계 야생 동식물의 날(World Wildlife Day)'이다. 1973년 '멸종위기에 처한 야생 동식물의 국제 거래에 관한 협약(CITES·'사이테스'라고 부름)'을 조인하며 제정한 기념일이다. 지금까지는 야생 동식물을 보호하기 위해 이날을 기념했지만 이제부터는 순전히 우리 인간을 위해서라도 그 취지를 널리 공유할 필요가 있다.

케냐 나이로비에서는 '멧고기(bushmeat·원숭이, 박쥐 등 야생 동물 고기)'를 요리해 파는 음식점이 성행한다. 멧고기는 원래 원주민들이 단백질을 보충하려고 사냥해 먹던 것인데, 언제부턴가 여행객들의 호기심을 충족하기 위해 전문 음식점이 생겨났다. 이제는 아예 파리나 런던 같은 유럽 대도시에서도 버젓이 영업하고 있다. 그런 곳에 고기를 납품하기 위해 오지의 원주민들이 숲을 들쑤시는 바람에 생면부지 바이러스들이 졸지에 인간 세계로 불려 나오고 있다.

우리가 사육한 고기보다 멧고기 맛이 더 좋을 리는 거의 없다. 게다가 우리는 그동안 소, 돼지, 닭 등을 사육하며 육질을 향상시킨 것은 물론, 위험한 기생충과 병원체를 제거해 비교적 안전한 먹거리로 만들었다. 가끔 야생 동물 포획 현장에서 그들의 목을 따고 피를 들이켜는 사람들도 있는데, 걸쭉한 병원체 칵테일을 입안에 털어 넣는 그들의 객기는 그야말로 어리석음의 극치다. 야생 동식물을 보호하는 일이 우리를 살리는 일이다.

2020

3월 4일

비발디와 멘델

봄은 비발디와 함께 온다. 고대의 봄은 어땠는지 모르지만 적어도 20세기 중반 이후의 봄은 비발디의 '사계'에 실려 온다. 모레가 바로 대동강 물도 풀린다는 경칩인데, 해마다 이 무렵이면 라디오에서 거의 매일 비발디의 '사계' 〈봄〉이 흐른다. 새들이 지저귀고 시냇물이 졸졸거리는 나른한 봄날 갑자기 몰아친 비바람에 낮잠에서 깨어난 목동이 또다시 새들의 경쾌한 노랫소리를 들으며 봄을 맞이한다는 이 곡은 이제 현대인의 삶에 가장 확실한 봄의 전령이다.

20세기로 들어서자마자 과학계에는 위대한 재발견 사건이 일어난다. 오스트리아의 승려 멘델은 그 유명한 완두콩 교배 실험 결과를 1866년 논문으로 발표하지만 당시에는 그 중요성을 인정받지 못했다. 그가 발견한 입자로서의 유전물질 이론은 부모의 유전 속성도 서로 다른 색상의 물감이 섞이면 중간색을 띠듯 섞일 수밖에 없다는 당대 학자들의 혼합 이론에 눌려 전혀 빛을 보지 못했다. 그러다가

1900년 이른 봄 세 사람의 생물학자 휘호 더프리스, 카를 코렌스, 에리히 폰 체르마크가 자신의 실험 결과를 발표하는 과정에서 각각 독립적으로 멘델의 연구를 재조명하게 된다. 이 세 학자의 재발견이 없었다면 21세기 생명과학의 시대는 영원히 오지 않았을지도 모른다.

오늘은 1678년 비발디가 태어난 날이다. 지금은 바흐 다음으로 자주 연주되는 최고의 바로크 작곡가로 추앙받고 있지만 그의 음악은 1741년 그의 죽음과 함께 빠르게 잊혀 갔단다. 그러다가 20세기로 들어서며 오스트리아의 바이올린 연주자 프리츠 크라이슬러, 프랑스의 음악학자 마르크 팽슈를, 이탈리아의 작곡가 알프레도 카셀라 등의 노력으로 비발디의 음악은 그의 사후 2세기 만에 화려하게 부활했다. 마치 비발디가 환생한 듯한 크라이슬러의 작품에 자극을 받은 팽슈를의 연구가 시인 에즈라 파운드의 도움을 얻어 카셀라가 기획한 '비발디 주간(Vivaldi Week)'이라는 대대적인 행사로 이어졌단다. 이 세 음악가의 재발견이 없었다면 21세기의 사계절은 과연 어떤 모습일지 상상조차 하기 싫다.

3월 5일

흰개미는 바퀴벌레다

우리나라 사찰의 배흘림기둥을 수수깡으로 만들고 있는 흰개미가 결국 바퀴벌레로 판명됐다. 흰개미가 그저 흰색 개미인 줄 알았던 사람들은 이 무슨 황당한 얘기인가 싶겠지만, 흰개미는 우선 개미가 아니다. 전통적 사회성 곤충으로 알려진 개미, 꿀벌, 말벌, 흰개미 중에서 개미, 꿀벌, 말벌은 모두 벌목에 속하지만 흰개미는 그들과 동떨어진 메뚜기류의 곤충이다.

형태에 따라 생물을 분류하던 예전에는 온갖 주장이 난무했지만 DNA 정보를 분석하게 되면서 곤충 목(目) 간 관계가 한층 선명해지기 시작했다. 2007년 런던 자연사박물관 연구진은 국제 학술지 『바이올로지 레터스(Biology Letters)』에 흰개미목을 바퀴벌레목에 합류시켜야 한다는 논문을 게재했다. 최근 미국곤충학회가 이를 받아들여 정식 공표했다.

그렇다고 해서 흰개미가 우리 부엌에 사는 바퀴벌레의 직계 사촌이라는 것은 아니다. 우리나라 강원도 산속에도 살고 있는 갑옷바퀴(*Cryptocercus*)와 가장 가까운 계통으로 드러났다. 갑옷바퀴는 암수 한 쌍이 썩어 가는 나무에 굴을 파고 자식을 기르는 특별한 바퀴벌레다. 우리 연구실에서도 1990년대 후반부터 이들을 연구해 흰개미처럼 자식들이 부모에게 영양분과 공생균이 들어 있는 내장 분비물을 전수받는다는 사실을 발견했다. 가족 단위로 사는 갑옷바퀴보다 더 복잡하고 거대한 사회를 구성하도록 진화한 바퀴벌레가 다름 아닌 흰개미다.

나는 세상에서 매우 희귀한 곤충 중 하나인 민벌레를 연구해 박사 학위를 받았다. 내가 민벌레 연구를 고집한 것은 민벌레가 흰개미의 사촌이라는 당시 학계의 분류 체계 때문이었다. 나는 흰개미의 사회성 진화 과정을 밝히고 싶었다. 흰개미의 소속을 확정한 세계 곤충학계는 이제 다음 목표로 민벌레를 들여다보고 있다. 그러나 나는 올봄 미국에서 출간할 곤충 다양성 책의 민벌레목을 집필했건만 끝내 결론을 내지 못했다. 이러다 민벌레도 바퀴벌레로 판명되는 건 아닐까 싶다.

2018

3월 6일

윌리엄 휴얼

1866년 오늘 영국의 자연철학자 윌리엄 휴얼(William Whewell)이 말에서 떨어져 세상을 떠났다. 휴얼은 내게 각별한 사람이다. 내가 7년 전 우리 사회에 화두로 던져 이제는 거의 일반용어처럼 널리 쓰이고 있는 '통섭(統攝)'의 영어 단어인 'consilience'를 처음으로 고안해 낸 장본인이기 때문이다. 그는 새로운 용어를 만드는 일을 무척 즐겼다고 한다. 물리학자 패러데이에게 '양극(anode)'과 '음극(cathode)'이라는 용어를 만들어 주기도 했다.

통섭의 개념을 처음으로 소개한 학자에 걸맞게 휴얼은 전형적인 통섭형 인재였다. 케임브리지대에 재학하던 시절 시를 써서 총장으로부터 금메달을 받았으며, 광물학 전공으로 시작한 오랜 교수 생활을 통해 철학, 물리학, 수학에서 과학사와 신학에 이르기까지 참으로 다양한 학문 분야를 섭렵했다. 그는 '통섭'을 강에 비유하여 설명했다. 작은 지류들이 한데 모여 큰 강을 이루듯이, 서로 다른 학문 분야의 지식과 이론이 한데 모여 결국 하나의 거대한 통합 이론이 되는 것이라고 설명했다.

1998년 『Consilience』를 출간한 하버드대의 생물학자 에드워드 윌슨은 학문 간의 넘나듦을 표현할 적절한 단어를 찾다가 이미 잊힌 휴얼의 조어를 발굴해 사용했다. 그러나 윌슨은 단어만 빌렸을 뿐 휴얼의 다분히 전일적이고 지나치게 귀납적인 개념은 취하지 않았다. 대신 그는 자연과학적 방법론에 입각한 환원주의적 통섭을 채택했다. 하지만 그의 책을 번역한 나는 휴얼과 윌슨의 접근법을 모두 아우르는 호상(互相)적 통섭을 선호한다.

통섭으로 엮인 우리 셋에게는 적지 않은 공통점이 있다. 학문적 오지랖이 넓은 점은 말할 나위도 없거니와 윌슨 교수 역시 신조어 제작을 매우 즐긴다. 사회생물학(sociobiology), 생물다양성(biodiversity), 생명사랑(biophilia) 등이 다 그가 만든 말이다. 그런가 하면 문학에서 출발한 휴얼과 나와 달리 윌슨 교수는 몇년 전부터 드디어 소설을 쓰기 시작했다. 그의 첫 소설 『Anthill(개미 언덕)』이 곧 우리말로 번역되어 나온단다.

2012

3월 7일

다양성의 참뜻

국정 교과서 연구 학교로 지정되는 바람에 입학식도 치르지 못한 경북 문명고 사태가 어쭙잖은 진영 논리에 빠져들고 있다. 민주노총과 전교조가 진정 마지막 학교 하나마저 낙마시켜 정부 정책을 완벽하게 초토화하려 하고 있다면 그건 유치하기 짝이 없는 짓이다. 그런가 하면 교육부가 이제 와서 다양성 훼손을 운운할 자격이 있는지도 의아스럽다. 막강한 재정과 조직을 등에 업고 교과서 다양성을 저격하기 시작한 건 오히려 정부였다. 검정과 국정의 공존은 애당초 불가능했을까?

2015년 11월 생물다양성협약 총회 참석차 캐나다 몬트리올에 갔었다. 호텔에 짐을 풀고 TV를 켜니 마침 쥐스탱 트뤼도 총리가 자신의 내각 수반들에게 임명장을 수여하고 있었다. 그는 이미 내각의 절반을 여성으로 선임하겠다고 공언한지라 나는 숫자까지 세며 두 눈 부릅뜨고 지켜보았다. 알고 보니 그의 내각에는 열다섯 명의 여성뿐 아니라 터번을 쓴 남성 둘과 장애인도 한 명 포함돼 있었다. 덩그런 이국 호텔 방에서 미처 시차도 적응되지 않은 채 나는 흐르는 눈물을 주체하지 못했다. 평생 자연의 다양성을 관찰했지만 그처럼 아름다운 다양성은 본 적이 없다.

다윈은 이 세상이 이데아(idea)와 그것의 불완전한 반영들로 이뤄져 있다는 플라톤 철학을 뿌리째 흔들었다. 자연에 실재하는 온갖 변이가 바로 사물의 원형(原形)이며 변화의 원동력이다. 다양성은 이런 변이들의 자연스러운 공존이다. 변이에는 서열이 없다. 그 어떤 변이에게도 다름을 제거하거나 배척할 권한은 주어지지 않았다. 스스로 존재하려는 것들은 모두 나름의 권리를 지닌다. 다양성은 갑이 을에게 베푸는 관용이나 배려 따위의 결과가 아니다. 다양성은 종종 혼란을 잉태하지만 마땅히 존재하는 실체이다. 트뤼도 총리의 국정 운영이 결코 만만치 않을 것임은 짐작하고도 남으리라. 하지만 내각의 절반을 왜 여성으로 채웠느냐는 기자의 질문에 구차하고 긴 답변 대신 그가 던진 한 마디—“2015년이잖아요”. 구태로 회귀하지 말자!

2017

3월 8일*

세계 여성의 날 100주년

* 세계 여성의 날

오늘은 세계 여성의 날 100주년 기념일이다. 1910년 독일의 사회운동가 클라라 체트킨이 제안하여 이듬해 3월 19일 오스트리아, 덴마크, 독일, 스위스에서 첫 행사를 개최하며 시작한 것을 훗날 유엔이 1857년과 1908년 3월 8일에 미국의 여성 노동자들이 노동 조건과 지위 향상을 위해 벌인 시위를 기념하며 그날을 세계 여성의 날로 지정하여 오늘에 이른다.

우리나라는 2005년 3월 2일에야 비로소 호주제 폐지에 관한 민법 개정안이 국회를 통과하며 여성의 사회적 지위 향상의 새로운 전기를 맞았지만, 여성의 참정권 획득은 상대적으로 늦은 편이 아니었다. 1948년 제헌헌법에 의해 남녀의 참정권이 공히 인정된 것은 뉴질랜드 1893년, 호주 1902년, 미국 1920년, 영국 1928년에 비하면 많이 늦었지만, 이탈리아 1945년과 프랑스 1946년에 견주면 그리 뒤지지 않았다. 스위스 여성들이 1971년에야 참정권을 얻은 것에 비하면 무려 23년이나 빠른 일이었다.

세계 여성의 날 제정은 많은 나라에서 여성의 지위 향상과 사회적 참여를 이끌어 내는 데 큰 기여를 했지만, 적지 않은 나라에서는 어머니날과 밸런타인데이와 뒤섞이며 그저 남성들이 여성들에게 선물을 주며 사랑을 고백하는 날로 변질되고 말았다. 우리나라는 여전히 세계 여성의 날을 따로 기념하고 있지만 밸런타인데이는 누구의 계략인지 모르나 참으로 이상하게 꼬여 있다. 서양에서는 밸런타인데이에 남성이 여성에게 초콜릿을 선물하기로 되어 있는데 우리나라에서는 이게 정반대로 되어 있다. 그러곤 왠지 꺼림칙했던지 '화이트데이'라는 정체불명의 날을 따로 기념하며 초콜릿을 받은 남성이 여성에게 호의를 되돌릴 수 있게 해 주었다.

사소한 일이라고 치워 버릴 수도 있겠지만 바로 이런 사소함이 최근 세계경제포럼의 남녀평등지수 발표에서 조사 대상 134개국 중 우리나라가 104위를 한 것과 무관하지 않아 보인다. 화이트데이는 1978년 일본 후쿠오카의 한 제과 회사가 마시멜로를 팔아먹기 위해 시작하여 기껏해야 일본, 대만, 그리고 우리나라에서나 지키는 기념일이다. 다음 주로 다가온 화이트데이에 한 달 전에 준 초콜릿을 되돌려받을 수 있을까 노심초사할 우리 여성들이 안타깝다.

2011

3월 9일

작은 교실, 작은 학교

연세가 지긋한 독자들은 그 옛날 '콩나물시루 교실'을 기억할 것이다. 한 교실에 60명 이상이 바글거리는 것은 예사였고 초등학교는 오전과 오후로 나뉘어 등교하기도 했다. 그러던 것이 코로나19 사태가 장기화하면서 학급당 학생 수를 줄이자는 주장이 힘을 얻고 있다. 그러지 않아도 저출산 현상으로 학생 수가 감소해 한국교육개발원 통계에 따르면 2020년 4월 기준으로 학급 평균 학생 수는 이미 초등학교 21.8명, 중학교 25.2명, 고등학교 23.4명이다.

바이러스 전문가들의 예측대로 대규모 감염 사례가 앞으로 점점 더 빈번해진다면 방역을 염두에 둔 학교 및 학급 환경 개선책을 마련하는 게 현명할 듯싶다. 효과적인 방역을 위해 앞뒤 좌우로 2미터 간격을 유지하려면 우리나라 교실 평균 면적을 감안할 때 한 반에 16명을 넘지 말아야 한다. 그래서 현실적인 절충안으로 20명 상한제를 법제화하려는 움직임이 일고 있다. '작은 교실'은 방역은 물론 교육의 질 향상에도 긍정적 효과를 불러올 것이다.

'작은 교실'과 더불어 '작은 학교'도 시도하면 좋겠다. 나는 벌써 1년 넘도록 강원도 강릉시 운산동에 있는 옥천초등학교 운산분교에서 생명다양성재단 생태체험교실을 운영하고 있다. 학생이 많은 학교들은 '등교 요요'에 시달리지만 운산분교처럼 학생 수가 60명 미만인 학교들은 거의 문을 닫지 않는다. 학생 수가 줄어드는 학교를 통폐합할 게 아니라 오히려 대형 학교를 여러 작은 학교로 쪼개는 역발상이 필요하다. 방역과 교육, 그리고 일자리의 세 마리 토끼를 다 잡을 수 있다. 교육부는 학령 인구 감소에 대비해 교원 정원을 감축할 계획이지만 나는 오히려 작은 교실과 작은 학교를 만들며 교원 수를 늘려야 한다고 생각한다. 한편으로는 교원 수를 줄이며 다른 한편으로는 얄궂은 공공 일자리를 창조하려는 노력은 별로 현명해 보이지 않는다.

3월 10일

소금의 재발견

국제 학회에 특강 요청을 받아 일본에 와 있다. 일본 음식을 워낙 좋아해 일본에 오자마자 음식점으로 달려가 이것저것 먹었는데 어찌나 짠지 온종일 물병을 입에서 떼지 못했다. 소금은 빛과 더불어 성경 가르침의 핵심어다. 훗날 거국적인 해방 운동으로 번진 간디의 단디(Dandi) 해안 행진도 소금에 과도한 세금을 부과한 영국 정부에 대한 저항으로 시작됐다. 소금이 인류 역사를 바꾼 것이다. 소금 속 나트륨과 칼륨 이온이 신경 세포의 막을 교대로 넘나들며 생성하는 전위 차의 변화가 신경을 따라 전파되며 우리 몸의 모든 생리 현상이 조절된다.

우리의 생존에 이처럼 중요한 소금이 언제부터인가 심혈관 질환의 주범으로 전락했다. 온 세상이 온통 '저염 호들갑'을 떨고 있는 마당에 최근 독일 레겐스부르크대 연구진은 소금이 박테리아로부터 세포를 보호한다는 실험 결과를 내놓았다. 연구진은 우연히 다른 쥐에게 물린 쥐의 피부에서 정상적인 피부 세포보다 훨씬 다량의 나트륨을 발견했다. 염화나트륨을 다량 주입한 쥐와 인간의 세포에서 면역 작용이 활발해지는 사실도 확인했다. 나트륨을 다량 함유한 사료를 먹은 쥐들이 병원균에 대해 훨씬 강한 면역 반응을 보였고 회복도 훨씬 빨랐다.

특별히 눈 밝은 독자들은 이거야말로 과학자들이 실험하기 훨씬 전부터 우리가 생활 지식으로 알고 있었던 게 아니냐고 반문할지도 모른다. 간고등어를 떠올리면서 말이다. 우리는 오래전부터 먹거리를 신선하게 저장하는 수단으로 소금에 절이는 방법을 사용해 왔다. 치약이 귀하던 시절에는 소금으로 이를 닦기도 했다. 하지만 연구진은 얼씨구나 하며 다시 짠 음식을 드셔서는 안 된다고 당부한다. 그들이 실험에 사용한 나트륨의 농도는 4퍼센트로 쥐 사료의 나트륨 농도보다 무려 스무 배나 높은 수준이었기 때문이다. 그야말로 소태를 씹어야 약효가 있다는 걸 발견했을 뿐이다. 그렇긴 해도 음식점들은 왜 여전히 소금을 쏟아붓는 것일까?

2015

3월 11일

위안과 감사

우리는 슬픈 일을 당했을 때 누가 손을 잡아 주거나 포근하게 안아 주면 큰 위안을 받는다. 때론 이런 구체적 행동을 보이지 않더라도 그저 가만히 곁에 있어 주기만 해도 든든하게 느낀다. 언뜻 보아 그리 대단해 보이지 않지만 자연계에서 이런 행동을 하는 것으로 밝혀진 동물은 인간을 비롯한 몇몇 유인원, 개, 그리고 까마귓과의 새들이 전부다.

최근 미국 에모리대의 유명한 영장류학자 프란스 드 발의 연구진은 아시아코끼리를 이 반열에 올려놓았다. 코끼리는 위험을 감지하면 귀와 꼬리를 곧추세우고 저주파의 그르렁거리는 소리를 내거나 아예 긴 코를 나팔처럼 사용해 큰 소리로 운다. 북부 태국의 코끼리 캠프에 사는 코끼리 26마리를 1년 이상 관찰한 연구진은 이처럼 괴로워하는 코끼리에게 근처에 있던 다른 코끼리들이 다가와 코로 얼굴을 쓰다듬거나 심지어는 코를 상대의 입안으로 넣기도 하는 걸 여러 차례 관찰했다. 자기 코를 다른 코끼리의 입안에 넣는 행동은 상당한 위험 부담이 있다는 점에서 주목할 만하다.

우리가 누군가를 위로할 때 하는 이런 행동은 위안에 대한 감사를 표시할 때 거의 정확하게 반복된다. 인터넷에서 'Wounda'라는 단어를 입력하면 정말 감동적인 동영상을 볼 수 있다. 사냥꾼에게 엄마를 잃고 온갖 병마에 시달리며 죽어 가던 침팬지를 콩고 제인구달연구소 직원들이 정성스레 보살펴 2013년 6월 20일 야생으로 방사하는 장면을 찍은 동영상이다. '운다'라는 이름의 이 침팬지는 숲으로 향하기 전에 그동안 자기를 돌봐 준 사람들을 둘러보다가 마침 행사에 참여하기 위해 동행한 구달 박사를 발견하곤 한참 뜨거운 포옹을 나눈다. 마치 제인 구달 박사가 누구인지, 그리고 그의 희생적인 노력으로 자기를 비롯한 많은 침팬지가 새 삶을 찾고 있다는 사실을 잘 알고 있다는 듯.

'Wounda'는 콩고 말로 '거의 죽을 뻔했다'는 뜻이란다. 하지만 나는 '운다'가 구달 박사를 끌어안는 장면에서 그만 울음을 터뜨리고 말았다. 위안과 감사의 포옹은 똑같이 따뜻하다.

2014

3월 12일

낮잠 예찬

나른해지는 걸 보니 봄이 오나 보다. 나는 평생 낮잠이란 걸 자 보지 못했다. 잠자는 시간을 '동굴 속 원시인으로 되돌아가는 것'이라며 아까워했던 에디슨의 충고 때문은 아니다. 낮에 졸음이 와도 막상 눈을 붙이려면 좀처럼 잠이 들지 않는다. 어쩌다 어렵게 낮잠을 자고 나면 오히려 몸이 찌뿌듯하다.

낮잠이 건강에 좋다는 의학 연구 결과는 차고 넘친다. 2007년 하버드대 공중보건대학원은 일주일에 적어도 세 번 30분 이상 낮잠을 자는 사람은 낮잠을 자지 않는 사람에 비해 심장병으로 사망할 확률이 무려 37퍼센트나 낮다는 연구 결과를 발표했다. 캐나다와 미국 등 북미 사람들에 비해 낮 12시~오후 3시를 아예 시에스타 타임(Siesta time)으로 정하고 매일 낮잠을 즐기는 중남미 사람들의 심장 질환 발병률이 훨씬 낮은 것은 잘 알려진 사실이다.

최근 미국심장병학회에 따르면 달콤한 낮잠은 거의 혈압약 수준의 효과가 있단다. 저용량 고혈압약은 혈압을 5~7㎜Hg 정도 낮추는 효과가 있고, 금주와 저염식의 효과가 3~5㎜Hg로 알려져 있다. 낮잠의 혈압 강하 효과를 실제로 측정해 보니 평균 5㎜Hg나 되는 걸로 나타났다.

"무교동 왕대포집에 가서/팁을 오백 원씩이나 주어도/도무지 도무지 생각이 안 나는" 『묘법연화경(妙法蓮華經)』의 글자 하나 때문에 속을 끓이다 끝내 "낮잠이나 들까나" 하신 서정주 선생은 글자 찾기를 포기하신 게 아니었다. "마음을 정화하고 창의적으로 만들어 준다"고 했던 아인슈타인의 말대로 낮잠은 심혈관 질환에만 좋은 게 아니라 두뇌 건강에도 좋다.

어차피 하루가 다르게 아열대화하는 마당에 우리도 낮잠을 권장하는 문화를 정착시키면 어떨까? 그런데 내가 왜 또 사회 운동가 흉내를 내고 있나? 남 걱정 집어치우고 우선 나부터 즐기자. 평생 중남미 열대 국가를 드나들며 그렇게도 사고 싶었던 해먹(hammock)부터 하나 장만해야겠다.

2018

3월 13일

무서운 건 여전히 사람이다

세 판을 내리 지던 이세돌 9단이 드디어 한 판을 이겨 뒤늦게나마 인간 승리를 외칠 수 있었지만, 이번 바둑 대국은 '기계 시대'의 도래를 확실하게 알렸다. '알파고 아버지' 허사비스는 "AI는 실험실 조수처럼 활용하고 최종 결정은 인간이 내리면 된다"며 우리를 안심시키려 한다. 그러면서 이제 AI가 의료, 기후, 에너지 등 다양한 분야에 도움을 줄 것이란다.

우리는 지금 거대 기업 구글이 치밀하게 기획한 드라마를 한 편 보고 있다. AI는 이미 많은 분야에서 인간을 능가하고 있다. 구글은 그들이 개발한 AI 프로그램이 세계 최고 명의보다 더 많은 목숨을 구할 수 있다고 광고하지 않았다. 대신 인간이 개발한 가장 복잡한 게임을 선택했다. 구글은 처음부터 이 9단을 겨냥했을 것이다. 그러면서 슬쩍 판후이 2단과 탐색전을 벌였다. 아마 9단도 프로 6단도 아닌 딱 알맞은 제물, 다소 불공정한 대국 조건을 이끌어 내기에 더도 덜도 없이 절묘한 포석이었다.

대국을 거듭할수록 이 9단은 불리해질 수밖에 없다. 구글은 우리가 많이 쓰면 쓸수록 강해지는 유기체다. 우리의 일거수일투족이 먹이가 되어 그들을 키우고 있다. 게임이 끝나면 체력 회복을 위해 자야 하는 이 9단과 달리 알파고는 그가 보여 준 패와 수를 가지고 온갖 경우의 수를 짚으며 연습에 연습을 거듭했을 것이다. 전원 플러그를 뽑아 버리지 않는 한.

알파고가 무서운가? 아니, 나는 여전히 사람이 더 무섭다. 알파고의 승리는 바로 구글의 승리다. 구글은 AI가 아니다. AI를 만들고 활용하는 사람들이다. 세기의 바둑 대결로 엄청난 광고 효과를 얻은 구글은 이제 다양한 인간 활동과 산업 분야를 공략할 것이다. AI 운전자가 인간 운전자를 대치하는 게 미덥지 않다 했던가? 화면 가득한 흑백 돌의 사뭇 초현실적 이미지를 배경으로 우리는 이 9단의 흔들리는 눈동자를 보았다. 바둑은 그저 게임일 뿐이다. '빅 브라더' 구글이 앞으로 우리 삶을 어떻게 좌지우지해 갈지 심히 두렵다.

2016

3월 14일

길들임의 저주

바야흐로 개성이 중요한 시대이다. 아류로는 살아남기 어렵다. 연예계와 광고업계는 말할 나위도 없고 심지어는 면접과 수업 시간에도 튀어야 한단다. 그래서인지 심리학은 오래전부터 개성을 매우 중요한 주제로 삼아 많은 연구를 해 왔다. 그런데 여기에 최근 동물행동학자들이 덤벼들었다. 동물들의 개성을 과학적으로 탐구하기 시작한 것이다.

국제 학술지 『발생심리생물학(Developmental Psychobiology)』 최신 호에 상당히 눈에 띄는 논문이 있어 그 내용을 간략히 소개하련다. 몸길이가 5밀리미터 남짓의 작은 곤충인 진딧물에도 개성이 있다는 연구 결과가 발표되었다. 독일 생물학자들의 관찰에 따르면 포식자가 나타났을 때 땅으로 뛰어내리는 진딧물과 그렇지 않은 진딧물이 있단다. 게다가 이러한 성향이 반복된 실험에서 일관되게 나타나더라는 것이다. 흥미롭게도 이 진딧물들은 모두 한 암컷의 처녀 생식에 의해 태어나 유전적으로 완벽하게 동일한 개체들이다. 그럼에도 불구하고 또렷한 개성 차이를 보인다는 것은 놀라운 일이다.

"도대체 넌 누굴 닮아서 이 모양이냐?" 누구나 한 번쯤 들어 본 얘기이리라. 우리는 은연중에 개성도 부모로부터 물려받는다고 믿고 있다. 최근 연구 결과들을 종합해 보면 동물 개성의 변이 중 20~50퍼센트만이 유전자에 의해 결정된다고 한다. 나머지는 발생 과정의 환경과 학습의 영향을 받는다는 것이다. 같은 부모 아래에서 태어나 같은 집에서 함께 큰 형제자매인데 하는 짓이 때로 남보다 더 다른 걸 보며 의아하게 생각했다면 이번 진딧물 연구에 주목할 필요가 있다.

한 배에서 태어난 강아지나 고양이들을 여럿 길러 본 사람이라면 동물들도 제가끔 개성을 지니고 있다는 사실을 경험으로 알고 있다. 동물행동학자들은 이를 과학적으로 증명해야 하는 부담을 지닌다. 그동안 주로 척추동물 위주로 진행돼 온 동물 개성의 과학적 연구가 이제 무척추동물로 그 영역을 넓히고 있다. 다만 영어권 학자들은 용어 때문에 적이 불편해한다. 동양권 학자들이 개성(個性)이라고 부르는 것을 그들은 'personality'라고 부르는데, 이는 특별히 사람을 지칭하는 'person'에서 파생된 단어이기 때문이다. 용어부터 대놓고 의인화(擬人化)의 위험 부담을 안고 있는 상황에서 과학적 객관성을 확보하기가 만만치 않아 보인다.

3월 15일*

종교와 과학

* 3.15의거 기념일

최근 5년 사이 우리는 세 분의 도저한 종교 지도자를 잃었다. 2006년 강원용 목사님이 돌아가셨고 작년에는 김수환 추기경님, 그리고 얼마 전에는 법정 스님마저 우리 곁을 떠나셨다. 평생 무소유의 덕을 설파하시던 스님은 마지막 가시는 길까지 어쩌면 그리도 정갈하게 비우시는지 절로 고개가 숙여진다. 특히 사리를 둘러싼 과학과 비과학 간 논쟁의 싹까지 깔끔하게 정리하고 가신 스님의 후광이 진정 시리도록 아름답다.

과학, 그중에서도 진화학은 종교와 늘 껄끄러운 관계를 맺어 왔다. 다윈 이래 많은 진화학자는 신의 존재에 대한 비판을 멈추지 않고 있다. 특히 지난 2006년에는 마치 약속이라도 한 듯 세 사람의 걸출한 진화학자가 나란히 종교에 대한 책을 내놓았다. 그중 가장 큰 반향을 불러일으킨 책은 리처드 도킨스의 『만들어진 신』이었다. 2007년 우리말로 번역되어 큰 화제가 되었던 이 책에서 도킨스는 종교의 해악을 조목조목 열거하며 인류 사회에서 종교를 깨끗이 없애야 한다고 주장했다.

한편 하버드대의 진화생물학자 에드워드 윌슨은 그야말로 기독교에 일종의 '십자군 전쟁'을 선포한 도킨스와 달리 남침례교 목사님께 편지를 쓰는 형식의 『생명의 편지』라는 책을 내놓았다. 그런데 '생명의 편지'는 우리말 역서의 제목이고 책의 원제는 '창조(Creation)'이다. 다분히 이중적인 의미를 지닌 제목의 책에서 그는 지금 우리 인류에게 닥친 전례 없이 심각한 생명의 위기는 과학자와 종교인들이 함께 손을 잡아야 헤쳐 나갈 수 있다고 호소했다.

아직 우리말로 번역되지 않은 『주문 깨기(Breaking the Spell)』라는 제목의 책에서 진화철학자 대니얼 데닛은 언뜻 종교에 대해 가장 너그러운 태도를 보이는 것 같지만, 실은 우리가 종교의 실상을 철저하게 객관적으로 분석하고 보다 철학적이고 과학적으로 연구하면 이성적인 판단에 의해 종교를 축소하거나 또는 개선할 수 있을 것이라고 주장한다.

진화생물학자인 나는 기본적으로 이 세 학자의 의견에 동의할 수밖에 없지만 21세기에도 여전히 종교와 과학이 인류 사회를 이끌어 갈 양대 바퀴들임을 굳게 믿는다. 삼위일체 같았던 세 분의 큰 스승님이 남긴 빈자리를 이제 어느 분이 오셔서 채워 주시려나?

2010

3월 16일

평생 백신

아기들이 맞는 'MMR 백신'이 있다. 생후 9~15개월에 1차로 접종하고 4~6세에 2차 접종을 마치면 홍역, 볼거리, 풍진 등을 예방할 수 있다. 올 초 화순전남대병원 국훈 교수가 코로나19 백신 접종으로 집단 면역을 달성하려면 올 하반기까지 기다려야 하니 급한 대로 우선 'MMR 백신'을 접종하자고 제안했다. 홍역 등의 바이러스와 코로나바이러스가 염기 서열이 비슷해 어느 정도 효과가 있겠지만, 지금 맞고 있는 백신조차 과연 변이 코로나바이러스에 효력이 있을까 우려하는 마당에 광범한 설득은 기대하기 어려웠을 것 같다.

'MMR 백신'은 접종 후 평균 27년간 효력이 유지되는데 독감 백신은 왜 해마다 맞아야 할까? 코로나19 백신은 사태가 너무 심각해 유효 기간에 대한 검증 없이 접종을 시작하는 바람에 얼마나 자주 맞아야 할지 아직 모른다. 원인은 바로 코로나바이러스의 특출한 변신술이다. 정작 어떤 변이가

들이닥칠지 모르는 상태에서 개발한 독감 백신의 효율이 종종 50퍼센트에 육박하는 게 사실 대단하다.

최근 독일 콘스탄츠대와 튀빙겐대 연구진을 중심으로 새로운 개념의 인플루엔자 백신이 개발되고 있다. 특정한 바이러스 변이에 대한 항체를 만들라고 지시하는 게 아니라 면역 담당 백혈구인 'T세포'로 하여금 인플루엔자 바이러스에 대한 일반적 면역 작용을 시작하게끔 자극하는 방법이다. 훨씬 포괄적이고 항구적인 면역 체계 구축이 가능하다. 재활용할 수 있는 세포 크기의 미소 구체(microsphere)에 항원과 면역 촉진제를 넣어 몸에 주입하는 이 기술은 이미 사전 임상 실험에 들어갔다. 주사뿐 아니라 콧속으로 분무하는 방법도 개발하고 있단다. 임상 결과에 따라 독감은 물론 코로나19 방역에도 곧바로 투입할 수 있어 기대를 모으고 있다. 어쩌면 효율과 편이, 두 토끼를 다 잡을 수 있을지도 모른다.

3월 17일

인성 교육의 자가당착

우리 교육계가 조만간 인성 교육을 시작하겠단다. 세월호 사고로 드러난 우리 사회의 인성 피폐 현황이 인성 교육의 필요성을 야기하는 것은 이해할 만하다. 그러나 인성이란 것이 여야 국회의원들이 호들갑스럽게 '인성교육진흥법'까지 만들며 매뉴얼 훈련을 시킨다고 갑자기 복원될 수 있는 것일까?

국립생태원의 초대 원장이 되어 200명에 가까운 연구원과 행정 요원을 채용하는 과정에 모든 기관이 다 한다기에 우리도 인성 검사를 실시했다. 그런데 평소 연구나 업무 능력이 탁월하다고 알고 있던 지인 몇 명이 덜커덕 낙방하는 게 아닌가? 하도 어이가 없어 인성 검사 전문가들을 만나 봤더니, 공무원 채용 시험과 대기업 입사 시험에서 종종 사용하는데 실제로는 조직 문화를 해칠 기질이나 정서적 특성을 지닌 사람을 걸러 내는 기능이 강하다고 귀띔해 줬다. 분명한 사실은 국립생태원 전체에서 인성 검사에 떨어질

영순위는 단연 나란다. 자유로운 영혼은 애당초 통과하기 어려운 관문이란다. 더욱 가관은 1차 채용 인성 검사에서 낙방한 사람들이 열심히 연습하여 2차, 3차 채용에서는 우수한 성적으로 합격하더라는 것이다. 인성 평가를 정량화하면 그에 따른 사교육 시장이 활성화될 것은 불을 보듯 뻔하다. 언제나 그랬듯이, '국가는 정책을 만들고 국민은 대책을 만든다'.

독일의 철학자 막스 셸러는 '개별 인격'과 '총체 인격'을 나누어 설명했다. 구성원의 '개별 인격'이 모여 사회적 인격 또는 국가적 인격, 즉 국격을 만들어 내는 것이다. '예, 효, 정직, 책임, 존중, 배려, 소통, 협동' 등의 핵심 덕목을 실행하는 데 필요한 '지식과 공감·소통 능력이나 갈등 해결 능력' 등의 핵심 역량을 함양하기 위해 인성교육진흥법을 제정했다지만, 자칫 '총체 인격'을 먼저 설정해 놓고 획일적인 교육을 실시하면 개성과 창의성을 짓밟을 수 있다. 인성 교육이 이렇다 할 특징이 없는 무성격자만 양산하는 '무성 교육'이 될까 두렵다.

교육 12/8/2008

인성교육이 경제성과 어찌 연결될 수 있나? 어떻게 설득하나?
나는 고령화가 동인을 제공한다고 생각한다.
인성교육을 제대로 받은 사람들이 생애 전체를 놓고 볼 때
결과적으로 이득이 된다는 걸 원론(개념)적으로 그리고
실제로(이 부분은 조사 연구가 가능) 보여줄 수 있다면.

취업은 결코 무시할 수 없으므로 그걸 명제로 두고
얘기하되 역시 고령화 시대에 첫 직업만이 중요한 게 아니고
평생 가져야 할 직업들을 생각해야 한다.
직업들? 새로운 직업으로의 전환

대학교육

고양교육 도야교육 전공교육

Core curriculum 'tween level

↓ ↓

공부할 수 있는 입문 수준 교육
방법론 함양

3월 18일

이름 심리학

나는 영어로 내 이름을 'Jae Chun Choe'라고 쓴다. 미국 유학을 준비하며 내 깐에는 제법 심혈을 기울여 만든 이름인데, 내 이름을 처음으로 불러 준 외국인이 '자에 춘 초에'라고 발음하는 걸 듣고는 미국에 도착한 이후 그저 '제이'라고 소개하기 시작했다. 그래서 내 외국 동료들은 모두 나를 '제이 최'라고 부른다. 꽤 친한 친구들마저 내 이름을 자주 'Jay'로 표기해서 탈이지만 나는 애써 고치려 하지 않는다.

교황 베네딕토 16세도 드디어 SNS 흐름에 동참했다. 그런데 어린 시절 히틀러 청소년단 유겐트 단원이었고 그리 부드럽지 않은 인상 때문에 그렇지 않아도 인기가 별로 높지 않은데 애써 선택한 트위터 계정 이름이 하필이면 '포프투유바티칸(Pope2YouVatican)'일까? 그냥 '포프(Pope)' 또는 '나는 포프다(ImThePope)' 정도로 했더라면 훨씬 기억하기 쉬웠을 텐데.

최근 『실험사회심리학(Journal of Experimental Social Psychology)』지에 발표된 호주 멜버른대 심리학과와 미국 뉴욕대 경영학과 연구진의 논문에 따르면, 발음하기 쉬운 이름을 가진 사람들이 친구도 많고 직장에서도 더 성공적이란다. 500명의 미국 변호사들을 대상으로 조사했는데 쉬운 이름을 가진 변호사들이 어려운 이름의 소유자들보다 훨씬 더 높은 지위에 오른 것으로 나타났다. 이보다 먼저 진행된 선행 연구에서는 갓 상장된 주식 중에서도 상대적으로 발음하기 쉬운 것들이 훨씬 두각을 나타냈다고 한다.

연구진은 이름의 길이나 생경함은 그리 문제가 되지 않는다고 설명한다. 얼마나 발음하기 편한가가 중요하단다. 그러고 보면 오바마 대통령의 당선은 흑백의 장벽뿐 아니라 이름의 불리함까지 극복한 참으로 대단한 사건이었다. '오바마(Obama)'는 비록 짧지만 발음하기 결코 쉬운 성이 아니다. 게다가 이름이 '버락(Barack)'이라니.

연구진은 일종의 모의 선거 실험도 실시했는데 역시 쉬운 이름의 후보가 훨씬 더 많은 표를 얻는 걸로 드러났다. 그렇지 않아도 공천 심사의 기준을 두고 여야 모두 시끄러운 판에 일을 더 복잡하게 만드는 것 같아 면구스럽지만, 심사 대상자의 이름이 얼마나 발음하기 쉬운지 한번 소리 내어 불러 보시라.

2012

Jae Chun Choe

Jae Chun Choe
Forum
21 9:51 PM

3월 19일

지상 최고의 포식자

미국 뉴욕 센트럴파크는 폭은 800미터가량이지만 길이는 59번가에서 110번가까지 장장 4킬로미터에 달한다. 얼추 중간쯤 동쪽 가장자리에는 메트로폴리탄미술관이 있고, 거기서 서쪽으로 공원을 가로지르면 뉴욕 미국자연사박물관을 만난다. 그곳에는 지금 설립 150주년을 기념하여 지구 역사에서 단연 최고의 포식자로 꼽히는 공룡 티렉스(T.rex) 특별전이 열리고 있다.

티렉스는 바로 이 박물관의 고생물학자 바넘 브라운이 1905년 미국 몬태나주에서 화석을 발굴해 세상에 알려졌다. 그는 곧이어 1908년에도 티렉스 화석을 또 하나 발견했는데 거의 완벽에 가까운 상태였다. 이번 전시에는 바로 이 화석의 복제 표본은 물론, 가상 현실 기술의 도움으로 기껏해야 닭만 한 크기로 태어난 새끼가 네 살이 되면 키가 4미터 정도로 크고 스무 살이면 높이 13미터의 거대 공룡으로 성장하는 과정을 생생하게 볼 수 있다.

1993년 영화 〈쥬라기 공원〉에서 우리는 육중한 체구를 이끌고 느릿느릿 어슬렁거리는 게 아니라 전속력으로 달리는 지프를 추격하는 날렵한 티렉스를 만났다. 일찍이 공룡 뼛속 모세혈관 밀도를 측정해 공룡을 '온혈 파충류'로 규정한 고생물학자 로버트 배커가 스티븐 스필버그 감독의 과학 자문이었다. 그로부터 또 지금까지 25년간의 연구 결과가 반영된 이번 전시는 복슬복슬한 털로 뒤덮인 아기 티렉스와 정수리와 꼬리에 깃털이 돋아 있는 어른 티렉스를 선보인다.

공룡은 지금으로부터 6,500만 년 전 카리브해에 거대한 운석이 떨어지면서 시작된 급격한 기후변화로 인해 절멸했고 우리 인간은 불과 20만~25만 년 전에 탄생했기 때문에 공룡들은 우리의 존재를 모른다. 하지만 우리는 한 번도 직접 마주한 적도 없는 공룡과 끝없는 짝사랑을 하고 있다. 이번 전시는 정말 볼만할 것 같다. 전시회가 내년 8월 19일까지 열린다니 언제 꼭 가 봐야겠다.

3월 20일

세계 수면의 날

지난 3월 16일은 '세계 수면의 날'이었다. 세계수면의학협회가 2008년부터 수면 장애로 인한 사회적 부담을 줄이기 위해 제정한 날이다. 매년 밤낮의 길이가 똑같아지는 춘분 바로 전 금요일마다 잠의 소중함을 알리는 다양한 행사가 열린다.

수면 부족으로 인해 발생하는 사회 비용이 미국에서만 연간 4백조 달러에 이른단다. 대한수면학회는 최근 '건강한 수면 7대 수칙'을 발표했다. 1)수면과 기상 시간을 규칙적으로 유지하라 2)주말에 너무 오래 자지 말라 3)낮에는 밝은 빛을 쬐고 밤에는 빛을 피하라 4)지나친 카페인 섭취와 음주를 삼가라 5)졸리면 낮잠을 자라 6)늦은 저녁 운동은 피하라 7)수면 장애는 전문가의 도움을 받아라.

지금으로부터 6백만 년 전 인간 조상이 침팬지 조상과 헤어져 아프리카 초원으로 진출할 때에는 이 같은 수칙을 지킬 수 없었다. 불을 사용하고 안전한 주거 시설을 확보한 다음에야 숙면을 즐겼을 것이다. '단잠을 자다'를 영어로는 흔히 '아기처럼 자다(sleep like a baby)'라고 한다. 하지만 아기가 자는 모습은 새근새근 평화로울지 모르지만 '자다 깨다'를 반복하는 것은 결코 건강한 수면이 아니다. '아기처럼이 아니라 남편처럼 자고 싶다'는 서양 우스갯소리가 있다.

최근 미국 듀크대 영장류학자들의 연구에 따르면 우리 인간이 영장류 중에서 가장 수면 시간이 짧은 것으로 드러났다. 우리는 겨우 평균 7시간을 자는 데 비해 남미에 사는 세줄무늬올빼미원숭이는 무려 17시간이나 잔다. 인간의 생리와 생태를 감안할 때 우리의 적정 수면 시간은 9.55시간이란다. 신기할 정도로 정확하게 매일 이만큼 잔 사람이 있다. 바로 아인슈타인이다. 한편 다빈치는 평생 20분에서 2시간 길이의 벼룩잠을 이어 붙여 하루에 겨우 5시간을 잤단다. 그러면서도 "활기찬 하루가 행복한 잠을 부르듯, 잘 산 인생이 행복한 죽음을 가져다준다"고 했다니 벼룩잠이 그리 고통스럽지 않았나 보다.

2018

3월 21일*

재생

* 세계 시의 날
* 세계 숲의 날

영화 〈포레스트 검프〉에서 월남전에 참전했다 두 다리를 잃고 불평과 자기 비하로 삶을 탕진하는 댄 테일러 중위를 보며 인간은 왜 다른 동물에 비해 재생 능력이 현저히 떨어지는 방향으로 진화했을까 의아했다. 거미는 다리의 일부 또는 전부를 잃어도 다시 자라난다. 플라나리아, 해삼, 불가사리 등은 몸이 여러 개로 잘려도 각각 완전한 성체로 자란다. 인간은 젖니가 빠지고 간니가 난 후에는 부러지거나 빠진 이가 더 이상 재생되지 않지만, 상어는 계속 새 이가 난다. 기록에 따르면 일생 동안 무려 3만 5천 개까지 난단다.

인간에게 재생 능력이 전혀 없는 것은 아니다. 목욕탕에서 때밀이 수건으로 각질뿐 아니라 멀쩡한 피부까지 벗겨 내도 며칠이면 곧바로 재생된다. 가임기 여성이 임신하지 않으면 매달 월경을 겪는데 그때 떨어져 나간 푹신한 자궁 내막 조직도 한 달이면 완벽하게 복원된다. 드물게나마 손가락이나 발가락의 일부가 잘려 나갔다가 회복된 환자들도 있다. 인간의 생체 기관 중 가장 재생 능력이 탁월한 기관은 단연 간이지만 신장 세포의 재생 능력도 상당하다는 연구 결과가 나오고 있다. 최근 각광받는 분야인 재생생물학 덕택에 심장과 폐는 물론 척추 신경과 방광까지 재생 시술의 혜택을 누리고 있다. 원하지도 않은 재생 능력을 제멋대로 발휘하는 세포를 우리는 암세포라 부른다. 분열을 멈춘 세포에게 갑자기 회춘 기회를 부여하면 자칫 암세포로 돌변할까 두렵다.

어린 시절 마치 살아 있는 듯 꿈틀대는 꼬리만 손에 남기고 달아난 도마뱀을 기억하는가? 도마뱀의 꼬리는 몇 달이면 원래대로 복구된다. 최근 독일 파충류학자들은 마다가스카르에서 포식자에게 잡히면 비늘을 홀딱 벗어 던지고 맨몸으로 도망가는 진기한 도마뱀붙이를 발견했다. 떨어져 나간 비늘은 물론 몇 주일이면 재생되지만, 너무도 쉽게 발가벗고 달아나는 도마뱀붙이를 보며 연구자들은 우리가 흔히 '바바리맨'이라 부르는 노출증 환자를 보는 것 같아 적이 민망했단다. 살아남으려면 무슨 짓이든 못하랴.

2017

3월 22일*

물 부족 국가?

* 세계 물의 날

오늘은 '세계 물의 날'이다. 해마다 이맘때면 어김없이 듣는 얘기가 있다. 우리나라가 "유엔이 정한 물 부족 국가"라는 얘기. 하지만 분명히 해 두자. 유엔은 한 번도 대한민국을 가리켜 '물 부족 국가'라고 말한 적이 없다. 오래전 미국의 국제인구행동연구소가 내놓은 유치하기 이를 데 없는 분석 결과를 우리 정부가 계속 재탕하고 있다. 그들은 한 국가의 연평균 강수량을 인구수로 나눠 일인당 강수량을 계산했다. 우리나라의 연평균 강수량은 세계 평균을 거의 20~30퍼센트나 웃도는데 워낙 좁은 땅에 많은 사람들이 모여 살다 보니 인구수로 나누면 졸지에 사막 국가 수준으로 떨어진다. 그런 걸 분석이라고 내놓다니 참으로 어처구니없는 일이다.

내일은 또 '세계 기상의 날'이다. 앞으로 지구온난화의 영향으로 우리나라의 강수량은 점점 더 늘어날 것으로 보인다. 우리는 물 부족 국가가 아니라 '물 낭비 국가'이다.

일 년 중 매우 짧은 기간에 집중하여 쏟아지는 강수를 잘 관리해야 하는 '물 관리 필요 국가'이기도 하다. 그렇다고 해서 댐과 보를 건설하는 것만이 정답은 아니다. 정부와 민간이 힘을 합해 누수 방지와 물 절약 정책으로 수자원 활용의 극대화를 꾀하는 유럽 국가들로부터 배울 게 많아 보인다.

지난 몇 년간 우리나라를 세 차례나 방문한 세계적인 침팬지 연구가이자 환경운동가인 제인 구달 박사는 음식점에 들어가 앉기 무섭게 얼른 물컵부터 뒤집는다. 그러곤 물을 따르러 온 종업원에게 물은 꼭 필요하다고 요청하는 사람에게만 따라 주라고 신신당부한다. 지금 세계에는 줄잡아 9억 명의 사람들이 깨끗한 물을 마시지 못하고 있는데 다 마시지도 않을 물을 컵 가득 채워 주는 일은 죄악이라는 것이다.

『물의 미래』의 저자 에릭 오르세나는 묻는다. "굶어 죽을 것인가? 목말라 죽을 것인가?" 미래학자들은 이번 세기 동안 물 전쟁이 일어날 것이라고 입을 모은다. 메콩강, 요단강, 나일강 등 여러 나라를 거쳐 흐르는 강들은 그야말로 태풍의 눈이다. 우리는 참으로 복을 넘치도록 받은 나라이다. 우리의 강은 모두 우리 땅에서 시작하여 우리 바다로 흐른다. 우리끼리만 잘 합의하여 보전하면 슬기롭게 물의 위기를 넘길 수 있다. 물 문제야말로 사회 통합의 중요한 과제이다.

2010

물관리

7,8,9월에 2/3 집중

공급 1270억톤(?) → 대부분은 바다로 가버림 (70%)

수요 — 정확하지 않음.

물을 가둬야 함

* 우리나라는 지형적으로 가뭄과 홍수를 겪음.

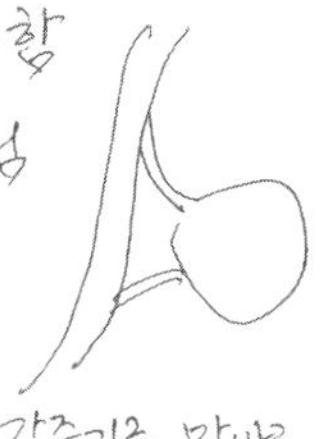

강줄기를 막바로 막을 게 아니라 수량의 최저 수준을 monitor 하여 남는 양만 조금씩 모으면 어떨까?

공급은 건교부

수요관리는 환경부

댐 건설은 경제적으로 비싼 대책.

댐 건설이 정말 가뭄과 홍수를 막아주나

물 사용량을 선진국 수준의 반 정도만 줄이면 댐은 필요 없다. (?)

실제 가정용수는 미국 ~~355~~과 일본보다 적다

가정에서 줄인다고 얼마나 절약될까?

3월 23일*

봄의 시샘

* 세계 기상의 날

목련이 피면 꼭 비가 온다. 마당에 늠름한 목련나무가 있는 집으로 이사 온 지 십수 년 동안 해마다 이맘때면 어김없이 봄비가 내리고 그 비를 따라 하얀 목련 꽃비가 내렸다. 털북숭이 꽃봉오리 속에서 늦겨울 매서운 추위를 견뎌 내고 백옥같이 흰 꽃잎을 펼치기 무섭게 기다렸다는 듯 봄비가 내린다. 그리 대단하게 퍼붓는 것도 아니건만 빗방울이 듣자마자 거의 자진해서 꽃잎을 떨구는 듯 보인다. 과학자로서 할 말은 아니지만 저 하늘에 계신 누군가가 활짝 핀 목련을 몹시 시샘하는 듯싶다.

절기상 춘분 앞뒤로 본래 비가 자주 오는 편이고 공교롭게도 그 무렵에 목련이 꽃을 피울 뿐이다. 너무도 불행한 우연의 일치라 이토록 환경과 엇박자를 내는 까닭이 혹여 그 옛날 우리 조상이 강제로 목련을 이 땅에 옮겨 심었기 때문일까 의심해 보지만 목련은 동아시아가 원산지다. 아직 꿀벌도 나타나기 전인 백악기 중반부터 목련은 이 땅에 뿌리를 내리고 살아왔다. 그런데 목련은 왜 이토록 짧은 개화 시기를 감내하며 진화했을까?

세상에 목련만큼 허무한 꽃이 또 있을까 싶다. 목련 꽃잎은 나무에 붙어 있을 때는 더할 수 없이 희고 곱지만 땅에 떨어지면 흡사 비닐 자락처럼 추적추적 바닥에 들러붙는다. 보기에도 곱지 않을뿐더러 쓸어 내려 빗질을 해도 좀처럼 떨어지지 않는다. 그래서 어떤 이는 목련을 가리켜 뒤끝이 좋지 않은 식물이라며 투덜거린다. 어쩌다 북한은 그 많은 꽃 중에서 하필이면 목련을 국화로 삼았을까?

그런가 하면 가수 양희은은 목련꽃을 보며 애틋한 옛사랑을 떠올린다. 〈하얀 목련〉에서 그는 "봄비 내린 거리마다 슬픈 그대 뒷모습/(…)/그대 떠난 봄처럼 다시 목련은 피어나고/아픈 가슴 빈자리엔 하얀 목련이 진다"고 노래한다. 6백여 목련 품종이 한데 어우러진 천리포수목원에서는 지금쯤 얼마나 많은 옛사랑의 그림자가 지고 있을까?

2021

목련

이른 봄
이른 새벽
나지막이 소곤대는 인기척

북으로 난 내 작은 창문 틈으로
속살이 유난히도 흰
북구의 여인이 옷을 벗는다
잿빛 털외투를 벗고
젖살 같은 속살을 내보인다

훔쳐보는 여인의 몸은 왜
이토록 눈이 부실까?

[illegible]

3월 24일

옥시토신,
기적의 호르몬?

얼마 전 어느 예능 프로그램에서 제왕절개 수술을 하고 아이를 낳았다는 여배우가 정작 마취에서 깨어나 아이를 받아 들었을 때 서먹서먹해서 당황스러웠다는 고백을 했다. 우리나라 제왕절개 분만율은 한동안 35~40퍼센트를 유지하더니 최근에는 전체 분만의 거의 절반에 육박하고 있다. 제왕절개 분만율이 25퍼센트인 미국에 비하면 거의 두 배에 이르는 수치다. 제왕절개로 아이를 낳은 다른 산모들도 이 여배우와 비슷한 경험을 했는지 궁금하다.

제왕절개로 분만한 어미 양은 새끼에게 젖을 물리지 않는다. 심지어는 발로 차고 머리로 받기까지 한다. 자연분만은 새끼가 산도를 빠져나올 때 그 자극으로 옥시토신이 분비되는데, 이 호르몬이 어미로 하여금 자기 새끼를 알아보게 돕는다. 그래서 제왕절개 수술을 하더라도 어미 양에게 옥시토신을 함께 주사하면 자연분만으로 새끼를 낳은 것과 같은 효과가 나타난다. 요사이 병원에서는 제왕절개 수술 중 출혈이 심할 경우를 대비해 혈관 수축용으로 옥시토신을 거의 일상적으로 주사하는데, 이것이 산모가 아기를 알아보는 데 도움을 주고 있을 가능성을 배제할 수 없다. 그러나 실수로 뒤바뀐 아기도 거리낌 없이 품는 걸 보면 인간은 호르몬의 영향보다 더 상위 수준의 인지 메커니즘이 작동하는 것 같다.

옥시토신은 남자의 바람기를 줄여 가정에 더욱 충실하게 만들기 때문에 일명 '사랑의 호르몬'이라고 한다. 또한 여러 다양한 동물에게 옥시토신이 사회성 증진에 긍정적 영향을 미친다는 연구 결과를 바탕으로 자폐증 환자의 사회 적응 능력을 향상시키는 교육에 보조제로 사용되기도 한다. 이런 옥시토신이 최근 하버드의대 연구에 따르면 남성들로 하여금 음식을 덜 먹게 할 뿐 아니라 기름기 있는 음식을 피하게 만든단다. 이처럼 비만 치료제 가능성 외에도 옥시토신은 알코올 중독을 완화하는 효과도 갖고 있는 것으로 나타났다. 게다가 지금까지 드러난 부작용도 비교적 심각하지 않은 편이라 조만간 너도나도 옥시토신 정제를 복용하게 되는 건 아닌지 모르겠다.

2015

3월 25일

식단의 진화

대학 입시를 준비하며 읽었던 영어 지문 중에 지금도 생각나는 게 있다. 세상에서 가장 용감한 사람이 누굴까를 묻는 것이었는데 뜻밖에도 답은 인류 역사상 가장 처음 굴을 먹어 본 사람이었다. 지금은 너도나도 먹고 즐기는 별미가 됐지만 그 미끈둥미끈둥하고 물컹물컹한 걸 처음 입에 털어 넣은 사람의 용기를 생각해 보라는 것이다.

미국 록펠러대의 생태학자 조얼 코언 교수의 연구에 따르면 매일 우리 인류의 식탁에 오르는 생물이 무려 5천여 종에 이른단다. 하지만 그들이 우리 식단에 포함되기까지에는 누군가의 무모하리만치 용감한 시식으로부터 때론 몇몇 사람의 희생을 거쳐 드디어 안전하고 맛있는 요리로 개발되는 지난한 과정이 있었다. 복을 요리할 때 내장과 알을 터뜨리지 않고 완벽하게 제거해야 한다는 걸 알게 되기까지 얼마나 많은 목숨이 희생됐을까 상상해 보라. 버섯과 벌이는 줄다리기는 여전히 현재진행형이다.

최근 인기 리얼리티 프로그램 〈정글의 법칙〉에 두 연예인이 보르네오 바다에서 잡은 해삼을 먹고 심한 구토를 하는 장면이 방영되었다. 현생 인류 6백만 년 진화의 역사 동안 점진적으로 벌어졌을 일을 무지해서 용맹스러운 대한민국 연예인들이 단숨에 저지르는 이런 모습을 얼마나 더 오랫동안 지켜봐야 하는지 진지하게 묻고 싶다. 우리가 지금 먹고 있는 살코기는 오랜 세월 육질뿐 아니라 독성도 다스린 것들이다. 야생 동물을 그대로 먹는 것은 자살 행위에 가깝다. 얼마 전 한 출연자의 자살로 종영당한 프로그램의 전철을 밟으려는가.

다양한 생명체가 한데 어우러져 살아가는 정글의 아름다움을 노래한 책 『열대예찬』의 저자로서 나는 〈정글의 법칙〉 제작진에게 일찍이 이 문제를 제기했다. 지금이 어느 때인데 '슬픈 열대'를 부르짖고 있는가. 열대생물학자의 눈에 그들이 보여 주는 정글은 진정한 열대의 정글이 아니다. 그리고 그들이 말하고 싶어 하는 법칙이 무엇인지 잘 모르겠지만 단언컨대 그건 정글의 법칙이 아니다. 열대의 정글에는 경쟁과 포식뿐 아니라 풍요와 공생의 여유도 존재한다.

2013

3월 26일

가지 않은 길

"오랜 세월이 지난 후 나는 어디에선가/한숨을 지으면서 이야기할 것입니다/숲속에 두 갈래 길이 있었는데/나는 사람이 적게 간 길을 택했노라고/그래서 모든 것이 달라졌다고".

로버트 프로스트의 「가지 않은 길(The Road Not Taken)」은 아마 이 땅의 중장년 거의 모두가 알고 있는 시일 것이다. 전체를 암송하지는 못하더라도 위에 인용한 시의 마지막 구절은 모두 어렴풋이나마 기억하고 있으리라. 오늘은 바로 1874년 시인 프로스트가 태어난 날이다. 「가지 않은 길」은 그가 병 때문에 하버드대를 중퇴하고 뉴햄프셔주에 있던 그의 할아버지 농장에 머물던 30대 초반에 쓴 시이다.

지난주 박재완 기획재정부 장관이 거의 2년 가까운 임기를 마치고 떠나면서 "되돌아보면 '가지 않은 길'에 대한 아쉬움과 궁금증도 있습니다"라고 말했단다. 박 장관은 이 시를 각별히 사랑하는 듯싶다. 나 역시 고등학교 국어 시간에 처음 배운 이 시를 늘 가슴에 품고 살았으며 실제로 사람이 적게 간 길을 택했고 그것 때문에 내 삶의 모든 것이 달라졌다. 시 한 편이 한 사람의 인생을 바꾼다.

통섭의 개념을 소개하느라 분주하던 2000년대 후반 어느 날 당시 서강대 철학과에서 가르치시던 엄정식 교수께서 내게 또 다른 프로스트의 시를 알려 주셨다. 「담을 고치며(Mending Wall)」라는 시인데 거기에 "좋은 담이 좋은 이웃을 만든다"는 멋진 구절이 나온다. "담을 만들기 전에 나는 묻고 싶다/내가 무엇을 담 안에 넣고 무엇을 담 밖에 두려는지/그리고 누구를 막아 내려는지". 그는 또한 "거기에는 담을 좋아하지 않는 무언가가 있다"며 끊임없이 담을 무너뜨리는 자연의 힘을 묘사했다. 통섭의 의미와 중요성을 이보다 멋지게 담아낸 글은 없다.

이제 나는 '가지 않은 길'을 내 가슴에서 풀어 주련다. 시인은 다음 날을 위해 한 길을 남겨 두었다면서도 다시 돌아올 것을 의심했지만, 우리는 이제 다시 돌아와 가지 않았던 길을 갈 수 있다. '좋은 담'이란 가지 않아 아쉽고 궁금했던 그 길을 찾아 언제라도 쉽게 넘을 수 있는 낮은 담을 말한다. '인생 이모작'은 바로 가지 않은 길을 후회하지 않는 삶이다.

2013

3월 27일

기후변화와 지구온난화

봄기운이 완연해야 할 춘분에 눈발이 날렸다. 제주도와 일부 남부 지역에는 흰 눈이 한겨울처럼 쌓였다. 남부 유럽 곳곳에도 폭설로 사람들이 때아닌 도심 스키를 즐겼다. 지난겨울은 미국 역사에서 가장 기이한 겨울로 기억될 것이다. 기상 관측이 시작된 이래 미국의 50주 모두에 눈이 내린 첫 겨울이었다. 하와이와 플로리다까지 눈이 내렸다. 날씨가 당최 예전 같지 않다.

지금은 미국 대통령이 되어 국제 기후변화협약 자체를 무력화하고 있는 도널드 트럼프는 여러 해 전 몹시 추운 어느 겨울날 앨 고어의 노벨평화상을 박탈하라고 목청을 높인 적이 있다. 지구온난화라더니 겨울이 왜 더 추워졌냐며 앨 고어와 '기후변화에 관한 정부 간 협의체(IPCC)'를 사기꾼으로 몰아붙였다. 그의 무지함은 두 가지 측면에서 우악스럽다.

첫째, 그는 스스로 통계학의 문외한임을 만천하에 드러냈다. 그래도 명색이 기업인인데 데이터의 이상치(outlier)를 이해하지 못한다는 것은 납득하기 어렵다. 지난 136년 동안 가장 더웠던 열여덟 해 중 열일곱이 2001년 이후에 나타났다. 어쩌다 전체 데이터 집단에서 벗어나는 이상치는 언제나 존재한다. 그럼에도 도도한 흐름을 직시해야 한다. 시장의 급작스러운 작은 변화에 일희일비하며 경거망동해서는 안 되는 것처럼. 이런 통찰을 제공하고자 통계학이 존재하는 것이다.

둘째, 트럼프는 지구온난화와 기후변화를 구별하지 못한다. 지구의 평균 온도가 점진적으로 오르는 현상이 지구온난화라면, 기후변화는 기후 패턴이 예전처럼 예측 가능하지 않은 상황을 통틀어 일컫는 말이다. 지난겨울 온대 지방에 예년보다 눈이 많이 내린 것은 북극 지방 기온이 오르면서 찬 공기가 남하하는 이상 현상이 일어났기 때문이다. 지난겨울 북극의 기온이 한때 영상 2도까지 올랐다. 이는 평소보다 무려 30도가량 높은 온도이다. 한반도에서는 이제 봄이 사라지고 있다. 겨울이 곧바로 여름으로 치닫는다.

2018

3월 28일

매뉴얼 사회

“당신은 가전제품을 구입했을 때 사용 설명서를 읽습니까?”라는 심리 테스트 질문이 있다. 우리 중에는 분명히 전원을 연결하기 전에 그 깨알 같은 사용 설명서를 꼼꼼히 읽는 사람이 있는가 하면, 그런 것 읽기를 죽어라 싫어하는 사람이 있다. 밝히기 좀 주저되지만 나도 후자에 속한다. 아내는 늘 내게 무슨 과학자가 그렇게 주먹구구냐고 나무란다. 아, 그런데 정말 싫은 걸 어쩌랴.

이번 동북대지진 사태에서 드러난 일본 시민들의 질서 정연함은 실로 감탄을 자아내지만, 반대로 일본 정부의 경직된 대응은 엄청난 비난에 휩싸였다. 제대로 된 매뉴얼도 별로 없고 그나마 있는 것도 정작 위기 상황에서는 활용 가능성이 거의 없어 보이는 우리 사회는 사실 가타부타 말을 할 자격도 없다. 하지만 지나치게 매뉴얼에 의존하여 오히려 피해 규모를 키운 듯한 일본 정부의 체제에도 분명히 문제가 있어 보인다.

개미 사회는 여왕개미를 비롯하여 수많은 일개미가 모두 독립적인 생명을 유지하는 개체들이지만 마치 큰 동물의 몸을 이루는 세포들처럼 유기적으로 움직인다고 하여 흔히 '초유기체(superorganism)'라고 부른다. 초유기체의 작업 효율을 높이기 위해 어떤 개미 사회에서는 아예 태어날 때부터 몸의 크기와 구조가 다른 여러 일개미 계급들이 존재한다. 그들은 각자 태어나서 죽을 때까지 오로지 한 가지 일만 계속한다. 그런가 하면 다른 개미 사회들은 몸의 크기와 구조가 동일한 단일 계급의 일개미들로 구성되어 있다. 그런 사회의 일개미들은 처음에는 여왕 주변에서 잔심부름하다가 나이가 들면 점차 다른 '부서'로 이동하며 다양한 직업에 종사한다.

세계적인 개미학자 하버드대의 에드워드 윌슨 교수는 이 두 종류의 개미들을 비교하며 흥미로운 실험을 수행했다. 천재지변 수준의 사고를 일으켜 그들의 체제를 망가뜨려 보았더니 평소에는 최고의 효율을 자랑하던 다계급 개미 사회는 자체적인 경직성 때문에 제대로 대처하지 못하는데, 언뜻 단순해 보이는 단일 계급 사회에서는 온갖 다양한 직종의 일개미들이 한꺼번에 사건 현장으로 몰려들어 문제를 해결하더라는 것이다. 그래서일까? 거의 1만 종의 개미 중 95퍼센트 이상이 단일 계급 사회로 진화했다. 매뉴얼과 더불어 융통성을 추구한 것이다.

2011

3월 29일

생태와 진화

얼마 전 어떤 분이 내게 "최 교수님은 진화학자인데 어떻게 국립생태원장을 하고 있느냐"고 물었다. 나는 최대한 익살스럽게 요즘 유행하는 말투로 "우리나라에 아직 국립진화원이 없지 말입니다"라고 답했다. 나는 진화학자이자 생태학자이다. 더 구체적으로 말하면 동물과 인간 행동의 진화를 연구하는 행동생태학자 또는 행동진화학자이다. '현대생태학의 아버지' 조지 에블린 허친슨 전 예일대 교수는 1965년 『생태 극장과 진화 연극(The Ecological Theater and the Evolutionary Play)』이라는 책을 저술했다. 종종 오랜 기간에 걸쳐 일어나는 진화 현상도 결국 생태라는 현실에서 벌어진다는 뜻이다.

나는 모름지기 생물학자는 모두 진화학자여야 한다고 생각한다. 일찍이 위대한 생물학자 도브잔스키는 "진화의 개념을 통하지 않고서는 생물학의 그 무엇도 아무런 의미가 없다"고 단언한 바 있다. 스스로 생물학자라 일컬으면서도 진화적 관점에서 자신의 연구를 분석하지 않는다면, 그는 생물을 연구하는 물리학자, 화학자, 또는 수학자일 뿐이다. 물리, 화학, 또는 수학의 방법론을 사용해 생물을 그저 연구 대상으로 분석하는 사람일 뿐이다.

생태학은 연구 대상의 규모에 따라 크게 네 단계로 나뉜다. 개체 수준에서 어떻게 환경에 적응하고 사는가를 연구하는 생리생태학 또는 행동생태학에서 환경 조건에 따른 개체군의 성장과 변화를 분석하는 개체군생태학과 같은 지역에 모여 사는 생물종 간의 관계를 연구하는 군집생태학을 거쳐 생태계 전체의 구성과 변화를 분석하는 생태계생태학으로 이어진다. 연구 대상의 규모가 커질수록, 즉 생태계생태학에 가까울수록 진화적 분석이 복잡해진다. 서양의 생태학자는 이 네 단계에 비교적 고르게 분포하는데 안타깝게도 우리나라 생태학자의 절대 다수인 90퍼센트 이상이 죄다 생태계생태학 분야에 몰려 있다. 생태학 연구의 균형을 바로잡는 일도 국립생태원이 할 일이다.

2016

3월 30일

정치인은 왜 늘 꼴찌일까?

내 주변에는 이렇게 말하는 사람이 제법 많았다. "최 교수, 환경 나부랭이들이랑 놀지 말아. 그놈들 아주 나쁜 놈들이야. 툭하면 경제 발전의 발목이나 잡는 놈들. 환경이 어디 밥 먹여줘?" 이러던 분들이 코로나19를 겪으며 돌변했다. "다들 제정신이야? 환경보다 소중한 게 세상천지에 어디 있어? 죽고 사는 문제 앞에 경제가 다 무슨 소용이냐고? 뭣이 중헌디!"

2020년 7월 1일 〈포스트 코로나, 뉴노멀을 말하다〉라는 TV 대담 프로그램에서 제인 구달 박사와 내가 맞장구친 게 있다. 눈에 보이지도 않는 바이러스가 우리보다 훨씬 낫다고. 코로나 대유행이 터지기 전 구달 박사는 매년 300일 넘도록 거의 100국을 순방하며 자연 보호의 메시지를 전했다. 그러나 2020년 내내 구달 박사는 영국 땅에서 한 발짝도 벗어나지 못했는데 발도 없는 바이러스가 대신 전 세계를 돌며 자연의 소중함을 알려 줬다. 역설적이지만 매우 효과적으로.

보궐 선거가 일주일 앞으로 다가왔다. 이번 선거 후보자들은 도대체 어느 행성에서 살다 온 사람들인지 의아하다. 마스크를 쓴 채 유권자를 만나면서도 '코로나19 극복'이라는 공허한 구호만 내세울 뿐, 어쩌면 앞으로 끊임없이 반복될지도 모르는 이 끔찍한 환경 재앙에 대한 구체적인 전략을 내놓는 후보가 단 한 명도 없다. 시민들은 환경의 중요성을 첫손에 꼽는데 우리나라 정치인들은 언제나 그렇듯이 딴 세상에 사는 것 같다.

바이든 미국 대통령은 취임하기 무섭게 파리기후협약 복귀를 선언했고, 프랑스 하원은 헌법 제1조에 "국가는 생물다양성과 환경 보전을 보장하고 기후변화에 맞서 싸운다"는 조항을 삽입하기로 가결했다. 세계는 '2050년 탄소 중립'을 위해 경제와 사회 구조를 전면적으로 개편하고 있는데 대한민국 시장 후보들은 어느 시대에 살고 있는지 딱하기 그지없다. 도대체 뭣이 중헌디!

2021

3월 31일

전술 국가에서 전략 국가로

베이징대에서 도가 철학으로 박사 학위를 받고 서강대 교수와 건명원(建明苑) 초대 원장을 거쳐 지금은 사단법인 '새말새몸짓' 이사장을 맡고 있는 철학자 최진석은 이 세상 나라들을 전술 국가와 전략 국가로 나눈다. 남이 깔아 놓은 판에서 어떻게든 살아남으려 온갖 수단과 방법을 동원해 아등바등하는 나라들이 전술 국가라면, 그런 판을 깔아 놓고 느긋하게 질 높은 삶을 누리는 나라가 바로 전략 국가다.

나는 일찍이 애플과 삼성을 각각 '출제 기업'과 '숙제 기업'에 비유한 바 있다. 스티브 잡스가 아이폰이나 아이패드를 꺼내 놓으면 삼성이 밤새워 속도와 기능을 개량하며 뒤를 좇는다. 갤럭시 폴더블폰이 삼성을 드디어 출제자 지위에 올려 줄지 지켜볼 일이다. 오랫동안 선진국 문지방을 맴돌던 우리에게 "전략 없는 전술은 승리로 가는 가장 느린 길이고, 전술 없는 전략은 패배하기 전에 내는 소음이다"라는 『손자병법』의 가르침이 뜻깊다.

나는 이번 코로나19 사태를 겪으며 우리나라가 드디어 전략 국가로 발돋움할 수 있는 가능성을 보았다. 바이러스 대유행에 대응하는 과정에서 우리는 예전처럼 미국, 일본, 유럽 연합 등 선진국을 베끼지 않았다. 우리 스스로 전략을 세우고 의료진과 국민이 한데 뭉쳐 구체적인 전술들을 슬기롭게 수행해 냈다. 그랬더니 다른 나라들이 우리를 벤치마킹하기 시작했다.

이제 다음 단계는 성실하고 희생적인 방역에서 끝나는 게 아니라 이런 악조건에서도 경제 정상화를 이룩해 내는 모습을 보여 주는 것이다. 사회적 거리를 지키면서 조심스레 일상으로 복귀해 경제를 되살려 내는 기적을 이뤄 내자. 그러면 세계가 또다시 우리를 따라 할 것이고, 그래서 국제 경제가 되살아나면 그 혜택은 수출 의존도가 특별히 높은 우리가 제일 크게 누리게 된다. 대한민국의 리더십으로 세계 경제가 U자형이 아니라 V자형 반등을 이루길 기대해 본다.

꽃밭에 물주기

하오시.

한 사날씩이나
목말랐던 나의 꽃밭에
오랫만에
내 손으로
햇빛 담긴 물을 준다,
이슬비처럼,
이른 봄날 이슬비처럼.
쏟아지는 물줄기에
시무룩 비껴 앉던 나의 꽃들이
푸들푸들 고개 들어
강종강종 춤춘다,
찰랑찰랑 웃는다,
어리며,
이마며,
꽃잔등이며
부들부들 떨어지는 물방울을
웃는다,
햇빛처럼 웃는다.
정말 금방 그런다,
정말 금방 그런다.

Date

Page

Date

입맞출 듯,
싸안을 듯
쏟아붓는 내 정열에
활짝활짝 피어나던
내 고운 아이들처럼.

학교를 떠나온 이튿날
'78. 4. 18.

4

Page

4월 1일

피카소처럼 살자

20세기를 대표하는 두 천재를 꼽으라면 사람들은 흔히 아인슈타인과 피카소를 떠올린다. 둘은 모두 20세기 초반에 나란히 자신들의 대표적인 업적을 남겼다. 아인슈타인은 1905년 특수상대성이론에 관한 논문을 발표했고 피카소는 1907년 〈아비뇽의 여인들〉을 내놓으며 큐비즘의 시대를 열었다. 『아인슈타인 피카소: 현대를 만든 두 천재』의 저자 아서 밀러는 창의성이란 통합적 사고와 상상력에서 나온다고 주장한다. 특히 피카소와 아인슈타인은 언어적 사고보다 시각적 사고로 천재성을 드러냈다고 분석한다.

과학과 예술이라는 다분히 시각적인 분야에서 천재성을 발휘한 아인슈타인과 피카소는 많은 유사성을 지니지만 이들이 천재성을 드러낸 과정은 무척 다르다. 때마침 2013년 프로 야구 시리즈가 시작되었으니 이들을 야구 선수에 비유해 보련다. 아인슈타인은 타율은 그리 신경 쓰지 않고 그저 장타만 노리는 선수였다. 그의 상대성이론은 아무나 칠 수 있는 그런 홈런이 아니다.

반면 피카소는 좋은 공 나쁜 공 가리지 않고 열심히 방망이를 휘두르며 높은 출루율을 자랑한 선수였다. 워낙 자주 휘두르다 보니 심심찮게 홈런도 때렸고 때론 만루 홈런도 나온 것이다. 피카소는 평생 엄청난 수의 작품을 남겼다. 그가 남긴 작품 중에는 솔직히 평범한 것들도 많다. 그러나 워낙 많이 그리다 보니 남들보다 훨씬 많은 수작을 남기게 된 것이다.

『Art and Fear: 예술가여, 무엇이 두려운가!』라는 책에 나오는 어느 도예 선생님의 이야기이다. 학급을 둘로 나눠 한 조는 각자 자신의 최고 걸작 하나씩만 내게 하고 다른 조에게는 제출한 작품 전체의 무게로 점수를 매기겠다고 했는데, 결과는 뜻밖에도 '질'조가 아니라 '양'조에서 훨씬 훌륭한 작품들이 나왔다는 것이다.

요즘 우리 주변에는 단타에는 별 관심이 없고 그저 홈런만 노리는 선수들이 너무 많다. 스스로 물어보라, 자신이 아인슈타인인지. 고개를 떨구며 아니라고 답하는 선수들에게 나는 피카소처럼 살자고 권유하고 싶다. 머리만 좋다고 모두 대단한 업적을 내는 건 아니다. 섬광처럼 빛나는 천재성보다 성실함과 약간의 무모함이 때로 더 큰 빛을 낸다. 피카소처럼 그저 부지런히 뛰다 보면 어느 날 문득 저만치 앞서가는 아인슈타인의 등이 보일지도 모른다.

2013

4월 2일*

소리 없는 아우성

* 세계 자폐증 인식의 날

이화여대 정문으로 들어서면 거대한 빌딩 계곡이 나타난다. 원래 운동장이었던 곳을 파내고 지은 이 초현대식 반지하 건물에는 다양한 형태의 강의실은 물론 도서관, 공연장, 영화관, 은행, 꽃집, 운동 시설, 음식점, 카페 등 그야말로 없는 게 없다. 실내 전체가 쾌적하고 곳곳에 오순도순 모여 앉아 쉴 곳이 많아 이화캠퍼스컴플렉스(ECC: Ewha Campus Complex)라는 이름에 부족함이 없다.

그런데 아름다움과 실용성을 모두 갖춘 듯 보이는 이 멋진 미래형 첨단 건물에도 치명적인 결점이 있다. 너무나 많은 새가 유리창과 금속성 벽면에 부딪혀 목숨을 잃는다. 그래서 몇 년 전 나는 이 건물을 설계한 세계적인 건축가 도미니크 페로에게 편지를 보내 조류 충돌 문제를 해결해 달라고 호소했다. 그러나 거의 6개월 만에 돌아온 답장에는 누구나 다 아는 평범한 제안들뿐이었다.

미국에서만 해마다 10억 마리의 새들이 도로에 세운 투명 방음벽이나 건물의 유리창에 부딪혀 죽는다. 아직 전국적인 조사가 이뤄진 건 아니지만 우리나라에서도 매년 줄잡아 8백만 마리가 죽어 나간다. 거의 5초에 한 마리꼴이다. 흔히 맹금 스티커를 붙이지만 아무런 효과가 없다. 새들은 스티커만 피해 그대로 유리에 머리를 박는다.

국립생태원 김영준 박사 연구진은 새들이 좀처럼 '높이 5센티미터×폭 10센티미터'보다 좁은 틈으로는 비행을 시도하지 않는다는 점에 착안했다. 유리창과 투명 방음벽에 이보다 좁게 점을 찍거나 선을 그으면 새들은 자기가 지날 수 없는 공간으로 인식하고 멀찌감치 피해 간다. 이른바 '5×10 규칙'에 따라 모든 유리창에 점박이 필름을 붙인 국립생태원에는 조류 충돌 사건이 거의 일어나지 않는다.

청마 유치환은 깃발을 "소리 없는 아우성"이라 했지만 우리가 유리창에 붙여 주는 점들이야말로 새들을 향해 부르짖는 소리 없는 아우성이다. 새들의 목숨을 구하는 아름다운 아우성.

2019

4월 3일

제인 구달과 채식

오늘은 세계적인 침팬지 연구가 제인 구달 박사의 84세 생신이다. 굽은 허리를 지팡이에 의존하고 다니는 동년배의 많은 할머니와 달리 구달 박사는 지금도 허리 꼿꼿이 펴고 매년 300일 이상 세계 각지를 돌며 생물다양성의 중요성을 설파하시느라 여념이 없다. 오죽하면 언젠가 우리나라에 오셔서 강연하셨을 때 어느 어린이가 "박사님 댁이 어디예요?"라고 묻자 "비행기 안"이라고 대답하셨을까?

그 지칠 줄 모르는 체력의 비결이 무엇일까? 구달 박사는 조금도 머뭇거리지 않고 채식(菜食)이라고 답한다. 침팬지를 연구하며 자연 보전을 걱정하던 어느 날 인류의 식습관이 지구의 환경을 얼마나 심각하게 위협하는지 깨닫고 채식을 하기로 결심해 오늘에 이른다. 구달 박사는 당신의 이 결정이 오늘날까지 당신을 건강하고 정력적으로 일할 수 있게 해 줬다고 굳게 믿는다.

요즘 많은 사람이 건강을 생각해 채식을 고려하면서도 채식만으로 과연 충분한 에너지를 얻을 수 있을까 우려한다. 하버드대 연구진에 따르면 채식 식단으로 인해 영양 결핍에 걸릴 걱정은 하지 않아도 된단다. 육식을 줄이고 채식을 늘리면 심혈관 질환의 위험이 감소한다는 연구 결과도 셀 수 없이 많다.

채식의 역사는 기원전 7세기 인더스 문명까지 거슬러 올라가며 종교적인 이유로 육식을 하지 않고 사는 사람들도 무수히 많다. 아주 오랜 세월 동안 아주 많은 사람이 직접 몸으로 증명해 보였다.

구달 박사의 꿈과 비전을 좀 더 효율적으로 구현하기 위해 1977년 '제인구달연구소'가 설립되었다. 1991년 구달 박사가 열두 명의 탄자니아 청소년들과 함께 시작한 '뿌리와 새싹(Roots & Shoots)' 운동은 이제 거의 100개국에 뿌리를 내리고 싹을 틔우고 있다. 이 모든 게 구달 박사 한 사람을 중심으로 이뤄지고 있다. 나를 포함한 그의 추종자들은 그가 없는 세상을 상상할 수 없다. 구달 박사가 채식주의자인 게 얼마나 다행인지 모르겠다.

2018

4월 4일*

목련

* 국제 지뢰 인식의 날

“이른 봄 이른 새벽/창밖에 나지막이 소곤닥이는 인기척// 북으로 난 내 작은 창문 틈/속살이 유난히 흰 북구의 여인이 옷을 벗는다/허리춤에 걸린 잿빛 털외투 위로/봉긋한 등에 뽀얀 젖살이 흐른다//훔쳐보는 여인의 몸은 왜 이리도 눈이 부실까?”

내가 오래전에 써 놓고도 스스러워 숨겨 두었던 「목련」이란 시다. 이 글을 쓰고 있는 지금도 나는 창문 한가득 저마다 수줍게 옷을 벗는 우윳빛 목련꽃들을 바라보고 있다. 그런데 그들은 한결같이 북쪽을 바라본다. 옛사람들은 이를 두고 임금을 향한 충절을 떠올렸다고 한다. 생물학적으로는 남쪽의 꽃덮개 세포들이 북쪽 세포들보다 햇빛을 많이 받아 더 빨리 자라기 때문에 자연히 꽃봉오리가 북쪽으로 기우는 것이다.

2008년부터 교육과학기술부가 노벨상 수상자 등

연구 역량이 탁월한 해외 연구자들을 초빙하여 우리 대학의 연구 수준을 향상시킬 목적으로 시작한 '세계수준의 연구중심대학 육성 사업' 덕택에 나는 지금 미국 예일대 산림환경대학 학장인 피터 크레인 경과 공동 연구를 수행하고 있다. 크레인 경은 일찍이 미국 시카고 필드자연사박물관 관장과 영국 큐 왕립식물원 원장을 역임하고 2004년 영국 왕실로부터 작위를 받은 식물학자로서 특히 꽃의 진화 분야의 세계적인 권위자이다. 그는 최근 취리히와 시카고의 고에너지 가속기를 이용한 컴퓨터 단층 촬영(CT) 기법으로 꽃의 기원을 연구하고 있다. 그에 따르면 목련꽃은 고대 식물의 꽃들과 구조적으로 매우 흡사하단다.

1998년 디즈니 영화사가 제작한 애니메이션 〈뮬란〉(목련의 중국어)의 주인공은 중국 여인이었지만, 나는 목련꽃을 보면 1930년대 얼음같이 차가운 아름다움으로 뭇 남성들의 마음을 사로잡았던 스웨덴 출신의 여배우 그레타 가르보가 떠오른다. 목련에서는 왠지 얼음 냄새가 난다. 실제로 목련은 약 1억 년 전에는 북극 지방을 중심으로 북반구 전역에 걸쳐 널리 분포했다. 그 당시 북극 지방의 기후는 지금의 유럽 수준이었다가 급격한 기후변화로 인해 빙하로부터 안전한 남쪽에 분포하던 목련들만 살아남아 오늘에 이른다. 목련은 어쩌면 오늘도 고향이 그리워 북쪽을 바라보는지도 모르겠다.

2011

4월 5일*

온난화 식목일

* 식목일

식목일이다. 그러나 많은 지방자치단체는 3월에 이미 나무 심기 행사를 마쳤다. 산림과학원에 따르면 나무를 심기 알맞은 기온은 섭씨 6.5도 안팎이다. 그런데 최근 지구온난화의 영향으로 인해 정작 4월 5일에는 전국 대부분 지방의 평균 기온이 10도를 웃돈다. 이 무렵에 나무를 옮겨 심으면 이미 너무 많이 자란 뿌리가 새 땅에 제대로 내리지 못해 고사할 위험이 크다. 그래서 서울환경운동연합은 벌써 8년째 4월 5일보다 1주일가량 일찍 '온난화 식목일' 행사를 열고 있다.

식목일을 현실에 맞게 앞당기자는 시민들의 주장에 정부는 자꾸 역사성과 홍보 비용 등 정무적인 설명을 앞세운다. 올해로 벌써 72회를 맞는 식목일의 역사와 전통을 훼손할 수 없다지만, 우리나라 식목일은 조선총독부가 1911년 4월 3일로 지정한 것을 해방 이후 미군정청이 1946년 4월 5일로 변경해 오늘에 이른다. 남이 정해 준 기념일의 역사성이 뭐

그리 소중할까 싶다. 물론 4월 5일은 양력으로 24절기의 다섯째인 청명(淸明)이 드는 날이다. 우리 조상은 청명 무렵에 가래질로 흙을 고르며 논농사를 준비했다. 성종은 1493년 이날 동대문 밖 선농단(先農壇)에서 문무백관과 더불어 제를 올린 뒤 몸소 농경 시범을 보였다고 한다. 1910년에는 순종이 친경(親耕)과 함께 나무도 심었다고 전해진다.

역사성은 그렇다 치더라도 4월 5일이 거의 전 국민이 기억하는 식목일로서 상징성을 지니는 것은 사실이다. 유엔은 해마다 3월 21일을 '세계 숲의 날', 그리고 그다음 날인 22일을 '세계 물의 날'로 기리고 있다. '숲의 날에 나무 심고 물의 날에 물 주자'는 캠페인이 그렇게까지 엄청난 행정력과 홍보 비용을 필요로 할까 의문스럽다. 그러나 지구온난화는 계속될 것이고 그에 따라 번번이 식목일을 새로 지정할 수도 없는 일이다. 다만 이런 논의가 지나치게 인간 중심적인 관점에서 벗어나 나무의 안녕과 행복을 먼저 고려하는 방향으로 이뤄졌으면 하는 바람이다.

2017

4월 6일

코로나19의 기원

코로나19가 발생한 지 거의 1년 반이 되어 간다. 전 세계에서 1억 3천만 명이 감염되어 거의 3백만 명이 목숨을 잃었건만 아직도 어떻게 시작되었는지 밝히지 못하고 있다. 같은 계열의 코로나바이러스가 일으킨 사스와 메르스가 모두 박쥐로부터 시작되었고 바이러스의 유전체 염기 서열이 모두 흡사한 걸로 미뤄 볼 때 이번에도 첫 시작은 박쥐인 것처럼 보이는데 그다음 경로는 여전히 묘연하다.

도널드 트럼프 전 미국 대통령이 제기해 한동안 떠들썩했지만 중국 우한의 바이러스 연구소가 실수 또는 고의로 바이러스를 퍼뜨렸다는 주장은 뒷받침할 근거가 희박하다. 세계보건기구가 고려하고 있는 시나리오는 기본적으로 세 가지다. 박쥐가 직접 인간을 감염시켰거나 천산갑 혹은 밍크 같은 중간 숙주를 거쳐 인간에게 전달되었을 것으로 보고 있다. 아울러 세계보건기구는 동물성 음식 재료에 묻어 전파되었을 가능성도 검토하고 있다. 여기에는 중국으로 수입된 냉동식품도 포함되기 때문에 은근히 중국 정부가 밀고 있지만 가능성은 매우 낮아 보인다.

중국 윈난성 박쥐 동굴 인근에 사는 주민들 중에는 박쥐 코로나바이러스에 항체를 지니고 있는 사람이 제법 있는 걸로 보아 박쥐로부터의 직접 감염 가능성을 배제할 수는 없다. 그러나 박쥐 연구자가 아니라면 장시간 박쥐와 접촉할 기회는 그리 많지 않다. 사스의 경우에는 사향고양이, 그리고 메르스는 낙타를 통해 인간에게 건너온 것으로 밝혀졌다. 이번 경우에는 일찌감치 천산갑이 중간 숙주로 거론됐지만 아직 확정적이지 않고 유럽과 북미에서는 밍크 농장에서 대규모 감염 사례가 끊이지 않는다. 세계보건기구 연구진이 중국 전역에서 수천 마리의 농장 동물들의 시료를 검사했지만 두드러진 후보군은 드러나지 않았다. 뒤늦게나마 중국 정부가 야생 동물 포획과 거래를 전면 금지했지만 아직 갈 길이 멀어 보인다.

4월 7일*

歸天과 호스피스

* 세계 보건의 날

우리나라는 지금 세계에서 가장 빠른 속도로 고령화하고 있다. 고령화는 출생률 저하와 평균 수명 증가로 벌어지는데, 우리는 그야말로 쌍끌이 곤혹을 치르고 있다. 우리나라의 합계출산율은 2005년 1.08명으로 바닥을 친 후 2012년 한 해 겨우 턱걸이한 걸 빼고는 '초저출생'의 기준선인 1.30명을 넘지 못하고 있다. 그런가 하면 우리나라의 평균 수명은 드디어 80세에 이르러 세계 25위를 기록했다. 그러나 '질병에 시달리지 않고 건강하게 살아가는 기간'을 의미하는 '건강 수명'은 세계 50위로 필리핀(44위), 베트남(45위), 중국(48위)보다도 낮다. 예전에 비하면 분명히 오래 사는데 덤으로 사는 기간 대부분을 병마에 시달리며 산다는 말이다. 인생 100세 시대에 99세까지 팔팔하게(99·88) 살아야지 겨우 88세를 구질구질하게(88·99) 살아서야 되겠는가.

무라카미 하루키의 단편 소설 「태국에서 일어난 일」에는 이런 대목이 나온다. "당신이 만일 당신의 미래 에너지를 모두 삶에만 투자한다면 당신은 잘 죽을 수 없게 된다. (…) 요컨대 삶과 죽음은 동일한 가치를 지닌다". 이제는 웰빙(well-being) 못지않게 웰다잉(well-dying)이 중요한 시대다. 지난 3월 23일 김명자 전 환경부 장관의 주도 아래 1만 명이 훨씬 넘는 발기인이 모여 '호스피스·완화의료 국민본부'가 출범했다. 이미 결성돼 있던 '웰다잉 문화 조성을 위한 국회의원 모임'과 더불어 오는 13일 국회의원회관에서 법안 제정 공청회를 연다. 삶의 현장에는 여야가 따로 있겠지만 죽음 앞에서는 함께 머리 숙이리라 기대한다.

천상병 시인은 「귀천(歸天)」에서 이렇게 말했다. "나 하늘로 돌아가리라/아름다운 이 세상 소풍 끝내는 날/가서, 아름다웠더라고 말하리라". 불행하게도 요즘 우리의 세상 소풍은 끝이 별로 아름답지 못하다. 나는 천 시인이 '소풍 끝나는 날'이 아니라 '끝내는 날'이라 말한 것에 주목한다. 이 세상에 오는 길은 선택할 수 없었지만 떠나는 길은 선택할 수 있어야 한다.

2015

4월 8일

파도타기

공동체 생활을 하는 사회성 동물은 늘 감염성 질환에 노출되어 있고 서열에 따른 사회적 불이익을 겪기도 하지만, 먹이를 찾거나 적으로부터 자신을 보호하는 데에는 결정적으로 유리하다. 혼자 살면 적이 다가오는지도 살피면서 먹이를 찾아야 하지만 여럿이 함께 살면 누군가 망을 보는 동안 편안히 먹이를 찾을 수 있다. 망을 보던 동물이 적의 출현을 알리는 경고음을 내면 다른 동물들은 재빨리 몸을 숨긴다. 이때 경고음을 낸 동물은 스스로 자기 위치를 드러내는 자기희생 즉 이타적 행동을 하는 것이다.

미국 중서부 초원에서 굴을 파고 사는 프레리도그(Prairie Dog)는 좀 독특한 행동을 보인다. 한 마리가 두 발로 꼿꼿이 선 채 짖기 시작하면 다른 동물들도 차례로 벌떡벌떡 일어서며 소리를 지른다. 이 모습은 마치 우리가 축구 경기를 보며 파도타기 응원을 하는 것과 흡사하다. 생물학자들은 그동안 이를 자기 영역을 공표하는 일종의 단체 행동이라고 생각했다. 그러나 최근 캐나다 매니토바대 연구진은 이것이 동료들의 경계 태세를 다잡는 행동이라는 관찰 결과를 발표했다.

연구진은 이런 '파도'가 얼마나 오래 지속되었는지, 얼마나 많은 개체가 얼마나 빨리 동참했는지 등을 측정했다. 흥미롭게도 소리의 파도가 길게 이어지고 충분히 많은 개체가 동참하기 시작하면 처음 시작한 개체들은 안심하고 먹이 활동을 재개한다. 파도타기를 한 번에 모두 동참하여 화끈하게 끝내면 곧바로 다시 경기에 집중할 수 있지만, 그러지 않으면 몇 번이고 반복하며 응원 태세를 다잡는 우리의 행동과 상당히 흡사해 보인다.

지난 연말 충남 서천에 문을 연 후 AI 때문에 갑작스레 문을 닫기까지 3주 동안 관광객이 무려 17만 명 다녀간 국립생태원이 내일 다시 개원한다. 그곳 에코리움(Ecorium)에는 프레리도그들이 여러분을 맞을 준비를 하고 있다. 허구한 날 바로 코앞에서 관람객들을 마주하고 사는 녀석들이라 이런 소리의 파도 행동을 보여 줄 것 같지는 않지만 그들의 귀여움에는 충분히 매료될 것이라 확신한다.

4월 9일

봄은 고양이로다

“고요히 다물은 고양이의 입술에/포근한 봄 졸음이 떠돌아라”.

이장희 시인은 봄을 아예 고양이라고 읊었다. 달포가 지나도록 밤마다 골목 어귀에서 아기 울음소리를 질러 대던 암고양이들도 “미친 봄의 불길이 흐르”는 동그란 눈을 내리깔고 나른한 봄기운에 젖는다.

세계적으로 약 6억 마리의 고양이가 산다. 고양이가 인간과 동거한 지는 약 9,500년으로 개에 비해 짧지만, 이미 몇몇 나라에서는 반려견의 수와 맞먹거나 앞선다. 2017년 집계에 따르면 이웃 나라 일본에는 개가 892만 마리인 데 비해 고양이는 952만 6천 마리에 달한다. 우리나라 사람들의 습성으로 볼 때 나는 우리나라에도 머지않아 반려묘가 반려견보다 많아질 것으로 예측한다.

개와 달리 고양이는 워낙 독립적이라 기껏 먹여 주고 재워 줘도 제 맘이 내키지 않으면 아무리 불러도 대꾸조차 하지 않는다. 그래서 고양이가 과연 인간의 말귀를 알아듣는지에 대해서는 의견이 분분했다. 개는 인간과 살며 인간의 마음을 읽고 다독이는 공감 능력을 갖췄다. 고양이는 개보다 훨씬 연구가 덜 됐지만 적어도 반려인의 목소리를 구분하고 기분을 알아차리는 것으로 알려졌다.

오래전 나와 공동 연구를 진행해 논문도 두 편이나 같이 쓴 도쿄대 심리학과 도시 하세가와 교수 연구진은 최근 고양이가 자기 이름을 알아듣는다는 연구 결과를 내놓았다. 연구진은 반려인들에게 자기 고양이한테 길이가 비슷한 단어 네 개를 동일한 억양으로 말한 다음 이름을 부르게 했다. 상관도 없는 단어들이 이어지자 점차 흥미를 잃어 가던 고양이들이 자기 이름이 들리자 귀나 머리 혹은 꼬리를 움직이고 야옹 소리를 내기도 했단다. 혼자 있을 때는 물론 다른 고양이들과 함께 있을 때에도 같은 반응을 보였다. 심지어 반려인이 아닌 다른 사람이 불러도 반응했다고 한다. 윤이, 준이, 야야, 사샤, 점이, 까미, 너희 모두 네 이름 다 아는 거지?

2019

4월 10일

촉감

남자 중에는 악수하며 손을 쥔 채 연신 주물럭거리는 이가 있다. 슬그머니 손을 빼려 하면 더 세게 움켜쥐며 가까이 잡아당기기까지 한다. 나는 이런 악수를 끔찍이 싫어한다. 게다가 별나게 손에 땀이 많이 나는 사람이면 정말 고문이 따로 없다. 신기하게도 내 관찰에 따르면 이런 양반은 대부분 훗날 정치권에 발을 담근다.

신체 접촉은 같은 남자끼리도 이토록 역겨운데 남녀 사이엔 오죽하랴? 인간은 기본적으로 오감(五感)을 지닌다. 시각, 청각, 후각, 미각, 그리고 촉각이다. 동물계를 통틀어 좀 더 세분하면 방향 감각, 평형 감각, 자기장 감각 등 다양한 감각이 있다. 최근 새롭게 번역해 나온 책 『던바의 수』에서 옥스퍼드대 진화심리학자 로빈 던바 교수는 모든 감각 중에서 촉각이 가장 강렬한 자극을 유발한다고 단언한다.

'미투' 열풍이 거세다. 말로 하는 성희롱도 용서받을 수 없지만 남의 몸에 손을 대는 단계로 넘어가면 심각함의 수준이 달라진다. 촉각을 감지하는 감각 기관인 피부는 눈, 코, 입보다 면적이나 감도로 볼 때 압도적이다. 멀리서 호랑이 소리가 들리거나 냄새가 나거나 나를 노려보고 있는 걸 알아차렸을 때에도 소름이 돋겠지만, 실제로 붙들려 핥음을 당할 때와는 비교도 되지 않는다.

진화 과정에서 털을 잃고 맨살을 드러낸 인간은 특별히 촉감에 민감하다. 피부 부위에 따라 느끼는 강도가 천차만별이다. 입맞춤은 볼에다 하느냐 입술에다 하느냐에 따라 느낌과 의미가 완전히 다르다. 가장 폭력적 단계인 성폭행도 따지고 보면 여성의 피부 조직 중 가장 은밀하고 민감한 부위를 남성의 피부가 침범하는 행위다.

거듭 강조하건대 청각과 시각을 유린하는 성추행도 결코 허용할 수 없지만 적어도 한 가지만 지켜 줘도 모든 게 하루아침에 달라질 것이다. 완벽하게 허용하지 않는 한 절대 여성 몸에 손대지 말라. 나는 남자인데도 여성이 먼저 사진을 찍자며 덥석 팔짱을 끼면 적이 불편하다. 서로 함부로 만지지 말자.

2018

4월 11일*

사랑과 집착

* 대한민국 임시정부 수립 기념일

이 세상에 사내로 태어나서 가장 듣고 싶은 말이 무엇일까? 나는 그 말을 팝의 디바 셀린 디옹에게서 들었다. 노래 〈파워 오브 러브(The Power of Love)〉에서 디옹은 "나는 당신의 여인이고 당신은 내 남자이기 때문입니다"라고 고백한다. 남자가 진정으로 듣고 싶어 하는 말은 '대통령 각하'나 '노벨상 수상자'가 아니다. 오로지 한 여인으로부터 받는 온전한 사랑이 천하를 얻은 것보다 훨씬 값지다는 걸 남자는 가슴으로 안다. 하지만 이어서 디옹이 "당신이 나를 부르기만 하면 나는 내가 할 수 있는 모든 것을 할 겁니다"라고 노래할 때면 나는 어느덧 그 사랑이 섬뜩해진다. 당신이 나를 먼저 사랑해야 한다는 조건부 사랑을 노래하는 것 같다. 나는 당신을 위해 모든 걸 바칠 준비가 돼 있는데 당신도 그런지 지켜보겠다는 집착으로 들린다.

사랑과 집착은 때로 종이 한 장 차이이다. 나를 온전히 바칠 때 우리는 당연히 상대도 나에게 자신을 온전히 내놓으리라 기대한다. 그러다 기대가 무너져 내리면 그 빈 공간을 순식간에 증오의 독버섯이 채운다. 이 같은 일은 남녀 사이뿐 아니라 연예인과 팬, 그리고 정치인과 그의 추종자들 사이에서도 빈번히 일어난다. 맹목적인 추종은 흠모의 대상에게도 도움이 되지 않고 결국 스스로를 황폐하게 만든다. 요사이 이런 현상을 우리는 개인뿐 아니라 집단 수준에서도 자주 목격하고 있다. 사랑이 집착의 늪으로 빠져드는 걸 막으려면 사랑의 대상과 적당한 거리를 둬야 한다. 사랑은 가슴으로 하는 게 아니다. 사랑도 머리가 한다.

레바논 시인 칼릴 지브란의 「결혼에 대하여(On Marrige)」는 현명한 사랑의 거리가 어느 정도여야 하는지 알려 준다. "함께 있으되 거리를 두라/그래서 하늘 바람이 너희 사이에서 춤추게 하라/서로 사랑하라/그러나 사랑으로 구속하지는 말라/(···)/함께 서 있으라, 그러나 너무 가까이 서 있지는 말라/사원의 기둥들도 서로 떨어져 있고/참나무와 삼나무는 서로의 그늘에선 자랄 수 없다".

2013

4월 12일

분변학

나는 지금 국제 학술지 여섯 곳에 편집인으로 참여하고 있다. 그러다 보니 거의 매주 투고 논문을 검토하고 적절한 논평자를 물색하느라 눈코 뜰 새 없이 바쁘다. 아직은 무료 논평이 학계의 관행이지만 날이 갈수록 논평자를 모시기가 어려워지고 있다. 특히 포유동물에 관한 논문이 들어오면 솔직히 난감하다. 세계적으로 포유류학자의 씨가 마르고 있다. 가장 큰 원인은 포유동물의 씨 자체가 마르고 있기 때문이다. 예전에 파나마 스미스소니언 열대연구소에 있을 때 재규어 표범을 연구하는 친구가 있었는데 1년 내내 재규어 실물은 단 한 차례도 보지 못한 채 매일 재규어 똥만 주우러 다녔다. 그래서 우리는 그 친구를 포유류학자가 아니라 분변학자라고 놀렸다.

인간의 분변은 냄새와 촉감에서 특별히 역겨운 편이라 믿기 어렵겠지만, 우리 생물학자들은 숲이나 들에서 발견하는 동물의 똥을 손바닥에 올려놓고 찬찬히 들여다보기도 하고 종종 기꺼이 냄새도 맡는다. 동물의 분변에는 채 소화되지 않은 식물 씨앗이나 동물 뼈가 들어 있다. 그것들을 분석하면 그 동물의 행동과 생태를 상당 부분 재구성할 수 있다.

최근 캐나다와 아일랜드의 분변학자들이 기원전 3세기 한니발 장군이 로마를 공략한 경로를 밝혀냈다. 카르타고가 해상으로 공격해 올 것이라 철석같이 믿고 있던 로마의 허를 찌르려고 한니발 장군은 코끼리 37마리, 말과 나귀 1만 5천여 마리를 거느리고 해발 3천 미터나 되는 알프스 산맥을 넘었다는 영국 전 자연사박물관장 개빈 드비어 경의 주장이 옳았다. 연구진은 그 고산 지대에서 기원전 218년으로 추정되며 주로 동물 분변으로 이뤄진 1미터 두께 충적토를 발견했다. 그리고 그곳에서 말의 분변에서 발견되는, 미생물 군집의 70퍼센트 이상을 차지하며 토양 환경에서 수천 년 동안 안정적으로 생존하는 클로스트리디아(*Chlostridia*)라는 박테리아를 추출해 냈다. 똥 연구는 의학과 생태학은 물론 역사학에도 기여한다.

2016

4월 13일

장어

여러 해 전 일본 이누야마에 있는 교토대 영장류연구소를 방문했을 때 그 지방의 명물이라는 '히쓰마부시' 장어덮밥을 먹어 볼 기회가 있었다. 절반 이상을 먹으니 덮밥에 육수를 부어 먹겠느냐 묻는다. 장어란 워낙 기름기가 많은 생선인데 국물을 부어 먹는다는 게 왠지 꺼림칙했지만 일본 학자들이 하는 대로 따라 해 보았다. 뜻밖에도 느끼하기는커녕 담백하기가 일품이었다.

장어는 연어와 반대로 민물에서 살다가 바다로 나가 짝짓기를 하고 알을 낳는 물고기이다. 민물과 짠물 양쪽에서 사는 까다로운 생리적 요구 때문인지 장어는 그동안 알을 부화시켜 성어를 길러 내는 이른바 '완전 양식'이 불가능했다. 바다에서 돌아오는 치어를 강 어귀에서 잡은 다음에야 양식이 가능했다. 그렇다 보니 장어 치어의 값은 그야말로 금값이다. 저울에 마주 달면 그 가격이 얼추 맞먹는단다. 그나마도 최근에는 일본 국내의 공급이 당최 수요를 따르지 못해 70퍼센트가량을 중국 등 외국에서 수입하고 있다.

그러던 일본이 최근 호르몬 기법 등을 이용한 인공 수정과 부화에 성공하여 70센티미터에 달하는 어른 장어를 길러 냈다고 한다. 1960년대 초반 장어의 인공 양식에 도전한 지 무려 반세기 만에 이룬 개가이다. 한때 미국 대륙과 유럽의 강에 서식하는 모든 장어들이 대서양 버뮤다 군도 근방에 모여 암컷들은 알을 낳고 수컷들은 그 위에 정액을 흩뿌리는 거대한 '성의 향연(sexual orgy)'을 펼친다는 가설이 제기된 바 있다. 이 같은 프로이트식 기대와는 달리 2001년 과학 학술지 『네이처』에 게재된 논문의 유전학적 분석에 따르면 적어도 유럽의 장어들은 그런 대규모 임의 교배를 하는 것은 아닌 듯싶다.

일본의 해양생물학자들은 여전히 어딘가에 있을지 모르는 장어들의 난교 현장을 급습하는 꿈에 젖어 수십 년째 남태평양을 이 잡듯 뒤지고 있다. 진화생물학자들은 이론적으로 생물의 진화가 그 종이 분포하는 전 지역에서 동시에 일어난다고 가정한다. 그러나 한 종에 속하는 모든 개체가 한곳에 모여 완벽한 의미의 임의 교배를 하는 생물은 이 세상 어디에도 없다. 비록 완전 양식에 성공했더라도 일본 학자들이 만일 장어의 임의 교배를 입증한다면 학문적으로 상당히 의미 있는 또 하나의 개가가 될 것이다.

2010

4월 14일

IQ와 입양

인간의 지능은 유전자와 환경 중 어느 요인에 의해 결정되는가? 정답은 간단하다. 둘 다이다. 그래도 사람들은 은연중에 유전에 더 무게를 둔다. 머리 좋은 부모에게서 똑똑한 아이들이 나오지 않겠느냐 생각한다. 하지만 최근 유전보다 어쩌면 교육이 더 중요하다는 사뭇 결정적인 연구 결과가 나와 화제다.

유전과 환경의 경중을 가늠하는 데 쌍둥이 연구만큼 훌륭한 게 없다. 최근 『미국국립과학원회보(PNAS)』에는 미국 버지니아대 연구진이 스웨덴에서 태어나 둘 중 한 명만 입양된 일란성 쌍둥이 형제들의 IQ를 분석한 논문이 실렸다. 18~20세 연령대의 쌍둥이 형제들을 비교했는데, 어릴 때 입양돼 양부모 슬하에서 자란 형제가 친부모 가정에서 자란 형제보다 IQ 수치가 4.4점이나 높은 걸로 나타났다. 입양되지 않고 한집안에서 함께 자란 일란성 쌍둥이의 IQ는 통계적으로 의미 있는 차이를 보이지 않는다. 마치 복제된 인간처럼 완벽하게 동일한 유전자를 지닌 일란성 쌍둥이가 같은 환경에서 자라면 지능의 차이가 없지만, 아무리 동일한 유전자를 지녔어도 성장 환경이 다르면 상당한 차이가 생길 수 있다는 걸 보여 준 연구 결과이다.

유럽의 경우 입양을 기다리는 아이보다 입양을 원하는 부모가 수적으로 더 많아 입양을 주선하는 기관은 친부모보다 교육도 더 많이 받고 경제적으로도 훨씬 여유로운 부모를 찾아 아이를 입양시킬 수 있다. 교육 수준이 높은 부모가 아이를 박물관에도 더 자주 데려가고 책도 더 많이 읽어 주며 대화도 많이 한다는 사실은 이미 잘 알려져 있다. 이번 연구에서는 또한 드물게나마 친부모가 양부모보다 교육이나 소득 수준이 더 높은 경우가 있었는데, 그런 경우에는 오히려 친부모 곁에 남은 형제의 IQ가 더 높게 나타났다. 자식 기르기는 본래 농사와 별반 다르지 않다. 당연히 좋은 씨앗을 뿌려야 하지만 그보다는 토양을 더욱 비옥하게 만들고 정성을 다해 키워야 보다 큰 수확을 얻을 수 있다. 때론 씨보다 밭이 더 중요하다.

2015

4월 15일

아기의
칭얼거림

그렇지 않아도 춘곤증으로 인해 눈꺼풀이 천근만근인 계절인데 밤새 칭얼거리는 아기 때문에 잠을 설친 부부들에게 흥미로운 연구 결과가 발표되었다. 데이비드 헤이그 하버드대 교수는 최근 아기의 칭얼거림이 동생의 탄생을 지연시키려는 진화적 적응이라는 가설을 내놓았다. 그는 일찍이 한 몸을 이루는 유전자들도 늘 일사불란하게 협력만 하는 게 아니라 각자 자기의 이득을 위해 경쟁한다는 '유전체 갈등(genomic conflict)' 이론을 정립해 일약 유명해진 진화생물학자다.

그의 이론은 새로운 생명을 잉태하는, 그래서 마냥 숭고하고 아름다워야 할 임신 과정이 실제로는 임산부에게 엄청난 고통을 안겨 주는 까닭이 무엇인지를 가지런히 설명해 주었다. 태아와 엄마의 갈등은 둘의 유전자가 일치하지 않음에 기인한다. 엄마에게 태반 속 아기는 기껏해야 유전자의 50퍼센트를 공유하는 존재일 뿐이다. 아기의 유전자 절반은 '철천지(徹天之) 남'의 유전자이다. 물론 사랑하는 남편의 유전자이지만, 사실 남편이란 존재는 근친결혼이 아니라면 유전적으로 철저한 남이다. 유전자의 절반이 다른 사이에서 완벽한 협력이란 애당초 기대하기 어렵다. 그래서 태아는 엄마로부터 좀 더 많은 영양분을 빨아 당기려 해 종종 임신 빈혈까지 일으키는 반면 엄마는 엄마대로 장차 태어날 아이들을 생각해 무한정 뺏길 수만은 없는 상황이라 임신은 필연적으로 갈등을 수반한다.

헤이그 교수는 천사처럼 새근새근 잘 자던 아기들도 생후 6개월을 즈음하여 밤중에 자주 깨어나 보채기 시작한다는 데 주목했다. 이 무렵 더 이상 젖을 빨리지 않으면 산모는 다시 임신 가능한 생리 상태로 돌아간다. 엄마가 곧바로 임신하면 동생이 너무 일찍 태어나 부모의 자원을 두고 경쟁해야 하기 때문에 태아는 자꾸 엄마를 깨워 젖을 물리게 하는 방향으로 진화한 것이다. 실제로 터울이 촘촘한 형제들의 사망률이 그렇지 않은 경우보다 높다. 그렇다고 해서 하룻밤에도 몇 번씩 깨어나 칭얼대는 아기를 벌써부터 동생을 시기하느냐며 너무 타박하지는 마시기 바란다.

2014

4월 16일

꽃밖꿀샘

온 나라에 벚꽃이 흐드러졌다. 여의도 윤중로와 석촌호수길을 비롯하여 서울의 크고 작은 벚꽃길들도 모두 이번 주가 절정이란다. 1960~1970년대를 청장년으로 지낸 이들에게는 창경궁(당시 창경원)이 벚꽃놀이의 명소였다. 1970년대 초반에 대학을 다닌 이들은 그곳에서 '나체팅'을 벌이기도 했다. 그렇다고 해서 남녀가 홀딱 벗고 미팅을 했던 것은 아니다. '밤(나이트) 벚꽃(체리블로섬) 미팅'에서 세 글자를 뽑아 만든 말이었을 뿐, 그저 밤중에 만나 벚나무 아래를 거닐고 연못에서 보트 놀이를 즐기는 게 고작이었다.

벚나무는 목련, 개나리, 진달래 등과 함께 잎보다 꽃을 먼저 피우는, 우리나라의 대표적인 '성질 급한' 꽃나무이다. 이들은 모두 지난해에 축적해 둔 에너지를 사용하여 꽃부터 먼저 '출시'하고 꽃이 질 무렵에야 비로소 광합성을 하기 위해 잎을 만든다. 우리도 그들의 홍보 전략에 따라 꽃이 필 때만 그들을 탐미하고 그 후로는 일년 내내 눈길조차 주지 않는다.

그러나 금년에는 벚나무의 이파리에도 관심을 가져 주기 바란다.

벚나무 이파리에 잎꼭지가 달려 있는 부분을 살펴보면 한 쌍의 작은 구멍이 뚫려 있다. 그곳에 혀를 대어 보라. 희미하게나마 단맛을 느낄 수 있을 것이다. 생물학을 전공하지 않았더라도 누구나 꽃에는 꽃가루를 옮겨 주는 벌, 나비, 박쥐 등에게 단물을 제공하는 꿀샘이 있다는 사실은 상식으로 알고 있다.

그러나 꽃 안뿐 아니라 꽃 밖에도 꿀샘을 갖고 있는 식물이 있다는 걸 아는 사람은 그리 많지 않다. '꽃안꿀샘'이 꽃가루받이를 위해 진화한 데 비해 '꽃밖꿀샘'은 식물이 보디가드를 고용하고 그 대가를 지불하기 위해 만든 기관이다. 식물이 고용한 보디가드에는 압도적으로 개미가 많다. 개미는 식물로부터 단물을 얻는 대신 그 식물을 공격하는 모든 초식 동물을 구제한다. 식물은 꽃밖꿀샘의 단물에 기본적으로 탄수화물만 잔뜩 넣어 주고 단백질은 개미더러 스스로 찾아 먹으라는 계약을 맺은 것이다.

금년에는 벚꽃이 지고 난 벚나무에서 열심히 보디가드로 일하는 개미를 관찰해 보기 바란다. 어디선가 영화 〈보디가드〉에서 들었던 "I will always love you(당신을 영원히 사랑하리라)"가 흐르며 늠름한 케빈 코스트너가 달려올지도 모른다.

2012

4월 17일

미세 섬유

요즘 우리 국민의 최대 관심사가 무엇일까? 단연 미세 먼지일 것이다. 남북정상회담과 더불어 높아지고 있는 통일에 대한 기대도 미세 먼지를 가라앉히기에는 역부족이다.

일기 예보를 살펴보는 이유가 날씨의 맑고 흐림이 아니라 미세 먼지 상태의 좋고 나쁨을 알기 위함이 된 지 오래다. 미세 먼지가 아이들 건강을 해칠까 두려워 이민까지 고민한단다.

엎친 데 덮치는 것 같지만 미세 먼지뿐 아니라 미세 섬유도 걱정해야 한다. 신축성과 편리함 때문에 많은 사람이 즐겨 입는 나일론, 폴리에스터, 스판덱스, 플리스 등은 모두 플라스틱으로 만든 섬유다. 예전에는 기능성 의복으로나 입던 것을 요즘은 일상복으로 널리 애용하고 있다. 커튼, 카펫, 쿠션 등에도 고분자 인공 화합물이 들어 있다.

이런 것에서 날려 나오는 엄청난 양의 입자들이 미세 먼지가 되어 우리가 숨 쉬는 공기 중에 떠다닌다. 이들을 세탁기에 넣고 돌리면 미세 섬유 조각이 떨어져 나와 이내 강과 바다로 흘러 들어간다. 미세 섬유는 이미 생수, 맥주, 꿀 등에서 검출되었고, 굴, 조개, 생선 등 어패류가 먹고 그걸 또 우리가 먹고 산다. 심지어는 몸에 좋다는 천연 소금에도 미세 섬유가 들어 있다. 환경학자들에 따르면 강과 바다의 퇴적층에 미세 섬유가 켜켜이 쌓여 있단다.

최근 태평양과 카리브해에서 킬로미터 단위의 '플라스틱 섬'이 발견돼 충격을 주고 있다. 하지만 눈에 보이는 것보다 보이지 않는 게 더 무섭다. 물 위에 떠다니는 플라스틱은 건져 낼 수라도 있지만 물속에 녹아 든 미세 섬유는 걸러 낼 방법이 마땅치 않다. 게다가 미세한 플라스틱 입자에는 독성(毒性) 화학 물질이 별나게 잘 들러붙는다.

미세 먼지와 마찬가지로 미세 섬유도 생성 과정을 원천적으로 차단해야 한다. 되도록 천연 섬유 제품을 애용하고 지나친 '유행 바라기'보다 고상한 빈티지(vintage) 스타일을 권한다. 세탁기의 편리함에 기대어 혹시 빨래를 너무 자주 하는 건 아닌지 생각해 보자.

2018

4월 18일

해류

거대한 지진 해일로 인해 일본 후쿠시마 원전의 냉각수가 감소하며 방사성 물질이 누출되는 끔찍한 사고가 일어났다. 다행히 편서풍 덕택에 대부분의 오염 물질은 일본의 동쪽으로 이동하고 있지만 드물게나마 편서풍대가 남북으로 물결치는 이른바 '편서풍 파동'이 일면 동쪽으로 이동할 수도 있기 때문에 우리 기상청이 예의 주시하고 있다. 그러던 지난 4일 일본 도쿄전력이 후쿠시마 원전에서 나온 방사능 오염수 1만여 톤을 예고도 없이 바다에 흘려 버리는 몰지각한 일을 저질렀다. 그래서 국립수산물품질검사원은 모든 수입 수산물과 우리 원양어선이 잡아 오는 수산물에 대해 일일이 방사능 검사를 하고 있다.

그러나 소비자들의 불안은 이제 한반도 연안에서 잡히는 어류로까지 번지고 있다. 일본 동쪽 바다의 오염된 바닷물 또는 어류가 우리 근해로 넘어올 가능성을 염려하는 것이다. 후쿠시마 연안에는 북태평양에서 남하하는 쿠릴 해류가 흐른다. 이 해류는 도쿄 동북부 앞바다에서 남쪽에서 올라오는 쿠로시오 해류를 만나 태평양 동쪽으로 밀려가다 북미 대륙에 다다르면 대부분 캘리포니아 해류를 타고 남하한 다음 북적도 해류를 따라 서진하여 다시 쿠로시오 해류에 합류한다. 쿠로시오 해류는 그 일부가 갈라져 나와 우리나라 동해로 유입되지만 대부분은 일본 동쪽 연안을 따라 북상한다.

나폴레옹이 유배되어 죽어간 세인트헬레나섬은 남대서양 한가운데에 있다. 일단 유럽에서 엄청나게 멀기도 하지만 그곳을 유배지로 정한 또 다른 이유는 해류의 방향 때문이었다. 나폴레옹이 설령 뗏목이라도 만들어 탈출을 시도하더라도 그의 뗏목이 거의 확실하게 남적도 해류를 타고 남미 대륙의 남단을 향해 밀려갈 것이라는 사실을 잘 알고 있었다. 해류의 도도한 흐름을 거스르기는 거의 불가능한 일이다.

하지만 지구온난화의 재앙을 다룬 영화 〈투모로우〉는 그린란드의 빙하가 녹아 북해로 흘러들면 바닷물의 온도가 급격히 떨어지면서 해류의 방향이 바뀌어 뉴욕시가 빙하로 뒤덮일 수 있다는 설정을 담고 있다. 영화처럼 그런 일이 불과 며칠 사이에 벌어질 리는 없지만 이 같은 시나리오는 이미 기상학자들에 의해 여러 차례 제기되었다. 인재로 인한 온갖 환경 재앙이 지구촌 곳곳에서 고삐를 풀어 버리려는 망아지들처럼 날뛰고 있다.

2011

4월 19일*

부모가 여럿인 생물

* 4.19혁명 기념일

지난주 4월 15일자 과학 학술지 『네이처』에는 부모가 둘이 아니라 셋인 아기의 탄생 가능성을 보여 주는 논문이 실렸다. 우리 세포에는 핵 안에만 DNA가 있는 게 아니라 세포의 에너지 공급소인 미토콘드리아에도 별도의 DNA가 들어 있다. 그 옛날 자유 생활을 하던 에너지 충만의 박테리아가 다른 세포의 세포질 안으로 들어가 공생을 하게 되면서 이 같은 한집안 두 살림 체제가 만들어진 것이다. 수정 과정에서 남성의 역할은 자신의 DNA의 절반을 정자에 실어 난자에 전달하는 게 전부이기 때문에 미토콘드리아의 DNA는 온전히 여성에서 여성으로 전달된다.

그래서 만일 산모의 미토콘드리아 DNA에 악성 돌연변이가 발생하면 그대로 아기에게 전달된다. 실제로 이 같은 미토콘드리아 관련 유전 질환은 250명에 1명꼴로 매우 빈번하게 나타나며 신경, 근육, 심장 이상에서부터 청각 장애와 당뇨에 이르기까지 다양한 질병을 야기한다. 인공 수정을 통해 얻은 부부의 핵을 정상적인 미토콘드리아를 가진 다른 여성의 난자로 이식하는 데 성공한 영국 뉴캐슬대의 이번 연구는 미토콘드리아에 유전적 결함을 가진 많은 여성들에게 큰 희망을 안겨 주었다.

그러나 한편으로는 장차 이런 방식에 의해 태어날 아기를 둘러싼 생명 윤리 논쟁이 만만치 않다. 어머니 아버지가 각각 한 분씩인 우리들에게는 이처럼 부모가 셋인 상황은 비정상적으로 보인다. 하지만 몇 년 전 스위스 로잔대 로랑 켈러 교수의 연구진은 미국 남서부에 사는 '수확개미'에서 양성(兩性)이 아니라 삼성(三性) 또는 사성(四性) 체계를 발견했다. 수확개미의 여왕은 두 종류의 수개미와 짝짓기를 한다. 차세대 여왕개미를 생산하기 위해 짝짓기해야 하는 수개미와 일개미를 낳기 위해 짝짓기해야 하는 수개미가 다르기 때문에 결국 세 종류의 부모들이 필요한 것이다. 잡종 수확개미 사회에는 네 종류의 부모가 존재한다.

그런가 하면 진딧물이나 물벼룩처럼 처녀 생식을 하는 생물의 경우에는 부모가 하나뿐이다. 이처럼 자연 생태계에서 부모의 수는 하나에서 넷까지 다양하다. 생물계 전체로 볼 때 부모가 둘인 상태는 보편적인 현상일 뿐 반드시 가장 바르고 떳떳한 상태, 즉 정상(正常)이라고 말할 수는 없을 것 같다.

2010

4월 20일

황금이 된 공룡 화석

국제 학술지 『사이언스』 최신 호에 따르면 지구 역사상 가장 포악한 포식자 티렉스 공룡은 총 25억 마리가 살았던 것으로 추정된다. 티렉스는 북미 대륙이 둘로 나뉘어 있던 백악기에 서쪽 대륙인 라라미디아(Laramidia)에서 살았다. 평균 수명은 28년쯤이었으며 약 12만 7천 세대를 거듭하며 살았다. 연구자들은 생태학에서 동물 개체군 크기를 측정할 때 사용하는 '체중-밀도 비율'을 적용해 라라미디아에는 언제든 줄잡아 20만 마리의 티렉스가 돌아다녔을 것으로 본다.

북미에 티라노사우루스(티렉스)가 있었다면 아시아에는 타르보사우루스(*Tarbosaurus*)가 살았다. 티렉스보다 몸집이 조금 작았지만 이 논문의 계산에 따르면 남한에만 약 900마리 정도가 살고 있었다. 지리산국립공원 정도의 면적에는 네 마리가 어슬렁거렸다. 지금 지리산에는 지난 15년간 환경부가 추진해 온 복원 사업 덕택에 반달가슴곰

50여 마리가 살고 있다. 곰이 많아지며 등산객과 지역 주민의 안전을 걱정하게 됐는데, 만일 티렉스 네 마리가 휘젓고 다닌다고 상상해 보면 영락없는 '쥬라기 공원'이다.

티렉스 화석 중 가장 압권은 미국 시카고 필드자연사박물관의 '수(Sue)'라는 이름의 표본이다. 전체 골격의 85퍼센트가 발견돼 티렉스 표본 중 보존율이 가장 높다. 박물관이 1997년 10월에 830만 달러를 주고 사들인 화석이다. 하지만 이 가격은 작년 10월 '스탠(Stan)'이라는 표본이 3,170만 달러에 경매되며 권좌에서 밀려났다. 우리 돈으로 350억 원이 넘는 금액이다. 스탠은 현재 영국 맨체스터박물관에 전시되어 있다. 이번 『사이언스』 논문의 연구자들은 티렉스가 화석으로 남을 확률을 8천만분의 1로 계산해 냈다. 그러다 보니 수와 스탠을 포함해 지금까지 발굴된 티렉스 표본은 고작 40점 남짓이다. 하나만 찾으면 팔자가 늘어질 판이다.

2021

4월 21일*

4월 21일과 생태학자

* 과학의 날

오늘은 저명한 두 생태학자의 생사가 엇갈린 날이다. 「공공재의 비극(The Tragedy of the Commons)」이라는 제목의 논문을 발표한 바 있는 개릿 하딘이 1915년 오늘 태어났고, 『모래 군의 열두 달』을 저술한 알도 레오폴드가 1948년 오늘 사망했다. 그러나 이 둘 간의 엇갈림은 단지 생사에 그치지 않는다.

단숨에 세상을 바꿔 버린 레이철 카슨의 『침묵의 봄』에 비할 바는 아닐지 모르나 『모래 군의 열두 달』은 소로의 『월든』과 더불어 훨씬 오래전부터 꾸준히 환경윤리학의 지평을 넓혀 온 고전이다. 이 책에서 레오폴드는 개인은 소유욕 때문에, 기업은 이윤 추구로, 그리고 국가는 성장 논리를 앞세워 끊임없이 땅을 정복하려 드는 바람에 우리 사회에 이른바 '토지 윤리'가 정립되지 못한다고 설명한다. 그는 인간이 자연계의 먹이 사슬에서 상위를 점유하고 있는 것은 부정할 수 없는 사실이지만, 그렇다고 해서 다른 생명체를 파괴하는 일을 멈추지 않는다면 생태계 전체가 붕괴할 수 있다는 점을 인식해야 한다고 가르친다.

반면 하딘은 개인의 도덕성에 의존해서 환경을 보전한다는 생각은 애당초 불가능하다고 단정한다. 개인 소유 산에서는 벌목을 어느 정도 자제할 수 있지만, 규제가 없는 공유지의 나무는 보존하기 어렵다. 어족량이 심각한 수준으로 고갈되고 있는 줄 뻔히 알면서도 공해(公海) 지역의 어획은 멈추지 않고 있다. 무분별한 온실기체 배출이 지구온난화를 부추긴다고 아무리 경고해도 국제 사회는 여전히 합의를 이루지 못하고 있다. 대기권과 바다가 국가별로 분리되지 않는 한 공유지의 비극은 사라지지 않을 듯하다.

레오폴드는 "보존이란 인간과 토지 사이의 조화된 상태"라고 규정하며 환경에 대한 윤리적 감수성이 개인 차원에서 사회와 국가 수준으로 향상될 수 있다고 믿은 반면, 하딘은 개인의 소유권만이 환경을 보존할 수 있다고 주장했다. 땅은 비좁고 사람은 많은 우리나라는 레오폴드와 하딘의 논쟁이 특별한 의미를 지닌다. 4월 21일은 그래서 특별하다.

4월 22일*

무기력 사회

* 지구의 날

마음이 우울하여 도무지 일이 손에 잡히지 않는다. 책 속에 길이 있으려니 하여 한병철의 『피로사회』와 박경숙의 『문제는 무기력이다』를 다시 읽었다. 재독 철학자 한병철은 우리 시대를 긍정성의 과잉에 기댄 "성과사회"이자 우울증이 다스리는 "피로사회"로 규정한다. 소련의 붕괴로 어쭙잖은 승리감에 도취된 자본주의 사회가 어느덧 우리 모두를 노동만 하는 동물로 만들었건만 결코 행복한 삶을 보장해 주지 못하는 까닭이 바로 피로의 폭력화라고 갈파한다. 이런 피로 과잉의 시대를 극복하는 방법으로 그는 무작정 활동적인 삶에서 벗어나 "깊은 심심함"과 "돌이켜 생각함"을 통한 사색적 삶의 부활을 제안한다. 그러나 우리가 살고 있는 이 대한민국은 심심함의 사고(思考)를 허용하지 않는다. 쉴 새 없이 터지는 사고(事故) 때문에 개인의 일상적 피로는 물론 사회 전체가 만성적 피로에 시달린다.

이번 세월호 침몰 사건은 여기에 한 가지 심각한 우려를 더한다. 최소한의 책무조차 내팽개친 채 자기부터 챙기고 보는 극도의 이기주의, 위기 상황에서 적나라하게 드러난 일부 정부 부처의 총체적 무능력, 첨단 기술을 가졌다더니 기껏 시속 12킬로미터의 물살 때문에 선체에 제대로 접근조차 못 하는 인간이라는 존재의 무기력함….

그렇다, 문제는 무기력이다. 인지과학자 박경숙에 따르면 무기력은 산에서 길을 잃어 헤매는 과정이 아니라 사막에서 나침반을 잃어버리는 경우란다. 산에서는 길을 잃더라도 계속 낮은 곳을 향해 하산하면 살아남을 수 있지만 사방이 똑같은 사막에서 나침반을 잃으면 속절없는 방황만 계속할 수 있다.

우리 사회 곳곳에 여전히 만연해 있는 후진적 관행, 대형 사고 때마다 여실히 드러나는 위기관리 체계의 부재, 온 국민이 한마음으로 매달렸건만 속수무책으로 좌절당하는 무력함에 혹여 우리 사회 전체가 무의식적 무기력 상태에 빠져드는 건 아닐까 두렵다. 그렇다고 이미 거쳐 온 "규율사회"로 되돌아가서는 안 되지만, 이참에 우리의 삶을 근본부터 다시 돌아봤으면 한다. 페터 한트케가 말하는 "눈 밝은 피로"가 새롭다.

2014

4월 23일*

새들도 이혼한다

* 세계 책과 저작권의 날

통계청의 발표에 따르면 2011년 한 해 동안 우리나라에서는 32만 9,100쌍이 결혼하고 11만 4,300쌍이 이혼했다. 한 해 동안 일어난 이혼 건수를 인구 1천 명으로 나눈 '조(粗)이혼율'로 비교하면 우리나라가 4.7로 OECD 회원국 중 1위란다. 그나마 2010년 6.5에 비하면 많이 내린 셈이다. 다행히 2008년부터 시행된 이혼숙려제도 때문에 이른바 '홧김 이혼'이 줄어든 덕택인지 30~40대의 이혼은 감소했으나 50대 이후의 이혼은 계속 늘고 있단다.

새들도 이혼한다. 1980년대 미국 캘리포니아주립대 연구진의 관찰에 의하면 당시 그 지역의 갈매기 네 쌍 중 한 쌍이 일년을 넘기기 무섭게 갈라섰다. 갈매기들의 이혼은 간단하다. 우리처럼 재판도 하고 온갖 서류에 도장도 찍고 할 필요 없이 다음 번식기에 서로 찾지 않으면 그만이다. 갈매기 부부가 임무 교대를 하는 장면은 덕수궁 수문장 교대를 빼친다. 갈매기 부부는 집안일과 바깥일을 거의 정확하게 반반씩 나눠 하지만 은근히 더 안전한 집안일을 선호한다. 지난해 교대식이 유난히 길고 시끄러웠던 부부가 이혼하는 비율이 더 높았다. 육아는 서로에게 떠맡기고 그저 밖으로만 나가려는 요즘 맞벌이 부부와는 사뭇 다르다.

인간의 경우 남편과 이혼하거나 사별한 여성의 평균 수명은 그렇지 않은 사람들과 비교할 때 별 차이를 보이지 않지만 남성의 평균 수명은 대체로 줄어든다는 통계 자료가 있다. 그런데 우리나라의 경우는 조금 다르다. 남성의 수명은 다른 나라와 마찬가지로 줄어들지만 혼자된 여성의 수명은 오히려 느는 것으로 드러났다. 남편의 존재가 수명 단축의 원인일 수 있다는 것이다.

최근 북유럽 바닷가에 사는 도요새들도 이혼한다는 연구 결과가 나왔다. 스웨덴 동물행동학자들의 관찰에 따르면 전체 126쌍 중 28쌍(23퍼센트)이 갈라섰단다. 갈매기와 달리 도요새의 경우에는 그들의 결혼 생활 면면을 아무리 뜯어보아도 특별한 이혼 사유가 밝혀지지 않았다. 다만 흥미롭게도 이혼이 수컷들에게는 별다른 변화를 일으키지 않았지만 재혼한 암컷들의 번식 성공률은 거의 두 배가량 증가하더라는 것이다. 평균 수명이 날로 늘고 있는 고령화 시대에 우리 사회의 결혼, 이혼, 재혼의 행태가 어떻게 변해 갈지 자못 궁금하다.

2012

4월 24일

한민족과 개미

1994년 서울대 교수가 되어 귀국했을 때 동물행동학을 전공했다는 소문이 돌면서 강연 요청이 밀려들었다. 화면 가득 멋진 동물 사진을 띄운 채 그들의 신기한 행동에 관해 설명하면 어렵지 않게 청중의 관심을 끌 수 있었다. 하지만 강연을 마친 다음 질문을 하라면 아무도 손을 들지 않았다. 그러던 어느 날 개미 강연을 했는데 이게 웬일인가. 강연 도중 마구 손이 올라오는 게 아닌가. 무엇보다 질문 내용이 상상을 뛰어넘었다. “개미 세계에도 믿음이 존재하나요?” “개미와 인간이 대화할 수 있나요?”

명색이 개미학자였건만 나는 한 번도 그런 상상력 풍부한 질문을 해 본 적이 없었다. 나중에 안 사실이지만 청중의 질문은 죄다 프랑스 작가 베르나르 베르베르의 소설 『개미』의 설정이 사실인가를 확인하는 질문이었다. 개미 강연마다 쏟아지는 이런 질문에 일일이 답하기 귀찮아 내가 쓴 책이 바로 『개미제국의 발견』이다. 『개미』는 프랑스보다 우리나라에서 더 많이 팔렸다고 한다. 한민족은 왜 이렇게 개미에게 열광하는 것일까?

오는 4월 2일 국립생태원은 아시아 최대 규모의 〈개미세계탐험전〉을 연다. 국내 개미로 시작하지만 조만간 기상천외한 해외 개미들을 도입해 전시할 예정이다. 지구 최초의 농사꾼 잎꾼개미가 중남미 열대에서 하듯이 나뭇잎을 잘라 줄지어 물고 들어와 버섯을 경작하는 모습을 코앞에서 보게 될 것이다. 굴 천장에 거꾸로 매달린 채 동료들이 채취해 온 꿀을 받아 저장하는 '살아 있는 꿀단지' 개미와 애벌레가 고치를 틀 때 분비하는 실크로 나뭇잎을 엮어 방을 만드는 베짜기개미도 전시된다. 개미 종교는 아직 관찰되지 않았지만, 우리는 이제 페로몬을 합성해 개미에게 말을 걸 수 있다. 우리의 대화 의지를 개미가 알아차리는 일만 남았다. 전시장의 '개미과학기지'에는 일방적으로 설명이나 해 대는 전시가 아니라 개미의 집단 지성에 관한 지적 도전이 여러분을 기다리고 있다.

2015

Camponotus atrox
C. atrox - #A2

4월 25일*

흰개미

* 법의 날

인도의 한 은행에서 궤짝에 넣어 놓은 우리 돈 2억 5천만 원어치의 루피 지폐를 흰개미가 먹어 치웠다는 뉴스가 인터넷을 달구고 있다. 흰개미는 워낙 식물성 섬유의 주성분인 셀룰로오스를 먹고 사는 곤충인 만큼 나무로 만든 지폐는 그들에게 그저 맛있는 음식일 뿐 돈을 탐한 것은 아닐 것이다. 결과는 같을지 모르지만 전산망을 해킹하여 농협의 금고를 턴 인간들과는 근본적으로 죄질이 다르다.

흰개미는 흰색 개미가 아니라 오히려 메뚜기와 바퀴벌레에 훨씬 가까운 곤충이다. 나는 「민벌레의 진화생물학(The Evolutionary Biology of the Zoraptera)」이라는 제목의 논문으로 박사 학위를 받았다. 내가 박사 과정을 시작하던 1980년대 초반에는 흰개미의 가장 가까운 사촌이 민벌레일 것이라는 주장이 설득력을 얻고 있었기 때문에 나는 흰개미가 어떻게 사회적 동물이 되었는지를 밝히기 위해 민벌레를 연구 주제로 삼았다. 하지만 내가 학위를 마치기도 전에 흰개미는 다름 아닌 '사회성 바퀴벌레'라는 주장이 제기되더니 이제는 아예 흰개미를 바퀴벌레의 일종으로 분류하려는 움직임마저 일고 있다. 강원대 박영철 교수가 연구하는 갑옷바퀴가 바퀴벌레 중에서도 유전적으로 흰개미와 가장 가까운 걸로 나타나고 있다.

작가 김재일은 『산사의 숲, 초록에 젖다』에서 부산 금정산에 있는 범어사 일주문의 기둥은 원래 나무였는데 조선 숙종 때 명흡대사가 돌기둥으로 바꾼 것이라며 아마 흰개미의 피해를 막기 위해 그리했으리라 적었다. 박영철 교수의 연구에 의하면 우리나라 흰개미의 미토콘드리아 DNA는 일본 혼슈와 규슈 흰개미와 단 한 개의 염기만 다르다. 이는 흰개미가 한반도에 유입된 시기가 매우 최근이라는 증거인데 과연 그 시기가 조선시대까지 거슬러 올라가는지는 확실하지 않다.

곤충학자들은 대체로 우리나라의 흰개미는 철도의 침목을 해외에서 들여오는 과정에서 유입된 것으로 보고 있다. 그렇다면 흰개미가 한반도에서 산 역사는 기껏해야 100년 정도인데, 그 짧은 기간 동안 그들은 실로 놀랍게 성장하여 어느덧 심각한 해충이 되고 말았다. 우리나라 문화재의 21.8퍼센트에 달하는 목조 문화재가 현재 흰개미의 공격에 무방비 상태로 노출되어 있단다. "무량수전 배흘림기둥에 기대서서" 노을을 바라보시던 고 최순우 선생님이 애처롭다.

2011

4월 26일

복어

최근 한 중견 탤런트가 복어 요리를 먹고 중태에 빠졌다 살아났다고 한다. 복어의 난소와 간에 들어 있는 테트로도톡신(tetrodotoxin)은 청산가리, 즉 시안화칼륨보다 100배나 강한 독소로서 소량만 섭취해도 신경과 근육을 마비시켜 호흡 곤란을 일으키며 심하면 죽음을 부를 수도 있다. 1774년 9월 7일 당시 남태평양을 탐험하던 쿡 선장은 선원들이 복어를 먹고 근육 마비와 호흡 곤란 증상을 보였으며 음식 찌꺼기를 먹은 돼지들은 모두 죽었다고 기록했다. 1975년에는 일본의 가부키 배우 반도 미쓰고로가 복어 간 요리 네 접시를 먹어 치우는 객기를 부리다 숨지기도 했다.

테트로도톡신은 흔히 '복어 독'으로 불리지만 영원(newt), 개구리, 문어, 불가사리 등에서도 발견된다. 동물들의 독소는 대개 동물의 종류에 따라 독특한 법이다. 뱀의 독과 거미의 독은 화학적으로 전혀 다른 물질이다. 그런데 어떻게 이처럼 다양한 동물들이 정확하게 동일한 화학식을 가진 물질을 지니도록 진화했을까?

동물의 세포막에는 나트륨 이온이 드나드는 채널이 있는데 테트로도톡신은 바로 이 채널을 막아 버리는 작용을 한다. 체내에 이 독소를 다량 함유하고도 멀쩡히 잘 사는 동물들은 모두 이 독소에 면역력을 갖도록 나트륨 채널에 돌연변이가 일어난 것이다. 그런데 다른 동물들은 소량만 섭취해도 생명이 위독한데 왜 이들은 그 엄청난 양에도 끄떡도 없는 것일까? 독을 지닌 복어는 독이 없는 복어에 비해 무려 5백~1천 배의 테트로도톡신을 지니고 있다.

이들이 독소를 지니도록 진화하는 데에는 포식 동물로부터의 보호가 결정적인 역할을 했다. 하지만 복어는 물론 푸른점문어나 검은과부거미가 실제로 그들을 잡아먹는 동물의 몸집에 비해 지나치게 많은 양의 독소를 장전한 까닭은 또 무엇인가? 이들은 스스로 테트로도톡신을 생성하는 게 아니라 그 독소를 분비하는 박테리아를 잡아먹고 살기 때문에 이른바 먹이 연쇄에 따른 생물 농축 현상이 일어난 것이다. 그러다 보니 미국 서부에서 그런 박테리아를 섭취한 영원만 집중적으로 잡아먹는 뱀의 몸에는 무려 1.8그램의 테트로도톡신이 들어 있다. 불과 2밀리그램이면 목숨을 잃는 우리 인간 900명을 죽일 수 있는 양이다. 자고로 음식은 잘 가려 먹어야 한다.

2010

4월 27일

아침형 인간,
올빼미형 인간

'일찍 일어나는 새가 벌레를 잡는다'는 서양 속담이 있다. 동창이 밝았고 노고지리가 우짖는데도 소 치는 아이가 아직 일어나지 않았다면 분명 재 너머 긴 밭을 가는 데 문제가 있어 보인다. 하지만 무턱대고 이른바 '아침형 인간'을 칭송하는 것이 과연 현명한 일인지는 생각해 볼 일이다.

4월 24일자 과학 전문지 『사이언스』에는 '아침형 인간'과 '올빼미형 인간'에 관한 흥미로운 연구가 소개되었다. 벨기에 뇌과학자들은 평소 새벽 5시에 일어나는 사람들과 오전 11시~정오에 일어나는 사람들의 뇌를 기능성 자기공명영상(fMRI)을 이용하여 분석한 결과, 잠을 자고 싶어 하는 욕구의 증가가 집중력을 관장하는 뇌 부위에 부정적인 영향을 미친다는 사실을 관찰했다. 잠에서 깬 지 각각 아홉 시간 후인 오후 2시경 아침형 사람들의 집중력이 저녁 8~9시경 올빼미형 사람들의 집중력보다 현저히 떨어지는 것으로 드러났다.

정확한 통계 자료가 있는지는 모르겠으나 하버드대를 비롯한 미국의 아이비리그 대학에서는 오전 수업의 출석률이 지극히 저조하다. 상당수의 학생이 밤늦게까지 공부하느라 해가 중천에 걸려야 거동하기 때문이다. 일단 해가 떨어지면 더 이상 밭일을 하기 어려웠던 농경 사회에서는 아침형 인간이 아니면 살아남기 어려웠겠지만, 에디슨 이후의 시대에는 오히려 늦은 밤에도 집중력을 잃지 않는 것이 훨씬 더 유리할지도 모른다.

지구에 사는 동물들의 상당수는 대체로 24시간을 주기로 하는 생체 리듬을 갖고 있다. 그런데 깊은 지하 벙커에서 측정한 인간의 생체 시계는 24시간이 아니라 25시간에 더 가깝게 맞춰져 있다. 자전 주기만 놓고 보면 23시간 56분의 지구보다 24시간 37분의 화성에 사는 게 훨씬 더 적합해 보인다. 우리 중에는 드물게나마 28~33시간, 심지어는 48시간 주기의 생체 리듬을 갖고 있는 사람도 있다. 그런 사람들이 만일 2교대 또는 3교대 근무를 해야 한다고 상상해 보라.

생체 시계의 메커니즘을 연구하는 생물학 분야인 '시간생물학(chronobiology)'에 따르면 우리는 각자 자기만의 고유한 주기 리듬을 지니고 있다. 선진국에는 이런 과학 지식에 입각하여 일찌감치 자율 출근제를 채택한 기업들이 적지 않다. 우리 기업들도 이를 이미 시작했거나 진지하게 검토하고 있다니 반가운 일이다.

2009

4월 28일*

개미의 성공

* 충무공 이순신 탄신일

어느 날 인간과 개미가 시소 놀이를 하기로 했다. 하지만 무게 70킬로그램의 인간과 5밀리그램인 개미 사이의 놀이는 시작조차 하기 힘들었다. 그래서 각자 친구들을 부르기로 했다. 급기야 시소 한쪽에는 72억 명의 인간이 올라탔고, 반대쪽으로는 개미들의 행진이 끝없이 이어졌다. 징수와 징병 등 다양한 목적으로 비교적 완벽하게 해 온 인구 조사 덕택에 인간의 숫자는 얼추 알고 있지만, 과연 개미가 몇 마리나 사는지는 사실 가늠하기 어렵다. 싱겁게 끝날 줄 알았던 시소 놀이는 서서히 개미 쪽으로 기울더니 예상 밖의 결과가 나타났다. 인간은 끝내 발을 다시 땅에 딛지 못하고 말았다.

어느 곤충학자의 추정에 따르면 지구에 현존하는 곤충은 줄잡아 1백경(10^{18}) 마리쯤 될 것이란다. 그중 개미를 약 1퍼센트로만 잡아도 그 수는 무려 1경(10^{16})에 이른다. 5밀리그램에 1경을 곱한 값이 70킬로그램에 72억을 곱한 값의 거의 정확하게 10배다. 한 마리만 놓고 보면 인간의 손톱 밑에서 하릴없이 죽임을 당하는 미물이지만 그들이 모두 모이면 인간보다 훨씬 더 무거운 존재가 된다. 개미와 인간은 이 지구 생태계를 양분하고 있는 두 지배자다. 기계 문명 세계의 지배자는 당연히 우리 인간이다. 그러나 기계 문명사회에서 한 발짝이라도 벗어나 자연 생태계로 들어서면 그곳의 지배자는 단연 곤충이며 그중 가장 성공한 곤충이 바로 개미다. 개미는 인간이 정복한 거의 모든 곳에 공존한다. 심지어는 우리가 살려고 지은 고층 아파트 안까지 들어와 함께 산다. 개미가 아직 입주하지 못한 곳은 극지방과 만년설이 덮여 있는 산꼭대기, 그리고 바닷속 정도다.

개미는 무척추동물이고 인간은 척추동물이라는 사실만 보더라도 우리는 진화의 역사에서 매우 다른 길을 걸어왔다. 그럼에도 불구하고 성공의 비결을 들여다보면 어쩌면 이리도 비슷한지 놀랄 따름이다. 둘 다 농사를 짓고 가축을 기르며 노동 효율을 극대화하려 분업 제도를 개발했고 이웃 나라에서 노예를 납치하여 부려 먹는다. 도대체 누가 누구의 답을 베낀 것일까?

2015

4월 29일

호칭유감

언제부터인가 병원에서 '간호원'이라는 호칭이 사라졌다. 이젠 모두 '간호사'라고 부른다. 의사와 간호사는 교사와 마찬가지로 '스승 사(師)'를 쓴다. 그런데 왜 초·중·고등학교에서 가르치는 선생님은 교사 즉 '가르치는 스승'이라 일컫고 대학에서 가르치는 사람은 '줄 수(授)'를 붙여 교수라고 부를까? 대학의 선생은 애당초 지식이나 전해 줄 뿐 언감생심 스승이 되려 하지 말라는 뜻인가? 스승됨이 부러워 '교수 선생님' 즉 '교수사(敎授師)'라 불러 달라 하려니 그건 '예법을 가르치는 승려'를 일컫는 호칭이란다.

이 땅에 딸 가진 부모들이 사윗감으로 좋아한다는 '사'자 돌림 직업 의사(醫師), 박사(博士), 판검사(判檢事)는 제가끔 다른 '사'를 쓴다. '선비 사(士)'는 어떤 특정한 일에 종사하는 사람을 일컫는 접미어 중에서 목수와 소방수의 '손 수(手)'나 직원과 공무원의 '인원 원(員)'에 비해 훨씬 존대하는 호칭이다. 그런데 판사와 검사의 '사(事)'자는 어떤 일에 종사하는 사람은커녕 그저 '일' 그 자체를 일컫는다. 왜 같은 법조인인데 민간 부문에서 일하는 변호사에게는 선비의 호칭을 붙여 주고 공공 부문에 종사하는 판사와 검사에게는 그저 일만 잔뜩 안겨 준 것일까?

호칭에 대한 유감이 많기로는 과학자가 으뜸일 듯싶다. 똑같은 영어 접미어 '~ist'를 쓰건만 예술가(artist)에게는 그 방면의 지식이나 솜씨가 남보다 월등하다는 의미로 '집가(家)'를 헌납하고 왜 과학자(scientist)에게는 좀 얕잡아 이르는 호칭인 '놈 자(者)'를 붙여 줬을까? 노름꾼이나 구경꾼처럼 어떤 일을 전문적 또는 습관적으로 하는 사람을 일컫는 '꾼'을 가져다 붙인 '과학꾼'쯤으로 들린다. 섭섭하기로는 학자(學者)나 기자(記者)도 만만치 않으리라. 그렇다고 '학가'나 '기가'로 부를 수는 없겠지만, '과학가'는 사실 그리 어색하지 않다.

김춘수 시인은 "내가 그의 이름을 불러 주었을 때/그는 나에게로 와서/꽃이 되었다"고 노래했지만 기껏 불러 주는 이름이 오랑캐꽃이라니. 일부러 심지도 않았는데 정원 가장자리로 수줍게 줄지어 선 시골 여자아이들 같은 꽃. 나는 너희들을 제비꽃이라 부른다. 며느리밑씻개에는 언제나 고상한 이름을 붙여 주려나.

2013

4월 30일*

다빈치와 미켈란젤로

* 세계 재즈의 날

고등학교 시절 나는 한때 미술반원이었다. 비누 조각 숙제로 불상을 깎았는데 미술 선생님이 보시고는 곧바로 미술반으로 불러들이셨다. 당시 미술반에서는 유명한 예술가 이름을 따다 별명을 짓는 게 유행이었다. 나보다 먼저 들어와 조각하던 친구가 먼저 로댕을 가로챈 터라 나는 어쩔 수 없이 '미켈란젤로 최'가 되었다.

2018년 6월에 나온 『Oil and Marble』이라는 소설이 있다. 16세기 이탈리아 피렌체에 함께 살았던 두 천재 다빈치와 미켈란젤로의 애증을 그린 역사 소설이다. 왜 이런 소설이 진작에 나오지 않았을까 의아할 따름이다. 두 사람은 여러모로 참 다른 사람이었다. 다빈치는 〈모나리자〉와 〈최후의 만찬〉 등 주로 그림을 그렸고, 미켈란젤로는 〈피에타〉와 〈다비드〉 같은 조각 작품을 남겼다. 소설 제목은 직역하면 '기름과 대리석'이지만 '유화와 조각'으로 의역해도 좋을 듯하다.

다빈치와 미켈란젤로는 외모, 성격, 사회 배경 모두 극명하게 달랐다. 비록 혼외 자식으로 태어났을망정 다빈치는 당대에 엄청난 성공을 거둬 풍요롭게 산 반면, 미켈란젤로는 삶을 연명하느라 끊임없이 작품에 매달려야 했다. 온화하고 세련된 다빈치와 달리 미켈란젤로는 거칠고 공격적이었다. 게다가 다빈치는 그 자신이 완벽한 예술품이라고 칭송받던 그야말로 조각 미남이었는 데 반해 미켈란젤로는 세상 기준으로 솔직히 추남이었던 걸 생각하면 왠지 조만간 할리우드 영화가 나올 것 같은 예감이 든다.

오는 5월 2일은 다빈치가 서거한 지 500년이 되는 날이다. 다빈치의 제자 프란체스코 멜치는 스승을 가리켜 "자연도 다시 창조할 수 없는 경이로운 인물"이라고 떠받들었다. 동의한다. 나는 인류 역사에 다빈치보다 더 탁월한 천재는 다시 태어나지 않을 것이라고 생각한다. 그런데 나는 왜 다빈치의 날에 자꾸 미켈란젤로에게 연민의 정을 느끼는 것일까?

2019

5

5월 1일*

생태적 전환

* 근로자의 날

나는 환경 관련 강연을 할 때마다 '생태적 전환(ecological turn)'이라는 담론으로 끝맺는다. 사회학자들은 우리 사회의 변화를 종종 '전환(turn)' 개념으로 설명한다. 20세기 초 철학을 비롯한 여러 인문학 분야에 언어적 전환(linguistic turn)의 바람이 불었다. 언어와 언어를 사용하는 사람들의 관계가 세계를 이해하는 관건이라고 믿었다. 1970년대에는 문화가 모든 것의 핵심이라는 인식에 기반한 문화적 전환(cultural turn)이 일었다.

1999년 나는 모리 요시로 전 일본 총리가 주최한 '밀레니엄 포럼'에 초대받아 새천년에 우리에게 가장 필요한 전환은 '생태적 전환'이라고 선언했다. 기술적 전환(technological turn)과 정보의 전환(informational turn)에 관한 논의도 있었지만, 나는 생존이 걸려 있는 마당에 다른 어떤 전환도 무의미할 수밖에 없다고 주장했다. 더 늦기 전에 호모 사피엔스(*Homo sapiens*), 즉 현명한 인간이라는 자화자찬을 접고 다른 생명과 공생하겠다는 뜻의 호모 심비우스(*Homo symbious*)로 거듭나야 한다.

생태학자들은 그동안 자연환경을 훼손하지 않고 보전하는 것이 궁극적으로 더 이득이라고 줄기차게 부르짖었다. 환경경제학이라는 분야까지 만들어 기후변화와 생물다양성 고갈이 불러올 경제 손실을 금액으로 환산해 꺼내 놓았건만 아무 소용이 없었다. 그러나 이 모든 상황이 지금 눈에 보이지도 않는 바이러스로 인해 근본부터 뒤집히고 있다. 몇 년마다 한 번씩 이런 대재앙에 휘둘릴 수는 없지 않은가. 이제 기업도 환경 친화적(environment-friendly)이라는 소극적 변명으로는 부족하다. 생태를 경제 활동의 중심에 두는 생태 중심적(eco-centered) 기업으로 거듭나야 한다. 소비자는 이제 그런 기업만 선택할 것이다. 생태적 전환만이 살길이다.

2020.4.21

5월 2일

동물의 소리

동물 세계의 의사소통 수단은 크게 세 가지로 나뉜다. 시각, 청각, 후각에 의존하는 방법이다. 동물계 전반을 훑어보면 이 셋 중에서 후각에 의한 의사소통이 단연 으뜸이다. 하지만 인간은 다른 동물들에 비해 비교적 후각에 의존하는 비율이 낮고 주로 시각과 청각을 사용한다. 정교한 언어와 부호 체계를 개발하여 끊임없이 말하고 쓰고 듣고 읽으며 산다. 전기 덕택에 한밤중에도 불야성을 이룩한 인간은 예전에는 듣던 걸 요즘엔 주로 읽으면서 시각에 대한 의존도를 높이고 있다. 휴대폰을 가지고도 전화보다 오히려 문자를 더 많이 사용한다. 하지만 청각은 시각에 비해 빛이 없는 상황에서도 소통이 가능하다는 장점 때문에 여전히 많은 동물에게 중요한 소통 수단이다. 실제로 자연에는 해가 진 후에야 훨씬 다양한 소리가 돌아다닌다.

귀뚜라미는 한쪽 윗날개 뒷면에 일렬로 가지런히 돋아 있는 미세 돌기들을 반대쪽 날개의 가장자리에 있는 마찰편으로 긁어 소리를 낸다. 여치와 베짱이는 뒷다리 안쪽에 있는 돌기들을 날개 표면에 비벼 소리를 만든다. 이들은 모두 이를테면 첼로나 기타 같은 현악기를 연주하는 셈이다. 호흡을 하기 위해 들이마신 공기를 후두(larynx)로 내밀며 성대를 울려 소리를 내는 포유동물이나 울대(syrinx)를 울려 노래를 하는 새들은 모두 관악기를 불며 자신의 의사를 전달한다. 개구리나 맹꽁이 같은 양서류도 폐로 들이마신 공기를 울음주머니로 밀어내며 후두의 막을 흔들어 소리를 내니 역시 관악기 연주자들이다. 매미는 고막처럼 생긴 막의 끝을 근육이 붙들고 흔들어 소리를 만든다. 막의 흔들림으로 소리를 낸다는 점은 마찬가지이지만 북처럼 큰 막의 진동으로 소리가 난다는 점에서 관악기보다는 오히려 타악기를 연주한다고 보는 게 좋을 듯싶다.

자, 이쯤 되면 현악기, 관악기, 타악기가 다 모였으니 일단 오케스트라의 기본 구성은 갖춘 셈이다. 그런데 생각해 보니 피아노가 빠졌다. 혹시 딱따구리를 부르면 와 주려나? 어린이날을 맞아 임진각 경기평화센터에서 신기한 동물들의 소리를 한자리에 모아 놓은 〈동물의 소리 탐험전〉이 열린다. 다양한 동물의 소리를 듣고 흉내도 내 보고 동물 오케스트라를 만들어 합주도 해 볼 수 있는 특별한 전시회가 되리라 믿는다.

2011

5월 3일*

경쟁

* 세계 언론 자유의 날

세계 휴대폰 시장의 경쟁이 그야말로 점입가경이다. 아이폰의 등장으로 한동안 탄탄하게 유지되던 노키아-삼성-LG의 3강 구도가 무너지기 시작했다. 국내 시장에서는 먼저 발 빠르게 장판에 뛰어든 KT를 겨냥하여 SK텔레콤이 이른바 '소녀시대 전략'을 들고 정면 대결을 선포했다. 인기 절정의 '소녀시대' 멤버 아홉 명이 각자 따로 고정 팬을 끌고 다닌다는 점에 착안하여 무려 열 종의 스마트폰을 한꺼번에 내놓았다. 다양한 제품들의 각개격파로 시장 점유율을 높이겠다는 전략이다.

경쟁은 생태학의 가장 핵심적인 연구 분야이다. 하지만 경쟁에 대해 가장 명확한 그림을 보여 준 사람은 뜻밖에도 줄리어스 시저였다. 그는 일찍이 이웃 종족 간의 경쟁은 결국 둘로 나뉜다고 설파한 바 있다. 자원의 선점과 생존에 대한 직접적 간섭이 그것들인데, 이는 곧바로 현대생태학이 분류하는 경쟁의 두 종류이다. 자연계에서 벌어지는 경쟁에는 필요한 자원을 선점하여 상대보다 유리한 위치를 확보하려는 이른바 쟁탈경쟁 또는 자원경쟁이 있는가 하면, 보다 직접적인 대면경쟁도 있다.

위협 행동 또는 직접적인 공격으로 나타나는 대면경쟁이 더 확연하게 드러나는 경쟁이긴 하지만 실제로는 자원을 두고 벌이는 간접적인 경쟁이 훨씬 더 빈번하게 일어난다. 우리 삶에도 다분히 대면경쟁의 양상으로 나타나는 사회 현상들이 있긴 하지만 대부분의 인간 활동, 특히 경제 활동은 대체로 자원경쟁이라는 간접적인 형태를 취한다.

경쟁의 속성으로 가장 분명한 것은 경쟁하는 대상들의 자원에 대한 선호도가 비슷하면 할수록 경쟁은 점점 더 치열해진다는 점이다. 이를 생태학에서는 '경쟁적 배제의 원리(competitive exclusion principle)'로 설명한다. 주어진 환경에서 두 종이 완벽하게 동일한 자원을 놓고 경쟁할 경우 둘 중 하나는 언젠가 반드시 절멸할 수밖에 없다. 지금 자연계에 현존하고 있는 생물들은 모두 제가끔 되도록 남의 발을 밟지 않으려 서로 적당한 거리를 유지하는 것처럼 보인다. 다만 그들 간의 경계가 현재진행형의 첨예한 힘겨루기의 현장인지, 아니면 다분히 평화적인 협약의 결과인지를 밝히는 작업은 그리 간단하지 않다. 기본적으로 자원경쟁의 시장이 홀연 대면경쟁의 양상으로 치닫고 있어 자못 흥미롭다.

2010

5월 4일

과학 기술 추경 예산

생태계의 안정성을 가늠하려면 대체로 두 가지 속성을 분석한다. 저항력(resistance)과 회복력(resilience)이다. 저항력이란 자연재해, 질병, 경쟁 등 외부의 압력으로부터 생태계가 얼마나 잘 버티는가를 나타내며, 회복력은 일단 피해를 입고 난 다음 얼마나 빨리 안정 상태로 되돌아가는가를 의미한다.

강원대 생명과학부 정연숙 교수는 환경부 국가장기생태연구사업의 일환으로 지난 1996년에 일어난 강원도 고성 산불 피해 지역의 생태계 복원 과정을 연구하고 있다. 그의 관찰에 따르면 일부 지역의 회복은 놀랍도록 빠르다. 건강한 숲일수록 토양 속에 풍부한 씨앗은행을 갖고 있어 언제든지 힘차게 새로운 생명의 싹을 틔울 수 있는 법이다.

나는 기업 생태계의 안정성을 결정하는 요소들도 자연

생태계와 그리 다르지 않으리라 생각한다. 국제 유가, 환율, 천재지변 등의 외부 변화에 대한 산업계의 적응도 결국 저항력과 회복력의 문제일 것이다. 맥킨지의 분석에 따르면 경제 침체를 겪으며 상위 25퍼센트의 기업 중 40퍼센트가 순위에서 밀려나는 반면, 후발 업체가 선두 업체로 올라설 확률은 호황기보다 불황기에 20퍼센트나 더 높다고 한다. 그런데 이런 순위 변동은 정작 불황기에 일어나는 게 아니라 위기를 극복하고 본격적으로 새로운 경쟁을 시작할 때 벌어진다는 것이다. 위기 속에서도 누가 새로운 씨앗을 더 많이 비축하는가에 승패가 달려 있다.

오바마 대통령은 지난 2월 17일 미국 국립과학재단에 30억 달러(약 4조 원)의 추경 예산을 배정했다. 재단의 예산을 무려 50퍼센트나 올려 주는 통 큰 결정을 내리며 그는 "이 투자가 경제를 더욱 강하게, 나라를 더욱 안정적으로, 그리고 우리 아이들을 위해 이 지구를 더욱 안전하게 만들어 주기 바란다"고 말했다. 국립과학재단은 이 중 20억 달러를 예산 부족으로 탈락시켰던 수많은 프로젝트에 다시금 지원하기로 했단다.

우리 국회는 지금 쥐꼬리만 한 과학 기술 추경 예산을 놓고 그나마 누굴 줄까 저울질하고 있다. 나는 올해 정초에 읽은 어느 대학 총장님의 간절한 호소를 기억하고 있다. 그는 정부가 공공 부문에 투자하기로 한 재원의 단 10퍼센트라도 새로운 기술과 기초과학 발전을 위한 R&D 부문에 투자하자고 제안했다. 그의 호소를 엉뚱하게도 오바마 대통령이 엿들은 것 같다.

2009

5월 5일*

야행성

* 어린이 날

그동안 우리는 야생 동물은 본디 밤에 돌아다니기 좋아하는 줄 알았다. 많은 척추동물, 특히 육식성 포유동물 눈에는 인간에게는 없는 특수한 반사판(tapetum)이 있다. 망막을 통과한 빛이 이 반사판에 부딪혀 망막으로 되돌아오면 밝기가 거의 두 배가 된다. 이 발견으로 우리는 야행성 동물이 어떻게 어둠 속에서도 사물을 구별할 수 있는지 알게 되었다.

그런데 최근 연구에 따르면 그들이 우리보다 야간 시력이 탁월한 건 사실이지만 야행을 즐기는 건 아닌 듯싶다. 아프리카 가봉의 표범들은 원래 하루 활동의 64퍼센트를 낮에 하는데, 인간의 사냥 활동이 활발한 지역에서는 야행이 무려 93퍼센트에 달한다. 폴란드 멧돼지들은 인적이 드문 숲속에서는 야행 비율이 48퍼센트에 지나지 않지만 도시 인근에서는 90퍼센트에 이른다. 알래스카 불곰들도 생태 관광이 성행하면 76퍼센트가 밤에 돌아다니다가 관광객이 사라지면 그 비율이 33퍼센트로 준다.

코로나바이러스가 창궐해 사람들이 집에서 나오지 않자 세계 곳곳에서 야생 동물이 도시를 활보하고 있다. 호주에서는 캥거루들이 차도를 질주하고, 영국 웨일스에서는 산양이 떼를 지어 시내 상점을 기웃거린다. 남아프리카 크루거국립공원에서는 사자 수십 마리가 아스팔트 도로에 누워 낮잠을 즐기고, 칠레 산티아고에서는 대낮에 퓨마가 도심 한복판을 어슬렁거린다. 그동안 우리 때문에 나오지 못했던 게 분명해 보인다.

권력 지향적 정치인들은 예외일지 모르지만, 우리 대부분은 나 때문에 주변 사람들이 고통을 겪거나 내 존재 자체가 남에게 부담이 된다는 사실을 깨달으면 정말 견디기 힘들어한다. 본의든 아니든 우리 인간이 다른 동물들에게 그런 존재가 돼 버렸다. 이미 77억으로 불어난 상황에서 쉽지는 않겠지만, 조금이라도 조신하게 행동해 다른 동물들에게도 약간의 시간과 공간을 내어 줄 수는 없을까?

2020

5월 6일

本能의 빈자리

숲속에서 길을 잃어 헤매고 있는데 갑자기 등 뒤에서 우지끈거리는 소리가 났다고 하자. 이런 상황에서는 기본적으로 두 가지 대응이 가능하다. 앞뒤 가릴 것 없이 일단 튀는 방법과 침착하게 소리의 크기와 성격을 분석하여 심각하면 튀고 대수롭지 않다고 판단되면 그냥 무시하는 방법이 있다.

효율적 진화의 관점에서 보면 쓸데없이 에너지를 낭비하지 않도록 해 주는 후자가 훨씬 적응적일 수 있다. 하지만 실제 상황에서 우리는 대체로 에너지 낭비고 체면이고 고려할 겨를도 없이 무조건 튀고 본다. 허구한 날 툭하면 아무것도 아닌 일에 몸을 피하느라 번번이 에너지를 낭비하며 살았던 인간에 비해 절체절명(絶體絶命)의 위기 상황에서도 합리적으로 생각하느라 노력했던 지나치게 논리적인 인간은 자손을 그리 많이 남기지 못했다. 어쩌다 한 번이라도 판단이 잘못되면 그길로 삶이 마감되었기 때문이다. 따라서 우리는 대부분 비겁한 인류의 후손이다.

그 옛날 원시 시대의 우리 조상은 그저 본능(本能)대로 살면 그만이었다. 그러나 문명사회로 접어들면서 본능에 충실하기 어려운 상황이 생겨났다. 기껏해야 작은 나룻배나 타던 시절에는 배가 뒤집히기 시작하면 지체 없이 본능적으로 물에 뛰어들었다. 그러나 점점 더 커다란 배를 만들어 타기 시작하면서 오히려 본능에 따라 살기 어려워졌다. 이번 세월호 침몰 때에도 갑판이나 배의 가장자리에 있던 사람들은 곧바로 위험을 감지하고 배를 떠날 수 있었지만 선실 깊숙이 있던 우리 아이들은 위험을 가늠하기 어려웠다.

지능이 낮은 동물일수록 위기에 강하다. 자고로 침몰하는 배에서 가장 먼저 뛰어내리는 자가 바로 쥐이고, 당황하는 쥐의 몸에서 가장 먼저 뛰어내리는 자가 벼룩이다. 본능의 힘은 위대하다.

본능의 영역을 상당 부분 지능에 양도하는 바람에 위기 상황에서 상대적으로 어눌해진 인간이 취할 수 있는 가장 좋은 전략이 바로 학습이다. 위기에 닥치면 논리적 사고가 불가능할뿐더러 바람직하지도 않다. 머리가 아니라 몸이 기억할 때까지 반복적으로 훈련하는 것만이 본능의 빈자리를 메울 수 있다.

2014

5월 7일

인종 차별

얼마 전 인도 유학생이 포항공대 대학원 총학생회장에 당선됐다는 기사를 읽었다. 외국인을 따뜻하게 품어 준 학교를 더 나은 곳으로 만들려고 출마했는데 정작 당선되고 나니 지난 5년간 한 번도 들어 보지 못한 인종 차별적 비난이 쏟아지더란다.

나는 미국에서 15년이나 살았지만 인종 차별을 별로 겪지 않았다. 물론 눈빛 차별은 있었지만 언어폭력이나 행동 린치는 거의 없었다. 그러나 1992년 내가 미시간대 교수로 임용되자 분위기가 하루아침에 돌변했다. 이메일이 아직 보편화되지 않은지라 팩스로 소식이 날아들었다. 축하 메시지인 줄 알고 받아 든 종이 위에는 뜻밖의 말들이 적혀 있었다.

“네가 우리보다 탁월해서 그 자리를 차지한 게 아니다. 너는 소수 민족 할당제의 수혜자라는 사실을 잊지 말아라”.

대체로 익명이었지만 그중 몇은 이름을 밝히고 사인까지 해서 보내왔다. 학회에서 만나면 맥주잔을 기울이며 함께 학문을 논하던 동료였는데. 대학 본부에 내가 진정 할당제로 임용되었는지 확인해 보았다. 당연히 절대 아니라는 답이 돌아왔지만 그때부터 내게는 하염없이 창밖을 내다보는 버릇이 생겼다.

얼마 전 내가 총괄편집장을 맡아 편찬한 『동물행동학 백과사전(Encyclopedia of Animal Behavior)』이 출간됐다. 사실 동물행동학 분야에서 존재감도 없는 나라의 학자이지만 영입할 때는 간이라도 빼어 먹일 듯하던 출판사 편집장들이 첫 편집 회의에서 보인 행동은 정말 어이가 없었다. 회의를 시작한 지 30분이 넘도록 분야별 편집장들에게 자기들이 직접 이런저런 질문을 던질 뿐 나는 그야말로 투명 인간이었다. 내가 동물 복지 분야의 편집장으로 모신 케임브리지대 교수가 "총괄편집장이 있는데 너희들 무슨 짓이냐?"고 질책한 후에야 나는 회의를 주재할 수 있었다.

불쌍하거나 평범하면 동정의 은혜를 입지만 당당하거나 탁월하면 곧바로 정을 맞는다. 지구촌민이 되려면 우린 아직 멀었다.

2019

5월 8일

부계 불확실성

최근 발표된 '2015년 전국 아동 학대 현황'에 따르면, 신고 건수 1만 9,209건 중 최종적으로 학대 사례로 판정된 것은 1만 1,709건이었다. 이는 전년에 비해 16.8퍼센트나 증가한 수치다. 2014년부터 아동학대범죄특별법이 시행되면서 신고 의무가 강화되긴 했지만 실제로 신고 건수의 증가는 8퍼센트에 그친 걸 감안하면 상황이 악화되고 있는 게 분명해 보인다.

일곱 살 난 아들을 옷을 벗긴 채 영하의 날씨에 찬물과 심지어 락스 원액까지 끼얹어 끝내 죽게 만든 계모의 만행은 비난받아 마땅하지만, 그보다 더 이해하기 어려운 것은 3년에 걸친 학대 과정을 수수방관한 친부의 행동이다. 『콩쥐팥쥐』나 『장화홍련전』 같은 고전 설화나 소설도 계모의 학대는 구구절절 까발리지만 친부에 대해서는 한결같이 침묵한다. 반면 계부의 학대를 방관하거나 동조한 친모의 이야기는 그리 흔하지 않다. 문호 빅토르 위고의 말처럼 여자는 약해도 어머니는 강한 법이다.

부성이 종종 모성만큼 위대하지 못한 데는 그럴 만한 생물학적 배경이 있다. 인간을 비롯한 포유동물의 경우 암컷은 스스로 배 아파 낳은 새끼가 자신의 유전자를 물려받은 존재임을 의심할 까닭이 없다. 하지만 불행하게도 포유류 아빠들은 자기가 기르고 있는 자식이 유전적으로 진짜 자식이라는 확신이 없다. 누가 봐도 국화빵 자식이거나 일부러 유전자 검사를 해 보기 전에는. 이런 불균형을 진화심리학자들은 일명 "엄마의 아기, 아빠의 아마(Mother's baby, father's maybe)"라고 불리는 '부계 불확실성 이론'으로 설명한다. 약한 자여 그대 이름이 남자인 줄은 알았지만, 남자만 약한 게 아니라 아버지도 약한 모양이다.

그런데 2014년 서울지방경찰청 정성국 검시관 등 현직 경찰관 여섯 명이 『대한법의학회지』에 게재한 논문에 따르면 2006~2013년에 발생한 자식 살해 230건 중 계부모에 의한 건수는 겨우 2퍼센트뿐이다. 피 한 방울 섞이지 않은 아이를 친자식처럼 보듬는 이 땅의 모든 모성과 부성은 그야말로 성스럽다.

2016.3.22

5월 9일*

이타주의

* 제2차 세계 대전 희생자를 위한 기억과 화해의 시간(5.8, 5.9)

스탈린 시대 강제 노동 수용소의 삶을 그린 소설 『이반 데니소비치의 하루』와 『수용소 군도』 등으로 1970년 노벨문학상을 수상한 솔제니친의 글 중에 「모닥불과 개미」라는 짤막한 수필이 있다. 타오르는 모닥불에 통나무 한 개비를 던져 넣었다가 그 안에 개미집이 있다는 걸 발견하고 황급히 끄집어냈는데 가까스로 목숨을 구한 개미들이 다시 불 속으로 뛰어드는 걸 보며 솔제니친은 다음과 같이 적는다.

"무엇이 그들로 하여금 자기 집으로 다시 돌아가게 만드는 것일까? 많은 개미들이 활활 타오르는 통나무 위로 기어올라 갔다. 그러고는 통나무를 붙잡고 바동거리면서 그대로 거기서 죽어 가는 것이었다".

고등학교 2학년 겨울 처음 읽은 이 글은 끝내 내 마음 한복판에 똬리를 틀고 앉아 나를 사회생물학이라는 학문으로 밀어 넣었다. 인간을 비롯하여 사회를 구성하고 사는 모든 동물들의 진화를 연구하는 학문인 사회생물학의 중심 과제는 바로 자신이 피해를 입는 상황에서 어떻게 남을 돕는 행동이 일어날 수 있는지를 설명하는 것이다.

현재까지 이타주의의 진화를 설명하는 이론으로 가장 탁월한 것은 단연 '해밀턴의 법칙'이다. 해밀턴에 따르면 심지어 자신은 번식을 하지 않더라도 자신과 동일한 유전자를 가진 개체들이 얻는 유전적 이득이 자신이 치르는 희생의 대가보다 크기만 하면 이타적 행동도 진화할 수 있다는 것이다. 그래서 우리는 피 한 방울 섞이지 않은 남보다는 내 가족을 먼저 챙기기 마련이다.

과학 학술지 『플로스 바이올로지(PLoS Biology)』 최신 호에는 이 같은 이타주의적 현상이 개미와 인간은 물론, 로봇 사회에서도 진화할 수 있다는 연구 결과가 소개되었다. 매우 기본적인 신경 조직을 갖춘 로봇들에게 서로 유전적으로 얼마나 가까운지를 알려 주고 협동 과제를 풀게 하는 실험을 실시한 다음 그걸 바탕으로 시뮬레이션을 해 보았더니 해밀턴의 예측이 정확하게 들어맞더라는 것이다. 과학 분야의 영원한 베스트셀러 『이기적 유전자』에서 리처드 도킨스가 반복하여 설명하듯이, 개미와 로봇의 이타적 현상도 유전자 수준에서 보면 결국 이기적 행동에 지나지 않는다. 그렇다면 동일한 유전자를 가진 것도 아닌 일본인 주정뱅이를 구하려다 목숨을 잃은 이수현 씨의 희생은 어떻게 이해해야 하나?

2011

5월 10일*

스타워즈 학명

* 유권자의 날

나는 하버드대에서 민벌레라는 매우 희귀한 곤충의 진화를 연구해 박사 학위를 받았다. 워낙 희귀한 곤충이다 보니 연구 주제를 발표하는 순간 곧바로 세계 제1인자로 등극하는 영광을 얻었다. 하지만 영광은 잠시일 뿐 분류에서 생리, 행동, 생태에 이르기까지 모든 연구를 홀로 감당해야 하는 어려움이 엄습했다. 그중 제일 난감한 분야는 분류였다. 일단 무슨 종인지 알아야 연구에 착수할 수 있는데 신출내기 까막눈인 나로서는 정말 당황스러웠다. 그 당시 민벌레 분류학의 내 유일한 스승은 스미스소니언 자연사박물관의 애슐리 거니 박사님이었다. 그 고마움에 보답하려 훗날 내가 파나마에서 발견한 신종에 조로티푸스 거니아이(*Zorotypus gurneyi*)라는 이름을 봉헌했다. 하지만 안타깝게도 거니 박사님은 내 논문이 출간되기 한 달여 전에 세상을 떠나셨다.

최근 남태평양 작은 섬에서 발견된 털북숭이 신종 바구미에 스타워즈 추바카의 이름이 붙여졌다. 이로써 스타워즈 등장인물이 학명으로 부활한 경우는 박테리아, 진드기, 개미, 거미, 말벌, 딱정벌레, 반삭동물 그리고 어류에 이르기까지 열세 종에 달한다. 추바카는 일찍이 말벌 학명에도 이름을 올렸었다. 가장 자주 영광의 자리에 오른 스타워즈 등장인물은 각각 세 종에 이름을 올린 요다와 다스 베이더다. 이 둘은 아예 속명(屬名)으로도 등극해 앞으로 더 많은 종을 거느릴 참이다. 핸 솔로는 이름이 통째로 멸종한 삼엽충의 학명이 되었다. '핸(Han)'은 속명, '솔로(solo)'는 종명으로. 하지만 화석의 이름이 됐다는 게 조금 께름칙하다. 한물간 영광이라는 뜻인가?

자신의 이름이 학명에 오른다는 것은 엄청난 영광이다. 그래서 학생 중에는 종종 지도 교수에게 이 영광을 헌납하는 이들이 있다. 문제는 그런 종들이 자세히 들여다보면 참으로 못생겼다는 데 있다. 나는 아직 제자나 후학으로부터 이런 영광을 얻지 못했지만 설령 그런 일이 생기더라도 그 동물이 진짜 어떻게 생겼는지 꼼꼼히 살펴볼 참이다.

2016

5월 11일

책임의 소재

운전을 하다 가끔 옆의 차를 건너다보며 섬뜩 놀랄 때가 있다. 너무도 천연덕스럽게 아이를 품에 안고 앞좌석에 앉아 있는 사람을 보면 아무리 무지해도 어쩌면 저럴 수 있을까 안타깝기 그지없다. 정작 본인은 안전띠를 매고 있는지 모르지만 안겨 있는 아이는 그야말로 에어백 신세이다. 아무리 천천히 달리더라도 웬만한 충돌 또는 추돌 사고만 일어나면 그 아이는 거의 백발백중 자기를 안고 있던 어른의 목숨을 구하고 장렬한 죽음을 맞는다. 스스로 선택의 권리를 행사할 수 없는 어린 생명은 마땅히 법으로 보호받아야 하고 어른에게 그 책임을 물어야 한다.

아이를 뒷좌석에 앉히더라도 안전띠를 매지 않은 채 사고를 당하면 사망률이 무려 다섯 배나 높다는 실험 결과가 나왔다. 하지만 최근 버스나 택시 등 사업용 차량에서 승객의 안전띠 착용 책임을 운전자에게 묻겠다는 계획을 내놓은 국토부의 발상은 아무리 생각해도 어색하기 짝이 없다.

미성년자라면 모를까 성인의 경우 타인의 행위에 대해 대신 책임을 지라는 논리는 어떤 경우에도 설득하기 쉽지 않다.

1988년 미국 민주당 대선 후보였던 마이클 두카키스는 매사추세츠 주지사 시절 안전띠 착용을 의무화하는 제도를 채택하려다 주민들의 반대로 좌절당한 적이 있다. 당시 매사추세츠 주민들은 개인의 '죽음을 선택할 권리'를 주 정부가 간섭하려 든다며 강하게 반발했다. 이 사건은 훗날 대통령 선거에서도 그의 발목을 잡고 말았다. 공화당 진영은 '바른 생활' 두카키스가 국민을 가르치려 한다는 기상천외한 부정적 선거 공략으로 상당한 성공을 거뒀다. 어려서 '국민교육헌장'까지 외우며 자란 한국인 유학생으로서는 참으로 이해하기 힘든 일이었다.

하지만 어언 20여 년의 세월이 흐른 지금 개인의 권리를 침해한다고 안전띠 착용을 거부하던 미국 사회와 타인의 안전띠 착용까지 책임져야 하는 우리 사회를 비교하며 나는 야릇한 격세(隔世)를 느낀다. 인간을 제외한 다른 동물의 세계에는 남을 대신하여 책임을 지는 행동이란 아예 존재하지 않는다. 생텍쥐페리는 일찍이 "사람이 사람이라는 사실은 책임을 진다는 걸 의미한다"고 했지만 인간의 책임은 그 범위가 다른 동물들에 비해 훨씬 넓은 것 같다. 얼마나 넓어야 하는가를 결정하는 게 쉽지 않을 뿐이다.

2010

5월 12일

요기이즘

미국 프로 야구 월드시리즈의 유일한 퍼펙트게임 승리를 이끈 전설적 포수 요기 베라(Yogi Berra)가 오늘 구순(九旬)을 맞았다. 1972년 명예의 전당에 오른 그는 선수 생활 19년 중 무려 15년 동안 올스타에 선정됐고 감독과 코치 신분까지 포함하면 모두 열세 번이나 우승컵을 들어올린, 말 그대로 살아 있는 전설이다. 그는 야구 실력과 공적 못지않게 언뜻 들으면 모순되는 듯하지만 익살스럽고 뼈 있는 언어유희로 더 유명하다. 비록 중학교 중퇴 학력을 지녔지만 그의 기발한 동어반복적 언어 구사는 영어 문화를 한 단계 격상했다는 찬사와 더불어 요기이즘(Yogiism)이라는 신조어까지 탄생시켰다.

우리말로 옮기면 영 감흥이 사라져 버리는 명언들을 제외하더라도 그의 어록은 화려하기 그지없다. 어느 날 그의 집을 찾아와야 하는 동료에게 "오다가 갈림길을 만나면 그걸 선택하라"고 이른다. 그 동료야 황당했겠지만 그의 집은 갈림길에서 어느 길을 선택하든 올 수 있었기 때문이었다. 그의 어록 중 가장 압권은 뭐니 뭐니 해도 "끝나기 전에는 끝난 게 아니다(It ain't over till it's over)"일 것이다. 여론 조사에서 밀리고 있는 정치인들이 즐겨 인용하는 이 말은 그가 뉴욕 메츠 감독을 하던 1973년 7월 시카고 컵스에 아홉 게임 반이나 뒤지는 상황에서 뱉은 말이다. 그해 메츠는 끝내 리그 우승을 거머쥐었다.

언젠가 그는 "그들이 나에 대해 얘기하는 거짓말의 절반은 사실이 아니다"라고 했지만, 사람들은 그의 참말도 늘 새겨들어야 했다. "내가 모르는 질문에는 답을 하지 않겠다"면서도 평소 잘 가던 레스토랑에 왜 가지 않느냐는 물음에는 "더 이상 아무도 거기 가지 않아. 사람이 너무 많아"라고 답하질 않나, "다른 사람들 장례식에는 꼭 가라. 그러지 않으면 그들도 네 장례식에 오지 않을 것이다"라고 말하곤 했다. 사람은 죽어야 비로소 전설이 되는 법이지만, 그냥 살아 있는 전설로 오래도록 '요기' 우리 곁에 함께 있어 줬으면 좋겠다.

5월 13일

새로운 계산법

오랜 미국 생활을 청산하고 서울대로 돌아온 이듬해 나는 정부로부터 엄청난 금의환향 선물을 받았다. 1995년 김영삼 정부는 국립자연사박물관 건립 계획을 공표했다. 미국에서 산 15년을 송두리째 자연사박물관에서 보낸 나로서는 '정부가 나의 귀환을 손꼽아 기다렸나' 착각할 지경이었다. 그래서 앞뒤 가릴 것 없이 뛰어든 건립추진위원회 일이 어언 20년이 돼 간다.

김영삼 정부는 발표만 하고 떠나갔고 이어진 세 정부의 시큰둥한 태도에 기대에 부풀었던 내 가슴은 새카맣게 타 버렸다. 번번이 한국개발원의 예비 타당성 조사가 문제였다. 자연사박물관 건립은 경제성이 부족한 사업이라는 것이다. 그때마다 나는 입장료 대비 운영비만 계산하지 말고 어느 날 한 아이가 박물관 로비로 들어서며 거대한 공룡 화석에 감동받아 훗날 세계적인 고생물학자가 되어 대한민국의 품격을 올려 주는 경제성도 계산해 달라고 호소했다.

경제학은 아직 이런 덧셈 계산을 할 줄 모른다.

계산을 못 하기는 뺄셈도 마찬가지다. 그저 오늘, 이달, 금년 수익이나 계산할 줄 알았지 어쩌다 사고라도 나면 애써 벌었던 걸 한 번에 다 날릴 수 있다는 걸 계산에 넣지 않는다. 설령 계산했다 하더라도 그건 어디까지나 경제적 손익 계산일 뿐 고귀한 생명을 잃는 것에 대해서는 아예 계산법조차 모른다. 청해진해운은 가장 악랄한 사례일 뿐 우리 사회 거의 모든 조직은 한결같이 성과 위주의 대차대조표만 작성하고 있다. 세월호 참사는 우리에게 근본적으로 다른 손익 계산서를 주문하고 있건만.

경제 부흥이라는 미명 아래 이 땅 도처에서 벌어지고 있는 온갖 국토 개발 사업 역시 그것이 가져올 경제성만 강조할 뿐 그로 인한 국민 행복의 손실은 계산할 줄 모른다. 더 많은 승객과 화물을 싣기 위한 구조 변경에 눈이 어둡더니 침몰 가능성에는 아예 눈을 감아 버린 것처럼. 이제는 예비 타당성 조사에 경제성(economic feasibility)과 더불어 생태성(ecological integrity) 계산이 포함돼야 한다. 안전 사회에는 새로운 계산법이 필요하다.

2014

5월 14일

KTX 꼴불견

벌써 몇 년째 매주 일요일 아내와 함께 KTX를 타고 지방 나들이를 한다. 지방에서 강연이나 행사가 있을 때에도 제주도가 아니면 거의 어김없이 KTX를 이용한다. 직접 차를 모는 일은 꿈도 꾸지 않는다. 외국에서도 고속 열차를 타 봤지만 편리함으로는 우리 KTX만 한 게 없다. 정말 좋다. 딱 한 가지만 빼고. 몇몇 승객의 배려 없는 행동은 진짜 꼴불견이다.

꼴불견 1: 반대 방향에서 오는 열차가 스치듯 지나치며 내는 굉음에 소스라치게 놀랄 때도 있지만, 그보다는 사람들이 만들어 내는 소음을 더 못 견디겠다. 주변은 아랑곳하지 않고 크게 떠드는 사람이나 전화로 자기 삶을 온 세상과 소통하는 사람, 참 싫다. 나는 승무원이 올 때까지 기다렸다가 꼭 도움을 청한다. 아 그런데, 신문을 펼칠 때마다 격하게 파열음을 내는 양반들은 어찌해야 하나?

꼴불견 2: 열차에 올라 자리에 앉자마자 창문 가리개부터 내리는 사람이 있다. 잦은 여행에도 나는 철 따라 변하는 차창 밖 풍경을 바라보기 좋아하는데 뜻밖에 많은 사람이 다짜고짜 가리개를 내리고 잠을 청하거나 스마트폰에 몰두한다. 햇빛이 너무 강해 부득이 가리개를 내려야 할 때면 나는 앞뒤 승객에게 반드시 양해를 구한다. 해 보면 그리 힘든 일도 아니다. 좌석마다 따로 창문을 내 줬더라면 좋았겠지만, 지금이라도 좌석 넓이에 맞게 창문 가리개라도 따로 만들어 주면 안 될까?

꼴불견 3: KTX 꼴불견 중 제일 악랄한 건 역시 먼저 내린 승객의 뒤치다꺼리를 해야 할 때다. 읽고 난 신문을 꽂아 놓고 간 것까진 참겠는데 온갖 포장지와 심지어 음식 찌꺼기까지 치워야 할 때에는 나도 모르게 상욕이 절로 나온다. 요즘은 코레일 회원도 많고 대부분 신용카드로 표를 끊는 만큼 이런 진상 고객은 추적해 벌금을 매기거나 더 좋게는 친절하게 그 쓰레기를 착불로 배달해 주면 어떨까? 철도공사에서 진지하게 방법을 찾아 줬으면 좋겠다.

2018

5월 15일*

얼음의 땅, 깃털의 사람들

* 스승의 날

오늘은 스승의 날이다. 하지만 가르침과 배움의 현장이 예전 같지 않다. 나는 오래전부터 되도록이면 가르치지 않으려 애써 왔다. 일방적인 가르침의 효과가 그리 크지 않다는 걸 일찌감치 깨달았기 때문이다. 가장 효과적인 배움은 배우는 줄 모르면서 배우는 것이다. 이런 점에서 영화처럼 훌륭한 배움의 매체도 별로 없어 보인다.

지금 서울환경영화제가 열리고 있다. 2004년 환경재단의 주최로 시작한 축제가 어느덧 9년째를 맞으며 환경과 인간의 공존을 노래하는 대표적인 국제 영화제로 자리 잡았다. 확성기에다 하루 종일 환경 구호를 목이 터져라 외치는 것보다, 한 학기 내내 환경 강의를 하는 것보다, 때로 한 편의 환경 영화를 함께 관람하는 것이 더 큰 감동을 불러일으킬 수 있다.

이번 영화제에서 나는 특별히 〈얼음의 땅, 깃털의

사람들〉이라는 영화를 보며 남다른 감동과 배움을 얻었다. 북미 동북부 대도시들에 전력을 공급하기 위해 건설한 수력 발전용 댐 때문에 캐나다 북부의 허드슨만에서 대대로 수렵 생활을 하며 살아온 이누이트인은 물론, 그들과 함께 살아온 솜털오리(eider duck), 물개, 북극곰의 삶이 심각하게 위협받고 있다. 댐에 가둔 담수가 겨울에도 허드슨만으로 흘러들며 그곳 바닷물의 염도를 떨어뜨려 예전보다 쉽사리 얼어붙는 바람에 솜털오리의 겨울 서식처인 빙호(氷湖·polynya)가 사라지고 있다. 성게나 홍합을 잡아먹기 위해 뛰어들 빙호가 사라지면서 많은 솜털오리가 얼음 위에서 동사하고 있고, 어렵사리 찾은 빙호에서 동료들을 비집고 들어가 먹이를 물고 올라오는 솜털오리는 출구를 찾지 못해 얼음 밑에서 익사하고 있다. 솜털오리의 알과 고기를 먹으며 그 깃털로 방한복을 만들어 입던 이누이트인의 삶도 덩달아 흔들리고 있다. 담수의 50퍼센트 이상이 댐에 갇혀 제대로 흐르지 못하고 있다. 생명의 근간인 물이 감옥에서 시름시름 죽어 간다.

오늘은 서울환경영화제의 마지막 날이다. 하지만 지금이라도 달려가면 〈도쿄 연가: 까마귀의 노래〉, 〈이누크와 소년〉, 〈전기자동차의 복수〉 등 귀한 환경 영화들을 만날 수 있다. 훌륭한 환경 영화 한 편이 당신을 호모 사피엔스(*Homo sapiens*)에서 호모 심비우스(*Homo symbious*)로 거듭나게 해 줄 것이다.

2012

5월 16일

온실기체

언제부터인가 단 하루라도 '기후변화'라는 말을 듣지 않고 넘어가는 날이 없는 것 같다. 기후변화는 이제 가히 우리 시대 최대의 화두가 되었다고 해도 지나침이 없어 보인다. 기후변화는 다른 이슈들처럼 잠시 뜨겁게 달아올랐다 식어 버릴 화두가 아니다. 적어도 이 글을 읽고 있는 사람이라면 모두 관에 들어가는 순간까지 귀에 못이 박일 정도로 듣게 될 거대 화두라고 생각한다.

2008년 2월 22일 우리나라 환경재단은 기후변화 문제를 본격적으로 연구하고 교육할 목적으로 기후변화센터를 만들었다. 영국은 2000년에 옥스퍼드대, 케임브리지대 등 7개 대학의 기후변화 연구 센터들을 묶어 아일랜드 출신의 19세기 물리학자 존 틴들의 이름을 딴 틴들센터를 설립했다. 틴들은 1859년 5월 18일 영국 왕립과학연구소 지하에 있는 그의 연구실에서 실험을 끝낸 후 일지에 다음과 같이 적었다. "하루 종일 실험을 수행했다. 확실한 증거를 손에 쥐었다".

그는 오늘날 우리가 온실기체(greenhouse gas)라고 부르는 수증기, 이산화탄소, 아산화질소, 메탄, 오존 등이 각각 일정량의 방사선을 흡수한다는 사실을 최초로 확인한 것이다. 온실기체는 지표면에서 반사되어 대기권 밖으로 빠져나가는 열을 흡수하여 지구의 온도를 적절하게 유지해 주는 역할을 한다. 만일 온실기체가 없다면 온도가 33도나 낮아져 지구는 하나의 거대한 얼음덩어리로 변하고 만다.

그러나 아무리 좋은 것도 지나치면 해로운 법이다. 18세기 중반까지 거의 변함이 없던 대기 중 이산화탄소의 농도는 산업혁명 이후 지금까지 2세기 반 동안 무려 1.7배나 증가했다. 이산화탄소는 일단 공기 중에 배출되면 수만 년 이상 머물며 지구온난화를 부추길 수 있다. 그래서 지금 과학자들은 이미 배출된 이산화탄소를 포집하는 방안을 열심히 궁리하고 있다. 틴들의 연구로부터 1세기 반이 흘렀건만 아직 우리는 획기적인 방법을 찾지 못하고 있다. 나는 요즘 '아주 불편한 진실과 조금 불편한 삶'이란 제목의 강연을 하러 다니느라 바쁘다. 과학자의 연구는 물론 계속되어야 하지만, 그보다 먼저 우리의 삶이 변해야 한다. 우리의 삶이 지금보다 조금 불편해지더라도 온실기체의 배출을 막아야 한다.

2011

5월 17일*

네안데르탈인의 유전체

* 세계 전자 통신 및 정보 사회의 날

나는 요사이 엄청난 대박의 기회를 놓친 아쉬움에 머리를 쥐어뜯고 있다. 명색이 과학을 하는 사람이지만 나는 공상과학소설이나 영화를 별로 즐기지 않는다. 그렇지만 몇 년 전부터 얼개를 잡아 놓고 시간이 날 때마다 조금씩 끄적거려 온 소설이 있었다. 나는 이 소설이 밀리언셀러가 될 것이며, 곧이어 할리우드의 밀리언달러 제의가 들어오리라 기대하고 있었다. 마음속으로는 이미 내가 생각하는 거의 완벽한 미남인 덴절 워싱턴을 주연 배우로 낙점까지 해 두었다.

줄거리는 대충 이렇다. '인간 유전체 프로젝트(Human Genome Project)'의 성공과 더불어 생물종의 유전자 전부를 총체적으로 연구하는 유전체학(genomics)이 21세기 생명과학의 총아로 떠오르는 가운데 어느 유전학자가 자신을 포함한 일군의 사람들에서 특이한 유전체 변이를 발견하고 그 원인과 경로를 분석하기 시작한다. 결국 그는 그 변이 유전자들이 네안데르탈인으로부터 유래한 것임을 밝혀내지만, 학계의 비판이 거세 고전하던 어느 날 이른바 네안데르탈인의 후손들을 조직적으로 제거하려는 인종 청소 계획이 은밀하게 진행되고 있다는 사실을 알게 된다. 다행히 어느 용감한 신문 기자의 도움으로 엄청난 음모의 전모를 파헤친다는 얘기이다. 전형적인 할리우드 블록버스터가 연상되지 않는가?

그런데 최근 이런 내 상상이 대부분 사실로 드러났다. 지난 5월 7일자 세계적인 과학 저널 『사이언스』에는 네안데르탈인의 유전체를 분석해 보니 그들과 우리가 생식적으로 격리된 별개의 종들이 아니라 중동과 유럽에 걸쳐 수천 년 동안 함께 자식을 낳고 살았을 것이라는 논문이 게재되었다. 게다가 유럽과 아시아 민족들보다 아프리카인들이 네안데르탈인 유전자를 훨씬 더 적게 갖고 있는 걸로 나타났다. 이는 현생 인류가 아프리카에서 중동 지역으로 이주했을 때 먼저 그곳에 정착한 네안데르탈인과 함께 살며 자식을 낳았고 그들이 유럽과 아시아로 퍼져 나갔음을 의미한다.

이 논문을 읽으며 내겐 아쉬움과 안도감이 교차했다. 공상과학소설이란 본래 설마 벌어지랴 싶었던 게 훗날 과학으로 입증되어야 매력적인 법인데 게으름을 피우다 그만 시기를 놓쳐 못내 아쉽다. 하지만 네안데르탈인의 후손일 가능성이 상대적으로 적은 덴절 워싱턴을 잘못 캐스팅하는 실수를 모면하게 된 건 천만다행이다.

2010

5월 18일*

세계 박물관의 날

* 세계 박물관의 날

오늘은 '세계 박물관의 날'이다. 국제박물관협의회는 "박물관은 문화 교류, 문화 융성, 그리고 사람들 간의 상호 이해, 협력 및 평화 증진의 중요한 매체"라는 취지로 1977년부터 매년 5월 18일쯤에 다양한 활동을 펼쳐 왔다. 한국박물관협회는 오는 21일 '박물관의 미래: 회복과 재구상'이라는 주제로 국제 학술 대회를 개최한다. 나는 이 대회의 기조 발표를 맡아 20분짜리 짧은 강연에 미래, 문화 생태계, 지속 가능한 발전, 다양성, 기후변화 등의 키워드들을 녹여 내야 한다.

나는 또한 문화체육관광부 요청으로 '국립자연사박물관 자료 수집 및 건립 계획 실행 연구' 용역 보고서를 작성 중이다. 한 국가의 박물관 체제가 이해, 협력, 평화 증진의 매체 역할을 수행하려면 두 축을 구축해야 한다. 인간과 자연 혹은 내가 이 칼럼 제목으로 설정한 자연과 문화가 그 두 축이다. 인간 혹은 문화 방면으로는 2005년 지금의 용산공원 남단으로 이전해 개관한 국립중앙박물관의 위용이 우리 민족의 자부심을 대변하기에 충분하다.

그러나 국제통화기금 기준으로 경제 규모 세계 10위인 대한민국에는 아직도 국립자연사박물관이 없다. 1995년 김영삼 정부가 건립 계획을 발표한 이래 사반세기가 흘렀건만 우리는 여전히 이 국치를 씻어 내지 못하고 있다. 코로나19도 결국 자연에 대한 이해 부족으로 벌어진 재앙이라는 걸 모르는 국민이 없는 마당에 더 이상 머뭇거릴 까닭이 없다.

미국 유학 생활 15년을 한결같이 자연사박물관에서 보내고 귀국한 내게 1995년 국립자연사박물관 건립 계획 발표는 국가가 베푼 최고의 선물이었다. 국립자연사박물관 건립과 내 삶은 운명처럼 얽혀 있다. 내 기력이 쇠잔하기 전에 꼭 만들고 싶다. 기획재정부 예산 담당 공무원들에게 들려주고픈 트로트곡이 있다. 내 인생에 〈태클을 걸지 마〉.

2021

5월 19일

인플루엔자

생물 간의 관계에는 크게 보아 네 가지 형태가 있다. 경쟁(競爭), 공생(共生), 포식(捕食), 기생(寄生)이 그들이다. 한정된 자원을 놓고 벌이는 경쟁은 기본적으로 관계하는 모두에게 해(害)가 된다. 경쟁의 반대편에는 서로에게 이득이 되는 공생이 있다. 포식과 기생은 상대에게 해를 끼치며 자기만 이득을 취하는 일방적인 관계이다. 우리는 오랫동안 포식 동물은 상대를 곧바로 죽이지만 기생 생물은 다르다고 생각했다. 쉽사리 자기가 몸담고 있는 숙주를 죽이는 것은 스스로 삶의 터전을 파괴하는 어리석은 짓이기 때문이다. 그래서 매년 세계적으로 거의 3백만 명의 목숨을 앗아 가는 말라리아를 어떻게 이해해야 하나 고민해야 했다.

그러다가 최근 의학과 진화생물학의 융합으로 새롭게 태어난 학문인 '다윈 의학' 덕택에 병원균의 독성은 그 전염 메커니즘에 따라 달리 진화한다는 사실을 알게 되었다. 감기 바이러스는 감염된 사람이 너무 심하게 아파 전혀 외부

출입을 하지 못하는 것보다는 불편한 몸을 이끌고라도 자꾸 돌아다니며 다른 사람들의 얼굴에 재채기도 해 대고 콧물 훔친 손으로 악수도 해야 다른 숙주들로 옮아갈 수 있다. 반면 말라리아 병원균은 감염된 사람이 중간 숙주인 모기를 쫓을 기력조차 없을 정도로 아프게 만드는 게 더 유리하다. 감기에 걸려 죽는 사람은 많지 않아도 말라리아는 여전히 우리 인류에게 가장 무서운 질병으로 남아 있는 까닭이 바로 여기 있다.

이런 점에서 나는 인플루엔자 바이러스가 창궐할 때마다 과거 스페인 독감의 경우를 들먹이며 지나친 공포 분위기를 조성하는 세계보건기구의 행동을 이해하기 어렵다. 안심보다는 경고가 훨씬 안전한 전략이겠지만, 방역 체계가 확립되지 않은 상태에서 속수무책으로 당한 스페인 독감 시절과 지금은 상황이 전혀 다르다. 이번 신종 인플루엔자의 국내 첫 감염자였던 수녀님은 당신의 증상에 의구심이 생기자마자 스스로를 철저하게 격리시키고 자발적으로 보건 당국에 신고했다. 이처럼 인플루엔자 바이러스의 전염 경로를 근본적으로 차단하면 독성이 강한 병원균은 이미 감염시킨 숙주와 운명을 같이할 뿐이고 독성이 약한 것들만 돌아다니게 된다. 이처럼 독성과 전염성은 서로 연관되어 있는 속성들이다. 남에게 폐를 끼치지 않으려는 민주시민의 덕목만 잘 지켜도 악성 병원균의 횡포를 상당 부분 막을 수 있다.

2009

5월 20일

서점관망기

몇 년째 행복에 관한 책들이 꾸준히 출간되고 있다. 그중에서도 런던정치경제대학교 사회정책학과 교수인 폴 돌런의 근저 『행복은 어떻게 설계되는가』는 행복한 삶을 설계하는 구체적이고 실질적인 행동 전략을 제시한다는 점에서 돋보인다. 행동경제학자인 그는 '수확 체감의 법칙'에 입각해 지금 하고 있는 활동으로부터 얻는 행복이 줄기 시작하면 상대적으로 더 즐거운 다른 활동으로 옮기라고 주문한다. 특히 생각이 아닌 행동을 바꿔야 한다고 강조한다. 자신을 불행하게 만드는 일을 그만두고 즐거움과 목적의식이 일치되는 경험을 할 수 있도록 습관과 행동을 새롭게 설계하라고 충고한다.

행복해지는 한 방법으로 그는 이메일과 SNS 사용을 줄이고 독서량을 늘리라며 다음과 같은 구체적인 행동 요령을 제안한다. 1)집의 모든 방에 책을 둔다. 2)인터넷 홈페이지 초기 화면을 서평 웹사이트로 설정한다. 3)친구와 도서전에 갈 약속을 잡는다. 4)책을 읽고 비평하는 그룹에 가입한다. 여기에 나는 내가 지난 20여 년간 개인적으로 해 온 노하우를 하나 보태려 한다. 이름하여 '나의 서점관망기(書店觀望記)'라고 해 두자.

나는 외국에 나갈 때마다 틈을 내어 좋은 서점을 찾는다. 신간 위주로 진열하는 국내 대형 서점들과 달리 서양 서점들은 학문 분야별로 양서들을 가지런히 꽂아 두기 때문에 생물학, 과학 일반, 철학, 사회학, 심리학, 경제학 서가 앞에 서서 몇 시간씩 그저 제목만 읽는다. 몇 달에 한 번씩 이처럼 제목만 통관(通觀)해도 학문의 흐름을 짚어 낼 수 있다. 어느 해 홀연 새롭고 흥미로운 제목이 내 마음을 훔친다 싶으면 이내 몇 년 내 비슷한 제목의 책들이 쏟아져 나온다. '서점관망기'는 '학문관망기'가 된다. 내 눈에 든 상당수 책들은 서점으로부터 내 서고로 자리를 옮기고 나는 점점 더 못 말리는 책벌(冊閥)이 된다. 나의 통섭은 이렇게 서점에서 시작된다.

2015.5.26

5월 21일*

잔인한 계절, 봄

* 부부의 날

엊그제 부처님 오신 날, 올 들어 처음 뻐꾸기 소리를 들었다. "뻐꾹, 뻐꾹" 하는 수컷 노래 뒤로 희미하게 "삐삐삐삐" 암컷 노래도 들려왔다. 예전에는 5월 말에나 돌아오던 녀석들이 올해는 좀 이른 듯싶다. 기후변화 영향으로 철새는 점점 더 이른 봄에 돌아오는데, 정작 봄은 영 안정을 찾지 못해 걱정이다. 봄은 예전보다 일찍 시작하건만 선뜻 자리를 내주기 싫어하는 겨울 때문에 날씨의 널뛰이 너무 심하다.

우리는 대개 강남 갔던 제비가 돌아오거나 보리밭 저편에서 하늘 높이 날아오르는 종다리의 노래가 들리면 드디어 봄이 왔다고 느끼는데, 독일 사람들에게는 뻐꾸기의 노래가 봄의 전령이란다. 하지만 뻐꾸기 소리는 내게 이른 봄 겨울잠을 깨우는 싱그러움보다는 오히려 농익은 늦은 봄의 나른함을 안겨 준다. 19세기 영국의 작곡가 프레드릭 딜리어스도 나랑 비슷하게 느꼈던 모양이다. 〈봄날 첫 번째 뻐꾸기 소릴 들으며(On Hearing The First Cuckoo In Spring)〉를 듣노라면 어김없이 스르르 눈이 감긴다.

뻐꾸기는 스스로 둥지를 틀지 않고 개개비 같은 새들에게 업둥이를 맡기는 걸로 유명하다. 나무 위 뻐꾸기를 매로 착각한 적이 종종 있었다. 배의 깃털 무늬가 새매를 쏙 빼닮았기 때문이다. 날개를 펴고 강하하는 모습은 더더욱 그렇다. 최근 케임브리지대 연구진은 개개비가 뻐꾸기를 매로 착각하여 둥지를 버리고 달아난 틈에 잽싸게 알을 낳고 사라지는 뻐꾸기를 관찰했다. 나는 이런 상상을 해 본다. 나른한 뻐꾸기 수컷의 노래에 최면이라도 걸린 듯 졸던 개개비가 갑자기 날아드는 암컷 뻐꾸기를 매로 알고 화들짝 놀라 둥지를 내팽개치며 달아나는 건 아닐까? 어미 새란 원래 매가 출몰하면 들키지 않으려고 몸을 더욱 웅크리기 마련인데 넋 놓고 있는 틈에 갑자기 날아드는 매에게 속수무책으로 당하는 게 아닐까 싶다.

「봄은 고양이로다」에서 이장희 시인은 고양이의 입술에서 나른한 봄날을 읽어 낸다. "고요히 다물은 고양이의 입술에/포근한 봄 졸음이 떠돌아라". 그러나 이어진 소절에는 봄의 반전이 기다린다. "날카롭게 쭉 뻗은 고양이의 수염에/푸른 봄의 생기가 뛰놀아라". 시인의 고양이도 어쩌면 뻐꾸기와 개개비 소리를 차례로 듣고 있었나 보다.

2013

5월 22일*

생물다양성의 날과 나고야 의정서

* 세계 생물다양성의 날

오늘은 유엔이 제정한 '세계 생물다양성의 날'이다. 생물다양성의 감소를 막기 위한 전략에는 보존(保存)과 보전(保全) 두 가지가 있다. 이 둘은 사실 너무나 비슷하여 애써 구분하기 어렵지만, 보존은 현 상태를 그대로 잘 보호한다는 뜻이 강하여 영어로 하면 'preservation'에 가깝고, 보전은 온전하게 유지한다는 뜻의 'conservation'과 흡사하다. 개인적으로 나는 잘 간수하여 후손에 물려주자는 의미의 '보전(保傳)'을 선호한다.

원래 환경 보호 관련 정책과 운동은 자연 경관이 특별히 훌륭한 지역을 인간의 활동으로부터 격리하여 보호하자는 방식으로 시작했다. 이를테면 국립 공원을 지정하여 보호하는 방식이다. 그러나 적어도 미국에서는 요세미티나 옐로스톤을 방문할 수 있는 사람들이 결국 상당한 재력을 갖춘 사람들뿐이라는 점에서 시민 평등의 원칙에 위배된다는 비난이 일기 시작했다. 자연 자원도 공평하게 활용할 수 있어야 한다는 정신에 입각하여 단순한 보존보다는 보전을 추구해야 한다는 목소리가 높아진 것이다.

국가 간의 생물다양성의 활용도 처음에는 생물 자원을 인류 공동의 자산으로 인식하여 자유로운 접근과 이용이 가능했다. 하지만 1992년 '생물다양성 협약(CBD: Convention on Biological Diversity)'이 채택되면서 선진국의 일방적인 생물 자원 이용에 제동이 걸리고 생물 자원에 대한 국가의 주권이 인정되었다.

생물다양성 협약 제15조에 따르면 생물 유전자원의 접근에는 사전 승인이 필요하고 자원의 이용으로부터 발생하는 이익을 공정하고 공평하게 공유해야 한다. 국가 간의 평등이 확립된 것이다. 2010년 제10차 당사국 총회에서는 이 같은 내용을 확정하여 이른바 '나고야 의정서'를 채택했다.

나고야 의정서를 준수하려면 언뜻 우리나라는 늘 손해만 볼 것처럼 생각하기 쉽다. 열대 국가에 비할 바는 아니지만 몬순 기후와 반도라는 지형 덕에 우리나라의 생물다양성은 면적에 비해 퍽 높은 편이다. 개미만 보더라도 남한에만 135종이 살고 있는데, 이는 영국이나 핀란드의 세 배나 되는 다양성이다. 남의 생물 자원을 부러워만 하지 말고, 다시는 '미스김라일락'과 같은 꼴을 당하지 않도록 우리도 우리의 생물 주권을 잘 지켜야 할 것이다.

2012

5월 23일

식물의 행성

우리는 이 세상 모든 걸 동물의 관점에서 바라본다. 그래서 이 지구를 우리가 지배하고 있는 줄 안다. 하지만 지구는 엄연히 식물의 행성이다. 우리는 종종 밭을 갈아엎고 나무를 베어 내며 우리가 이 지구를 호령하며 사는 줄로 착각하지만 식물은 우리를 가소롭다 한다. 지구에 살고 있는 모든 동물의 무게를 다 합한다 해도 식물의 무게에 비하면 그야말로 '새 발의 피'다. 지구는 단연 식물이 꽉 잡고 있는 행성이다.

우리는 우리가 사과나무를 심고 길러 사과를 따 먹는다고 생각한다. 하지만 이를 사과나무의 관점에서 다시 생각해 보자. 사과나무가 우리로 하여금 탐스러운 사과를 먹고 싶게 만들어 사과나무를 심고 기르게 하는 것이다. 과일이란 식물이 자기의 씨앗을 먼 곳으로 이동시키기 위해 채택한 전략이다. 부모 식물의 입장에서 보면 자기 씨앗이 그야말로 발밑에 떨어지면 스스로 드리운 그늘에 자식이 제대로 자라지 못한다. 씨앗을 맛있는 과일 속에 넣어 동물로 하여금 그걸 먹고 먼 곳에 가서 배설하게 하면 그곳에서 배설물을 양분 삼아 자랄 수 있다. 물론 과일을 만드는 데 드는 투자가 아까워 씨앗을 그냥 바람에 날려 보내는 민들레 같은 식물도 있다.

동물처럼 직접 사랑하는 이를 찾아다니며 짝짓기를 하지 못하는 식물이 안쓰러울 수도 있다. 그러나 식물은 자기는 꼼짝도 하지 않으면서 벌과 나비로 하여금 꽃가루를 이 꽃 저 꽃 배달하도록 만든다. 기껏해야 단물 조금 주면서. 우리 인간은 꽃을 아름답다 하지만, 꽃은 사실 식물이 꽃가루를 날라 줄 동물들을 유혹하기 위해 세상천지에 펼쳐 보이는 그들의 성기이다. 벌과 나비는 식물이 고용한 '날아다니는 음경(陰莖)'이고.

몇 평 되지도 않는 정원이지만 잡초와의 전쟁이 장난이 아니다. 일주일만 돌보지 않으면 잔디밭이 온통 잡초투성이다. 잡초들은 어디서 그렇게 끊임없이 날아드는 것일까? 오늘도 나는 벌써 몇 시간째 마당에 쪼그리고 앉아 잔디 사이로 숨어 있는 잡초를 뽑고 있다. 잔디는 우리 인간 대표와 도대체 무슨 계약을 맺었기에 주말마다 나를 이처럼 철저하게 부려 먹는 것일까? 잡초를 뽑고 있는 내 머리 위로 벌들도 분주하게 매실나무의 꽃 사이를 날고 있다. "너희나 나나 이 무슨 자진한 노예살이란 말이냐?"

2011

5월 24일

개미제국의 선거

선거일이 불과 일주일 남짓 앞으로 다가왔다. 후보자들도 막판 표심을 읽느라 정신이 없겠지만 유권자들의 혼란스러움도 그에 진배없다. 한꺼번에 모두 여덟 명에게 투표를 하라는데 후보자는 많고 정보는 거의 없는 상황에서 도대체 무얼 근거로 선택을 해야 할지 난감하다. 서울 시민인 나도 시장 후보들은 어느 정도 알지만 구청장이나 교육감만 해도 그들에 대해 아는 게 너무 없다. 옛날 학창 시절 시험처럼 모르면 무조건 한 번호로 통일하여 찍을 수도 없고, 정보화 시대에 걸맞지 않게 거의 '떨이 선거' 수준이다.

우리는 흔히 민주주의를 인간이 고안해 낸 이상적인 사회 제도라고 생각하지만 민주주의를 채택하는 동물은 인간만이 아니다. "언론의 자유, 투표의 자유, 다수결에 대한 복종, 이 세 가지가 곧 민주주의이다"라는 김구 선생님의 정의에 따르면 거의 완벽한 의미의 민주주의가 개미제국에서 시행되고 있다. 해마다 엄청난 숫자의 차세대 여왕개미들이

혼인 비행을 마치고 제가끔 자신의 제국을 건설하기 위해 첨예한 경쟁을 벌인다. 이웃 나라들보다 하루라도 빨리 막강한 일개미 군대를 길러내야 주변의 신흥 국가들을 평정하고 천하를 통일할 수 있다.

이 같은 경쟁에서 승리하기 위해 여왕개미들은 종종 동맹을 맺는다. 여러 마리의 여왕개미가 함께 알을 낳아 기르면 홀로 나라를 세우려는 여왕개미보다 훨씬 빨리 그리고 훨씬 더 막강한 병력을 구축할 수 있기 때문이다. 문제는 일단 천하를 평정하고 난 다음이다. 성숙한 개미제국은 거의 예외 없이 단 한 마리의 여왕이 다스린다. 따라서 건국의 동고동락을 함께한 여왕들 중 한 마리만 남고 나머지는 모두 제거될 수밖에 없다.

이 과정에서 여왕들이 직접 혈투를 벌여 끝까지 살아남은 한 마리가 권좌를 차지하기도 하지만, 대부분의 경우에는 일개미들이 합의하여 그들 중 한 마리를 여왕으로 옹립한다. 일개미들은 여왕 후보자들과 함께 생활하며 누가 과연 가장 훌륭한 지도자의 역량을 갖췄는지에 대해 끊임없이 서로 조율하며 결정하고 그에 승복한다. 일개미들 중 일부는 남의 어머니를 추대하고 자신의 어머니를 물어 죽이는 패륜까지 저지르며 참으로 냉정하게 민주주의를 실천한다. 우리도 함께 살아 보진 못하더라도 적어도 누가 누군지는 알아야 뽑든 말든 할 게 아닌가?

2010

리더

동물사회

상선성인식

기러기 그룹의 리더 — 거의 항도

가장 힘든 일

그래서 돌아가며 한다.

요즘 ~~광~~광고에 나왔음 (LG?)

리더로 자격 없음

초등학교 3(4?)학년 소풍 때 기억

여왕개미(벌)은 착취형?

기본권(번식) 착취

대학 총장

Rudenstein의 경우

Harvard 통계 (각 총장의 모금 실적)??

얼마 전 신문에 세종과 정조의 리더십 비교

5월 25일

바탕화면의 추억

참으로 오랜만에 컴퓨터 바탕화면 사진을 바꿨다. 오랫동안 내 컴퓨터 화면에는 프랑스 남부 프로방스 지역의 어느 언덕 마을 사진이 걸려 있었다. 지금으로부터 꼭 10년 전 결혼 30주년 기념으로 아내와 함께 유럽을 여행하며 찍은 사진인데 컴퓨터를 켤 때마다 종종 그때를 회상하며 추억에 잠기곤 했다.

엊그제 새로 올린 사진에는 인도네시아 자바섬 구눙할리문살락국립공원에서 살고 있는 아완(Awan)이라는 이름의 자바긴팔원숭이가 한 손으로 나뭇가지를 잡고 매달린 채 다른 손에는 주황 빛깔의 열매를 들고 나를 빤히 쳐다보고 있다. 아완은 우리 이화여대 연구진이 2007년부터 따라다니고 있는 A 씨 집안의 둘째 아이다. 2013년 12월 초 엄마 아유(Ayu)와 아빠 아리스(Aris) 사이에서 태어났는데 내가 인도네시아어로 '구름'이라는 이름을 지어 줬다. A 씨 집안에는 아완 위로 올해 열 살이 된 어엿한 청년 아모레(Amore)가 있고, 아래로는 아완과 다섯 살 터울의 아기 아자입(Ajaib)이 함께 살고 있다. 아자입은 인도네시아어로 '기적'이라는 뜻이다. 아완 이후 아유와 아리스 부부에게 오랫동안 아이가 생기지 않다가 무려 5년 만에 태어나 우리는 그를 '기적의 아기'로 부른다.

코로나19 때문에 우리는 벌써 1년 넘도록 그들에게 다가가지 못하고 있다. 영장류는 인간과 유전적으로 가장 가깝기 때문에 우리가 자칫 바이러스를 옮길 수 있어 우리 연구를 비롯해 전 세계 거의 모든 영장류 현장 연구가 잠정적으로 중단되었다. 우리 연구진은 A 집안과 더불어 B와 S 집안도 관찰하는데 어서 빨리 코로나 사태가 안정돼 숲에서 그들을 다시 만날 날을 고대한다. 어느덧 10대가 된 아모레와 S 집안의 살와(Salwa)는 이제 나이가 꽉 차 조만간 가족을 떠날 것 같은데 작별 인사도 제대로 하지 못할 것 같아 못내 아쉽다.

5월 26일

생태화가 장욱진

고등학교 2학년 때 비누 조각 숙제로 불상을 깎았는데 그게 어쩌다 미술 선생님 눈에 들어 졸지에 미술반에 영입되고 급기야 잠시나마 미대 진학을 진지하게 고려했던 나는 지금도 예술 분야 중 미술에 특별히 관심이 많다. 지금 생각해도 손발이 오그라들지만 대학 시절 앞에 앉은 여학생에게 잘 보이려고 했던 말이 생각난다. "저는 로트레크의 퇴폐와 모딜리아니의 우수, 그리고 무엇보다 샤갈의 환상을 사랑합니다". 결코 짧지 않은 미국 생활 중에 나는 이 화려한 목록에 호안 미로와 파울 클레를 보탰다.

나는 우리나라 화가 중에서는 장욱진 화백을 특별히 좋아한다. 김환기 화백도 좋아하는데 요즘 고가에 팔리고 있는 추상화보다 〈사슴〉과 같은 그의 초창기 그림을 더 좋아한다. 장욱진과 김환기의 그림에는 청결하고 단순한 아름다움이 있다. 지난 토요일 나는 '장욱진이 그린 세상—가족, 집, 나무, 새, 그리고 바람'이라는 제목의 강연을 했다.

그 강연에서 나는 감히 장욱진 화백에게 '생태화가'라는 새로운 타이틀을 헌정했다. 그가 그리는 집과 가족과 나무와 새는 서로 따로 존재하지 않고 늘 함께 어울려 있다. 그는 바로 자연 생태의 핵심인 공존(共存)을 그린 것이다. 자연을 늘 저만치 두고 경외의 대상으로만 그린 서양의 풍경화와 달리 장욱진의 그림에는 정경교융(情景交融)의 미학이 배어난다. 그의 작품 세계 속 인간은 언제나 자연과 함께 있다.

오는 26일 양주시립장욱진미술관에서 장욱진 탄생 100주년 기념전 개막 행사가 열리고 앞으로 순회 전시가 서울에 이어 부산과 세종시를 찾을 것이란다. 2013년 가을 국립생태원에 초대 원장으로 부임하며 나는 이제 '개발 문화'를 접고 "생태 문화 확산을 도모하여 지속 가능한 미래 구현에 기여"하자는 미션을 내걸었다. 이 글을 쓰며 나는 모니터 가득 장욱진 화백의 〈풍경〉을 펼쳐 놓았다. 광활한 자연 한가운데 집보다 더 큰 까치가 난다. 과학 논문 수백 편보다 때론 그림 한 점의 힘이 훨씬 세다.

2017.5.23

5월 27일

그들은 알고 있다

책을 쓸 요량으로 몇 년째 동영상 자료를 모으고 있다. 유리병에 머리가 끼인 여우가 길 한복판에 앉아 있다가 사람들이 다가오자 한 치도 머뭇거림 없이 직선거리로 달려와 머리를 들이댄다. 한 사람이 여우의 목덜미를 잡고 조심스레 병을 빼자 쏜살같이 숲으로 도망간다. 평소에는 사람 근처에 얼씬도 하지 않을 텐데 곤경에 처하자 어쩔 수 없이 사람을 찾은 것이다.

하와이 근해에서 쥐가오리 군무를 구경하는 관광객들에게 큰돌고래 한 마리가 다가온다. 온몸이 낚싯줄로 감겨 있고 가슴지느러미에는 낚싯바늘이 박혀 있었다. 자칫하면 지느러미를 잘라 낼 수도 있는 절단기를 든 잠수부에게 돌고래는 무서워하기는커녕 몸을 비틀어 가며 불편한 부위를 드러내 보인다. 그런 상황에서 자신을 구해 줄 수 있는 존재는 동료 돌고래가 아니라 인간이라는 걸 잘 알고 있는 듯 보인다.

멕시코 앞바다에서 작살 낚시를 하던 잠수부들이 그물에 걸린 거북이를 구해 주는 동영상도 있다. 가까스로 풀려난 거북은 저만큼 헤엄쳐 가더니 이내 되돌아와 자기를 풀어 준 잠수부와 한참 눈을 맞춘다. 잠수부는 거북의 머리를 쓰다듬고 겨드랑 부위를 어루만져 주었다. 이 모습이 자기를 풀어 준 잠수부에게 고마움을 표하는 행동이 아니라면 과연 무엇일까?

우리는 동물들이 우리를 모른다고 생각한다. 25만 년 전 아프리카 초원에 처음 등장했을 때에는 존재감이 없었지만 그 후 이처럼 막강해지는 동안 그들이 어떻게 모를 수 있을까? 결코 가까이하고 싶지 않지만 다급하면 어쩔 수 없이 인간에게 도움을 청할 수밖에 없다는 걸 그들은 알고 있다. 그래서 나는 책 제목을 'They know(그들은 알고 있다)'로 붙였다. 잘 모르는 존재는 무심코 해칠 수 있지만 서로 잘 아는 사이가 되면 쉽사리 해치지 못한다. 그들은 우리를 너무도 잘 알고 있는데 우리는 언제까지 모르는 체할 것인가?

2020

5월 28일

진드기

1980년대 후반 박사 학위 연구를 하느라 내가 머물던 스미스소니언 열대연구소는 진드기 천국이었다. 파나마 운하가 만들어지며 예전에 산봉우리였던 곳이 섬으로 변하면서 졸지에 오도 가도 못 하게 된 맥, 긴코너구리, 페커리돼지 같은 포유동물들이 법으로 보호까지 받게 되자 개체 수가 급증하기 시작했다. 그러자 그들의 몸에 들러붙어 피를 빠는 진드기들도 덩달아 폭발적으로 늘어난 것이다.

자칫 무료해지기 쉬운 연구소의 삶에 활력을 불어넣기 위해 우리는 늘 새로운 놀이를 고안해 함께 즐기곤 했다. 우리끼리 '틱 카운트(tick count)'라 부르던 내기가 있었는데, 초 단위로 시간을 재는 게 아니라 말 그대로 진드기의 숫자를 세는 내기였다. 하루 연구를 마치고 숲에서 돌아오면 각자 몸에 들러붙은 진드기를 청 테이프로 떼어 내 식당 문 앞에 매달기로 했다. 제일 많은 진드기를 매단 사람에게 맥주 캔 하나를 상품으로 주기로 했는데 아마 내가 가장 맥주를 많이 마신 연구자가 아니었나 싶다. 나는 주로 수풀 바닥에 쓰러져 썩어 가는 나무 둥치를 뒤져야 했는데 그곳이 바로 진드기가 가장 좋아하는 은신처였기 때문이다. 내 청 테이프에는 거의 매일 적어도 삼사백 마리의 진드기들이 매달려 있었다.

얼마 전부터 '살인 진드기'가 우리 사회를 때아닌 공포로 몰아넣고 있다. 세계적으로 2만 종 이상 알려진 진드기류는 크기가 훨씬 작고 다양한 응애(mite)와 진드기(tick)로 나뉜다. 진드기에는 입의 위치와 몸의 단단한 정도 등에 따라 참진드기(hard tick)와 연진드기(soft tick)가 있다. 몇 년 전부터 부쩍 발병 빈도가 높아지고 있는 쓰쓰가무시는 흔히 '털진드기'라고 부르지만 사실 응애가 옮기는 병이고, 지금 문제가 되고 있는 중증열성혈소판감소증후군은 주로 소에 기생하는 '작은소참진드기'가 일으키는 증상이다.

이미 이 증후군으로 사망한 환자까지 나온 상황에서 전혀 염려할 필요 없다고 말하는 것은 결코 아니지만 다짜고짜 '살인'이라는 끔찍한 수식어를 붙인 까닭이 무엇인지 의아하다. 지나치게 호들갑스러운 양치기 소년 같다. 매년 수백만 명의 목숨을 앗아 가는 말라리아 열원충을 옮기는 얼룩날개모기에게도 아직 '살인 모기'라는 낙인을 찍지 않았는데 말이다.

2013

5월 29일*

갑질과 갑티

* 유엔 평화유지군의 날

나는 책을 쓰는 사람이라 제법 갑질을 많이 하며 산다. 출판 계약서에는 저자가 갑이고 출판사가 을이라 적혀 있다. 계약 관계의 주도권을 지닌 쪽을 갑, 그 반대편을 을로 적는 게 관행이라지만 사실 출판사가 저자라고 예우해 줘서 그렇지 저자가 대놓고 갑질을 해 댈 수 있는 계제는 결코 아니다.

요즘 우리 사회의 갑질이 도를 넘는다 싶더니 급기야 한 재벌 총수 가족의 비행이 국민적 분노의 뇌관을 건드렸다. 그러나 가진 자의 갑질이 어디 어제오늘의 일이던가?

우리 사회에는 유달리 위아래를 구분하고 수치로 줄을 세우는 '갑을 문화'가 팽배해 있다. 나보다 덜 가졌거나 아래라고 판단되면 함부로 대해도 된다고 생각하는 저질 문화가 있다.

국립생태원장으로 일하던 시절 조회 시간에 나는 딱

한 번 작심하고 직원들을 겁박한 적이 있다. 누구든 정규직이랍시고 비정규직 직원에게 갑질을 하다가 발각되면 그 즉시 해고하고 나도 사표를 쓰겠다고 으름장을 놓았다.

아프리카 칼라하리 사막에서 부시먼(bushman)을 연구한 캐나다 인류학자 리처드 리 교수의 일화다. 그 지역에서 연구를 할 수 있도록 배려해 준 데 대한 고마움을 표하려 족장에게 선물을 했단다. 그런데 선물을 받는 족장의 표정이 영 떨떠름하더란다.

그 후 마을의 다른 사람 집을 방문할 때마다 똑같은 물건이 있는 걸 보고서야 선물이 맘에 들지 않아 그랬구나 생각했단다. 실상은 딴판이었다. 부시먼 문화에서는 남이 가지고 있지 않은 걸 혼자 소유하는 게 부끄러운 일이란다. 그래서 선물을 받으면 마치 뜨거운 감자처럼 계속 남에게 건네준단다.

자원은 한정돼 있는데 남보다 많이 움켜쥔 건 자랑이 아니라 수치다. 물론 남보다 열심히 일해 정당하게 얻은 부와 특권이라고 항변하고 싶겠지만 열심히 한다고 무조건 잘되는 게 아니지 않은가? 세상일에는 필연 못지않게 우연도 중요하다. 갑질은 물론 갑티를 내는 것조차 부끄러워해야 한다.

2018

5월 30일

사투리

관객 8백만을 동원한 영화 〈웰컴 투 동막골〉은 구수한 강원도 사투리가 흥행에 한몫을 단단히 한 영화였다. 얼마 전 이익섭 서울대 국문과 명예교수가 사라져 가는 강릉 사투리를 보존하기 위해 조촐한 학술회의를 열었다. 강릉 출신의 이익섭 교수님은 『국어학 개설』, 『한국어 문법』 등 정통 언어학 저서들은 물론, 평생 사투리를 연구하여 『방언학』과 『영동영서의 언어분화』를 저술한 우리 시대의 대표적인 언어학자이다.

초등학교 3학년 여름 방학에 혼자 열 시간이 넘도록 기차를 타고 산길을 걸어 강릉 고향집에 도착했더니 할머니가 깜짝 놀라 하시던 말씀이 지금도 귓가에 맴돈다. "어머야라 야가 우떠 완?" 달이 없어 칠흑같이 깜깜한 밤중에 삼촌이 할머니에게 하던 말도 기억난다. "어머이 다황 좀 주게. 정나으 가게". 강릉말로 '다황'은 성냥이고 '정랑'은 뒷간을 일컫는다. 삼촌은 "어머니, 성냥 좀 주세요. 뒷간에 가게"라고 말한 것이다.

이익섭 교수님에 따르면 강릉에는 특이하게 여성들끼리만 쓰는 사투리가 있단다. 예를 들면 이런 말이다. "아이구 자내잔가. 우떠 여서 이러 만내는과(아이구 자네 아닌가. 어떻게 여기서 이렇게 만나는가)". 내가 남자라 그런지 '~과'로 끝나는 문장은 들은 기억이 별로 없다. 하지만 강릉 사투리들 중에서 '마커(모두)', '쫄로리(나란히)', '데우(아주)', '농구다(나누다)', '소꼴기(누룽지)' 등은 서울에 살면서도 어머니한테 늘 듣던 말들이다.

새들도 어른이 되는 과정에서 둘 이상의 사투리를 배우지만 결국 정착하는 지역의 사투리로 자신의 말투를 다듬어 간다. 언어의 첫째 기능이 의사소통이고 보면 통신 기술의 발달에 따른 이른바 표준어의 정립과 함께 점차 사라질 수밖에 없는 운명이겠지만, 사투리는 다양한 동물 세계에서 나타나는 적응적 문화 현상이다. 언어가 사라지면 그와 더불어 문화도 사라지는 법이다. 강릉말에는 특히 말의 길이와 높낮이, 즉 음장(音長)과 성조(聲調)의 구분이 뚜렷이 남아 있는데, 이는 활자로도 표현할 수 없는 그야말로 살아 있는 문화적 속성이라 더욱 아쉽다. "여러분 마커 방굽소야. 날이 데우 마이 따땃해졌잖소(여러분 모두 반갑습니다. 날씨가 아주 많이 따뜻해졌네요)".

2011

5월 31일*

반달가슴곰의 삶과 죽음

* 바다의 날

환경부의 멸종위기종 관리 사업의 일환으로 진행된 지리산 반달가슴곰 복원 프로젝트가 어언 10년째를 맞고 있다. 몇 차례 시행착오를 겪긴 했지만 지리산에 풀어놓은 곰들이 야생에서 번식에 성공한 것만 보더라도 일단 첫 고비는 넘은 셈이다. 이제 반달가슴곰의 '최소 생존 개체군'을 지탱할 수 있도록 지리산 생태계를 보다 풍요롭게 보전하는 일이 우리에게 주어진 더 큰 숙제이다.

지난 2월에는 반달가슴곰 복원 센터에서 새끼 두 마리가 태어나는 과정이 동영상으로 만들어져 일반에게 공개되었다. 그런데 이 동영상에서 우리는 사산(死産)한 한 마리의 새끼를 어미가 먹어 치우는 충격적인 장면을 목격했다. 언뜻 이해하기 힘든 이 기이한 행동을 두고 그대로 두면 죽은 새끼의 썩는 냄새로 인해 천적에게 노출될 위험이 있어 스스로 먹어 치운다는 설명이 주어졌지만, 이를 검증하려면 좀 더 체계적인 연구가 필요해 보인다.

영장류의 조상쯤으로 여겨지는 나무타기쥐(*Tupaia*) 사회에는 암컷들 간의 서열이 뚜렷하여 만일 운 나쁘게 으뜸암컷과 같은 시기에 임신을 한 버금암컷들은 대부분 아예 유산을 하고 태아의 영양분을 재흡수한다. 혹여 유산을 하지 못하고 출산을 하게 된 어미는 갓 태어난 새끼를 곧바로 먹어 치운다. 인간의 윤리 기준으로 보면 상상도 못 할 일이지만 영양 섭취의 관점에서 보면 엄연히 내가 투자한 영양분을 남에게 빼앗길 수는 없는 노릇이다. 나무타기쥐 암컷들은 이런 비정한 과정을 숱하게 겪으며 높은 서열에 오를 날만 손꼽아 기다린다.

반달가슴곰은 산림 생태계의 먹이 사슬에서 거의 최상위권의 동물이다. 천적이 두려워 자기 자식의 사체를 황급히 먹어 치울 필요는 그리 커 보이지 않는다. 우리 인간은 죽음을 정신문화와 의례 행위 수준으로 승화시킨 유일한 동물이다. 화석 자료에 따르면 네안데르탈인도 장례 의식을 치른 것으로 보인다. 최근 교토대 영장류연구소는 국제 학술지 『커런트 바이올로지(Current Biology)』에 서아프리카에 서식하는 침팬지들이 죽은 새끼의 시체를 바싹 마른 미라가 될 때까지 길면 두 달씩이나 들고 다니며 파리를 쫓기도 하고 쓰다듬기도 한다는 연구 결과를 발표했다. 죽음을 대하는 동물들의 다양한 태도에도 흥미로운 진화의 역사가 엿보인다.

2010

6

6월 1일

바다의 날

어제 5월 31일은 '바다의 날'이었다. 그러나 세계적으로는 오는 6월 8일을 '세계 바다의 날(World Oceans Day)'로 기념하게 된다. 세계 바다의 날은 1992년 리우환경회의에서 처음 결정되었지만 작년 12월에야 유엔의 공인을 얻어 금년부터 정식으로 출범한다. 우리나라는 1994년 12월 유엔해양법협약 발효에 발맞춰 1996년에 이미 바다의 날을 법정기념일로 제정하고 벌써 14년째 다양한 행사들을 열어 왔다. 우리가 5월 31일을 바다의 날로 정한 것은 그날이 바로 통일신라 시절 장보고가 완도에 청해진(淸海鎭)을 설치한 날이기 때문이다.

앞으로 세계 바다의 날과 우리 바다의 날 사이의 간극이 자칫 껄끄러운 행정상의 어려움을 초래할지 모른다. 나는 이 문제에서 우리 정부가 너무 쉽사리 국제적인 흐름에 굴복하지 않았으면 한다. 그동안 5월 27~31일이던 장보고 축제 기간을 6월 8일까지 연장하여 좀 더 성대하게 열 것을 제안한다. 삼면이 바다로 둘러싸여 있고 국토해양부라는 독립적인 정부 부처를 갖고 있는 나라에서 열흘 남짓의 바다 축제는 그리 지나친 게 아니라고 생각한다.

선진국에서는 출산율 저하로 때아닌 골머리를 썩이고 있지만 세계 인구는 여전히 빠른 속도로 늘고 있다. 이에 따른 자원 고갈의 문제는 21세기 내내 우리를 옥죌 것이다. 가축의 사료로 써야 할 옥수수로 바이오 에탄올을 생산하지 말고 그 대안을 바다에서 찾아야 한다. 날로 심각해지는 식량 문제를 해결하기 위해 이미 경작 가능한 농지의 80퍼센트를 사용하고 있는 육지로부터 이제 바다로 눈을 돌려야 한다. 저 푸른 바다야말로 경영학에서 얘기하는 '블루 오션' 그 자체이다.

포항공대가 경북 울진에 2011년을 목표로 해양대학원을 설립한다. 울진 바닷가에는 보전 상태가 특별히 양호하여 환경부 국가장기생태연구가 진행 중인 '고래불' 사구가 있고, 그 앞바다에는 무려 23킬로미터에 달하는 '왕돌초'라는 해저 산맥이 있다. 금강송 군락에서 고래불 사구를 거쳐 왕돌초에 이르는 천혜의 생물다양성 보고(寶庫)에 대한 생태학 연구를 바탕으로 해양 환경, 해양 에너지, 해양 자원에 관한 본격적인 연구가 시작될 것이다. 미국의 우즈홀 또는 스크립스해양연구소에 견줄 수 있는 해양 연구의 세계적 메카로 우뚝 서길 기대해 본다.

2009

6월 2일

졸업식 축사

영화 〈성난 황소(Raging Bull)〉로 아카데미 남우주연상, 〈대부 2〉로 남우조연상을 받은 배우 로버트 드니로가 뉴욕대 예술대학 졸업식에서 한 15분짜리 축사가 화제다. 미국 언론들이 앞다퉈 금년도 최고의 졸업식 축사라고 칭송한 이 연설에서 그는 댄서, 배우, 가수가 되겠다고 열심히 공부하여 졸업하는 예술대학 학생들에게 "졸업생 여러분, 해냈습니다. 그런데 망했습니다"라며 독설을 퍼부었다. "이성, 논리, 상식을 바탕으로 전공을 선택한 회계학과 졸업생들은 성공과 안정을 누리겠지만 (…) 여러분에게는 '평생 거절당하는 인생'의 문이 열릴 것이다 (…) 그러나 예술의 세계에서는 열정이 상식을 능가한다 (…) 실패를 두려워 말라".

드니로의 축사가 2015년의 최고라면 나는 2014년의 최고는 코미디언이자 배우인 짐 캐리가 마하리시 경영대 졸업식에서 한 축사였다고 생각한다. 그는 학생들로 하여금 수시로 배꼽을 잡도록 만들면서도 울림 있는 메시지를 전달했다. 그의 아버지는 만일 코미디언이 됐더라면 대단한 성공을 거뒀을 텐데 가족을 위해 안정적인 직업을 택했단다. 바로 회계사가 된 것이었다. 그러나 그는 짐이 열두 살 때 그 안정적인 직업에서 쫓겨났고 그의 가족 모두는 살아남기 위해 무엇이든 해야 했단다. 그때 그가 아버지로부터 배운 교훈은 원하지 않는 일을 하다가 망할 수도 있다면 차라리 좋아하는 일을 하다가 망하는 게 낫겠다는 것이었다.

나는 호칭이 퍽 많은 사람이다. 생태학자, 진화생물학자, 동물행동학자, 사회생물학자, 심지어는 통섭학자라 불리기도 한다. 하지만 내게 전공이 뭐냐 물으면 나는 종종 '관찰(觀察)'이라고 답한다. 그런 내가 평생 인간이라는 동물을 관찰하여 얻은 결론이 하나 있다. 자기가 가장 좋아하는 일을 무지하게 열심히 하면서 굶어 죽은 사람을 본 적이 없다는 사실이다. 좋아하는 일만 하면서 떼돈을 벌 수 있는지는 모르지만 그런 일을 죽으라고 열심히 하면서 굶어 죽기는 불가능하다. 일단 덤벼야 한다.

2015

6월 3일

압구정 벌레

나는 요즘 몹시 황망하다. 압구정동 번화가에 밤마다 동양하루살이가 떼로 날아들어 시민들이 고통을 호소한단다. 다짜고짜 "박멸해야 할 해충"으로 낙인을 찍는 것은 물론, "혐오스러운 생김새에 보기만 해도 끔찍하다"며 몸에 달라붙자 비명을 지르며 울음을 터뜨린 여성도 있단다. 독자들로부터 종종 색다른 시각으로 문제를 바라보며 참신한 글을 쓴다는 평을 듣곤 하지만 이번만큼은 내가 정말 이렇게 다른가 싶어 황망하다.

하루살이는 내가 풀잠자리 다음으로 좋아하는 곤충이다. 일찍이 『과학자의 서재』에서 밝힌 대로 나는 방황의 심연에서 허우적거리던 대학 시절 마침 한국을 방문하셨던, 당대 세계 최고 하루살이 전문가인 미국 유타대의 조지 에드먼즈 교수님의 조수 역할을 하며 드디어 인생의 목표를 찾아 오늘에 이르렀다. 하루살이는 내게 삶의 길을 밝혀 준 '팅커벨'이었다. 조지훈 시인의 표현을 빌리면, 꼬리는 "길어서 하늘은 넓고" 날개는 마치 "돌아설 듯 날아가며 사뿐히 접어 올린 외씨버선" 같이 생긴 우아한 곤충이다. 내겐 더할 수 없이 아름다운 천사 같은 곤충이 다른 사람들에게는 공포의 대상이라니….

오랫동안 물속에서 유충으로 살다가 우화하여 물 밖으로 나오면 그저 며칠밖에 못 사는 하루살이는 입이 퇴화하여 물지도 못한다. 병균을 옮긴다는 보고는 단 한 번도 없는, 비교적 깨끗한 물에서 살다 나온 깔끔한 곤충이다. 다만 최근 들어 한꺼번에 너무 많이 날아들어 징그러운 모양이다. 고려대 생명과학과 배연재 교수의 연구진에 따르면 동양하루살이는 원래 우리나라에서 1년에 세 차례에 걸쳐 우화했다. 4월 말에서 5월에 산란한 무리는 그해 8~10월, 6~7월에 산란한 무리는 이듬해 4~5월경, 그리고 9~10월에 산란한 무리 역시 이듬해 6월쯤 성충이 되었다. 그러던 것이 아마도 지구온난화에 따른 수온 상승 때문에 따뜻한 시기에 발생 과정을 거치는 무리가 상대적으로 빨리 발육하면서 결국 우화 시기가 서로 겹치게 된 것이 아닐까 추정된다.

기후변화의 추세를 되돌릴 수 없다면 이런 일은 앞으로 더욱 자주 벌어질 것이다. 약을 뿌려 없애기보다 공존할 방도를 찾았으면 좋겠다. 대한민국 최고의 번화가 로데오 거리의 하루살이 생태 축제를 기획해 보고 싶다.

2013

6월 4일

노출의 계절과 피부 보호

날이 따뜻해지면서 걷기, 자전거 타기, 골프는 물론, 수영까지 야외 활동이 늘어남에 따라 피부 관리에 관심이 모아지고 있다. 피부의 주적은 단연 자외선이다. 자외선이란 가시광선과 X선 사이의 파장을 지닌 광선으로서 피부 노화를 촉진하고 과다하게 쬐면 피부 세포의 DNA를 파괴하여 피부암을 유발할 수 있다.

지금 시중에는 엄청나게 다양한 자외선 차단제가 나와 있다. 그리 대수롭지 않게 아무 제품이나 사서 적당히 바르고 나가는 사람들이 적지 않지만, 의학계에서는 벌써 오랫동안 이에 대한 논쟁이 끊이지 않고 있다. 대부분의 피부과 의사들은 UV-B 차단 정도를 나타내는 SPF 지수는 20 이상, UV-A 차단 효과를 나타내는 PA 기호는 두 개 이상의 제품을 사용하라고 권고한다.

우리나라 성인 남성은 얼굴에만 검지의 끝마디 둘 정도,

여성은 한 마디 반 정도의 양을 발라야 한단다. 이는 한참을 문질러도 허옇게 흔적이 남는 상당한 양이다. 게다가 자외선 차단제는 계속해서 땀에 씻기고 햇빛에 파괴되기 때문에 적어도 4~5시간마다 다시 발라야 한다.

그런데 이 부담스러운 지침을 준수하는 데에는 몇 가지 어려움이 따른다. 이 지침을 너무 정확하게 열심히 잘 따르다 보면 오히려 피부가 햇빛을 받아 비타민 D를 합성하는 순기능을 저해할 수 있다. 의사들은 특히 피부가 약해진 노년층에 차단제 사용을 강권하지만, 비타민 D의 결핍은 골다공증을 악화시키거나 여러 내분비계 질병을 일으키는 부작용을 초래한다. 반면에 지침을 정확히 따르지도 않으면서 일단 차단제를 발랐다는 사실만 믿고 평소보다 훨씬 장시간 햇볕에 나가 있으면 그만큼 더 큰 발암 위험을 안게 되는 것이다. UV-A와 UV-B 중 하나만 차단해 주는 연고나 크림을 바른 채 안심하고 돌아다니는 것도 지극히 무지한 일이다.

햇살이 좋다고 갑자기 뛰어나갈 게 아니라 일년 내내 적절한 야외 활동을 통해 자외선에 적절히 노출되어 사는 게 가장 좋은 방법이다. 그리고 한여름이 되어 바닷가에 나갈 때에야 비로소 자외선 차단을 걱정하면 너무 늦을 수 있다. 우리나라의 경우 자외선 지수는 여름보다 오히려 봄에 더 높게 나온다. '봄볕에 며느리 밭일 보내고 가을볕엔 딸 내보낸다'는 우리 옛 속담이 괜한 소리가 아니다.

2012

6월 5일*

BMW의 꿈

* 세계 환경의 날

나는 이른바 '금수저'도 아닌데 신기하리만치 재물에 욕심이 없다. 이 나이 먹도록 돈을 벌겠다며 아등바등 살지 않았는데 그럭저럭 잘살고 있으니 그저 고마울 따름이다. 휴대폰 새 모델이 나왔다고 달려 나가는 '얼리 어답터(early adopter)'와는 거리가 멀고, 평생 양복 정장 한 벌 없이 살았다.

이런 내게도 재물에 눈이 어두웠던 적이 딱 한 번 있다. 1979년 유학길에 난생처음 외국 비행기를 탔다. 무심코 앞좌석 등받이에 꽂혀 있는 항공사 잡지를 펼쳤는데 언덕 위로 올라오는 자동차 한 대가 눈에 들어왔다. BMW 02 시리즈였는데 나는 그만 한눈에 반하고 말았다. 도대체 자동차가 그렇게 예뻐도 되는 건가?

그 순간 나는 인생 목표를 정했다. 미국에 가서 공부 열심히 하여 성공하면 꼭 그 차를 한 대 사기로 굳게 마음먹었다.

그로부터 십수 년이 흐른 후 나는 미국의 명문 미시간대에 교수로 임용되었다. 첫 월급을 받아 들고 과연 BMW를 살 수 있을까 아내 몰래 계산해 봤다. 아무리 중고라도 조교수 월급으로는 무리였다. 나는 부교수가 되면 사리라 다짐하며 아쉬움을 달랬다.

은퇴가 바로 코앞이건만 나는 아직도 BMW를 탈 형편이 못 된다. 이제 그 꿈을 접었다. 어차피 요즘 나오는 BMW는 영 맘에 들지 않는다. 그릴 가운데 문양이 너무 양옆으로 펑퍼짐하게 퍼져 있어 천박하다. BMW 02 시리즈의 그릴 문양은 위아래로 좁다란 게 날렵하고 우아했다.

얼마 전부터 나는 훨씬 더 아름다운 BMW(Bus-Metro-Walk)를 타고 다닌다. 집에서 학교까지 거의 매일 왕복 7킬로미터를 걸은 지 5년이 넘는다. 볼일이 있어 시내에 나갈 때면 언제나 지하철과 버스를 이용한다. 지방 일정이 생기면 제주도가 아닌 한 거의 무조건 KTX를 탄다. 특히 시내버스는 여전히 개선할 여지가 많지만 어느덧 우리 대중교통은 세계 어느 나라 못지않다. 나는 끝내 BMW 꿈을 이뤘다. 지구도 지키면서.

2018

6월 6일*

애기똥풀과 개미씨밥

* 현충일

요즘 숲 가장자리나 길섶에는 그저 한 자 남짓한 줄기 끝에 노란 꽃들이 흐드러져 있다. 꽃이 예뻐 따 보면 잘린 줄기 끝으로 샛노란 즙이 우러나는데, 그게 꼭 갓난아기 똥처럼 보인다 하여 애기똥풀이라 부른다. 그 즙이 젖처럼 배어난다 하여 '젖풀'이라 부르기도 한다. 애기똥풀의 즙은 예로부터 한방 약효가 있는 것으로 알려져 있는데, 어려서 동네 형들이 별나게 사마귀가 많이 난 아이에게 이 즙을 발라 주던 기억이 난다.

식물학자도 아닌 내가 애기똥풀에 각별한 관심을 갖는 까닭은 그들의 씨를 개미가 날라 주기 때문이다. 애기똥풀의 씨에는 일레이오좀(elaiosome)이라 부르는 부분이 있는데 개미들은 그 부분만 떼어 먹고 씨방은 건드리지 않은 채 자기들 텃밭에 뿌린다. 내가 우리말로 '개미씨밥'이라고 번역한 일레이오좀에는 흔히 구할 수 없는 지방 성분이 풍부하게 들어 있어 개미에게는 여간 좋은 먹이가 아니다.

최근 연구 논문에 따르면 약 1만 1천 종의 식물 씨앗에서 개미씨밥이 발견되었다. 이는 전체 속씨식물의 4.5퍼센트에 해당한다. 또한 흥미롭게도 개미씨밥은 지금으로부터 8천만 년 이전에 진화한 식물에서는 잘 발견되지 않는 것으로 보아 진화의 역사에서 비교적 최근에 등장한 식물과 개미 사이의 공생 현상으로 보인다. 애기똥풀 외에도 우리 주변에 흔히 볼 수 있는 식물로 씨앗에 개미씨밥을 갖고 있는 대표적인 식물로 제비꽃과 금낭화가 있다. 다음에 이들을 보면 꼭 씨앗을 찾아 거기에 개미씨밥이 달려 있는지 눈여겨보시기 바란다.

애기똥풀은 뜻밖에 이른바 언어 순화 운동의 표적이 되기도 한다. 우리나라 산하에는 애기똥풀 외에도 개불알꽃, 쥐똥나무, 노루오줌, 며느리밑씻개, 며느리배꼽, 꽃며느리밥풀 등 언뜻 들어 고상하지 못한 이름을 달고 사는 식물들이 제법 있다. 고부 갈등 때문에 특별히 며느리를 비하하는 이름들이 많은 건 안타깝지만 조금은 상스러운 우리말 이름에는 그 나름의 정겨움이 묻어난다. 애기똥풀을 '유아변초(幼兒便草)'쯤으로 부르면 갑자기 뭐가 좀 있어 보일까? 나는 오늘도 등굣길에 애기똥풀 꽃 한 송이를 꺾어 줄기 끝으로 흘러나오는 샛노란 액체를 바라보며 어느덧 나보다 훨씬 커 버린 아들 녀석의 그 옛날 기저귀를 떠올리며 미소를 머금는다.

2011

6월 7일

하람베

지난달 28일 미국 신시내티동물원에서 '하람베'라는 이름의 수컷 고릴라가 사살되는 사건이 벌어졌다. 어른 키 두 배나 되는 울타리를 넘어 고릴라 우리로 떨어진 네 살배기 사내아이를 구하기 위해 심각한 멸종위기종인 산악고릴라를 죽인 동물원에 적지 않은 비난이 쏟아지고 있다. 급기야는 멸종위기종 동물 한 마리의 목숨과 74억 인간 중 한 사람의 목숨을 비교하며 어느 것이 더 소중한가를 묻는 논쟁까지 벌어지고 있다. 이건 아닌 것 같다. 모든 생명은 다 그 나름의 가치를 지닌다.

하람베의 입장에서 이 사건을 반추해 보자. 그는 17년 전 텍사스의 글래디스포터동물원에서 태어나 2년 전 번식 프로그램의 일환으로 신시내티로 이주했다. 비록 고릴라로 태어났지만 자기 종족의 본향인 아프리카에는 가 본 적도 없는 친구였다. 평생 인간이 만든 울타리 안에서 인간의 볼거리로만 살아온 존재였다. 그런 그의 작은 세상에 어느 날 갑자기 인간의 아이가 뛰어들었다. 그도 무척이나 당황스러웠을 것이다. 난생처음 당한 일에 어쩔 줄 몰라 하는 그를 우리는 단 10분 만에 제거해 버렸다. 그것도 그의 열일곱 번째 생일 바로 다음 날에.

동물원의 결단을 대뜸 비난하기도 어렵다. 만일 내 아이가 고릴라 우리로 떨어졌더라도 그 순간 동물의 생존권에 대해 이성적으로 사고할 수 있을까? 그러나 지금 인터넷에 유통되는 동영상 속 하람베는 동물행동학자인 내 눈에 아이를 해칠 것 같아 보이지 않는다. 하람베(Harambe)는 스와힐리어로 '서로 보듬고 나누며 함께 일하자'는 뜻이다. 게다가 고릴라는 채식 동물이다. 우리는 지금 서울 지하철 구의역에서 스크린 도어를 수리하다 전동차에 치여 숨진 한 젊은이를 추모하고 있다. 한 번 제대로 피지도 못한 채 19년의 짧은 삶을 마감한 그의 영전에 시민의 포스트잇이 이어지고 있다. 얼떨결에 친구를 잃은 고릴라들도 어쩌면 동물원 우리 벽면에 마음의 포스트잇을 붙이고 있을지도 모른다. "친구야, 너의 잘못이 아니야".

2016

6월 8일*

자살의 진화생물학

* 세계 바다의 날

『개미제국의 발견』에서 나는 포식 동물로부터 공격을 받으면 스스로 자기 배를 터뜨려 분비샘에 들어 있던 끈적끈적한 독극물을 적에게 뒤집어씌우고 장렬하게 죽어 가는 말레이시아 목수개미의 행동을 소개한 바 있다. 언뜻 보면 우리 인간 사회에서 벌어지는 자살 행위의 한 유형과 그리 다르지 않아 보인다. 우리는 종종 이처럼 남을 위해 기꺼이 목숨을 바친 숭고한 자살 앞에 머리를 숙인다.

오랫동안 자살을 한다고 알려졌던 나그네쥐(lemming)라는 설치류의 동물이 있다. 이른 봄 북유럽 들판에서 떼를 지어 이리저리 몰려다니다가 갑자기 추운 강물로 뛰어드는 그들의 행동을 관찰한 생물학자들은 먹이가 부족한 상황에서 몇몇 숭고한 레밍들이 다른 동료들을 위해 자진하여 죽음을 택한다고 생각했다. 하지만 좀 더 면밀하게 관찰해 본 결과 그들의 행동은 이를테면 '신도림역 신드롬'과 같은 것이었다. 눈이 미처 녹지 않은 미끄러운 초원에서 맨 앞의 레밍이 낭떠러지를 발견하곤 급정거를 하려 해도 영문도 모른 채 뒤에서 달려오는 동료들에게 떠밀려 모두 함께 강물에 빠지는 것이다.

반세기가 넘도록 아프리카에서 침팬지를 연구한 제인 구달 박사에 따르면 엄마의 죽음에 충격을 받아 식음을 전폐하고 주검을 지키다가 결국 목숨을 잃은 어린 침팬지가 있다. 그러나 그가 자신의 행동이 죽음에 이를 수 있다는 걸 인지한 상태에서 의도적으로 자살을 선택한 것인지는 확실하지 않다. 생물학자가 보기에는 적어도 자신의 죽음의 의미를 이해하고 자살을 기획할 수 있는 동물은 우리 인간밖에 없는 것 같다.

그렇다면 자살도 과연 진화의 산물일까? '성공한 자살'뿐 아니라 미수에 그친 자살과 자살하고픈 충동의 예까지 모두 합하면 자살은 결코 무시할 수 없는 인간 본성의 한 단면이다. 아직 번식기에 속해 있는 사람의 자살은 말할 나위도 없거니와 번식기를 넘긴 사람도 여전히 자손의 번식을 도울 수 있다는 점에서 자살은 아무리 생각해도 적응적이지 않아 보인다. 보다 많은 유전자를 후세에 남기는 것이 생명체의 본분이기 때문이다. 카뮈는 자살을 진정한 의미의 유일한 철학적 문제로 규정했지만, 진화생물학자에게도 자살은 가장 풀기 어려운 숙제 중의 하나이다. '2009년 다윈의 해'를 맞아 모두 함께 성찰해 보았으면 한다.

2009

6월 9일

전염성과 독성

우리 눈에 보이지도 않는 미물이 만물의 영장인 우리를 갖고 놀고 있다. 기껏해야 단백질로 둘러싸인 핵산 쪼가리에 불과한 바이러스는 스스로 번식할 능력이 없어 엄밀하게 말하면 생물도 아니다. 그런 주제에 무슨 기막힌 전략을 세웠을 리 만무하건만 그들의 몽매한 공격에 지금 우리는 속수무책 혼비백산하고 있다. 정작 메르스 자체보다 오해와 불신 바이러스가 더 길길이 날뛰며 겨우 지펴 낸 경제 불씨에 찬물을 끼얹는 사태를 보며 과학자로서 더 이상 묵과할 수 없어 쾌도로 난마를 자르는 심정으로 나선다.

문제의 핵심은 지극히 간단명료하다. 감염성 질병이란 원래 독성과 전염력의 양면성을 지닌다. 말라리아처럼 모기가 중간 매개체 역할을 해 주는 간접 감염의 경우에는 독성이 강할수록, 그래서 모기를 후려칠 기운조차 없을 정도로 아파야 더 손쉽게 번진다. 그러나 감기, 독감, 사스, 그리고 메르스 같은 직접 감염 질환의 경우에는 독성이 강하면 전염력이 떨어질 수밖에 없다. 독성이 지나치게 강한 바이러스는 이미 감염시킨 환자와 운명을 같이할 뿐이다. 발병이 확인되자마자 곧바로 전파 경로만 차단하면 법정전염병으로 확산되는 것을 능히 막을 수 있다.

우리나라는 이미 세계 최고 수준의 병원을 갖췄다. 벌써 여러 해 동안 가장 성적 좋고 성실한 학생들이 죄다 의과대학으로 진학해 지금 대부분 의사 선생님으로 일하고 있다. 여기에 방역 당국의 신속하고 단호한 초동 대응과 성숙한 시민 의식만 뒷받침되면 감염성 질병은 이 땅에서 절대로 사회 문제가 될 수 없다. 이번에는 초동 대응에 약간 실기했지만 다행히 전염성은 높고 독성은 그리 강하지 않은 바이러스라서 면역력이 특별히 낮은 사람이 아니라면 충분히 완치될 수 있다. 이제라도 과학적 논리에 따라 상황을 냉정하게 파악하고 차분하게 대응해야 한다. 은근슬쩍 우리 DNA에 올라타 복제 서비스를 받아먹으려는 바이러스의 무임승차를 용서하지 말아야 한다. 우리 모두 조금만 더 현명해지면 바이러스와의 전쟁 따위는 우습게 끝낼 수 있다.

2015

6월 10일*

회초리와 마중물

* 6.10민주항쟁 기념일

2015년 온실기체 배출권 거래제 시행을 위해 환경부가 마련한 할당 계획안을 두고 재계의 반발이 거세다. 배출권 거래제가 도입되면 기업의 부담이 커지는 건 사실이다. 그러나 기후변화로 인한 인류 생존권 위협이 현실로 드러나는 상황에서 가장 큰 원인 제공자 중의 하나인 기업이 이처럼 대놓고 발뺌하는 모양새는 결코 좋아 보이지 않는다.

『정의란 무엇인가』의 저자 마이클 샌델 하버드대 교수는 그의 근저 『돈으로 살 수 없는 것들』에서 배출권 거래제가 과연 도덕적인지 묻는다. 국립 공원에 쓰레기를 버려 벌금을 부과받았다면 그것은 단순히 청소 비용을 지불하라는 게 아니라 사회 전체가 함께 향유해야 하는 자연환경을 훼손한 데 대한 처벌을 의미한다. 샌델은 부유한 국가가 다른 국가로부터 배출권을 사서 스스로 배출량을 줄여야 하는 의무를 피할 수 있도록 해 준다면 범국가적 기후변화 대응에 절대적으로 필요한 공동 희생정신을 포기하는 것이라고 비판한다. 대기업 회장이 비즈니스 효율을 높이기 위해 기꺼이 비싼 벌금을 내고라도 장애인 전용 주차 공간에 차를 세우려는 행위를 우리는 용납하지 않는다. 배출권 거래제가 기업의 도덕성에 면죄부를 주는 건 결코 아니다.

그러나 우리 기업이 당황하는 데에도 일리는 있다. 오랫동안 우리 정부는 기후변화 관련 회의에 다녀온 후 온실기체 감축 의무국에 끼지 않기 위해 펼친 '미꾸라지 전략'의 성공담을 늘어놓으며 국민을 안심시키느라 여념이 없었다. 그러다가 어느 날, 정확히 말하면 2008년 8월 15일 우리 정부는 돌연 '저탄소 녹색성장'을 새로운 국가 비전으로 내세우며 기업에 시한폭탄을 안겼다. '매도 먼저 맞는 놈이 낫다'라는 옛말이 무색한 순간이었다. 일찌감치 감축 의무국이 되어 '21세기 탄소경제'에 대한 준비를 마친 선진국들 앞에 갑자기 발가벗겨진 채 끌려 나온 형국이었다. 윤성규 환경부 장관은 '마중물'이라는 표현을 즐겨 사용한다. 원칙의 회초리는 절대로 거두지 말아야 하지만, 진정으로 힘들어하는 기업에는 따뜻한 마중물 배려를 아끼지 않았으면 한다.

2014

6월 11일

댕기바다오리의 떼죽음

사회생물학자가 되기 전 한때 나는 기생충 연구자였다. 알래스카 베링해 프리빌로프 제도에 서식하는 바닷새의 체외 기생충 군집을 연구해 생태학 석사 학위를 받았다. 그때 내가 연구 대상으로 삼은 새는 같은 벼랑에서 한데 어울려 살던 세가락갈매기(kittiwake) 두 종과 바다오리(murre) 두 종이었다.

우리가 흔히 바다오리라고 뭉뚱그리는 새 중에는 극지방에 사는 새답지 않게 이례적으로 부리 색이 선명한 빨간색인 퍼핀(puffin)이라는 새가 있다. 극지방의 새들은 한결같이 흰색, 회색 또는 검은색으로 뒤덮여 있는데, 이 새는 그야말로 "립스틱 짙게 바르고" 산다. 모두 세 종이 있는데 두만강 하구까지 내려와 사는 종을 우리말로 댕기바다오리(tufted puffin)라고 부른다.

최근 몇 달간 프리빌로프 제도 바닷가에는 털갈이 중이던 댕기바다오리가 무려 9천 마리나 쓸려 와 널브러졌다. 과학자들은 기후변화를 원인으로 추정한다. 베링해의 수온이 급격하게 치솟아 플랑크톤, 해양 무척추동물, 물고기로 이어지는 먹이 사슬이 와해되며 상위 포식자인 댕기바다오리가 떼죽음을 당하고 있다.

그런데 여러 바닷새 중 왜 하필 댕기바다오리만 특별히 많이 죽는 걸까? 나는 혹시 그들의 특이한 섭식 행동 때문이 아닐까 의심해 본다. 다른 바닷새들은 물고기를 한 번에 한 마리밖에 잡아 나를 수 없지만, 댕기바다오리는 한 부리에 여러 마리를 물고 귀가한다. 입천장에 뾰족한 가시가 안쪽 방향으로 나 있어 잡은 물고기를 부리 깊숙이 밀어 넣고 또 잡을 수 있다. 한 번에 물고기 62마리를 물어 나른 댕기바다오리가 현재 세계 기록을 보유하고 있다. 댕기바다오리 새끼들은 가방이나 호주머니도 없이 한꺼번에 물고기 여러 마리를 물어 올 수 있는 어미 새의 독특한 능력 덕택에 그동안 배불리 먹고 살다가 갑자기 굶게 되자 특별히 힘들어하는 것은 아닐까 싶다.

6월 12일*

환경부 장관이라는 자리

* 세계 아동 노동 반대의 날

"평생 갈고 닦은 연기력으로 국무위원들의 마음을 단숨에 사로잡는 모노드라마를 연출해 달라". 김대중 정부의 환경부 장관으로 임명된 연극배우 손숙 선생이 자질 논란에 휩싸였을 때 내가 쓴 글의 일부다. 하지만 이 글은 끝내 빛을 보지 못했다. 내가 글을 다듬던 와중에 그가 한 달여 만에 사퇴하고 말았기 때문이다.

장관 중에서 환경부 장관만큼 외로운 자리가 또 있을까? 모두가 경제 살리기에 골머리를 앓고 있을 국무 회의에서 홀로 감히 아니라고 말해야 하는 자리. 환경 파괴가 염려되는 개발 계획에 분연히 반기를 들어야 하는 자리. 오죽하면 내가 연극배우 장관에게 기대를 걸었을까?

역대 환경부 장관 중 두 분이 가장 기억에 남는다. 현재 과학기술단체총연합회장을 맡고 있는 김명자 장관과 국립생태원장 시절 내가 모시고 일했던 윤성규 장관. 김명자 장관은 학자 출신이라 행정 능력에 의심을 받았지만 끝내 역대 최장수 환경부 장관으로 우뚝 서며 환경부의 위상을 한 단계 격상시켰다. 규제의 부처에 기초 연구의 뿌리를 내린 과학자 장관이었다.

반면 윤성규 장관은 전형적인 관료 출신으로 시민 사회와는 갈등이 적지 않았지만 꼼꼼하게 내실을 다진 행정가 장관이었다. 임기 내내 주말도 마다치 않고 환경 관련 기관과 현장을 돌며 세세하게 조직을 다졌다.

나는 이 두 분과 더불어 김은경 장관을 오래도록 기억하게 될 것 같다. 나는 그에게 '발발이 장관'이라는 별명을 붙여 줬다. 그는 국회와 학계 그리고 환경 문제의 당사자인 시민들을 만나려 쉼 없이 뛰어다닌다. 환경 문제는 해결하는 데 시간이 걸린다.

문제가 발생하자마자 해결책을 내놓으라 다그치면 오히려 꼬일 수 있다. 소통과 협치의 리더십이 필요하다. 지금 시민 단체들이 김은경 장관에게 거는 기대가 남다른 까닭이 여기에 있다. 나는 그가 시민과 자연의 아픈 곳을 어루만지는 또 한 분의 장수 장관이 되길 기대한다.

2018

6월 13일

어감

아 다르고 어 다르단다. '아 해 다르고 어 해 다르다'라고도 하는데, 우리말은 정말 같은 말이라도 어떻게 하느냐에 따라 그 느낌이 확연히 달라진다. 알록달록 예쁜 색동저고리를 얼룩덜룩하다고 하면 졸지에 지저분해진다. 추녀 끝에 풍경이 찰랑이는데 가슴이 철렁 내려앉을 리 없다. 늠름한 산봉우리를 '산봉오리'라 부르면 별로 오르고 싶지 않을 것이고, 반대로 꽃봉오리를 '꽃봉우리'라고 하면 예쁜 맛이 싹 사라진다.

할리우드의 여배우 조디 포스터는 아이를 둘씩이나 키우면서 아빠가 누구인지 밝히지 않는다. 남의 도움 없이도 홀로 너끈히 키울 수 있기 때문에 골치 아프게 지아비를 섬기는 일은 사양하고 엄마로서의 행복만 만끽하는 것이다. 그를 미혼모라고 부르면 왠지 어색하다. 미혼모라는 단어는 어딘지 모르게 결혼을 하고 싶으나 능력이나 여건이 되지 않아 못한 여성만을 일컫는 것 같다. 미혼모보다 '비혼모'라고 부르면 혹시 여성의 의지가 좀 더 중요하게 부각되지 않을까 생각해 본다.

대한민국 현행법은 이중 국적자를 허용하지 않는다. 병역 문제가 국민 모두에게 초미의 관심사가 되어 버려 만 18세가 되었어도 외국 국적을 보유하면 거의 이중간첩 수준의 눈총을 받는다. 전례 없는 저출산 시대에 선진국들은 국가경쟁력을 확보하기 위해 범국가적으로 인재를 영입하고 있는데, 우리는 세계 유일의 분단국가로서 어쩔 수 없는 운명이라며 체념하는 것 같다. 우리는 언제나 당당하게 '복수 국적자'를 품을 수 있으려나?

이른바 '반값 등록금' 때문에 학생들이 또다시 촛불을 들었다. 누가 작명했는지 모르지만 나는 '반값 등록금'이란 표현이 영 맘에 들지 않는다. 장사하는 사람들이 '통 큰' 어쩌고 하며 물건값을 깎아 주는 것 같은 느낌이 들어 싫다. 나는 반값 정도가 아니라 학생들은 아예 등록금 걱정일랑 하지 않았으면 좋겠다. 하버드대는 학생들을 일단 성적과 재능으로만 선발한 후 가정의 재정 능력을 감안하여 학교와 부모가 등록금 부담을 어떻게 분담할 것인지 결정한다. 부모는 휘는 허리가 꺾이지 않도록 버텨 주고 학생은 오로지 학업에만 매진하면 된다. '반값'이라는 달콤한 어감에 휘둘려 교육의 가격만 운운할 게 아니라 우리 대학 교육의 진짜 값어치에 대한 진지한 고민이 필요하다.

2011

6월 14일*

견공 집안

* 세계 헌혈자의 날

아들 녀석 요청으로 닥스훈트를 기르기 전까지는 셰퍼드가 정상적인 개로 보였다. 그레이하운드도 우아해 보였다. 그러나 짧디짧은 다리에 허리가 긴 닥스훈트를 10년이 넘도록 기르다 보니 다른 개는 이제 모두 다리가 너무 길어 애처로워 보인다. 몸의 무게 중심이 너무 높아 자칫 넘어질까 불안하기 짝이 없다. 내가 사람이 좀 간사한가 보다.

개처럼 생김이 각양각색인 동물이 또 있을까 싶다. 키가 채 한 뼘도 안 되는 치와와에서 두 발로 곧추서면 웬만한 어른 키를 훌쩍 넘는 그레이트데인까지, 그리고 코가 얼굴에 파묻혀 나부랑납작한 퍼그부터 코가 너무 길어 늘 슬퍼 보이는 보르조이나 아프간하운드까지 정말 다양하다. 이 모든 품종이 다 늑대에게서 진화한 한 종이라고 설명하면 머리를 긁적이는 분이 종종 있다. 한 종에 속하는 개체는 서로 교배가 가능해야 한다는데 페키니즈와 세인트버나드가 어떻게 짝짓기를 하겠느냐며 윽박지르는 분도 있다.

최근 세계적 과학 저널 『사이언스』에 이 모든 견공이 하나가 아니라 두 가문의 후손이라는 논문이 실렸다. 영국 옥스퍼드대 진화유전학자 로랑 프란츠와 그의 동료들은 아일랜드의 무덤에서 발굴한 4,800년 전 개의 유전체를 분석해 다른 개 605마리의 유전자와 비교한 결과, 현재 우리가 기르는 개들은 동아시아와 유럽에 살던 서로 다른 늑대 집단에서 독립적으로 가축화한 다음 훗날 다시 뒤섞인 것이라는 설명을 내놓았다. 세포에 에너지를 공급하는 소기관인 미토콘드리아의 유전자를 분석해 보니 동아시아 개들이 인간을 따라 서진(西進)해 피를 섞은 것으로 보인다. 그들은 또 개가 늑대로부터 분화한 시점이 2만~6만여 년 전이라고 추정하며 우리 인간이 농경을 시작하며 개를 기르게 됐다는 가설도 일축해 버렸다.

하지만 이 연구로 인간과 개의 동거 역사 전모가 밝혀진 것은 결코 아니다. 마당에 고양이가 들어왔는지 우리 닥스훈트들이 시끌벅적 짖어 대기 시작한다. 개의 기원 연구도 한동안 시끌시끌할 참이다.

2016

6월 15일

바이러스 스캔

거의 매년 한낱 바이러스로 경제, 문화, 교육 등 사회의 근간이 흔들리는 촌극이 반복되고 있다. 특히 우리나라는 인구 과밀과 지구온난화 때문에 앞으로 바이러스 창궐이 점점 더 잦을 것이다. 어느 날 홀연 신종 바이러스가 우리를 급습할 때까지 넋 놓고 있다가 번번이 외양간이나 고치느라 허둥대는 일을 계속 반복할 수는 없다. 이참에 우리 질병 관리 시스템이 고질적인 '후대응(reactive) 관행'을 벗겨 내고 '선대응(proactive) 구조'로 선진화하기를 기대해 본다.

이런 와중에 하버드의대 연구진을 중심으로 우리 몸의 바이러스 수난사를 총체적으로 검사할 수 있는 방법이 개발됐다. VirScan이라는 이름의 이 검사법을 이용하면 평생 우리 몸을 거쳐간 거의 모든 바이러스의 실체를 파악할 수 있다. 바이러스나 세균 같은 항원이 우리 몸에 진입하면 B세포, T세포 또는 항체가 항원 표면의 '항원결정부(epitope)'라는 화학 구조와 결합하는 면역 반응이 일어난다. 인간을 숙주로 사용하는 걸로 알려진 1천여 종류의 바이러스 항원결정부를 장착한 유사 바이러스들을 합성해 만든 일종의 항원 칵테일을 개인의 몸에서 채취한 혈액 한 방울과 섞으면 평생 바이러스에 대응해 형성된 항체들이 걸러진다. 연구진은 이미 미국, 남아공, 태국, 페루에서 모두 569명을 조사했는데, 인간은 평균 10종에서 많게는 25종의 바이러스에 노출된 걸로 드러났다.

과학은 기술 혁신에 힘입어 도약한다. 연구진은 이 기법의 활용도가 무궁무진할 것으로 내다보고 있다. 암, 에이즈, C형 간염 조기 발견에 기여할 수 있고, 오래전 진입했으나 별다른 영향을 끼치지 않았던 바이러스가 훗날 다발성 경화증이나 당뇨 같은 자가면역질환을 유발하는 경로도 밝혀낼 수 있을 것으로 기대한다. VirScan은 이미 비용 25달러에 2~3일 정도밖에 안 걸리는 수준에 이르러 상용화가 머지않아 보인다. 나도 모르는 가운데 어떤 바이러스가 내 몸을 들락거렸는지 개인적으로 무척 궁금하다.

6월 16일

애덤 스미스의 '도덕감정론'

올해는 찰스 다윈이 탄생한 지 200년이자 『종의 기원』이 출간된 지 150년이 되는 해라서 세계적으로 '다윈의 해'를 기념하는 온갖 행사들이 벌어지고 있다. 이처럼 딱 떨어지는 숫자의 해를 기념할라치면 꼭 기념해야 할 게 하나 더 있다. 6월 16일 오늘은 지금으로부터 250년 전 근대 경제학의 아버지라 불리는 애덤 스미스의 『도덕감정론』이 출간된 날이다. 그는 우리에게 『국부론』으로 더 잘 알려져 있지만 정작 본인은 『도덕감정론』을 자신의 최고 역작으로 꼽았다고 한다.

『국부론』보다 무려 17년 전에 쓰인 이 책에서 그는 이미 그 유명한 '보이지 않는 손(invisible hand)'의 개념을 가지고 부의 분배 과정을 설명했다. 그는 구성원 각자가 자기 이익을 위해 행동하되 남과의 공감(sympathy)을 잃지 않는 사회가 바로 도덕적인 사회라고 역설했다. 그런 그가 훗날 『국부론』에서는 사뭇 철저하게 이기심(self-interest)을 강조하자 혹자는 그가 일구이언(一口二言)의 우를 범했다고 비난했다. 하지만 진화생물학자인 내게 스미스는 결코 이부지자(二父之子)가 아니다. 그의 도덕철학은 하나도 버릴 것 없이 그대로 도킨스의 '이기적 유전자' 개념으로 이어진다.

꿀벌 사회의 일벌들은 자기 영토를 침입한 적의 몸에 가차없이 독침을 꽂는다. 그러나 독침 표면의 날카로운 돌기들 때문에 결국 일벌은 독침과 함께 내장의 대부분을 적의 몸에 남겨 둔 채 날아가고, 그 결과 두어 시간 후면 목숨을 잃고 만다. 사회를 위해 기꺼이 자기 목숨을 바치는 일벌의 자기희생 행동은 실제로 다윈의 자연선택론에 가장 큰 도전이었다. 먼 훗날 유전자의 존재를 알고 난 다음에야 우리는 이 같은 이타적 행동도 유전자의 전파에 이득이 되기 때문에 진화했다는 사실을 깨달았다. 유전자의 관점에서 보면 결국 이기적 행동이란 말이다.

스미스는 우리에게 '현명한 이기주의자'가 되라고 가르친 것이다. 지금 전 세계를 뒤흔들고 있는 미국발 금융위기는 아마도 『도덕감정론』은 덮어 두고 『국부론』만 탐독한 영악한 수전노들이 저지른 일이리라. 그런가 하면 박세일, 민경국 교수의 노력으로 1996년에야 겨우 번역된 『도덕감정론』이 이미 절판되어 버린 우리나라의 상황은 더욱 암담할 뿐이다.

2009

6월 17일*

에코뱅크

* 사막화와 가뭄 방지의 날

생명과학의 시대를 견인한 일등 공신을 꼽으라면 나는 촌음의 머뭇거림도 없이 젠뱅크(GenBank)라고 답할 것이다. 1979년 미국 로스앨러모스국립연구소의 핵물리학자 월터 고드가 DNA 염기 배열 정보를 모으기 시작한 게 발단이 되어 1982년 미국 국립보건원에 '유전자은행'이 세워졌다. 재원은 거국적으로 마련됐다. 국립보건원은 물론 미국 국립과학재단·국방부·에너지부가 공동으로 참여했다. 이 덕분에 젠뱅크는 18개월마다 데이터양이 두 배로 증가하며 30년 만에 무려 10만여 생물종의 유전 정보를 보유하게 됐다. DNA를 연구하는 세계 모든 학자가 정보를 입력하고 누구든 자유롭게 그 정보를 사용해 분석할 수 있도록 데이터베이스를 공개한 덕에 유전학이 폭발적으로 발달했다.

나는 10여 년 전부터 생태학 분야의 젠뱅크라 할 수 있는 에코뱅크(EcoBank)의 구축을 꿈꿔 왔다. 유전 정보로 시작한 생물학의 빅데이터는 결국 생태 정보의 집결로 마무리될 것이다. DNA 정보는 단순히 네 염기의 첫 글자들(A-C-G-T)로만 구성돼 있지만, 생태계 정보는 생물종 목록에서부터 그들과 환경과의 관계에 이르기까지 엄청나게 다양한 정보를 수록해야 한다. 그러나 규모는 엄청나지만 생태 정보는 이미 세계 여러 기관에 다양한 형태로 수집되고 있다. 이제 그들을 한데 엮는 플랫폼을 만들 때다.

기후변화에 관한 정부 간 협의체인 IPCC와 더불어 생물다양성 문제를 논의하는 새로운 유엔 산하 기구인 IPBES(생물다양성과학기구)가 설립되었다. 우리나라는 비록 사무국 유치에는 실패했지만 생물다양성 정보를 관리하는 전담 부서를 맡아 최근 국립생태원에 기술지원단이 마련됐다. 이제 드디어 나의 오랜 숙원인 에코뱅크 구축을 구현할 수 있게 됐다. 미국 국립보건원이 젠뱅크를 유치하여 세계 유전학 연구의 메카로 급부상한 것처럼 한국 국립생태원이 에코뱅크로 세계 생태학의 중심으로 우뚝 서게 될 것이다.

2014

6월 18일

과학의 조건

1982년 미국 아칸소주에서는 진화학을 학교에서 강의해서는 안 된다는 근본주의 기독교인들의 주장 때문에 법정 논쟁이 벌어졌다. 당시 아칸소주 법원의 윌리엄 오버턴 판사는 이 문제에 대한 판결을 위해 각계의 전문가에게 자연과학의 본질에 대한 폭넓은 자문을 했고 일부 과학자들은 법정에서 증언을 하기도 했다. 그런 신중한 과정을 거치며 작성한 판결문에서 그는 자연과학의 특성을 다섯 가지로 설명했다. 그가 내린 자연과학에 대한 정의는 그 어느 자연과학자의 정의보다 훨씬 간결하고 정곡을 찌른다.

그는 자연과학은 우선 "자연법칙에 따라야 한다"고 말한다. 자연과학은 우리 인간이 만들어 낸 법규나 종교적인 강령이 아니라 자연에 존재하는 자연의 원리를 따라야 한다는 뜻이다. 둘째, "모든 것을 자연법칙에 따라 설명할 수 있어야 한다". 그리고 "실제 세계에서 검증할 수 있어야 한다". 예를 들어 모든 것을 하느님이 창조했다는 주장은 검증이 불가능하다. 하느님이 세상을 창조했다는 사실은 다시 실험해 볼 수 없기 때문이다. 하느님께 실험을 하려고 하니 언제 오셔서 다시 한번 모든 걸 창조해 주십사 부탁할 수 있는가?

넷째로 그는 자연과학의 "연구 결과는 언제나 잠정적일 수밖에 없다"고 했다. 새로운 이론이 등장하고 더 탁월한 실험 방법이 나오면 언제나 바뀔 수 있는 가능성을 갖고 있어야 자연과학으로서 힘을 얻는다는 말이다. 마지막으로 "반박할 수 있어야 한다". 기존의 학설이나 믿음을 반증을 통해 뒤집을 수 있어야 자연과학이다. 이를 정리하면 자연법칙에 따라 실험적으로 검증할 수 있어야 하고 실험 결과에 따라 반박할 수 있어야 자연과학이라는 것이다.

과학은 가장 민주적인 인간 활동이다. 과학자라면 누구든 새로운 증거를 찾아내고 그를 바탕으로 기존의 질서에 도전할 수 있다. 과학계의 권위는 오로지 증거와 이론의 탄탄함으로 확립된다. 과학의 권위에 도전하는 일은 전혀 불경스러운 일이 아니다. 과학자들에게는 논쟁이 지극히 자연스러운 일인데 밖에서 보기에는 논쟁이 일고 있다는 사실 자체가 마치 오류를 인정하는 것으로 보이는 모양이다. 과학에서 침묵은 결코 금이 아니다. 억압된 침묵은 더더욱 그렇다.

2012

6월 19일

디오게네스와 선크림

바야흐로 태양의 계절이다. 많은 사람이 바다로 몰려갈 것이다. 그런데 정작 해변에 다다르면 행여 태양광 입자 하나라도 몸에 닿을세라 선크림으로 철통 같은 방어막을 친다. 태양을 바라며 먼 길을 달려와서는 홀연 몸서리치며 거부하는 이 모순을 어찌하랴?

선크림 남용이 해양 환경에 치명적이라는 연구 결과가 나왔다. 선크림에 들어 있는 옥시벤존(oxybenzone)이 산호를 죽이고 있다. 매년 선크림 6천~1만 4천 톤이 산호초 지역에 녹아 들고 있는데 농도가 6.5×10^{-11}만 돼도 영향을 미친다. 이는 올림픽 수영 경기장 6~7개에 떨어뜨린 물 한 방울 수준이다.

피부암 발병 원인의 90퍼센트 이상이 햇빛 자외선이지만 그건 아주 오래 쬐었을 때 얘기다. 자외선에는 UV-A, UV-B 두 종류가 있다. 시중에 나와 있는 선크림은 모두 UV-B를 차단할 뿐 UV-A에는 거의 효력이 없다. 파장이 긴 UV-A는 피부 깊숙이 파고들며 콜라겐 단백질을 파괴해 피부암과 더불어 피부 노화를 일으킨다.

온종일 지칠 줄 모르고 땡볕에서 뛰놀 아이들에게는 선크림을 발라 줄 필요가 충분하다. 그러나 시간 대부분을 파라솔 밑에서 보낼 어른들은 귀찮게 선크림을 바를 까닭이 없다. 필요도 없는 선크림을 바르느라 제대로 놀지도 못하는 사람이나, 발랐으니 안심하고 너무 오래 일광욕하는 사람이나 어리석긴 마찬가지다.

알렉산더 대왕이 찾아와 필요한 게 있으면 말해 보라 했더니 "햇빛이나 가로막지 말아 달라"고 대답했다는 디오게네스의 일화가 떠오른다. 예전에 우리 인류는 체내에서 스스로 만들 수 없는 비타민D를 피부를 햇볕에 그을려 충당했다. 그러나 이제는 돈을 주고 비타민 알약을 사서 먹는다. 『플루타르크 영웅전』에 따르면 알렉산더는 디오게네스 곁을 떠나며 "내가 만일 알렉산더가 아니라면 정녕 디오게네스가 되고 싶다"고 말했단다. 천하의 알렉산더 대왕도 가리지 못한 태양을 선크림 따위로 가로막지 말자.

2018

6월 20일*

삶의 다섯 가지 중요한 질문

* 세계 난민의 날

얼마 전 하버드대 교육대학원 제임스 라이언 학장의 『잠깐만요, 뭐라고요?(Wait, What?)』(국내 번역서 제목 '하버드 마지막 강의')이라는 제목의 책이 출간됐다. 2016년 그의 졸업식 축사 동영상이 소셜미디어에서 선풍적인 인기를 끄는 바람에 출판사들의 구애가 쏟아졌단다.

'인생에서 가장 중요한 질문들'이라는 주제의 연설에서 그는 졸업생들에게 아래와 같은 다섯 가지 질문을 하며 살아갈 것을 주문했다. 그가 권하는 첫 질문은 아이들에게 집안일이나 심부름을 시키면 곧바로 돌아오는 반문이다. "너, 오늘 저녁까지 네 방 말끔하게 청소해 놔"라고 하면 대뜸 "잠깐만요, 뭐라고요?"라고 구시렁거린다. 그는 이 반문이야말로 우리가 무슨 일이든 시작하기 전에 가장 먼저 던져야 하는 물음이란다. 세상의 부조리를 파악하는 첫걸음이기 때문이다. 다음 질문은 "궁금해(I wonder)"로 시작한다. '왜 그런 건지?(I wonder why)' 혹은 '만일

이러면 어떨지?(I wonder if)' 궁금해하는 단계이다. 이어서 "적어도 우리 이 정도는 해야 하지 않느냐?(Couldn't we at least)"라고 물어야 한단다. 그러곤 남들이 나설 때까지 기다리지 말고 먼저 "내가 어떻게 도울 수 있나?(How can I help)" 묻자고 제안한다. 마지막 질문은 영화 〈곡성〉으로 유명해진 "뭣이 중헌디(What really matters?)"이다.

어쩌다 보니 또 한 학기가 훌쩍 지나가 버렸다. 내게는 3년간의 공직 생활을 마치고 다시 학자로 되돌아와 보낸 뜻깊은 학기였다. 학생들에게는 졸업이 코앞이거나 그리 멀지 않음을 일깨우는 순간이다. 방학을 맞이하며 라이언 학장이 권하는 이 다섯 가지 질문을 스스로에게 던져 보자. 내 삶은 물론 이 세상을 좀 더 밝게 하려면 우선 확고한 문제의식이 있어야 한다. "잠깐, 뭐라고?" 그러곤 왜 그런 문제가 존재하는지 의아해하며 우리가 함께, 또는 내가 뭘 할 수 있을지 물어야 한다. 그러면서 늘 자문해야 한다. "무엇을 위해 살 것인가?" "내 삶에서 가장 중요한 게 무엇인가?"

6월 21일

세포 생태계

기업 생태계, 모바일 생태계, 지식 생태계…. 언제부턴가 생태계라는 단어를 온갖 분야에서 가져다 쓰고 있다. 원래 생태계란 한 지역에서 서로 관계를 맺고 사는 생물의 군집과 그를 지탱해 주는 물리적 환경의 총체를 의미했는데, 요즘에는 웬만큼 복잡한 네트워크 시스템이면 그리 어렵지 않게 갖다 붙이는 이름이 돼 버렸다. 생태학계도 전에는 산림 생태계나 습지 생태계처럼 한눈에 가늠하기조차 어려운 큰 규모를 주로 다뤘는데, 이제는 '장내 공생균 생태계'처럼 맨눈에는 보이지도 않는 미세 생태계에도 눈을 돌리고 있다.

동물과 식물 세포 대부분에는 미토콘드리아와 엽록소처럼 세포핵과 별개로 자체 DNA를 갖고 있는 소기관들이 들어 있다. 이들은 원래 독립적으로 살던 세균들인데 진화 과정에서 세포질이 특별히 풍성한 다른 세균 속으로 들어가 공생하게 된 것이다. 세포 생태계에는 지금도 세균과 바이러스가 수시로 드나들고 있다.

인간 세포에는 툭하면 질병을 일으키는 바이러스가 들락거려 골치를 썩이지만, 곤충 세포에는 월바키아라는 세균이 가장 확실하게 자리를 잡았다. 이 세균은 특히 수컷을 공략하는데, 유충 단계에서 수컷만 골라 죽이거나 수컷을 졸지에 암컷으로 둔갑시키기도 한다. 우리 국립생태원 생태기반연구실은 에메리개미가 월바키아에 감염되면 날개 길이가 변한다는 실험 결과를 얻어 국제 학술지에 논문을 제출했다.

한편 하버드대 연구진은 월바키아에 감염된 모기의 세포에는 말라리아 병원충 플라스모디움이 발을 붙이지 못한다는 연구 결과를 『네이처 커뮤니케이션스(Nature Communications)』에 게재했다. 월바키아는 모기가 옮기는 뎅기 바이러스와 최근 문제가 되고 있는 지카 바이러스의 전염 차단에도 효과를 보이고 있다. 실험실에서 모기를 대량으로 길러 월바키아에 감염시킨 다음 야생에 풀어놓을 수 있다면 인류 최대의 적 말라리아 방제에 큰 획을 그을 수 있을지 모른다. 생태학은 이제 의학 최첨단에도 우뚝 서 있다.

6월 22일

필리포 실베스트리

곤충분류학에서 가장 원시적인 곤충목으로 분류되는 낫발이(Protura)라는 곤충이 있다. 눈도 없고 앞발을 더듬이처럼 사용하느라 특이하게 네 발로 걷는다. 주로 흙 속에 살며 몸길이가 그저 2밀리미터밖에 안 되는 아주 작은 곤충이다. 오늘은 바로 이 낫발이를 최초로 발견한 이탈리아 곤충학자 필리포 실베스트리가 태어난 날이다.

그는 낫발이목과 더불어 민벌레목(Zoraptera)도 세계 최초로 발견하고 기재했다. 민벌레는 열대 숲의 썩어 가는 나무 속에서 사는, 역시 2밀리미터 남짓의 작은 곤충이다. 민벌레는 1913년 처음 기재된 이래 100년이 넘도록 아홉 종의 화석을 포함해 겨우 50종밖에 발견되지 않은 매우 희귀한 곤충이다. 나는 바로 이 민벌레의 진화를 연구해 박사 학위를 받았다.

1984년 하버드대 에드워드 윌슨 교수로부터 민벌레 연구를 허락받은 순간 나는 곧바로 이 분야 세계 최고 전문가가 되었다. 당시에는 세계에서 민벌레를 연구하는 학자가 한 명도 없었기 때문이다. 윌슨 교수 연구실의 연구자들 모두 개미를 연구할 때 나는 흰개미의 진화를 밝히겠다며 그 사촌 격인 민벌레를 연구하겠노라 고집을 부렸다. 아쉽게도 흰개미 진화에는 크게 기여하지 못했지만 나는 대신 다윈의 성선택(sexual selection) 분야의 전문가가 되었다.

2018년 미국에서 출간된 최신 곤충학 책에 나는 편집장 요청으로 민벌레 부문 필자로 참여했다. 남들이 하지 않는 분야를 연구했더니 30년 넘도록 세계 제일의 전문가 자리를 고수하고 있다. 이른바 잘나가는 분야에 줄을 서야만 성공하는 것은 아니다. 그래서 나는 학생들에게 남들이 하지 않는 분야를 일부러 고를 것까진 없지만 자신이 선택한 분야가 당장 인기가 없더라도 절대 기죽을 것 없다고 일러 준다.

2021

Sexual Selection

Male-male competition

~~=~~ higher than that btw females

(~~P~~rediction) leg loss & loss of antennal segments must be higher in males.

— Males have larger spines

— Higher death

8/6. Male-male competition

Sp. 1, 3 males & 3 females.

1 ♂ lost left hindleg and seems to become inferior. The other two spent a lot of time antennating each other. The male w/o left hindleg tried to sneak to approach females. The other two ♂♂ then break up and chase the sneaky ♂ off.

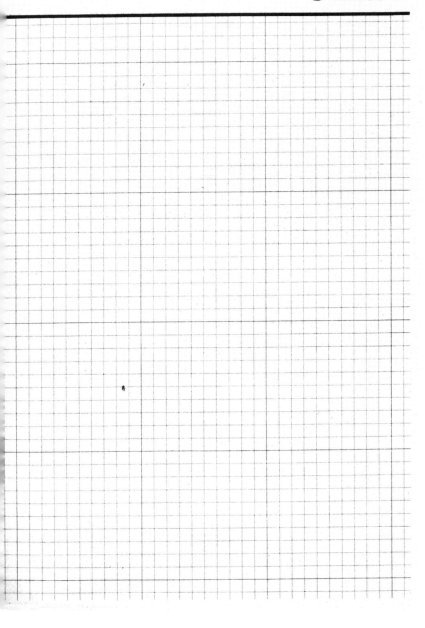

6월 23일

'해거리'의 자유

앞뜰 모과나무가 작년에 이어 금년에도 해거리를 할 참이다. 식물의 해거리는 어느 해 현저히 적게 또는 아예 열매를 맺지 않는 현상으로, 늘 같은 장소에서 영양분을 얻어야 하는 속성 때문에 때로 특정 영양소가 결핍되어 일어난다. 과일나무가 해거리를 하는 것은 종종 있지만 이태를 거푸하는 건 드문 일이다. 식물들도 요즘 나름대로 혹독한 경제 위기를 겪고 있는 모양이다.

생물학에는 기본적으로 두 가지 질문이 있다. '어떻게(How) 질문'과 '왜(Why) 질문'이 그들이다. 특정 영양소의 결핍으로 해거리가 일어난다는 따위의 설명은 전형적인 '어떻게 질문'에 대한 답이다. 현상의 메커니즘, 즉 '근접적 원인'을 규명하려는 노력이다. 하지만 이 같은 근인(近因) 설명을 찾은 후에도 생물학자들은 여전히 도대체 식물이 왜 해거리라는 극단적인 선택을 하도록 진화했는지 그 '궁극적인 원인'을 알고 싶어 한다. 근인과 더불어 원인(遠因)을 알아야 비로소 생물학적 설명이 완결되는 것이다.

식물은 자신의 에너지 예산을 생육과 번식의 두 분야에 할당한다. 해거리는 훗날 더 큰 번식을 위해 예산의 대부분을 생육에 투자하는 전략이다. 식물에게 결코 쉽지 않은 결정인 해거리는 쥐꼬리만 한 번식에 해마다 무작정 예산을 탕진하는 식물에 비해 보다 밝은 미래를 위해 과감히 해거리에 투자한 식물이 궁극적으로 더 많은 자손을 남겼기 때문에 진화한 적응 현상이다.

우리 집 모과나무는 아예 꽃부터 제대로 피우지 않았지만 옆집 감나무는 애써 만든 열매들을 뚜욱 뚝 떨구고 있다. 이처럼 해거리는 일찍 결정할수록 에너지 낭비가 적지만 뒤늦게라도 길게 보아 유리하다면 냉정하게 판단해야 한다.

카이스트의 서남표 총장은 신임 교수에게 박사 학위 논문을 집어던질 용의가 있느냐고 묻는단다. 박사 학위 연구야 어차피 지도 교수가 하라고 해서 했거나 마침 연구비가 있어서 한 게 아니냐며 평생 그 연구를 하려고 학자의 길로 들어섰느냐고 다그친단다. 꼭 하고 싶은 연구를 하기에도 인생은 그리 길지 않다며 본인만 결심한다면 학교는 몇 년간 업적을 묻지 않고 기다려 주겠노라고 제안한단다.

이 땅의 모든 교수들과 연구원들에게 모과나무의 해거리 자유를 허하라! 그래야 비로소 추격형 연구를 떨쳐 내고 선도형 연구를 시작할 수 있을 것이다.

2009

6월 24일

예언과 예측

2002년 월드컵 4강의 주역 이영표 선수가 선수 생활을 접은 뒤 또다시 해설위원으로 화려하게 등극하고 있다. 연일 브라질월드컵 경기 결과를 승패는 물론 때로는 스코어까지 정확하게 맞혀 '작두 영표' 또는 '표스트라다무스 문어' 등의 별명까지 얻으며 선수 시절을 능가하는 절정의 인기를 누리고 있다. 급기야 영국 BBC 방송이 그를 인터뷰하기에 이르렀단다.

그러나 나는 그를 '신이 내렸다'며 영험한 점쟁이로 몰고 가는 것은 옳지 않다고 생각한다. 예언이란 실상 예측 결과를 말로 표현하는 것에 지나지 않건만, 예측에는 학술적인 의미가 담겨도 예언은 왠지 미신이나 종교의 냄새를 풍긴다. 그는 "황금기 이후의 암흑기는 생각보다 훨씬 빨리 온다"며 일찌감치 스페인의 몰락을 예견했다. 축구의 세계에서는 종종 최고의 팀이 급작스레 추락하는 일이 있었다는 관찰에다 스페인 축구에 이미 많은 팀이 익숙해져 있다는 분석을 보태 결과를 예측한 것이다. 한국 대 러시아전에 대해서도 러시아 선수들이 시간이 갈수록 체력이 떨어지는 경향이 있으며 그럴 때 수비 뒤 공간을 가장 잘 파고드는 이근호 선수가 골을 넣을 가능성이 높다고 예측했고 그대로 적중했다.

바하마 출신의 목사이자 탁월한 강연자인 마일스 먼로는 예지력(vision)을 다음과 같이 설명한다. "과거에 관한 지식을 바탕으로 통찰력을 기르면 미래를 예측할 수 있다(Foresight with Insight based on Hindsight)". 이영표 해설위원은 주술의 힘을 빌려 신의 계시를 방언하는 예언자가 아니라 꼼꼼한 자료 분석에 세계 최고 수준의 선수들과 뛴 경험을 버무려 논리적인 예측을 내놓는 일종의 미래학자다.

언뜻 TV 화면에 비친 그의 분석 노트를 보았다. 무지를 부끄러워하기는커녕 몽매함으로 오히려 인기를 끄는 연예인들 때문에 TV를 끄고 살던 내게는 참으로 신선한 충격이었다. 평생 땡볕에서 공만 찼을 축구 선수가 이 정도인데 왜 우리 사회의 다른 곳에서는 여전히 주먹구구와 막무가내가 판을 치는 것일까?

6월 25일

생명 특허

최근 미연방대법원은 미국시민자유연합이 생명공학 회사인 미리어드 제네틱스를 상대로 제기한 특허권 무효 소송에서 만장일치로 원고의 손을 들어줬다. 미리어드 제네틱스는 1998년 유방암과 난소암 발병 과정에서 발견되는 돌연변이 유전자 BRCA1과 BRCA2를 추출하여 특허권을 얻어 냈다. 이 때문에 환자들은 그동안 1,000달러 미만의 진단에 무려 3,300달러를 내야 했다. 미연방대법원은 판결문에서 "인간 DNA는 자연의 산물로서 인체에서 특정 DNA를 발견하여 분리해 냈다는 이유만으로는 특허 대상이 될 수 없다"고 밝혔다.

개인적으로 나는 감회가 새롭다. 일찍이 2001년에 출간한 『과학 종교 윤리의 대화』라는 책에서 나는 다음과 같이 주장한 바 있다. "생명과학 정보와 기술은 발견하는 것이지 발명하는 것이 아니다. 새로운 과학 발견에 특허를 준다는 것은 어딘가 모순이 있어 보인다. (…) 인간은 물론 다른 모든 생명체 안의 유전자에 관한 정보에 선진국들이 특허를 내며 독점하는 행위에 제동을 걸어야 한다". 당시 나는 국가 간 불평등 관점에서 문제를 제기했지만 미국에서는 이 문제가 개인 간 불평등 문제로 부각된 것이다.

특허권은 노벨의 다이너마이트, 벨의 전화기, 그리고 삼성전자와 애플의 특허 전쟁에서도 보듯이 개인과 기업의 창의 의욕을 고취하여 산업 발전에 기여하는 순기능이 있지만, 새로운 연구자의 진입을 저해하고 사회 갈등을 조장하는 악영향도 만만치 않다. 엄연히 자연에 존재하는 천연 물질을 먼저 돈을 들여 추출했다고 해서 그들의 재산권을 보호해 주는 것은 아무리 생각해도 민주적 자본주의가 아닌 것 같다.

인도의 환경 운동가 반다나 시바는 『자연과 지식의 약탈자들』에서 이러한 갈등을 생태학의 관점에서 조망한다. "자연은 문화로부터 분리되면서 예속되었다. 정신은 물질과 분리되면서 물질을 지배하게 되었다. (…) 생태학은 우리와 자연의 관계가 조화를 이루는지 아니면 그러지 못하는지를 인식하는 것이다. 연결과 재생의 정치는 생태적 파괴를 불러일으키는 분리와 분열의 정치에 대안을 제공해 준다. 바로 '자연과 연대'하는 정치이다". 이번 판결이 자연을 약탈과 돈벌이 수단으로만 보는 어리석음을 넘어 연대 대상이라는 깨달음으로 이어지기 바란다.

6월 26일*

개미 침공

* 세계 약물 남용·불법 거래와 투쟁의 날
* 세계 고문 희생자 지원의 날

일명 '붉은불개미'의 한반도 침공이 계속되고 있다. 작년 가을 부산항에 이어 이번에는 서해안 평택항에 나타났다. 기자들의 전화와 이메일이 빗발치고 있지만, 나는 작년 추석 연휴를 송두리째 빼앗긴 기억을 되살리며 이번에는 일절 응답하지 않고 있다. 연휴에 쉬지 못한 게 억울해서가 아니라 자문에 응한 게 아무런 효과가 없었기 때문이다.

우선 이름부터 그르다. 독성이 기껏해야 꿀벌 정도라는 내 지적에 '붉은독개미'라는 이름을 포기한 건 다행인데 동물분류학 전문가도 없는 정부 위원회가 선택한 '붉은불개미'도 당최 글렀다. 개미 과(科)에서 가장 큰 아과(亞科)가 불개미아과와 두마디개미아과인데 '붉은불개미'는 불개미아과가 아니라 두마디개미아과에 속한다. 이미 같은 속(屬)의 열마디개미(*Solenopsis fugax*)와 일본열마디개미(*S. japonica*)가 우리나라에 자생하고 있는데 근연종을 엉뚱하게 불개미로 부르는 것은 정부가 학계를 대놓고 무시하는 처사라고밖에 볼 수 없다. 나는 개미학자로서 '붉은열마디개미(*S. invicta*)'로 부를 것을 다시 한번 정중히 제안한다.

불과 한 달 전 일본 개미학자 쓰지 가즈키가 붉은열마디개미 퇴치 요령을 『사이언티픽 리포츠(Scientific Reports)』에 게재했다. 일단 군체(colony)를 발견하면 반경 4~6킬로미터 지역에 걸쳐 적어도 3년간 전문가의 모니터링이 필요하다고 강조한다. 콩기름에 비빈 옥수수 가루나 소시지 미끼를 30미터 간격으로 설치하며 정기적으로 점검해야 한다. 비전문가들이 부두 바닥에 독극물을 뿌려 대는 걸 이미 항구를 빠져나간 개미들이 비웃고 있을지 아무도 모른다. 전문가 몇 사람에게 3년간 연구비를 제공하는 게 번번이 방역팀을 꾸려 법석을 떠는 것보다 돈도 훨씬 덜 든다. 거의 80년 전에 뚫린 미국은 지금 해마다 무려 1조 원을 방제·보상 비용으로 쓰고 있다. 호미로 막을 일을 가래로 막는 우를 범하지 말자.

2018

6월 27일

일찌감치

98세에도 매일 글을 쓰고 일주일에 서너 번씩 강의를 하며 사시는 철학자 김형석 교수님이 들려주신 얘기다. 1970~1980년대 함께 '철학계 삼총사'로 불린 고(故) 김태길·안병욱 교수님께 "우리 이제 살날도 그리 많이 남지 않았는데 계절이 바뀔 때마다 한 차례씩 얼굴 보면 어떻겠는가?"라고 제안했더니 김태길 교수님이 "정이 들면 들수록 떠나보내는 마음이 더욱 아픈 법인데 뒤에 남는 친구가 얼마나 힘들겠는가"라며 거절하셨단다. 결국 두 분은 먼저 가시고 김형석 교수님만 혼자 뒤에 남으셨다.

내게는 중학교 때부터 만나 온 이른바 '불알친구'가 여섯이나 있다. 대학 시절 우리는 스스로에게 '포이에시스(Poiesis)'라는 멋진 이름까지 붙여 주고 지금껏 매달 한 번씩 만난다. 우리는 원래 여덟이었는데 20여 년 전 한 친구를 먼저 떠나보냈다. '철학계 삼총사'처럼 나이 들어 새롭게 만나려면 정들까 두렵겠지만 우리는 워낙 오래 만난

사이라 그런 걱정은 딱히 없다. 게다가 일찍이 한 명을 먼저 보내 본 경험도 있어 앞으로도 비교적 담담하게 맞을 것 같다. 다만 나는 그 친구가 떠날 때 미국에 있어서 임종하지 못한 아쉬움을 끝내 지울 수가 없다. 20년 넘도록 매년 여름의 끝자락마다 우리는 먼저 간 그 친구의 무덤을 찾는다.

여러 해 전부터 아버지께서 잘 듣지 못하신다. 가끔 찾아뵐 때마다 바로 곁에 앉아 목청을 높여 말씀을 드려도 힘들어하시니 마음이 아프다. 여러 차례 보청기를 마련해 드리려 했으나 모두 실패로 돌아갔다. 보청기는 난청이 그리 심하지 않을 때부터 착용해야 서서히 적응할 수 있단다. 가는귀가 먹을 때면 이미 늦었다. 우리 중 한 친구는 퍽 오래전부터 가발을 쓰기 시작해 우리는 이제 그 친구의 머리카락이 가발이라는 사실을 잊고 산다. 어느덧 나머지 대부분도 정수리가 훤히 벗겨져 할배 소리를 듣기 시작했건만 그 친구는 홀로 싱싱한 젊음을 발산하고 있다. 모름지기 세상일이란 일찌감치 준비해 서서히 익혀야 하는 법이다.

2017

6월 28일*

방향 감각

* 철도의 날

내게는 중학교 시절부터 한데 몰려다니는 친구들이 있다. 우리는 요즘도 한 달에 한 번씩 만나 까까머리 중학생들처럼 키득거리며 논다. 우리 중에는 길눈이 유난히 어두운 두 친구가 있다. 그 옛날 광화문 지하도에서 나가는 길을 찾지 못하던 친구의 얘기는 거의 40년이 흐른 지금도 여전히 가장 쫄깃쫄깃한 안줏감이다. 기껏해야 구멍이 넷밖에 없는 지하도이건만 세종문화회관 쪽에서 들어가며 당시 국제극장이 있던 광화문빌딩 쪽으로 나가라고 하면 번번이 광화문우체국 쪽으로 나가곤 했다.

우리가 수렵 채집 생활을 하던 예전에는 방향 감각이 엄청나게 중요한 속성이었다. 최근 노르웨이과학기술대학의 연구에 따르면 우리의 방향 감각은 상당 부분 유전자에 의해 결정되는 것으로 보인다. 연구자들은 아직 눈도 뜨지 않은 새끼 쥐들에게 소형 센서를 달아 주고 처음으로 둥지를 떠나 스스로 길을 찾아야 할 때 그들의 뇌세포 활동을 측정했다.

아마 인간도 마찬가지이겠지만 쥐의 뇌에는 방향 감각을 담당하는 세 종류의 세포가 있다. '방향세포', '위치세포', '격자세포'가 그들인데, 이 중에서 방향세포는 갓 태어난 새끼 쥐의 뇌에도 거의 완벽하게 성숙한 상태로 발견된다. 타고난다는 얘기이다. 그런 다음 새끼 쥐가 눈을 뜰 무렵인 생후 15일경부터 그들의 청소년기가 시작되는 30일경까지 기억을 담당하는 뇌 부위인 해마(hippocampus)에 있는 위치세포와 자신의 상대적인 위치와 이동 거리를 측정해 주는 격자세포가 차례로 발달한다. 어느 방향으로 가야 하는지는 당연히 알아야 하지만 자신의 위치와 그의 상대적인 좌표를 파악해야 비로소 이동이 가능해진다.

그런데 연구자들은 방향 감각 세포들의 성장 과정에서 암수의 차이를 발견하지 못했다고 한다. 우리 사회에서 여성들이 대체로 남성들보다 길눈이 어두운 것에는 유전보다는 오히려 학습의 영향이 더 크다는 것이다. 운전의 경우에는 이제 남녀 또는 개인의 유전적 차이가 아니라 내비게이터의 유무가 길눈을 가늠한다. 한때 '거리귀신'이라는 별명까지 얻었던 나였지만 요즘엔 내비게이터를 장만하지 못한 죄로 졸지에 친구들 중 길눈이 가장 어두운 자로 전락하고 말았다. 월드컵도 끝났겠다, 이제 다시 삶의 길을 찾아야 할 텐데 내 방향세포들은 다 어디서 무얼 하는지.

2010

6월 29일

외로움과
홀로움

아내는 거의 20년째 개를 기르고 있다. 아들이 어렸을 때 한사코 허리 길고 다리 짧은 닥스훈트를 기르게 해 달라고 조르는 바람에 암컷 한 마리를 데려왔다. 아내는 개를 아파트에서 기를 수 없다며 단독주택으로 이사할 것을 강력하게 주장했다. 마침 새로 이사할 집에서 기다리던 닥스훈트 수컷과 운명처럼 만나 부부가 된 우리 개는 두 번에 걸쳐 새끼를 낳았고, 우리는 그렇게 열 마리 대가족과 더불어 살게 되었다.

며칠 전 그중 한 마리가 또 하늘나라로 떠나고 이제 달랑 '두리'라는 이름의 수컷 한 마리만 남았다. 홀로 남은 두리는 그저 아내바라기만 하고 있다. 16년 동안 여럿이 한데 뒤엉켜 살다가 홀로 남아 겪는 외로움을 감당하기 어려워하는 듯싶다. 공연장을 가득 메웠던 관중을 떠나 보내고 집에 돌아와 혼자가 되면 마음이 그렇게 허전할 수 없다던 어느 가수의 인터뷰가 기억난다. 부부가 금실 좋게 살다 한 사람이 먼저 세상을 떠도 견디기 힘들지만 넓게 받은 사랑도 깊은 외로움의 골을 판다.

황동규 시인은 스스로 환해지는 외로움을 '홀로움'이라 부른다. "가을물 칠한 베란다에/쪼그리고 앉아/실란(蘭) 꽃을 쳐다보며 앉아 있다/조그맣고 투명한 개미 한 마리가 실란 줄기를/오르고 있다/흔들리면 더 오를 생각 없는 듯 멈췄다가/다시 타기 시작한다". 100세인 김형석 교수님에게는 절친 두 분이 있었다. 어느 날 안병욱 교수님이 더 늦기 전에 1년에 두세 번씩 만나 즐거운 시간을 갖자고 제안하자 김태길 교수님이 그러다 맨 뒤에 남는 사람은 얼마나 힘들겠냐며 정 붙이는 일일랑 하지 말자 하셨다는 일화는 유명하다. 인간 나이로 100세가 넘는 두리에게 나는 요즘 황동규 시인의 시도 읊조리고 김형석 교수님 얘기도 들려준다. 외로움도 스스로 선택하면 환해진다는데.

2021

6월 30일*

소행성의 날

* 소행성의 날

태양계에는 셀 수 없이 많은 소행성이 주로 화성과 목성 사이를 돌고 있는데 이 중 일부가 가끔 궤도를 이탈해 태양 쪽으로 이동하다가 지구에 접근하게 된다. 그러다가 자칫 지구 대기권에 진입하면 대개 별똥별 형태로 타 버리지만 미처 다 타지 않고 지구 표면에 떨어지는 게 바로 운석이다. 행성학자들에 따르면 지구 표면에는 해마다 5백여 개 운석이 떨어진단다. 이 중 90퍼센트는 지구 표면의 70퍼센트를 차지하는 바다 혹은 육지라도 아주 외진 곳에 떨어지기 때문에 우리가 모르고 지나칠 뿐이다.

2013년 2월 15일 카자흐스탄 국경에서 그리 멀지 않은 러시아 도시 첼랴빈스크 지역에 거대한 운석이 떨어지는 동영상을 뉴스에서 본 기억이 있다. 출근 차량들이 줄지어 서 있는 도로 위로 비스듬히 불기둥이 떨어지는 모습에 간담이 서늘했다. 그 충격으로 인근 건물의 유리창이 깨졌다지만 사실 그때 떨어진 운석은 기껏해야 지름 18미터의 작은 운석이었다. 유네스코 문화유산으로 지정된 남아공의 브레드포트 운석공은 지름이 190킬로미터나 된다니 도대체 얼마나 큰 운석이 떨어졌던 것일까? 지금으로부터 약 6,500만 년 전 멕시코 유카탄반도 앞바다에 떨어진 운석은 전 지구적 기후변화를 일으켜 끝내 공룡들을 모두 멸종으로 내몰았다.

언제든 지구에 충돌할 가능성이 있는 소행성은 줄잡아 1백만 개나 된다. 그러나 그중 우리가 궤도를 파악하고 있는 것은 불과 1퍼센트, 즉 1만 개에 지나지 않는다. 인류의 존재 역사 동안에는 다행히 아직 벌어지지 않았지만 우리라고 공룡 신세가 되지 말라는 법은 없다. 그래서 1908년 6월 30일 러시아 퉁구스카 지역에 히로시마 원폭의 1천 배 규모의 운석이 떨어졌던 사건을 기리며 세계 각지의 과학자, 예술가, 기업인, 언론인 등이 모여 오늘을 '소행성의 날(Asteroid Day)'로 선포한다. 매년 10만 개 소행성을 새로 발견해 10년 안에 소행성 거의 전체의 성격과 궤도에 관한 데이터베이스를 확보하자는 계획이다. 젊은 친구들의 동참을 기다리고 있다.

2015

7

7월 1일

서비스 산업

여러 해 전에 뉴욕 미국자연사박물관과 하버드대 비교동물학박물관의 해외연구원으로 선임돼 종종 뉴욕과 보스턴에 간다. 뉴욕까지는 직항 비행편이 있지만 보스턴에 가려면 뉴욕공항에서 다시 비행기를 갈아타야 했다. 그러던 어느 해 이른바 독수리 타법을 구사하는 미국 비행사 여직원이 한 사람당 20분 이상 허비하는 바람에 나는 결국 보스턴행 비행기를 놓치고 말았다. 내 앞에 겨우 세 명밖에 없었건만 느려 터진 주제에 손님들과 노닥거리기까지 하며 끝내 내 여행을 망치고 말았다. 그 후부터 나는 언제나 뉴욕공항에서 차를 빌려 밤을 새워 보스턴으로 올라가곤 했다.

독일을 보면 제조업의 기반이 얼마나 중요한지 잘 알 수 있다. 우리나라 경제도 반도체, 스마트폰, 자동차 등 제조업을 기반으로 비교적 안정을 유지하고 있지만 서비스 산업의 비중이 늘면 금상첨화일 것이다. 스웨덴의 세계적인 가구회사 이케아(IKEA)가 한국에서 개업을 준비하는 바람에 관련 국내 기업들이 잔뜩 긴장하고 있다. 디자인도 깔끔하고 가격도 저렴해 인기가 있으리라 기대할 수 있지만 우리나라는 이미 월마트나 카르푸 같은 세계적인 유통 업체들이 줄줄이 무릎을 꿇은 묘한 곳이다. 편리함과 속도가 어쩌면 가격보다 더 중요한 이 땅에서 과연 직접 조립해야 하는 가구가 성공할지는 지켜볼 일이다. 국내 가구 회사들이 이케아의 매력을 능가하는 서비스 메커니즘을 개발한다면 이케아라고 해서 월마트와 카르푸의 전철을 밟지 말라는 법은 없어 보인다.

미국이나 유럽의 선진국을 여행하며 서툴고 느린 서비스에 혀를 내두른 경험이 있을 것이다. 인천공항만큼 신속하고 편리한 공항을 본 적이 있는가. 어느덧 우리의 서비스 수준은 선진국을 능가하고 있다. 외국 기업의 국내 진입에 떨고 있을 게 아니라 이제는 오히려 우리가 외국 시장을 공략할 때가 되었다고 생각한다. 우리의 진격을 가로막는 장애물이 무엇인지 찾아내 과감히 무너뜨려야 한다. 서양인들도 일단 '빨리빨리'에 중독되면 헤어나기 어려울 것이다.

2014

7월 2일

한 해의 한가운데

오늘 7월 2일은 한 해의 한가운데다. 올해가 시작된 지 어언 182일이 지났고 이제 꼭 182일이 남았다. '시작이 반'이라는 속담이 있다. 무슨 일이든 시작하기가 어렵지 일단 시작하면 끝마치기는 그리 어렵지 않다는 말이다. "그렇다면 절반을 마치기 전에는 시작조차 하지 않은 셈"이라는 영국 시인 키츠의 궤변도 곱씹어 볼 만하다.

마라톤에 비유한다면 우리는 지금 반환점(halfway point)을 돌고 있다. 절반을 달렸으니 시작은 확실하게 한 셈이고 이제 마무리만 잘하면 된다. 숨가쁘게 여기까지 달려온 당신에게 할 얘기인지는 모르지만, 또 한 번 심기일전해 다시 시작하면 나머지 절반도 너끈히 잘해 낼 수 있을 것이다. 그저 평범하게 반환점을 돌 게 아니라 삶의 전환점(turning point)으로 만들어 보자. 수학에서 말하는 변곡점(inflection point)이 될 수도 있다. 삶의 요철(凹凸)이 바뀌는 그런 순간 말이다.

국가대표 연기파 배우 김명민이 주연한 〈페이스 메이커〉라는 영화가 있다. 비록 흥행에는 그다지 성공하지 못했지만 평생 2등을 밥 먹듯 했던 내게는 가슴 뭉클한 감동을 안겨 주었다. 팀 동료를 1등으로 만들기 위한 보조 주자 역할을 완수하고 조용히 물러나야 했지만 끝내 욕망을 억누르지 못해 완주하고 만다.

영어권에서는 페이스 메이커를 종종 '토끼'라 부른다. 실제로 육상 경기에서는 토끼가 멈추지 않고 달려 뜻밖의 우승을 거머쥔 예가 심심찮게 있다. 1994년 로스앤젤레스 마라톤에서 페이스 메이커로 고용된 폴 필킹턴은 도와야 했던 선수가 일찌감치 떨어져 나가는 바람에 끝까지 달려 우승했다. 그때 그의 나이가 서른다섯이었다. 인생의 반환점을 도는 당신에게 완주를 주문한다. 설령 당신이 기껏해야 페이스 메이커 수준의 삶을 살고 있더라도 포기하지 않으면 언젠가 화려한 반전이 찾아올지 모른다.

2019

7월 3일

전재용 선장과 예멘 난민

1985년 11월 중순 원양어선 광명 87호를 이끌고 귀항하던 전재용 선장은 남중국해를 지나다 베트남 난민을 실은 작은 난파선을 발견한다. 상관하지 말라는 회사의 지시로 그들을 지나쳤지만 전 선장은 끝내 양심을 저버릴 수 없어 뱃머리를 돌린다. 사흘이나 굶은 난민 96명에게 25명 선원들의 식량과 물을 나눠 주며 열흘 만에 간신히 부산항에 도착했다.

일엽편주에 몸을 실은 채 무려 25척의 배를 스쳐 보내야 했던 베트남인들은 전 선장의 따뜻한 배려로 목숨을 구했다. 반면 전 선장은 부산항에 도착하자마자 해고당해 고향 통영에서 멍게 양식업을 하며 살았다. 2004년 난민 대표 피터 누엔이 전 선장을 수소문해 19년 만에 로스앤젤레스 공항에서 해후한 이야기는 다큐멘터리로도 제작되었다. 다큐멘터리를 보는 내내 나는 내가 전 선장님과 함께 한국 사람이라는 게 한없이 자랑스러웠다. 의인상은커녕 회사에서 쫓겨나 생계를 걱정하며 살았지만 그는 여전히 "96명의 생명을 살린 저의 선택을 한 번도 후회한 적이 없었다"고 말한다.

제주도에 예멘 난민 519명이 들어왔다. 김대중 정부가 제정한 '제주특별자치도 설치 및 국제자유도시 조성을 위한 특별법'에 따라 비자가 없어도 입국해 최장 30일까지 머물며 난민 지위를 신청할 수 있다는 걸 알고 온 것이다. 1651년 일본 나가사키로 항해하다 제주도에 표착한 네덜란드 헨드릭 하멜 일행과 달리 이번에 예멘인들은 제주도를 목표로 노를 저었다. 대부분이 건장한 남성이라는 점 때문에 '취업 난민'이라는 비판도 만만치 않다.

하지만 우리에게는 이미 33년 전 바다 한복판에서 난민을 구해 우리 땅으로 데려온 전적이 있다. 그리고 그들을 난민 수용소에서 무려 18개월 동안이나 보살핀 후 미국에 안착할 수 있도록 도왔다. 스스로 선진국이라고 자부하고 싶은 2018년 대한민국이 우리 땅까지 노 저어 온 난민을 그냥 내칠 수는 없다. 일단 따뜻하게 보듬자. 그리고 함께 공존의 길을 찾아보자.

7월 4일

도덕

예전에는 선생님 그림자도 밟지 않는다 했다. 그러나 요즘 우리 중학교 교실에서는 남학생들이 여교사의 어깨를 감싸며 사귀자고 하질 않나, 심지어는 '첫 경험'을 언제 했느냐며 성희롱을 한단다. 최근에는 지하철에서 자기 아이를 만졌다는 이유만으로 할머니의 얼굴을 때린 어느 젊은 엄마와 다리를 꼬면 바지에 신발이 닿으니 치워 달라는 할아버지에게 심한 욕설을 퍼부으며 위협하는 20대 청년의 동영상이 인터넷에 공개되어 많은 사람들을 경악하게 만들었다. 도덕이 땅에 떨어졌다.

그런데 사실 도덕이 땅에 떨어졌다는 얘기는 어제오늘 들은 게 아니다. 시대를 불문하고 어른 세대는 늘 젊은 세대의 무례함과 모자람을 꾸짖는다. 만일 우리 역사에서 늘 아래 세대의 도덕성이 위 세대의 도덕성보다 못했다면, 지금 우리는 역대 최고로 부도덕한 시대를 살고 있어야 한다. 우리가 진정 한밤중에 이웃 마을을 급습하여 남자들의 목을 베고 여자들을 겁탈하던 그 옛날 오랑캐 시절보다 도덕적으로 못하단 말인가. 나는 감히 우리가 살고 있는 지금 이 순간이 인류 역사상 가장 도덕적인 시대라고 주장하련다.

그 옛날에도 패륜아는 있었다. 다만 지금처럼 누가 한 번만 잘못해도 국민 전체가 알아 버리는 일이 없었을 뿐이다. 보는 눈이 엄청나게 많아진 것이다. 하지만 이 엄청나게 많은 눈들이 오히려 우리를 도덕적인 동물로 지켜 줄지도 모른다. 할아버지뻘의 노인에게 차마 입에 담지 못할 욕을 해 댄 남자의 신상이 누리꾼들에 의해 낱낱이 파헤쳐져 인터넷에 공개되었다.

돌고래 수컷들은 망망대해에서 짝짓기하고픈 암컷을 몰기 위해 종종 두세 마리가 동맹을 맺는다. 동맹군의 협공이 성공하여 암컷이 짝짓기를 허락하면 그들 중 한 마리의 수컷이 먼저 기회를 얻는다. 그런 다음 또 다른 암컷을 공략하여 성공하면 그다음 수컷의 차례가 된다. 그런데 돌고래 사회에도 얌체가 있다. 일단 암컷을 취하고 나면 다른 수컷들을 돕지 않고 곧바로 다른 패거리로 옮겨 짝짓기 기회만 노리는 수컷들이 있다. 하지만 이 같은 얌체 행각이 발각되면 다시는 짝짓기 기회를 얻지 못한다. 어느 사회건 남의 눈처럼 무서운 건 없다.

교육이 문제이다. 잘못 배운 게 아니라 아예 배워 보지도 못한 젊은이들이 너무 많다. 예의범절을 가르쳐야 한다.

2011

7월 5일

국립자연박물관

내가 살고 있는 서대문구에는 훌륭한 자연사박물관이 둘이나 있다. 내가 몸담고 있는 이화여대 자연사박물관은 우리나라 최초의 자연사박물관이고, 서대문자연사박물관은 지방자치단체가 직접 설립하여 운영하는 우리나라 최초의 공립 자연사박물관이다. 이화여대 자연사박물관은 작년 11월부터 〈기후변화특별전〉을 열고 있으며 지난달에는 임진각 평화누리의 경기평화센터에서 절찬리에 〈개미제국탐험전〉을 시작했다. 서대문자연사박물관은 얼마 전 〈지구의 정복자 딱정벌레〉전을 마치고 오는 7월 10일부터는 〈상어의 신비〉전을 연다.

나는 성인이 되어 산 삶의 거의 전부를 자연사박물관에서 보냈거나 그에 관련된 일을 하며 살았다. 20대 중반에 도미하여 펜실베이니아주립대 프로스트곤충학박물관에서 석사 학위를 한 다음 하버드대 비교동물학박물관에서 박사 과정을 거쳤다. 미시간대에서 교편을 잡던 시절에는 아예 그곳 동물학박물관 건물 안에 내 연구실이 있었다. 1994년에는 자연사박물관이 없는 서울대학교로 부임하여 잠시 허전했지만, 그 이듬해인 1995년 김영삼 정부가 국립자연사박물관 건립 계획을 공표하는 바람에 지난 15년을 하염없는 기다림의 세월로 보냈다. 그러다가 2006년부터는 이화여대 자연사박물관장 일을 맡고 있다.

국립자연사박물관 건립을 위해 초창기부터 애써 오신 원로 생물학자 이병훈 교수님은 자연사박물관이라는 이름 대신 '자연박물관'이라 부르자고 제안하신다. 자연사(自然史)박물관은 이제 더 이상 죽은 생물의 표본이나 전시하는 '자연사(自然死)' 공간이 아니다. 자연박물관은 생명의 신비를 파헤쳐 BT산업의 기반을 마련할 21세기 최첨단 생명과학 연구의 메카가 될 것이다.

G20 국가 중에서 국립자연사박물관이 없는 나라는 우리밖에 없다. 기후변화와 자원 고갈의 문제가 날로 심각해지면서 생물다양성의 보고인 자연사박물관의 가치가 이루 말할 수 없이 중요해지고 있다. 세계 굴지의 자연사박물관장들은 한결같이 내게 후발 주자의 이점을 강조한다. 그들이 비록 우리보다 먼저 뛰기 시작했지만 두터운 전통의 굴레를 벗어던지기 힘들어할 때 우리는 생물다양성 연구를 기반으로 한 BT, NT, IT가 어우러진 21세기형 최첨단 국립자연박물관을 만들 수 있다. 우리도 이제 뛸 때가 되었다.

2010

7월 6일

세계 반딧불이의 날

우리나라에서는 해마다 8월 말에서 9월 초 전라북도 무주에서 반딧불이 축제가 열리지만, 세계적으로는 7월 3~4일이 반딧불이의 날이며 다양한 행사가 열린다. 금년 2021년의 주제는 '잡지(catch) 말고 보기만(watch) 하세요'였다. 진(晉)나라 차윤이 반딧불을 모아 그 불빛에 글을 읽었다는 고사에서 유래한 형설지공이 풍시하는 대로 반딧불이는 예로부터 참 많이도 잡혔다. 최근에는 생태 테마 공원의 전시 명목으로 붙들려 발광 퍼포먼스까지 해야 한다.

반딧불이를 손에 쥐고 있어도 뜨겁지 않은 까닭은 루시페린(luciferin)이라는 화학 물질이 산화하며 빛을 발하는데 그게 열 손실이 거의 없는 형광이기 때문이다. 반딧불이 수컷은 발광만 하는 게 아니라 약간 구리터분한 냄새도 풍긴다. 아마 그래서 우리는 반딧불이를 종종 개똥벌레라고 부르는 것 같다. 최근 『늦었지만 늦지 않았어』라는 수필집을 낸 내 오랜 벗 한돌은 '한국 노랫말

대상'을 받은 〈개똥벌레〉에서 "아무리 우겨 봐도 어쩔 수 없네/저기 개똥 무덤이 내 집인 걸"이라고 노래했다. 이어서 그는 "마음을 다 주어도 친구가 없네/(…)/손을 잡고 싶지만 모두 떠나가네"라며 아쉬워한다.

개똥벌레 수컷은 빛 신호를 보내며 날아다니다 풀섶에 앉은 암컷이 은밀하게 답신하면 날아 내려와 짝짓기를 한다. 그런데 미국 동부에 사는 포투리스(*Photuris*)속의 암컷은 다른 종 수컷의 신호를 보고 그걸 해독한 다음 그 종 암컷의 신호를 보내 유혹한다. 뜨거운 밤을 기대하며 풀섶에 내려앉은 순진한 수컷은 결국 그 냉혹한 팜므파탈(femme fatale)의 저녁 식사가 되고 만다. 더욱 치명적인 것은 이 암컷이 한 종이 아니라 여러 종의 암호를 해독할 줄 안다는 사실이다. 이런 개똥벌레와는 손을 잡지 말아야 한다. 이런 친구는 없어도 좋다.

2021

7월 7일

語順과 띄어쓰기

동물의 의사소통 메커니즘을 연구하는 학자들은 그동안 새들의 노래를 분석하는 데 엄청난 시간을 할애했다. 그런데 새들의 노래는 듣기에는 아름답고 화려하지만 정작 그 의미는 단순하고 한결같다. 새들 세상에서 노래는 거의 예외 없이 수컷이 부르는데, 종마다 제가끔 곡명은 달라도 모두 "나랑 결혼해 주오", 즉 사랑의 세레나데다.

새들의 노래는 지방에 따라 약간의 사투리가 있긴 해도 특별히 배우는 게 아니라 어른 수컷이 되면 누구나 본능적으로 거의 똑같이 부른다. 암컷들은 그 길고 복잡한 멜로디를 음절 단위로 쪼개어 적당히 뒤섞어 들려줘도 대충 알아듣는다. '나랑 결혼해 주오'든 '결혼해 주오 나랑'이든 어순(語順)은 그리 중요하지 않다. 반면 띄어쓰기는 매우 중요하다. '아버지가 방에 들어가신다'와 '아버지 가방에 들어가신다'는 확실히 구분한다는 말이다. 새들의 노래방에서는 박자만 확실히 지키며 얼마나 힘 있고 줄기차게 질러 대느냐가 관건이다. 우리 노래방에서도 대체로 그렇지만.

최근 스위스와 영국 생물학자들이 호주의 밤색머리꼬리치레가 음소(音素) 혹은 단어라고 간주할 수 있는 음 단위를 조합해 의미를 전달한다는 사실을 밝혀냈다. 그 자체로는 아무 의미가 없는 음 단위 '가'와 '나'를 예를 들어 '가나'로 이어 부르면 하늘을 날면서 다른 동료들을 불러들이는 신호가 되고, '나가나'로 조합하면 새끼들에게 밥 먹을 시간을 알리는 신호가 된다. 이런 점에서 밤색머리꼬리치레는 노래(song)를 부르는 게 아니라 의사를 전달하기 위해 소리(call)를 지르는 것이다.

그동안 단어를 조합해 의미를 생성하는 방식은 인간만 구사하는 줄 알았는데 처음으로 다른 동물의 언어에도 존재한다는 사실이 밝혀진 것이다. 우리가 하는 까치 연구에서도 이제 어순을 분석할 필요가 있을 듯싶다. 수다로 치면 까치도 앵무새나 꼬리치레 못지않은 만큼 분명히 뭔가 엿들을 게 있을 것이다. 이쯤 되면 언어는 동물의 노래가 아니라 소리로부터 진화한 게 분명해 보인다.

2015

7월 8일

역사 知能

시진핑 중국 국가주석의 서울대 강연이 묵직한 여운을 남긴다. 국가의 미래를 책임질 분야는 단연 이공계라며 굳이 공과대학에서 강연하면서 정작 내용에는 한·중 우호를 상징하는 두 나라의 역사적 인물을 줄줄이 언급했다. 개인적으로 최치원·허균·김구에 대해서는 배웠고, 왕자 스님 김교각, 노량해전에서 이순신 장군과 함께 전사한 명나라 장수 등자룡의 이름은 들어 본 적 있지만, 공소·진린·정율성이라는 이름을 남의 나라 정상의 입을 통해 듣고 있자니 저절로 고개가 숙여진다.

2005년 여름 어느 일간지의 부탁으로 세계적 석학 재러드 다이아몬드 교수를 인터뷰하러 로스앤젤레스를 찾았다. 그는 하버드대를 나와 케임브리지대에서 박사 학위를 하고 UCLA 의대 생리학 교실의 주임 교수로 있으면서 여가 선용 차원에서 뉴기니의 새들을 관찰하여 같은 대학의 생태및진화생물학과에도 교수로 임용되더니 언제부터인가 아예 지리학과로 옮겨 종횡무진 학문의 경계를 넘나드는 전형적 통섭형 학자이다.

퓰리처상을 받은 『총, 균, 쇠』의 속편 격인 『문명의 붕괴』에 대해 얘기하던 중 변화무쌍한 동북아 상황에서 대한민국이 살아남을 길이 무엇이냐는 내 돌발 질문에 그는 일말의 머뭇거림도 없이 "핀란드를 벤치마킹하라"는 답을 내놓았다. 당시 67세 나이에 걸맞지 않게 그는 역대 핀란드 왕 이름을 줄줄이 내리꿰며 그들이 언제 어떻게 강대국 러시아를 상대로 절묘한 실리 외교를 펼쳤는지 설명해 주었다.

몇 해 전 나는 이제 현대인이라면 모름지기 다윈의 진화론에 대해 알아야 한다는 취지에서 『다윈 지능』이란 책을 냈다. 시 주석이 그저 참모들이 적어 준 연설문을 읽었다고 생각하면 오산이다. 중국의 정치 지도자들은 기본적으로 중요한 한시(漢詩)를 줄줄이 외며 확고한 역사 지식으로 무장되어 있다. 역사관을 따지기에 앞서 우리 지도자들이 과연 최소한의 역사 지식을 갖추고 있는지 묻고 싶다. 한·미 동맹을 굳건히 하며 한·중 동반 관계를 키워 가야 하는 이 시점에 탁월한 '역사 지능(知能)'이 필요하다.

2014

7월 9일

됐시유, 냅둬유

'환경은 미래 세대에게 빌려 쓰는 것'이라고들 한다. 이제는 하도 많이 들어서 이렇다 할 감흥을 불러일으키지 못한다. 적어도 우리 세대가 누린 만큼 미래 세대도 누릴 수 있도록 자연을 잘 보존해 물려줘야 한다는 취지에서 나온 말이다. 이것이 바로 '지속 가능성(sustainability)'의 기본 전제이다.

하지만 여기서 잠깐! 그렇다면 우리가 과연 미래 세대에게 차용증을 받았는지 묻고 싶다. 차용증은 돈, 물건 또는 시설을 빌려주며 여차하면 채무자에게 법적 책임을 물을 수 있도록 미리 작성해 두는 일종의 계약서다. 환경이 진정 미래 세대에게 빌려 쓰는 것이라면 우리 세대는 채무자이고 미래 세대는 채권자다. 그런데 현실에서는 미래 세대가 미성년자이거나 아직 태어나지도 않은지라 다들 어물쩍 넘어가는 것이다.

미국이나 캐나다는 아직 시간이 좀 있어 보인다. 그러나 국토 면적이 기껏해야 미국 켄터키주 정도밖에 되지 않는 이 나라에서 개발 광풍을 멈추지 않으면 우리는 그리 머지않아 삶터를 잃고 말 것이다. 진정 개발 문화를 걷어 내고 생태 문화를 정착시키려면 나는 이제 모든 개발 사업에서 차용증 작성을 의무화해야 한다고 생각한다. 환경의 주인인 미래 세대와 마주 앉아 그들의 허락을 받아 내야 한다.

차용증을 쓰려고 미래 세대 대표와 마주 앉은 개발론자들은 "우리가 이곳을 환경 친화적으로 잘 개발하면 여러분은 훨씬 더 풍요로운 세상에서 살게 될 것"이라고 설득할 것이다. 어른들의 장황하고 모순투성이인 개발 논리를 듣던 미래 세대 대표는 참다못해 이렇게 말할 것이다. "됐시유. 냅둬유". 내가 3년이 넘도록 국립생태원에서 일하며 배운 충청도 대표 사투리다. "저희 것이니까 개발을 하든 보전을 하든 저희가 이담에 알아서 할게요". 차용증도 없이 남의 땅에서 함부로 나무를 베거나 물길을 바꾸는 일은 엄연한 불법이다.

2019

7월 10일

저주의 정화수

옛날 우리 어머니들이 뒤뜰 장독대에 올려놓고 두 손 모아 빌던 물이 '깨끗하고 차가운 정한수(淨寒水)'가 아니라 '부정 타지 않은 우물물, 정화수(井華水)'란다. 나는 벌써 10년 넘게 정화수 한 사발 떠 놓고 저주의 기도를 올렸다.

출산율이 정녕 1.0 아래로 떨어져야 정신을 차릴 것 같아서 말이다. 정화수는 본디 잘되라고 빌 때 떠 놓는 물이니 나는 어쩌면 무당이 귀신에게 바치는 '비난수'를 떠 놓고 빈 꼴이다.

우리나라 출산율은 2000년대 초에 이미 1.30까지 떨어졌다. 그런데도 우리 정부는 여전히 산아 제한 정책을 밀어붙이고 있었다. 2005년에 드디어 1.08을 기록하자 화들짝 놀라 '둘만 낳아 잘 기르자'를 '하나는 외로워요'로 바꾸며 호들갑을 떨기 시작했다. 사실 2004년 출산율 1.16과 2005년 1.08의 차이는 불과 0.08이다. 하지만 중간에 있는 영(0) 때문에 느낌이 확 달랐다. 드디어 소수점 아래 출산율은 충격 차원이 다를 것이다.

나는 이런 충격파를 예측하며 2005년 3월 『당신의 인생을 이모작하라』는 제목의 저출산·고령화 관련 책을 냈다. 지금 개정판을 준비하고 있는데 출판사에서 주제는 그대로 두되 부제를 '잃어버린 13년'으로 하잔다. 13년 전 내 제안이 지금도 고스란히 유효하단다. 우리 정부는 그동안 어마어마한 돈을 쓰면서 연신 헛발질만 계속했다.

문제는 속도다. 고령화 사회에서 고령 사회로 진입하는 데 프랑스는 115년이 걸렸지만 우리는 불과 18년밖에 안 걸렸다. 발상의 대전환이 필요하다. 정년 제도를 폐지하고 실질적 임금 피크제를 마련해야 한다. 여성 인력과 이민자를 활용하는 획기적 정책이 필요하다. 무엇보다 교육 문제가 해결돼야 모든 실마리가 풀린다. 저출산·고령화는 인구 문제다. 여기에 4차산업혁명과 청년 일자리 문제까지 뒤엉켰다. 단발성 정책으로 해결할 수 있는 문제가 아니다. 다각도의 인구 통계 분석에 바탕을 둔 통섭적 접근이 필요하다.

2018

7월 11일*

악기 연주

* 세계 인구의 날

모차르트의 음악을 들으면 비록 단기간이나마 두뇌의 시공간 인지 능력이 향상된다는 이른바 '모차르트 효과'가 등장하여 많은 부모들의 마음을 뒤흔든 게 어언 20년 전의 일이다. 모차르트 효과는 특히 어렸을 때 두드러진다고 하여 클래식 음악 듣기가 태교의 필수 항목으로 떠오르기도 했다. 그래서 다분히 인기에 영합하려는 미국 조지아 주지사는 자기 주에서 태어나는 아기들 모두에게 클래식 음악 CD를 한 장씩 사 주겠다며 10만 달러가 넘는 예산을 신청하기도 했다.

서양 예술 음악이 피타고라스 수학에 이론적 기반을 둔다고 해서 음악 교육과 수학 실력의 상관관계에 관한 연구가 특별히 많다. 어려서 음악 교육을 받은 아이들의 산수 성적이 더 높다든가 클래식 음악을 들은 직후 수학 시험을 본 대학생들이 팝 음악을 듣고 시험을 본 학생들보다 높은 점수를 얻었다는 식의 연구 결과들이 나와 있다. 그러나 로베르 주르뎅은 『음악은 왜 우리를 사로잡는가』에서 음악가들의 지능 지수가 그리 높지 않았다고 주장한다. 모차르트 155, 멘델스존 150, 헨델 145를 빼면 대체로 평범한 수준이다. 믿거나 말거나, 베토벤은 135, 바흐는 125, 그리고 하이든은 120 정도란다.

2010년에 발표된 뉴질랜드 빅토리아대 심리학자들의 「모차르트 효과의 마지막 커튼(Listening to Mozart does not improve children's spatial ability: Final curtains for the Mozart effect)」이라는 제목의 연구 논문에 따르면, 지난 20년간 온갖 논란에 휘말렸던 모차르트 효과는 한마디로 과학적 근거가 부족해 보인다. 그렇다고 해서 음악이 우리의 지적 능력이나 품성의 향상과 아무런 관계가 없다고 단정 지을 수는 없다. 최근 미국 캔자스대 의과대학 연구진은 60~83세의 노인 70명을 상대로 수행한 연구에서 10년 이상 악기를 연주한 사람들이 그렇지 않은 사람들보다 비언어 영역의 기억력이 훨씬 탁월하다는 사실을 발견했다.

요즘 고등학교 동창 송년회에 가면 희끗희끗한 머리에 색소폰을 배웠다며 수줍게 솜씨를 뽐내는 친구들이 있다. 어려서 바이올린 레슨을 받던 외사촌 동생을 무척이나 부러워했던 나도 요즘 더 늦기 전에 악기를 하나 배워 보면 어떨까 혼자 가슴 태우고 있다. 언제부터인가 자꾸 대금이 눈에 들어온다. 하지만 정말 해낼지도 모르면서 덜컥 악기부터 사서 돈을 허비하느니 그냥 시조나 배워 보지 하며 마음을 다스린다.

7월 12일

헨리 데이비드 소로

박사 학위를 받고 전임 강사로 학생들을 가르치느라 하버드대에서 보낸 10년 동안 혼자 조용히 생각할 시간이 필요할 때면 나는 종종 월든연못(Walden Pond)을 찾았다. 미국의 자연사상가 헨리 데이비드 소로가 1845년 미국 독립기념일인 7월 4일부터 2년간 통나무집을 짓고 살았던 바로 그곳이다. 넉넉잡아 반 시간쯤 걸리는 연못가 산책로를 시계 반대 방향으로 3분의 1가량 걷다 보면 소로가 살던 통나무집 터가 나온다. 집은 이미 오래전에 사라져 버렸고, 지금은 빈 공간에 작은 푯말만 하나 동그마니 서 있다.

소로는 199년 전 오늘 월든연못에서 그리 멀지 않은 콩코드라는 작은 마을에서 태어났다. 어린 시절 같은 동네로 이사 온 초월주의 문필가 월도 에머슨의 영향으로 자연에 눈을 뜨기 시작했다. 특히 에머슨이 1836년에 저술한 에세이 『자연(Nature)』을 읽고 큰 감명을 받았다고 한다. “내 삶의 주인이 되고 싶다”며 자연으로 돌아가 겪은 ‘소박한 삶’의 경험을 적은 『월든』은 자연주의 사상의 고전이 되었다. 훗날 비폭력 불복종 운동을 펼치며 인도의 민족 해방을 이끈 마하트마 간디가 늘 곁에 두고 읽었다는 그의 또 다른 저서 『시민 불복종』은 지금도 환경 운동을 비롯한 모든 시민운동의 바이블로 자리매김하고 있다.

소로는 국립생태원이 하고 있는 연구인 생태학에도 직접적인 영향을 끼쳤다. 생태학이라는 학문의 명칭을 처음으로 소개한 학자는 흔히 독일 진화생물학자 에른스트 헤켈로 알려져 있다. 그는 1866년 생태학(Ökologie)이라는 학문을 제창하며 '생명체와 환경의 관계를 연구하는 종합적인 과학'이라고 정의했다. 하지만 내가 자주 교재로 사용한 피터 스틸링의 『생태학 입문(Introductory Ecology)』에 따르면 헤켈에 앞서 소로가 1858년 지인에게 보낸 서한에서 'ecology'라는 용어를 사용했다고 한다. 내년이면 소로 탄생 200주년이다. 생태학과 환경 운동의 새 전기로 삼았으면 한다.

2016

7월 13일

DNA와 셰익스피어

서울대 의과대학 유전체의학연구소 서정선 소장 연구진은 최근 미국, 영국, 중국에 이어 세계 네 번째로 인간 유전체(genome)의 염기 서열 전모를 밝혀 세계적인 과학 저널 『네이처』에 발표했다. 세계 최초로 30억 쌍의 인간 DNA 염기 서열을 해독한 미국의 인간유전체 프로젝트가 2,800여 명의 과학자가 동원되어 무려 13년 동안 2조 7천억 원의 경비를 들여 진행된 데 비해 우리 연구진은 비교도 안 되는 연구비로 불과 두 달 만에 훨씬 더 정확한 결과를 얻었다. 앞으로 3~5년이면 누구든 그저 1백만 원 정도의 비용으로 자신의 유전체 정보를 알 수 있게 되어 그야말로 맞춤 유전자 의학 시대가 열릴 것이란다.

2004년 우리는 자연계에서 최초로 자신의 유전자가 몇 개인지를 알게 된 동물이 되었다. 그런데 그 첫 앎의 경험은 참으로 충격적이었다. 우리의 유전자 수가 초파리(약 1만 3천 개)나 꼬마선충(1만 9천 개)보다는 많지만 애기장대(2만 5천

개)라는 식물보다도 조금 적은 2만~2만 5천 개로 밝혀졌기 때문이다. 처음 이 소식을 접한 많은 사람들은 한마디로 자존심이 상한다는 반응을 보였다. 아니 어떻게 우리가 이 보잘것없는 생물들과 어깨를 나란히 한단 말인가? 하지만 어쩌랴? 매일 우리의 배를 든든하게 채워 주는 쌀(벼)이 우리의 두 배 이상인 5만~6만 개의 유전자를 갖고 있는 걸.

그렇다고 해서 유전자 개수 때문에 기죽을 이유는 없다. 실제로 포유동물들은 거의 모두 비슷한 숫자의 유전자를 지닌다. 침팬지와 인간의 DNA 염기 서열은 98.7퍼센트가 동일하고 쥐의 DNA도 인간과 거의 90퍼센트가 일치한다. 그러나 중요한 것은 유전자 자체가 아니라 유전자의 조절 메커니즘과 조합이다.

셰익스피어의 작품 『맥베스』, 『리어왕』, 『오셀로』에 사용된 단어의 수를 세어 보면 평균 3만 1,534개로 서로 얼추 비슷하다고 한다. 가장 빈번하게 등장하는 단어들도 the, and, I, to 등 크게 다르지 않다. 비슷한 개수의 비슷한 단어들로 이루어진 이 세 희곡이 우리에게 전혀 다른 감흥을 주는 이유는 사용된 단어들의 배열과 조합이 다르기 때문이다. 3만여 개의 단어로 쓰인 희곡이 모두 맥베스가 되는 게 아닌 것처럼 비록 숫자는 같더라도 우리 유전체에는 뭔가 특별한 게 있을 것이다.

2009

7월 14일*

세계
침팬지의 날

* 세계 침팬지의 날

7월 14일은 자유, 평등, 박애의 가치를 지켜 낸 프랑스혁명 기념일이다. 1960년 바로 이날 제인 구달은 26세의 젊은 나이에 야생 침팬지를 연구하러 탄자니아에 첫발을 디뎠다. 우리는 그의 연구 덕택에 우리의 가장 가까운 사촌인 침팬지에 대해 많을 걸 알게 되었다. 이를 기리기 위해 제인구달연구소, 세계자연보전연맹, 세계동물원수족관협회 등 10개 단체들이 모여 '세계 침팬지의 날'을 제정했다.

구달 박사는 침팬지들도 나름 사회를 구성하며 서로 복잡하고 미묘한 관계를 맺고 산다는 걸 발견했다. 초식을 주로 하지만 기회가 있을 때마다 육식을 즐긴다. 특히 인간처럼 도구를 사용하며 심지어 제작까지 한다는 그의 발견에 인류학자 루이스 리키 박사는 "이제 우리는 도구를 재정의하거나, 인간을 재정의하거나, 아니면 침팬지를 인간으로 받아들여야 한다"고 말했다. 구달의 침팬지 연구는 우리 스스로를 다시 들여다보게 만들었다.

침팬지가 담당하는 자연의 전도사 역할을 우리나라에서는 돌고래 ‘제돌이’가 하고 있다. 내일은 제돌이가 서울대공원 수족관을 떠나 제주 바다로 돌아간 지 5년이 되는 날이다. 나는 작년 이맘때 7월 18일을 ‘제돌절’로 지정하자고 제안했다. 지금 제돌이와 그의 네 친구 삼팔이, 춘삼이, 복순이, 태산이는 모두 건강하게 잘 살고 있다.

제주도 돌고래 생태 관광은 해마다 20퍼센트씩 성장하고 있다. 5년 전 제돌이를 돌려보낼 때 나는 그의 등지느러미에 큼지막하게 번호 ‘1’을 새겨 주었다. 배를 따라 헤엄치는 돌고래 무리 중 한 마리가 등에 1번을 단 채 물을 박차고 튀어 오르면 뱃전은 그야말로 흥분의 도가니로 변한다. 사람들은 한목소리로 “제돌이다!”를 외친다. 어떤 이는 만세를 부르고, 또 어떤 이는 눈물을 훔친다. 제돌이가 야생 동물에 대한 우리의 인식을 바꿔 주고 있다. 자유, 평등, 박애는 야생 동물도 누릴 수 있어야 한다.

2018

7월 15일

제돌이 방류 1주년

서울대공원에서 돌고래 쇼를 하던 '제돌이'가 야생으로 돌아간 지 1년이 돼 간다. 2009년 5월 서귀포 앞바다에서 혼획돼 거의 3년간 하루 서너 차례씩 '쇼'를 하던 그는 2012년 3월 서울시의 전격적인 야생 방류 결정으로 꿈에 그리던 귀향길에 올랐다. 곧바로 시민위원회가 만들어졌고 1년 4개월간 준비 작업과 적응 훈련을 거쳐 2013년 7월 18일 제주시 김녕 앞바다에 방류됐다. 나는 어쩌다 이 위원회의 위원장으로 추대돼 꿈에도 잊지 못할 귀한 경험을 했다. 게다가 방류 지점인 김녕 해변에 세워진 기념비에는 "제돌이의 꿈은 바다였습니다"라는 글이 내 필체로 새겨졌다. 이젠 죽어서도 잊지 못하게 됐다.

방류 직전 인사말에서 나는 "오늘로 우리는 자연과 인간의 갑을 관계를 재정립하게 되었다"고 선언했다. 고도의 인지 능력을 보유하고 하루 100킬로미터를 질주하는 동물을 좁은 수족관에 가둬 놓고 돈을 지불한 인간들이 모여들면 언제든 묘기를 연출하도록 강요하는 일은 이제 멈춰야 한다. 이제는 우리가 그들 동네에 찾아가 그들이 보여 주고 싶어 할 때까지 기다려야 한다. 김녕 앞바다의 돌고래 관광객들은 이미 "제돌이를 만나면 대박이지만 못 봐도 그저 설렌다"고 말한단다.

남방큰돌고래 관광은 제주도의 대박 상품이 될 것이다. 신기하게도 100여 마리의 제주 남방큰돌고래는 언제나 육안으로 확인할 수 있는 거리 내에서 섬을 돌고 있다. 그래서 다른 지방의 고래 관광처럼 반드시 배를 타고 나갈 필요가 없다. 기왕에 개발된 올레길과 연계하면 시너지 효과가 클 것이다. 게다가 제주에는 제돌이라는 감동적인 스토리텔링 스타가 있다. 영국은 1990년대 초 돌고래 쇼를 전면 금지하고 고래 관광으로 선회했는데, 스코틀랜드에서만 연간 112억 원의 경제 효과를 올린단다. 제돌이보다 1년 2개월여 먼저 터키에서 방류된 돌고래 '톰과 미샤'에게는 추적 장치를 부착했지만 지금 행방이 묘연하다. 제돌이는 등지느러미에 표시해 둔 숫자 1 덕택에 누구든 발견하면 "제돌이다"라고 외친다. 그러곤 이내 그들의 눈시울이 뜨거워진다.

2014

제돌이의 꿈은
바다였습니다
혼획 이후 서울대공원에서 공연하던 남방큰돌고래 제돌이가 시민의 뜻으로 이곳에서 방류되었습니다.
2013. 7. 18.
서울특별시
제돌이방류시민위원회
제주특별자치도

7월 16일

소리 없는 살인 병기, 의자

나는 적어도 일 년에 강의를 100회 이상 하며 산다. 강의를 마치고 나면 사람들은 내게 수고했다며 고마움을 표시한다. 하지만 누가 더 수고한 것일까? 강의를 하는 나는 그나마 사람답게 살았다. 이리저리 걸어 다니고 떠들며 살았다. 하지만 강의를 듣는 사람들은 1시간 이상 의자에 묶여 꼼짝도 하지 못한다. 활과 창을 들고 산으로 들로 뛰어다니도록 진화한 동물로서는 참으로 못 할 짓이다. 그래서 강의를 하는 사람은 재미있게 할 의무가 있다.

최근 미국 루이지애나 생명의학연구소와 하버드의대 연구진은 하루 중 앉아 있는 시간이 길면 길수록 질병에 걸릴 위험도 높아지고 수명도 단축될 수 있다는 연구 결과를 내놓았다. 그들의 연구 결과를 정리하여 열거하면 다음과 같다. 하루의 대부분을 의자에 앉아 일하는 사람은 비만, 당뇨, 지방간 등의 질병을 얻을 위험이 훨씬 높은 것으로 드러났다. 매년 발병하는 암 중 적어도 17만 케이스가 오랜

의자 생활과 연관되어 있는 것으로 추정된다. 유방암과 대장암이 특별히 관련이 깊다고 한다. 하루의 대부분을 앉아서 생활하면 심장마비로 죽을 확률이 54퍼센트나 높아진다. 하루에 6시간 이상 앉아 있은 여성들은 3시간 미만 앉아 있은 여성들에 비해 13년 동안 조사한 사망률에서 40퍼센트나 높게 나타났다.

이 연구 결과는 어디까지나 개체군 수준에서 분석된 것들이다. 따라서 개인 차원의 인과 관계가 성립하는 것은 아니지만, 그들은 조심스레 다음과 같은 결론을 내렸다. 하루에 앉아 있는 시간을 3시간 줄이면 2년을 더 살 수 있고, 텔레비전을 2시간 덜 보면 1.38년을 더 살 수 있다고. 그렇다면 더 편안한 의자를 만들려고 애쓰는 디자이너들은 실상 소리 없이 우리를 죽이는 살인 병기를 만들고 있는 셈이다.

어느덧 우리 대부분은 늘 서서 일하다 잠시 앉아서 쉬는 게 아니라 늘 앉아서 일하다 가끔 일어나서 일부러 걸어야 하는 삶을 살고 있다. 한 연구에 따르면 1시간 앉아 있는 데 따라 기대 수명이 무려 22분이나 줄어든다는데 이 글을 쓰느라 애쓰는 동안 내 수명은 또 얼마나 줄어든 것인가? 매주 나는 이 칼럼에 원고를 보내기까지 거짓말 조금 보태 거의 50번을 고쳐 쓴다. 글과 수명을 맞바꾸는 거래를 언제까지 해야 하는 것일까?

2012

7월 17일*

'드디어 다윈'

* 제헌절

드디어 『종의 기원』이 번역되었다. 이제야 드디어 진화학자가 번역한 제대로 된 책이 나왔다는 말이다. 다윈의 책을 번역하는 작업은 결코 만만하지 않다. 우선 문장이 너무 길다. 다윈의 문장은 때로 페이지를 넘겨야 마침표가 찍힌다. 그러다 보니 지금까지 번역된 다윈 저서들은 쉼표와 세미콜론 단위로 마구 끊어 번역해 종종 독해가 불가능하다.

다윈 탄생 200주년과 『종의 기원』 출간 150주년이 맞물린 '2009년 다윈의 해'를 4년이나 앞두고 다윈을 연구하는 젊은 학자들이 한데 모여 '다윈 포럼'을 결성했다. 우리는 2009년을 우리나라 다윈 연구 원년으로 삼고 우선 다윈의 저서들을 제대로 번역하는 작업에 착수했다. 이웃 나라 일본이 메이지 유신을 거치며 놀랄 만한 학문 발전을 이룩한 배경에는 국가 차원의 번역 사업이 있었다.

우리는 『비글 항해기』는 잠시 접어 두고 좀 더 본격적인 다윈의 학술서 3부작 『종의 기원』, 『인간의 유래』, 『인간과 동물의 감정 표현』을 먼저 번역하기로 했다. 우리 목표는 이 번역서 세 권을 다윈의 해에 맞춰 출간하는 것이었다. 그러나 2009년은 고사하고 그로부터 꼬박 10년이 더 흐른 지금에야 '드디어 다윈' 시리즈 첫 책을 내놓게 되었다. 용어 하나 개념 하나를 두고도 밤을 새울 지경이라 어쩔 수 없었다. 나머지 두 책도 내년까지는 모두 출간될 것이다.

바야흐로 '생물학의 세기'건만 섭섭하게도 이 나라에서 생물학을 하는 학자 대부분은 엄밀한 의미에서 생물학자가 아니다. 생물을 대상으로 화학이나 물리학 연구를 하는 과학자다. 그렇다 보니 일반생물학 시간에 진화 부분은 가르치지 않고 자기 학습 과제로 내 주는 교수가 의외로 많다. 모름지기 다윈을 읽지 않고 생물을 연구하는 것은 성경도 읽지 않은 채 성직자가 되는 것과 진배없다. 드디어 이제 우리도 '다윈 후진국'의 불명예를 씻게 되었다.

2019

7월 18일

‘제돌절’ 선언

어제는 7월 17일 제헌절이었다. 오늘은 뜻을 같이하는 몇몇 지인들과 함께 내가 특별히 따로 기리는 기념일이다. 이름하여 ‘제돌절’이다. 4년 전 오늘 우리는 제주 김녕 앞바다에 제돌이와 춘삼이를 방류했다. 가두리에서 함께 적응 훈련을 받던 삼팔이는 찢어진 그물 틈새로 먼저 빠져나갔다. 2015년 7월 6일에는 복순이와 태산이도 방류되어 함께 포획됐던 남방큰돌고래 다섯 마리가 모두 자유를 되찾았다.

나는 2012년 ‘제돌이야생방류시민위원회’ 위원장을 맡으며 실시했던 설문 조사 결과를 잊지 못한다. 나는 사람들이 다 나처럼 생각할 줄 알았다. 하지만 결과는 뜻밖에도 반대가 절반이 넘었다. 반대 이유는 크게 세 가지였다. 첫째, 인간 복지에 쓸 돈도 없는데 웬 동물 복지냐. 둘째, 안전한 시설에서 잘 보호받고 있는 동물을 왜 한데로 내쫓느냐. 그리고 셋째, 왜 돌고래만 내보내느냐, 코끼리와 침팬지도 내보내라는 것이었다. 그래서 나는 깨달았다. 돌고래 방류에 한 치의 실수도 용납되지 않는다는 걸. 야생으로 돌아간 돌고래가 행여 제대로 적응하지 못하거나 어떤 사소한 사고라도 당하면 이 땅에서 다시는 동물 복원 사업을 할 수 없으리라는 걸.

나는 과학자로서 내 명예를 걸고 모든 단계를 치밀하게 추진했다. 그 결과 다섯 마리 모두 제주 바다에 완벽하게 적응해 잘 살고 있다. 오늘 우리는 서울대공원에 남아 있던 남방큰돌고래 두 마리, 대포와 금등이마저 풀어 준다. 지금 방류 현장에는 우리가 개발한 프로토콜을 전수받으러 러시아 '세이브돌핀스' 활동가들이 와 있다. 돌고래 야생 방류는 세계 여러 곳에서 진행됐지만 우리만큼 완벽하게 성공한 예는 없다. 지금 제주 바다에서는 삼팔이와 춘삼이가 새끼를 낳아 기르고 있다. 야생으로 돌아간 돌고래 암컷이 번식에 성공한 사실을 관찰한 것은 우리가 처음이다. 더 이상 뭘 바라겠는가? 제4회 제돌절을 맞아 나는 선언한다. 우리의 돌고래 복원 사업은 완벽하게 성공했노라고. 금등아, 대포야, 너희도 잘 살아라!

2017

7월 19일

능소화

우리 동네 연희동은 요즘 골목마다 능소화(凌霄花)가 만발했다. '하늘을 업신여기는 꽃'이라 했던가? 거의 한 집 건너 담벼락마다 능소화가 하늘을 우러러 너울거린다. 일명 '양반꽃'을 심었다가 관아에 끌려가 볼기라도 맞을까 두려워 나는 언감생심 꿈도 꾸지 않건만 옆집 능소화가 담을 넘어와 우리 집 외벽에 흐드러졌다.

몇 년 전 온 가족이 함께 강릉으로 여행을 갔다가 경포호 남쪽 초동 솔숲에 있는 난설헌 허초희와 교산 허균 남매의 생가를 찾은 적이 있다. 고즈넉한 고택에 능소화가 눈이 부시도록 아름다웠다. 자원봉사 할머니의 설명에 따르면, 옛날 '소화'라는 이름을 가진 궁녀가 단 한 번의 승은을 입고 빈이 되었으나 그 후 다시는 찾아오지 않은 임금을 기다리다 요절한 넋이 꽃으로 피어났다고 한다. 그 하염없는 기다림이 아직도 여전한지 능소화는 지금도 연방 담 너머를 기웃거린다.

능소화는 암술 하나에 수술 넷을 지니고 있다. 능소화의 속명(屬名·genus) '*Campsis*'는 '굽은 수술'이라는 뜻인데, 꽃을 들여다보면 정말 두 쌍의 수술이 서로 머리를 조아리며 암술을 위아래로 감싸고 있다. 한 쌍의 수술은 암술보다 위에, 그리고 다른 한 쌍은 더 아래쪽에 위치하고 있다. 능소화를 보며 늘 왜 키가 다른 두 쌍의 수술이 암술을 포위하고 있을까 궁금했는데, 최근 중국 생물학자들의 관찰에 의하면 서로 다른 종류의 곤충이 각각의 수술을 담당한단다. 긴 수술은 꼬마꽃벌이, 그리고 짧은 수술은 말벌이 주로 찾는단다. 소화는 일편단심 임금님만 바라보고 있는데 허구한 날 하나도 아니고 두 종류의 '벌레'가 늘 집적거렸을지도 모를 일이다.

능소화의 꽃말은 '명예'이다. 고(故) 박경리 선생님은 『토지』에서 "미색인가 하면 연분홍 빛깔로도 보이는" 능소화를 최 참판 가문의 명예를 상징하는 꽃으로 묘사했다. 그런데 얼마 전에는 SBS 대하드라마 〈토지〉의 제작자가 스스로 목숨을 끊었다. 무슨 명예를 지키려 목숨까지 바쳐야 했는지 안타깝기 그지없다. 능소화의 화려함 뒤에는 울컥거리는 애절함이 숨어 있다. 이런 사연들을 아는지 모르는지 서양 사람들은 능소화를 '아침 고요(Morning Calm)의 꽃'이라 부른다. '아침 고요의 나라'의 아침을 여는 꽃 능소화, 너 참 아름답구나!

2010

7월 20일

장맛비

“주룩주룩 쏟아지는 비가 온 세상을 물걸레처럼 질펀히 적시고 있다”. 소설가 윤흥길은 1973년에 발표한 작품 『장마』에서 장맛비를 물걸레에 비유했다. 소설의 배경인 1950년대는 물론, 소설이 쓰인 1970년대까지만 해도 우리 땅에 쏟아지는 비는 이 세상을 기껏해야 물걸레처럼 질펀히 적실 뿐이었다. 그저 주룩주룩 하염없이 내렸다.

그러나 언제부터인가 비가 달라졌다. 1994년 여름 오랜 미국 생활을 접고 귀국한 내가 고국 땅에서 처음 접한 비는 어려서 맞던 장맛비가 아니었다. 연구를 위해 늘 드나들었던 중남미 열대에서 맞던 열대비에 영락없었다. 그래서 그 당시 빗소리만 듣고도 우리나라가 아열대화하는 것 같다는 칼럼을 썼다가 기상학자들에게 뭇매를 맞았던 기억이 새롭다. 이젠 그분들이 더 앞장서서 아열대 얘기들을 한다.

지난 16일에는 경남 마산에 시간당 최고 102밀리미터의 폭우가 쏟아졌다. 부산에도 시간당 90밀리미터의 비가 퍼부어 주택가 비탈길에 세워 두었던 차들이 도로 입구까지 쓸려 내려가 무너진 벽돌들과 뒤엉킨 사진이 언론에 보도되었다. 이쯤 되면 물걸레가 아니라 거의 세차장 호스 수준이다. 소설 『장마』에서 외할머니가 퍼붓던 저주의 말이 이제 우리 앞에 현실로 드러나고 있는 것이다. "더 쏟아져라! 어서 한 번 더 쏟아져서 바웃새(바위 사이)에 숨은 빨갱이마자 다 씰어(쓸어) 가그라!"

2002년 태풍 루사는 하루 동안 870밀리미터의 비를 쏟아 강릉의 바위틈을 후벼 파내 동해 바다로 쓸어 버렸다. 지금 서울과학관에는 뉴욕 미국자연사박물관 기후변화특별전 〈I LOVE 지구〉가 열리고 있다. 전시회에서 가장 사람들의 눈길을 끄는 것은 870밀리미터의 폭우에 잠긴 서울의 미래 모습이다. 남산 기슭의 한옥마을이 처마 밑까지 물에 잠기고 지하철 2호선 시청역에는 허리춤까지 물이 들이찬다. 비가 100밀리미터씩 8~9시간만 내리면 벌어질 일이다.

예전에는 한강이 범람하여 마포와 영등포가 물에 잠겼다. 앞으로는 강이 범람하지 않아도 도시에 떨어지는 빗물만으로도 도시의 기능이 마비될 것이다. 강만 정비한다고 되는 일이 아니다. 도시의 인프라 자체를 재정비하지 않으면 기후변화의 대재앙을 피하기 어려워 보인다. 우리 국민 모두에게 이번 여름 기후변화특별전 관람을 필수 과목으로 지정하는 바이다.

2009

7월 21일

바이러스와 인간의 공진화

모든 진화는 공진화(co-evolution)다. 1960년대 중반 나비와 식물, 그리고 식물과 개미가 서로에게 의존하며 함께 진화한다는 주장이 처음 등장했을 때 생물학자들은 대체로 회의적이었다. 지금은 다르다. 생태계 구성원 모두 먹이 사슬과 사회관계망으로 얽혀 있는 마당에 다른 생물과 아무런 연계 없이 홀로 진화하기가 오히려 불가능하다는 것을 잘 알고 있다.

바이러스와 인간도 함께 진화한다. 얼마 전 미국 국립알레르기·전염병연구소 파우치 소장이 코로나19 바이러스가 변이를 일으켜 전파력이 여섯 배나 높아졌다고 발표했다. 이 보도를 듣고 많은 사람이 더 큰 공포에 휩싸였지만, 진화생물학자인 내게는 사뭇 희망적인 소식이었다. 바이러스와 인간이 공진화하는 과정에서 드디어 숨 고르기 단계에 진입한 듯 보인다.

코로나19 바이러스를 박멸하거나 퇴치해 사태를 종식시키는 게 아니라 공존해야 한다는 게 무슨 뜻일까? 감기도 코로나바이러스가 일으키는 질병이다. 감기 바이러스가 인류를 공격하기 시작하던 초창기에는 아마 많은 사람을 죽였을 것이다. 그러나 시간이 흐르면서 독성이 강한 바이러스 변이는 이미 감염시킨 사람과 함께 스러지고, 감염됐어도 사는 데 별 지장이 없는 사람들은 비교적 온건한 바이러스를 옮겨 주며 함께 살게 된 것이다.

우리나라처럼 방역을 철저하게 하거나, 미국과 브라질처럼 많은 사람이 죽고 나면 독성이 강한 변이는 저절로 자연선택 과정에서 도태되고 상대적으로 약한 변이가 득세하게 되어 있다. 한 명만 확진받아도 직장이나 학교를 폐쇄하고 주변 모든 사람을 조사하는 정책을 언제까지 끌고 갈 것인지 고민할 때가 됐다. 바이러스는 이미 우리에게 적응하기 시작했는데, 그래서 조심스레 '불편한 동거'를 제안하고 있는데, 우리가 너무 냉정하게 뿌리치고 있는 건 아닌지 검토할 필요가 있다. 변화는 함께해야 쉽다.

2020

7월 22일

엉킨 실타래와 매듭

우리 사회는 다양한 갈등이 빚어낸 이해관계로 마치 고양이가 한바탕 갖고 논 실타래처럼 뒤엉켜 있다. 헝클어진 실타래를 풀겠다며 여럿이 제가끔 실을 잡아당기면 자칫 더 심하게 꼬인다. 세상 많은 일이 여럿이 함께 거들면 쉬운 법이지만 실타래를 푸는 일만큼은 예외이다. 한 사람이 침착하게 한 올씩 풀어야 한다. 지금 우리 정부에 확실한 컨트롤 타워가 필요한 이유가 여기에 있다.

그리스 신화에는 아테네의 영웅 테세우스가 우두인신(牛頭人身)의 괴물 미노타우로스를 죽이려 크노소스 궁전으로 들어가는 이야기가 나온다. 그런데 그곳은 건축의 신인 다이달로스가 작심하고 미궁으로 만든 곳이라서 테세우스가 설령 괴물을 죽이는 데 성공하더라도 출구를 찾기란 사실상 불가능한 상황이었다. 하지만 테세우스는 크레타의 왕 미노스의 딸 아리아드네가 쥐여 준 실 덕택에 무사히 미로를 빠져나올 수 있었다. 지금 우리 사회가 안고 있는 이 거대한 실타래 속에서 과연 아리아드네의 실을 찾을 수 있을까?

때로는 문제 자체에 코를 박기보다 문제의 근원을 찾아 제거하는 것이 훨씬 효율적이다. 기원전 프리기아의 왕 고르디우스는 자신이 아끼던 수레를 신에게 제물로 바치곤 절대로 풀 수 없는 매듭으로 묶은 다음 그걸 푸는 자가 아시아를 정복하리라 예언했다. 그 후 많은 사람이 그 매듭을 풀려고 노력했지만 번번이 실패하던 어느 날 페르시아를 정복하고 동진하던 알렉산더 대왕이 전설의 매듭 이야기를 듣고 찾아와 단칼에 잘라 냈다고 한다. 복잡하고 난해한 문제는 때로 대담하고 근원적인 해법이 필요하다.

전후 독일은 화약 냄새보다 부패의 악취를 먼저 제거하기로 했다. 법치 국가를 세우면 경제 발전은 저절로 따라온다고 믿었기 때문이다. 아시아에서는 싱가포르가 동일한 길을 걸었다. 지금 이 두 나라는 세계에서 홀로 탄탄한 경제를 유지하고 있다. 배고픈 건 참아도 배 아픈 건 참기 어렵다. 다 같이 맞으면 덜 아픈데 나만 혼자 맞으면 훨씬 더 아프다. 원칙을 중시하고 약속을 지키겠다는 박근혜 대통령께 감히 고하련다. 대한민국이 진정 동아시아 시대를 이끌려면 법과 상식의 칼로 단호히 고르디우스의 매듭을 자르시라고. 국민의 신뢰를 얻어 대통합을 이루는 길은 이 길 하나뿐이다.

2013

7월 23일

자살 잘하는 사람들

OECD에 따르면 우리나라에서 2017년 한 해 동안 스스로 목숨을 끊은 사람은 1만 2,463명에 달한다. 우리나라 자살률은 10만 명당 24.3명인데, 이는 OECD 전체 평균 11.6명을 배 이상 웃도는 놀라운 수치다. 세계 10위권 경제 대국 지위를 유지하려면 자살률까지 10위권을 고수해야 하는 것인가?

좀 산다는 나라 중에서 유례를 찾기 어려운 연유가 뭔지 고심하던 나는 최근 흥미로운 자료 하나를 얻었다. 1874년 파리에서 출판된 프랑스 가톨릭 선교사 샤를 달레의 『조선교회사(Histoire de l'Église de Corée)』 서문만 따로 번역한 『벽안에 비친 조선국의 모든 것』이라는 책이다. 무려 1천 쪽에 달하는 『조선교회사』는 서문만 192쪽이나 된다. 1668년 출판된 『하멜 표류기』의 부록 「조선국기」보다 조선의 지리, 역사, 제도, 풍습, 언어, 종교 등이 훨씬 상세히 기술되어 있다.

거기 이런 대목이 나온다. “조선 사람들은 대개 완고하고, 까다롭고, 성내기 쉽고, 복수를 좋아하는 성격을 갖고 있다. (…) 울화통이 터졌을 때는 이상하리만큼 쉽게 목을 매달거나 물에 빠져 죽는다. 사소한 불쾌한 일이나, 한마디 멸시의 말이나, 아무것도 아닌 일이 그들을 자살로 이끌어 간다”. 비록 외국인 한 명의 관찰이지만 원래 우리 국민성에 자살 성향이 들어 있는 건 아닌지 자못 착잡하다.

유명인의 자살이 꼬리를 물고 있다. 십수 년 전 어느 날 슬며시 내 강연장에 들어와 앉았다가 끝날 무렵 가볍게 손을 흔들며 뒷문으로 사라지는 정두언 의원을 본 적이 있다. 그러곤 3년 전 어느 후원 행사에서 노래를 부르는 그를 다시 보았다. 우리의 만남은 이게 전부였지만 나는 그를 참 ‘쿨(cool)한’ 정치인으로 생각했는데 도대체 무엇이 그를 자살로 이끌었는지 그저 안타까울 따름이다. 돌이켜 보면 진정 ‘아무것도 아닌 일’일 텐데.

2019

7월 24일

칸막이와 소통

국립생태원에 부임한 첫날 나는 곧바로 사무실 순방에 나섰다. 난생처음 맡은 최고경영자 역할을 정말 잘해 보고 싶어 나는 꽤 많은 경영학 책을 섭렵했다. 그러나 첫발을 디딘 사무실의 모습은 모든 경영 전문가들이 해서는 안 된다고 지적한 바로 그 모습이었다. 직원들 책상 사이마다 칸막이가 어른 키만큼 높았다. 그 방을 빠져나오며 나는 "칸막이를 없애야 소통이 원활해진다던데…"라고 중얼거렸다.

그날 오후부터 곧바로 칸막이 철거 작업이 시작됐다. 원장님 지시 사항이라며. 나는 사실 그런 지시를 내린 적이 없었다. 그저 혼자 구시렁거렸을 뿐이었다. 모름지기 윗사람은 말을 조심해야 한다는 교훈은 얻었지만 칸막이를 없애면 업무 능률이 오르고 동료 간 관계도 증진된다기에 모른 체했다.

얼마 후 한 직원이 면담을 원한다며 원장실로 찾아왔다. 그는 죽기를 각오하고 직언하겠다며 칸막이를 다시 설치해 달라고 했다. 전후좌우로 뻥 뚫린 공간에서는 도저히 집중할 수가 없다는 것이었다. 듣고 보니 일리 있는 항변이었다. 그래서 나는 칸막이 설치 여부는 부서별로 토의해서 자발적으로 결정하라고 지시했다. 그랬더니 절반은 예전처럼 칸막이를 다시 세웠다. 칸막이를 복원한 부서의 업적도 함께 복원됐는지는 확인하지 못했다.

최근 스웨덴 연구진에 따르면 칸막이가 없는 사무실에서 일하는 사람들은 평균 3분마다 업무에 방해를 받는 것으로 드러났다. 칸막이가 있는 사무실보다 분위기가 훨씬 더 산만하고 동료 관계도 원만하지 않았다. 게다가 상사와 동료가 늘 지켜본다는 정신적 스트레스는 물론 감기 같은 전염성 질환에도 더 손쉽게 노출돼 있어 건강에도 악영향을 끼치는 것으로 나타났다.

효율과 생산성에만 중점을 두는 공간 구조와 배치는 결코 현명하지 않다. 열린 듯 닫힌 혹은 닫힌 듯 열린 공간이어야 한다. 물리적 공간이 트인다 해도 마음의 칸막이가 걷히지 않으면 소통은 여전히 어렵다.

2018

7월 25일

열대야와 알츠하이머병

연이은 열대야로 밤잠을 설치는 분들에게 치명적인 연구 결과가 나왔다. 미국 워싱턴대 의과대학 연구진은 35~65세의 건강한 성인 17명을 대상으로 수면과 알츠하이머병의 관계를 연구해 세계적인 신경학 저널 『브레인(Brain)』 최신 호에 발표했다. 지원자들은 각자 집에서 5~14일 동안 수면 모니터링을 받은 다음 이틀에 걸쳐 실험실에서 헤드폰을 착용한 채 수면 실험에 응했다. 실험 첫날 지원자들은 깊은 잠에 들만 하면 헤드폰을 통해 '삐' 소리를 들어야 했다. 잠에서 완전히 깨진 않지만 '느린 파형의 깊은 잠(slow wave sleep)'은 즐기지 못했다. 이들의 척수액을 분석해 보니 헤드폰은 착용했지만 소리 방해 없이 숙면을 즐기고 일어난 아침에 비해 베타아밀로이드(β-amyloid) 단백질 수치가 훨씬 높았다.

베타아밀로이드 단백질은 뇌에 축적되면 알츠하이머병이나 파킨슨병을 일으키는 대표적인 신경 세포 파괴 물질이다.

이번 연구가 특별히 주목받는 이유는 단 하루만 밤잠을 설쳐도 이 단백질이 뇌 세포 주변에 플라크(plaque)를 형성한다는 것이다. 밤새워 공부하는 수험생들, 야근을 밥 먹듯 하는 회사원들, 그리고 툭하면 오락으로 밤을 지새우는 사람들 모두 귀담아들어야 한다.

수면 연구 전문가들은 종종 현대인을 '밤을 잊은 그대'로 만든 장본인으로 전구를 발명해 보급한 에디슨을 지목한다. 하지만 에디슨이 전구를 발명하기 전까지 우리 인류가 늘 숙면을 즐겼는지는 의문이다. 지금으로부터 약 6백만 년 전 훗날 침팬지로 진화한 계열과 헤어져 숲을 빠져나온 우리 조상이 온갖 맹수가 득실대는 초원에서 매일 밤 숙면을 취할 수 있었을까? 약 20만 년 전에 등장한 현생 인류 호모 사피엔스에게도 숙면은 오랫동안 그림의 떡이었을 것이다. 베타아밀로이드의 축적은 아주 오래전부터 진행되었을 것이다. 다만 알츠하이머병이나 파킨슨병으로 발전하기 전에 포식 동물에게 잡아먹히거나 외상이나 전염성 질환에 의해 사망했을 확률이 월등히 높았을 뿐이다.

7월 26일

꿀벌의 여름 나기

연일 찜통더위가 기승을 부리고 있다. 전기 요금이 걱정돼 그렇지 우리는 정 급하면 에어컨을 켜고 실내 온도를 낮출 수 있다. 하지만 다른 동물들은 어떻게 이 더운 여름을 견뎌 내고 있을까? 워낙에 한데에서 먹고 자는 동물들은 각자 알아서 버틸 테지만 우리처럼 여럿이 모여 집을 짓고 사는 벌, 개미, 흰개미 등 이른바 사회성 곤충은 나름대로 사회 차원의 대책을 마련해야 한다.

『꿀벌의 민주주의』라는 책으로 우리 독자들에게도 친숙한 미국 코넬대 토머스 실리 교수에 따르면 꿀벌은 대충 세 단계의 전략을 마련해 두었단다. 둥지의 실내 온도가 상승해 급기야 알과 애벌레를 보호하고 있는 중앙부까지 위험해지면 일벌들이 일제히 날갯짓을 시작한다. 이때 둥지 입구에 손을 대 보면 둥지 내부로부터 밀려 나오는 제법 센 바람을 느낄 수 있다. 이를테면 선풍기를 가동하는 전략이다. 하지만 그걸로도 모자라면 수백 마리의 일벌이 아예 둥지 밖으로 나와 체온에 의한 온도 상승을 줄이고 통풍로도 더 넓게 확보한다.

최근 그의 연구진이 발견한 세 번째 전략은 바로 물로 냉각하는 방법이다. 꿀벌 사회에도 현역에서 은퇴한 노년층이 있다. 대개 전체의 1퍼센트 정도 되는 이 고령 일벌들이 물 수송 작전에 동원된다. 꿀벌 사회는 식물에서 채취해 오는 꽃꿀 덕택에 평소에는 물을 따로 길어 올 필요가 없지만, 고온 현상이 심해지면 내부에서 일하는 일벌들이 입구 쪽으로 나와 혀를 내밀고 물이 필요함을 알린다. 한참을 그렇게 애걸하면 말년에 편히 쉬려던 퇴임 일벌들이 마지못해 물을 길러 나선다. 특별히 심각한 물 부족 사태를 겪은 꿀벌 사회는 물을 비축하기도 한다. 다만 물을 담아 둘 통이 없어 물을 잔뜩 들이켠 배불뚝이 일벌들이 살아 있는 물통이 되어 둥지 내부에 매달린다. 실리 교수는 이런 광경을 보고 "마치 냉장고 안에 맥주병을 잔뜩 쟁여 둔 것 같다"고 말한다. 우리 인간이 꿀벌을 연구한 게 어언 수백 년이 됐건만 꿀벌의 세계는 여전히 새롭다.

2016

7월 27일

리처드 르원틴

2009년 8월 25일 테드 케네디가 사망한 후 족히 열흘 넘도록 나는 온갖 언론 매체에 실린 그의 부고 기사를 찾아 읽느라 여념이 없었다. 그러곤 급기야 존 F. 케네디 대통령보다 그를 더 존경하게 되었다. 지난 몇 주 동안 나는 이달 7월 4일 세상을 뜬 진화유전학의 대가 리처드 르원틴 교수의 부고 기사들을 읽으며 옛 생각에 젖었다.

1983년 여름 내가 하버드대에서 박사 과정을 시작하던 무렵 그는 시민 단체와 손잡고 내 지도 교수인 에드워드 윌슨 교수와 그의 사회생물학을 공격하고 있었다. 자연사박물관 부속 건물 위아래층을 사용하던 이 두 교수는 엘리베이터 합승을 거부할 정도로 사이가 좋지 않았다. 이런 와중에도 나는 르원틴 교수 연구실 점심 세미나에 자주 참여했다. 일개 연구실 행사였지만 학계의 거물들이 줄줄이 등판한 그 세미나에서 나는 참으로 많은 걸 배웠다.

르원틴 교수는 내가 지금까지 살면서 직접 만난 사람 중 단연코 가장 명석한 사람이다. 그래서일까? 그에게는 사회생물학을 비롯해 IQ와 인종에 관한 논쟁, 베트남 전쟁, 인간 유전체 사업, 진화심리학 등 세상 온갖 것이 다 하찮은 듯싶었다. 그러나 '반대와 비난의 아이콘' 이미지와 달리 나는 그를 정말 가슴 따뜻한 교수로 기억한다. 부인 손을 꼭 잡고 아이스크림을 먹으며 학교 근처를 산책하던 그와 심심찮게 마주쳤다. 그는 부인이 세상을 뜬 지 3일 만에 뒤따라 떠났다.

그의 따뜻함은 제자 사랑에서 더욱 빛난다. 미시간대 교수 시절 나는 교수 임용 위원회에서 그가 현재 시카고대 교수인 그의 제자 제리 코인을 위해 제출한 추천서를 읽었다. 무려 세 쪽 반이 넘는 추천서에 행간 여백도 없이 빼곡히 새겨 넣은 그의 제자 사랑은 감동 그 자체였다. 그 전해 내가 임용될 때 받은 윌슨 교수의 추천서는 달랑 여섯 줄이었다. 그는 나의 교수 롤 모델이다.

7월 28일

인구 비례

까까머리 중·고등학생 시절 우리는 일 년에 몇 차례씩 단체로 영화 관람을 갔었다. 중학교 1학년 때 본 〈사운드 오브 뮤직〉은 평생 내게 줄리 앤드루스라는 여인을 가슴에 품게 했고 하릴없이 뮤지컬에 빠져들게 만들었다. 그런데 〈벤허〉, 〈닥터 지바고〉, 〈로미오와 줄리엣〉 등 명화들을 제치고 내 기억에 그다음으로 가장 또렷이 남은 건 바로 〈월드컵〉이라는 영화였다. 영국이 유일하게 우승했던 1966년 런던월드컵을 영화로 만든 것이라 바비 찰튼과 제프 허스트 등 영국 선수들을 영웅으로 띄웠지만, 나는 오히려 독일 축구의 조직력과 베켄바워의 매력에 흠뻑 빠져들었다. 이번 브라질월드컵에서 나는 초지일관 독일의 우승을 예언했고 결국 돗자리를 깔았다. 사실 예언이랄 것도 없다. 그냥 내가 제일 좋아하는 팀을 응원했을 뿐이다.

이번에 우리 팀은 단 한 경기도 이기지 못하고 조별 리그에서 탈락했다. 선수들은 최선을 다했겠지만 아쉬움이 크다.

전문가들은 심지어 국민성까지 들먹이며 우리는 개인은 탁월한데 모이면 오합지졸이 된다고 개탄한다. 과연 그럴까? 어느 나라에든 특출한 한두 명은 있을 수 있다. 아무리 작은 개체군이라도 특이한 변이는 언제든 나타날 수 있기 때문이다. 그러나 축구의 경우에는 적어도 11명, 바람직하게는 23명의 김연아, 양학선, 이상화 같은 걸출한 변이가 필요하다.

개체군의 규모가 크면 대체로 변이의 폭도 크다. 독일 인구는 8천만 명이 넘고 브라질은 2억 명이 넘는다. 프랑스, 영국, 이탈리아도 6천만 명이 넘는다. 조만간 5천만 명을 돌파할 대한민국의 축구가 인구 4천만 명대의 아르헨티나, 콜롬비아, 스페인 수준은 돼야 한다고 주장한다면 마냥 억지일까? 축구 실력과 인구가 정비례하는 게 아니라면 인구가 겨우 5백만 명도 안 되는 코스타리카, 크로아티아, 우루과이 그리고 1천만 명대의 네덜란드, 포르투갈, 벨기에의 성공 비결을 벤치마킹할 필요가 있다. 그저 "파이팅"만 부르짖지 말고 치밀하게 분석하고 기획할 때가 됐다고 생각한다.

2014

7월 29일

후두염

1990년대 초반 박사 학위를 받고 이 대학 저 대학 인터뷰하러 다니던 시절이었다. 우리나라 대학은 어느 날 하루 지원자들을 불러 세미나를 하게 하고 교수들이 질문 몇 개 한 다음 덜컥 신임 교수를 뽑지만, 미국에서는 지원자가 2~3일간이나 머물며 세미나도 하고 교수들과 밥도 여러 차례 먹고 때론 대학원생들 파티에도 불려 간다. 따지고 보면 배우자보다 더 많은 시간을 함께 지낼 사이인 만큼 실력은 물론 다양한 상황에서 인품도 꼼꼼히 살피기 위함이다.

1991년 겨울 오리건주 포틀랜드에 있는 리드칼리지(Reed College)에 갔을 때 일이다. 캠퍼스 근처에 있는 민박형 숙박 시설에 묵었다. 둘째 날 아침 식당으로 내려와 식사 준비를 하고 있던 주인 아주머니에게 밝게 아침 인사를 건넸다. 그런데 나는 분명히 입을 벌리고 "굿 모닝, 캐런"이라 말했건만 내 입에서는 아무런 소리도 흘러나오지 않았다. 그래서 다시 한번 인사말을 했건만 이게 웬일인가? 그저 약간 쉿소리만 들릴 뿐이었다. 밤새 급성 후두염에 걸린 것이었다. 그날 오후에 나는 세미나를 하기로 되어 있었다. 짐작하겠지만 물론 나는 그 대학 교수가 되지 못했다.

후두는 인두 바로 아래에 있으며 코와 입으로 들어온 공기에 습기를 제공하고 이물질을 걸러 내는 역할을 하는 호흡 기관이다. 후두에 염증이 생겨 부으면 호흡이 어려워져 자칫 죽음에 이를 수도 있다. 또한 후두는 성대를 싸고 있어 후두염에 걸리면 쉰 목소리가 나거나 심하면 아예 소리를 낼 수 없게 된다. 이달 내내 일도 많고 해외 출장도 잦아서 그랬는지 거의 20년 만에 다시 후두염에 걸렸다. 통증과 기침은 그리 심하지 않지만 목소리를 잃어 어렵게 잡았던 강연 일정이 줄줄이 무너지고 말았다. 목소리를 잃더라도 글로 쓰거나 몸짓으로 의사소통을 할 수는 있지만 지극히 제한적일 수밖에 없다. 성대의 연골과 근육을 둘러싸고 있는 얇은 점액질 막의 떨림이 이처럼 대단하게 내 삶을 좌지우지하다니. 그리고 그게 눈에 보이지도 않는 미세한 바이러스의 농간 때문이라니.

7월 30일

기후변화와 곰팡이

세계적으로 많은 식물과 양서파충류가 곰팡이 때문에 사라지고 있다. 2018년 유럽 학자들을 주축으로 우리나라를 포함한 각국 연구자 58명이 참여해 발표한 과학 저널 『사이언스』 논문에 따르면, 세계 곳곳에서 개구리와 도롱뇽을 멸종시킨 항아리곰팡이가 우리나라 무당개구리의 피부에 붙어 살던 것이었을 가능성이 높다고 한다. 이것이 1950년대 군수 물자 수송과 국제 교역을 통해 다른 나라로 확산된 것으로 보인다.

이에 비해 포유동물은 뜻밖에 잘 버티고 있다. 하지만 박쥐는 예외다. 2006년 이른바 '흰코증후군(white nose syndrome)'을 일으키는 곰팡이가 북미 대륙에 상륙한 이래 갈색 박쥐(little brown bat) 개체군의 90퍼센트가 사라졌다. 동면 중인 박쥐들이 이 곰팡이에 감염되면 몸에 축적해 놓은 지방이 분해되며 기력이 쇠잔해 바닥으로 우수수 떨어져 죽는다.

일단 감염되면 혈관과 신경계는 물론, 신장, 간, 관절을 비롯한 온갖 장기에 침투해 당뇨, 패혈증, 폐렴 등과 더불어 합병증을 일으키는 효모 곰팡이(*Candida auris*)가 세계 의료계를 긴장시키고 있다. 합병증으로 인한 사망을 배제할 수는 없지만 미국 질병관리센터에 따르면 치사율이 높아 감염자 세 명당 한두 명꼴로 사망한다. 면역력이 약한 입원 환자에게 발병률이 특별히 높고 아직 효과적 항진균제도 없어 심각한 공중 보건 문제로 대두하고 있다.

곰팡이는 대체로 축축하고 냉랭한 환경을 선호한다. 섭씨 37도 안팎의 포유동물 체온은 곰팡이가 증식하기에는 조금 높은 온도였다. 그런데 최근 온난화에 적응한 곰팡이종들이 인간을 비롯한 포유류를 공격하기 시작했다. 기후변화가 곰팡이에 새로운 블루 오션을 제공하는 것이다. 우리에 비하면 세대 길이가 훨씬 짧은 곰팡이들이 변신을 거듭하며 우리를 넘보고 있는데, 우리는 기온이 오른다고 덩달아 마구 체온을 올릴 수도 없어 걱정이다.

2019

7월 31일

문·이과 분리

두어 달 전 교육부는 2021학년도 수능 시험 과목에서 '기하(幾何)'를 제외하겠다고 발표했다. 덜컥 지하에 계신 양주동 선생님을 '어찌 하(何)'나 걱정이 앞섰다. 탁월한 인문학자인 선생님은 '몇 어찌' 논리의 명징성을 깨닫곤 그 벅찬 마음을 수필로 쓰셨다.

사고력과 창의력을 키워 주는 대표 학문인 기하를 가르치지 않겠다는 발상이 4차산업혁명 시대의 문턱에서 나오다니. 설상가상으로 교육부는 이제 2022학년도부터 탐구영역에서 '사회 1과목과 과학 1과목씩 선택'하도록 하겠단다. 게다가 '과학II'는 아예 출제 범위에서 제외했다.

지난 사반세기 동안 줄기차게 문·이과 장벽을 없애자고 호소해 온 나는 교육부가 드디어 2018년부터 통합 교육을 실시하겠다고 발표했을 때 환호성을 질렀다. 그러나 그 후 절반만 공부하기도 버거워하는 아이들에게 문과와 이과 양쪽 공부를 다 시킬 수 없다는 일부 학부모의 엄살에 슬그머니 수학과 과학의 부담을 줄이려는 교육부의 비겁한 움직임에 나는 이미 4년 전 아래와 같이 경고한 바 있다.

“세상이 아무리 변해도 학문의 기본은 당연히 인문학이지만 21세기를 살아가기 위해 이제 모두 과학과 기술에 관한 소양을 갖추자는 게 문·이과 통합의 핵심이다. (…) 문·이과 통합은 본질적으로 그리고 궁극적으로 ‘이과로 통합’하는 것이다. 천신만고 끝에 이제 겨우 문과와 이과를 통합하려는데 이과 공부가 어려우니 이과 과목의 부담을 줄여 주겠다고 한다면 차라리 통합하지 않는 게 낫다”.

내 우려가 현실로 다가왔다. 오늘 나는 참담한 마음으로 문과와 이과를 다시 분리해 줄 것을 교육부에 정식 요청한다. 문과와 이과가 분리돼 있던 예전 ‘암흑기’에는 그나마 우리 아이들의 얼추 절반은 건질 수 있었다. 어설픈 문·이과 통합이 국가의 미래를 어둡게 하는 걸 그냥 좌시할 수 없다. 수능 시험 과목을 재검토해 달라는 수준이 아니라 통합 교육 실시 자체를 재검토해 주기 바란다.

2018

Date

自画像

尹東柱

산모퉁이를 돌아 논가 외딴 우물을 홀로 찾아가선
가만히 들여다 봅니다.

우물 속에는 달이 밝고 구름이 흐르고 하늘이 펼치고
파아란 바람이 불고 가을이 있습니다.

그리고 한 사나이가 있습니다.
어쩐지 그 사나이가 미워져 돌아갑니다.

돌아가다 생각하니 그 사나이가 가엾어집니다.
도로 가 들여다 보니 사나이는 그대로 있습니다.
다시 그 사나이가 미워져 돌아갑니다.
돌아가다 생각하니 그 사나이가 그리워집니다.

우물 속에는 달이 밝고 구름이 흐르고 하늘이 펼치
파아란 바람이 불고 가을이 있고 추억처럼
사나이가 있습니다.

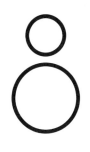

8월 1일

대발생

"남쪽 하늘에 작은 먹구름이 이는가 싶더니 삽시간에 부채꼴로 퍼지며 온 하늘을 뒤덮었다. 세상이 온통 밤처럼 캄캄해지고 메뚜기들이 서로 부딪치는 소리가 천지를 진동했다. 그들이 내려앉는 곳은 모두 졸지에 누런 황무지로 돌변한다. 아낙네들은 모두 손을 높이 쳐들고 하늘의 도움을 청하는 기도를 올렸고 남정네들은 밭에 불을 지르고 장대를 휘두르며 메뚜기 떼와 싸웠다".

펄 벅의 『대지』에 나오는 장면이다. 이른바 이동성 메뚜기라 부르는 이들은 우리가 어려서 논에서 잡아 튀겨 먹던 벼메뚜기가 아니라 풀무치다. 세계적으로 수십 종이 있지만 그중 가장 심각한 생태 재앙을 일으키는 것은 아프리카 풀무치들이다. 주로 아프리카 중부와 동북부 지역에 살다가 기후 조건이 맞으면 갑자기 수가 늘며 이웃 중동 지방은 물론 멀리 인도와 중국까지 이동한다. 계절풍을 타고 10억에서 많게는 100억 마리가 하루에 100킬로미터까지 이동한다.

이들이 쉬어 가는 곳마다 풀잎 하나 제대로 남지 않는 까닭은 바로 이 엄청난 숫자 때문이다.
이 정도는 아니지만 최근 서울 도봉구와 강북구 일대 주민들은 난데없이 하늘소 떼가 출몰해 혼비백산이란다.
지난해 6월에는 중랑천과 청계천 인근은 물론 압구정동에까지 동양하루살이가 떼로 나타났다. 지역 주민들은 "쓰레받기에 퍼담을 지경"이라고 투덜대지만 그저 성가신 것 외에는 이렇다 할 손해를 끼치지 않는다.

반면 밤나무와 참나무 등에 구멍을 뚫고 알을 낳는 하늘소의 '대발생'이 도봉산과 북한산의 산림 생태계에 어떤 영향을 미칠지에 대해서는 체계적인 조사와 연구가 필요해 보인다.
성경이 얼마나 정확한 역사적 기록인지에 대해서는 논란의 여지가 있지만, 『출애굽기』 7~12장에도 개구리, 이, 파리, 풀무치의 대발생이 기록되어 있다. 이런 현상이 분명 어제오늘의 일은 아니지만 최근 기후변화와 맞물려 그 규모와 빈도가 걷잡을 수 없는 수준으로 치닫는 것 같다.
결국 이 또한 우리 스스로 부추기는 일인 듯싶다.

2017

8월 2일

불편한 진실

며칠째 전국에 불볕이 내리쬐고 있다. 지금쯤 모두 까맣게 잊었으리라. 지난겨울이 근래 보기 드물게 추운 겨울이었다는 사실을. 그래서 지구온난화가 전부 사기라고 목청을 돋우던 일을. 자기 땅도 아닌 곳을 보여 주며 사기로 은행 대출을 받아 재산을 모았노라고 공공연하게 떠들어 대는 부동산 거부 트럼프가 앨 고어의 〈불편한 진실〉이 사기라며 그의 노벨평화상을 회수해야 한다고 주장하던 일을.

그런 와중인 지난 1월 16일 『조선일보』 한삼희 논설위원은 그의 환경칼럼에 금년 기온이 '오른다'에 내기를 걸겠다고 썼다. 나도 공개적으로 하진 않았지만 주저 없이 그에게 돈을 걸었다. 세계 기상 관측 자료를 종합해 볼 때 지난 130년간 가장 더웠던 10개의 해에 1998년과 더불어 2000년대에서 적어도 8~9개가 꼽힌다. 이런 도도한 경향성에 비춰 볼 때 2010년도 더울 것이라고 예측하는 일은 그리 어려운 게 아니다.

기후변화 분야는 특별히 내홍이 심한 연구 분야라는 인상을 주기 십상이다. 지구온난화를 뒷받침하는 자료들이 실로 엄청나게 많건만, 어쩌다 비판적인 의견이 나오면 언론 매체들이 앞다퉈 그걸 대서특필하는 바람에 일반 대중은 기후변화 학계가 양분되어 있는 줄로 착각하는 것 같다. 2007년 기후변화에 관한 정부 간 협의체(IPCC)의 보고서에 들어 있는 그 수많은 자료 중에서 그저 몇 개에 오류가 발견되었다고 해서 마치 기다렸다는 듯 호들갑을 떠는 일부 과학자들의 인기 영합 행태야말로 정말 비난받아 마땅하다.

미국 국립해양대기청은 최근 세계 48개국의 과학자 303명이 참여한 공동 연구의 결과를 발표했다. 이 보고서에 따르면 1980년부터 지금까지의 기온 변화를 10년 단위로 나눠 볼 때, 매 10년의 평균 기온은 그 이전 10년보다 분명히 높아졌다. 보고서는 또한 지구온난화에 대한 명확한 증거로 모두 10가지를 제시했다. 대류권의 기온과 습도의 상승, 해수면의 온도를 포함한 전반적인 해상 기온의 상승과 해양의 열 함유량 증가, 급격한 융빙(融氷)과 해수면 상승 등 그동안 우리가 지구온난화의 현상으로 의심해 온 거의 모든 증거들에 그야말로 "의심의 여지가 없다(undeniable)"고 한다. 기후변화의 진실은 몇 년 전 고어가 얘기한 것보다 훨씬 더 불편하다.

8월 3일

상어 죽이기

미국 애리조나주 그랜드 캐니언 주변의 고원 지대는 카이밥(Kaibab) 국유림으로 둘러싸여 있다. 1906년 사냥 동물 보호 구역으로 지정되던 당시 그곳에는 약 4천 마리의 사슴들이 살고 있었다. 그 후 25년 동안 사슴을 보호한다는 명목으로 늑대, 코요테, 퓨마, 스라소니 등의 포식 동물이 무려 6천 마리나 제거되었다. 포식 동물 제거 작업 초창기에는 예상대로 사슴 개체군의 크기가 빠르게 증가하여 1923년에는 그 수가 6만~7만 마리에 이르렀다.

하지만 갑자기 수가 늘며 점점 더 치열한 먹이 경쟁을 하게 된 사슴들은 1918년부터 식물의 어린 싹까지 먹어 치우더니 1931년에는 그 수가 2만 마리, 그리고 1939년에는 겨우 1만 마리로 줄어들었다. 33년간의 잔인한 살생 끝에 사슴의 수는 1906년 원래 숫자에 그 당시 포식 동물의 수를 합한 수준으로 되돌아간 셈이다. 포식 동물들은 사슴 개체군으로 하여금 환경의 수용 한계 이상으로 증가할 수 없도록 조절하고 있었던 것이다. 이 뼈아픈 경험을 통해 우리는 크고 포악한 포식 동물들도 자연 생태계에 없어서는 안 될 중요한 요소임을 인식하게 되었다.

그러나 인식이 곧바로 행동의 변화로 이어지는 것은 아닌 듯싶다. 1999년에도 미국 야생동물관리국은 코요테 8만 5천 마리, 여우 6,200마리, 퓨마 359마리, 늑대 173마리를 관리와 조절이라는 이름하에 무자비하게 학살했다. 그러나 미국에서 가축의 사인 중 포식이 차지하는 비율은 겨우 1퍼센트에 불과하다. 나머지 99퍼센트는 질병, 악천후, 굶주림, 탈수, 사산 등에 의한 것이다. 지금도 미국의 많은 주에서는 야생동물관리국에 의한 포식 동물 제거 작업이 계속되고 있다.

육지에서 늑대와 호랑이 등이 이른바 '신의 괴물'로 낙인 찍혀 사라지고 있다면 바다에서는 상어가 같은 꼴을 당하고 있다. 세계자연보전연맹은 최근 무분별한 어획으로 인해 전세계 상어의 3분의 1이 멸종위기에 놓였다고 경고했다. 지구온난화의 영향 때문인지 우리 근해에 백상아리, 청상아리, 귀상어 등 대형 상어들이 심심찮게 나타나기 시작했다. 해녀와 피서객의 안전은 물론 중요하지만 그렇다고 해서 출몰하는 족족 잡아 죽이는 것은 자연의 섭리를 모르는 어리석은 짓이다. 공생의 길을 찾아야 한다.

2009

8월 4일

이상한 나라의 앨리스

『이상한 나라의 앨리스』가 출간된 지 올해로 150년이다. 1862년 7월 4일 수학자 찰스 도지슨은 헨리 리델 옥스퍼드대 부총장의 어린 세 딸과 함께 옥스퍼드대 교정에서 가드스토우(Godstow) 마을까지 보트 여행을 한다. 심심해하는 어린 세 소녀에게 당시 열 살이던 둘째 딸 앨리스의 이름을 딴 어느 소녀의 모험담을 즉흥적으로 들려줬다. 소녀들은 그의 이야기에 열광했고 급기야 앨리스는 그에게 그가 한 이야기를 글로 적어 달라고 요청했다. 이렇게 시작해 3년 후 그가 루이스 캐럴이라는 필명으로 출간한 이 책은 지금까지 적어도 174개 국어로 번역돼 어린이는 물론 어른도 즐겨 읽는 고전이 됐다.

종교학자 정진홍 선생님은 고전을 "되읽혀지는 책, 그래서 두 번, 세 번 다시 읽을 때마다 책도 나도 새로워지면서 삶 자체가 낯선, 그러나 반가운 것이 되도록 하는 책"이라고 정의한다. 고전의 기준이 반드시 '되읽기'일 까닭은 없지만

"되읽으면 이전에 읽을 때 만나지 못했던 새로움을 경험하기 마련"이란다. 나는 이 책을 어렸을 때가 아니라 미국에 유학하던 30대 초반에 영어로 읽었다. 지금까지 나는 이 책을 열 번 이상 읽었고 읽을 때마다 이전에 만나지 못했던 새로움을 경험하곤 했다. 사실 나는 이 책의 속편 『거울나라의 앨리스』를 더 많이 읽었다. 앨리스가 붉은 여왕에게 손목을 붙들린 채 큰 나무 주위를 숨이 찰 지경으로 달리지만 제자리걸음을 면치 못하는 이야기는 훗날 진화학자 밴 베일런에 의해 다윈의 '성선택론'을 가장 탁월하게 설명하는 '붉은 여왕 가설'로 재탄생했다. '성선택론'을 소개한 다윈의 책 『인간의 유래』와 『거울나라의 앨리스』가 1871년 같은 해 출간됐다.

창의성과 사기성은 왠지 백지 한 장 차이일 것 같다. 미국 작가 알렉산더 체이스는 "상상력이 가장 풍부한 사람이 가장 쉽게 믿는다"고 했다. 속는 셈 치고 창조경제혁신센터마다 루이스 캐럴의 책들을 비치했으면 좋겠다.

2015

소설

지하철을 타고 내리면 다른 세상

목적지를 궁극적으로 찾는다

어른을 위한 이상한 나라의 앨리스?

8월 5일

장만영과 오영수

대산문화재단과 한국작가회의가 주최하는 '탄생 100주년 문학인 기념문학제'가 올해로 벌써 14년째를 맞고 있다. 지난 5월 8일 광화문 교보빌딩에서 김광균, 김사량, 오영수, 유향림, 이용악, 장만영의 작품 세계에 관한 심포지엄이 열렸고, 그다음 날 밤에는 우리 집에서 불과 100여 미터 떨어진 연희문학창작촌에서 '너의 사투리로 때아닌 봄을 불러줄게'라는 이름의 낭독회가 있었다. "차단-한 등불이 하나 비인 하늘에 걸려 있다"로 시작하는 김광균의 「와사등」은 내 또래라면 누구나 시험을 대비해 달달 외었던 시다. 한국 문학에 모더니즘 바람을 불러일으킨 대표작이라던 국어 선생님의 설명이 지금도 귀에 쟁쟁하다.

금년에 탄생 100주년을 맞은 문인 중에서 나는 개인적으로 시인 장만영과 소설가 오영수에 대해 각별한 추억을 지니고 있다. 중학교 2학년 어느 날 우연히 따라간 백일장에서 나는 뜻밖에 시 부문 장원을 거머쥐었다. 여느 해처럼 국어 선생님이 심사했으면 문예반원도 아닌 내가 뽑히기 힘들었을 텐데 그해에는 장만영 선생님이 외부 심사위원으로 오신 덕에 행운을 얻은 것이라고 생각한다. 특히 "뛰어나게 우수하다"는 선생님의 극찬은 나를 글쟁이로 만들어 준 가장 큰 원동력이었다.

나름 문인이 되기로 작정한 그 무렵 어머니가 『한국단편문학전집』을 사 주셨다. 김동인의 「배따라기」로 시작하여 선우휘의 「불꽃」으로 끝난 그 전집의 소설 수백 편 중에서 막 성(性)에 눈뜨기 시작한 내게 가장 외설적으로 다가온 작품이 바로 오영수의 「메아리」였다. 6.25전쟁이 끝난 다음 산속에 들어가 살던 젊은 부부가 "움막에서 훨훨 벗고는 앞만 가리고" 뒷개울로 올라가 멱을 감고 "기어코 알몸인 아내를 알몸에 업고 내려오는" 얘기일 뿐인데 해마다 무더운 여름날이면 어김없이 떠오른다. 노골적인 성희가 묘사된 것도 아니고 자연 속에서 자유로운, 그러나 여전히 부끄러운 남녀의 이야기에 지나지 않건만 내게는 그 어떤 소설보다도 아름다운 에로티시즘으로 다가온다. 날것의 자연보다 더 선정적인 것은 없다.

8월 6일

스파이트

형태와 더불어 행동도 유전된다. 그래서 자식은 생김새만 부모를 닮는 게 아니라 행동과 성향도 얼추 비슷하다. 1964년 진화학자 윌리엄 해밀턴은 '포괄 적합도(inclusive fitness)' 개념으로 이타성(altruism)의 진화를 설명했다. 자신의 행동 덕에 본인과 친족이 얻을 포괄적 이득이 남에게 베풀며 겪는 자신의 피해보다 크면 남을 돕는 행동이 진화할 수 있다는 것이다.

그는 이타성의 진화와 더불어 정반대 성향인 '스파이트(spite)'도 진화할 수 있다고 설명했다. 우리말로 악의(惡意)쯤으로 번역할 수 있는 이 단어는 '그럼에도 불구하고(in spite of)'라는 관용구에나 쓰일 뿐 그리 자주 듣지 못한다. 이타성 진화의 조건과 반대로 악의적 행동과 성향은 내가 받을 손해보다 상대가 입을 타격이 더 크면 진화할 수 있다.

다만 악의의 진화는 이론적으로는 가능한데 이렇다 할 실례가 없다. 지난 50여 년 동안 나름대로 열심히 찾았건만 완벽한 예는 아직 발견하지 못했다.

하지만 인간은 예외다. 못 먹는 감 찔러나 보자는 심보나 사촌이 땅을 사면 배가 아파 훼방을 놓는 질투 등이 모두 악의의 예다. 일본 정부가 끝내 우리나라를 이른바 '백색 국가' 목록에서 빼 버렸다. 우리의 주력 산업에 타격을 입히면 일본 기업이 겪을 충격도 만만치 않을 텐데 오로지 한국이 더 힘들 것이라는 계산만 하고 있다. 명백한 인간 악의의 전형이다.

나는 동물계에서 악의가 진화하지 않은 이유가 생태계 네트워크에 있다고 생각한다. 둘이 서로 물고 뜯는 와중에 주변의 다른 경쟁자들이 득세하며 악의의 고리에 얽힌 둘은 종종 동반 추락하고 만다. 언젠가 인류가 멸종한다면 그건 바로 '악의의 저주(curse of spite)' 때문일 것이다. 손잡지 않고 살아남은 생명도 없지만 잡은 손 물어뜯고 살아남은 생명은 더더욱 없다.

2019

8월 7일

도피城

유명인의 자살이 심심찮다. 오랫동안 불면증이나 우울증에 시달리다 끝내 무릎을 꿇는 경우도 있지만 사방에서 조여 오는 비난의 활시위가 두려워 저세상으로 피신하기도 한다. 고 노회찬 의원에게는 늘 촌철살인(寸鐵殺人)이라는 사자성어가 따라다녔다. 하지만 사석에서 그는 종종 긴 수다를 늘어놓았단다. 그가 촌철살인의 달인이 된 까닭은 아무도 느긋하게 군소정당 정치인의 얘기를 들어 주지 않았기 때문이란다.

구약성경 『민수기』와 『여호수아서』에는 실수로 살인을 저지른 사람이 재판을 받기 전까지 피신할 수 있는 도피성(城) 이야기가 나온다. 요단강 동쪽에 셋, 서쪽 가나안 땅에 셋이 마련됐는데, 도망자가 어디서든 하루 안에 도달할 수 있는 거리에 있었다.

생태학에도 '은신처 이론(Refuge theory)'이라는 게 있다.

시험관에 박테리아와 그의 천적을 함께 넣어 키우면 결국 둘 다 죽는다. 피할 곳 없는 공간이라 언젠가는 천적이 먹이를 깡그리 잡아먹는 바람에 결국 굶어 죽는다. 그러나 시험관 안에 유리 섬유 뭉치를 넣어 주면 먹이 박테리아가 그 틈새에 숨어 번식해 먹이 사슬이 유지된다.

엄연히 '무죄 추정의 원칙'이 법에 명시되어 있건만 급속한 세계화와 정보화로 인해 우리에겐 이제 도피할 곳이 없다. 무려 3천여 년 전에는 살인을 저지른 자도 도피할 곳이 있었건만 요즘은 의혹만 제기돼도 언론과 누리꾼들의 무차별 돌팔매에 시달린다. 지금도 도피성이 있다면 노 의원에게 촌철살인이 아니라 장황설을 청해 들었을 텐데.

『대담: 인문학과 자연과학이 만나다』에서 영문학자 도정일은 선과 악이 섣불리 충돌하는 게 아니라 '모순의 통일성(coincidentia oppositorum)'이 허용되는 '두터운 세계'를 그린다. 세상사에는 '회색 지대'라 부르는 애매한 영역이 있게 마련이건만 정작 해명과 변명에는 촌음약세(寸陰若歲·촌음을 일 년처럼 여김)로 대하는 이 얄팍한 세상이 찌는 폭염보다 더 숨 막힌다.

2018

8월 8일

옷의 진화

연일 살인적인 무더위가 이어지고 있다. 30도를 웃도는 온도도 문제이지만 푹푹 찌는 습도가 더 견디기 어렵다. 이럴 땐 그냥 홀딱 벗고 지냈으면 좋겠다. 집에서는 물론이고 밖에서도 그냥 벗고 다닐 수 있으면 좋으련만. 인간은 과연 언제부터 옷을 입기 시작했을까? 1988년 미국 콜로라도대 고고학자들은 러시아 코스텐키 지방에서 동물의 뼈와 상아로 만든 바늘들을 발견하곤 그것들이 기원전 3만~4만 년 전에 사용된 것들이라고 발표했다.

인간이 처음으로 옷을 입기 시작한 시점을 찾는 노력은 엉뚱하게도 기생충 연구에서 단서를 얻고 있다. 독일 막스플랑크연구소의 인류학자들은 사람이(human louse)의 유전자를 분석하여 인간이 약 10만 7천 년 전부터 옷을 입기 시작했다고 추정한다. 인간은 영장류 중에서 유난히 털이 없는 종이기 때문에 사람이는 옷의 출현과 더불어 비로소 번성했을 텐데, 이 시기가 우리 조상들이 아프리카를 벗어나

보다 추운 지방으로 이주하기 시작한 5만~10만 년 전과 얼추 맞아떨어져 설득력을 얻고 있다.

옷을 입는 관습은 오로지 인간 세계에만 존재한다고 알려져 있다. 그러나 동물을 연구하는 내 눈에는 옷을 입는 동물들도 심심찮게 눈에 띈다. 수서곤충의 일종인 날도래 애벌레는 작은 돌이나 나뭇조각들을 이어 붙여 매우 정교한 튜브 모양의 구조물을 만들고 그 속에 들어가 산다. 그런데 이 구조물이 어딘가에 고정되어 있는 게 아니라 애벌레가 돌아다닐 때 늘 함께 움직인다는 점에서 나는 그것을 집이 아니라 일종의 옷으로 간주해야 한다고 생각한다. 우리나라 바닷가에도 흔하게 기어다니는 집게도 사실 집을 지고 다니는 게 아니라 일종의 갑옷을 입고 다니는 것이다. 인간이 성장하며 때맞춰 새 옷을 사 입어야 하는 것처럼 집게들도 몸집이 커지면 점점 더 큰 고둥 껍데기를 구해 갈아입는다.

그런가 하면 달팽이는 집게와 마찬가지로 단단한 껍질을 이고 다니긴 해도 그것이 주변 환경에서 얻은 게 아니라 스스로 물질을 분비하여 만든 것이라는 점에서 옷이 아니라 피부나 가죽의 연장으로 봐야 할 것 같다. 그렇다면 우리나라 검사들의 '옷'은 아무래도 달팽이보다는 집게의 껍데기에 더 가까운 듯싶다. 동기나 후배가 검찰총장이 되면 모두 훌렁훌렁 벗어던지니 말이다.

2011

8월 9일*

곰팡이

* 세계 원주민의 날

건강을 생각하여 집에서 학교까지 걸어 다닌 지 벌써 2년이 넘었다. 나는 워낙 걸음이 빠른 편인데 속보로 거의 정확하게 30분쯤 걸리는 거리를 하루 두 차례 반복하면 아주 훌륭한 운동이 된다. 덕분에 차를 쓸 일이 거의 없어져 저절로 환경 보호에도 나름 기여하고 있다. 다만 요즘 같은 장마철에 모처럼 차를 쓰려고 차 문을 열 때 코를 간질이는 퀴퀴한 곰팡이 냄새는 적이 역겹다. 오래된 책을 펼쳤을 때 풍겨 나오는 고양이 오줌 냄새 같은 그 은근한 곰팡이 냄새를 나는 사실 별로 싫어하지 않는다. 내가 그렇게도 좋아하는 열대 정글의 냄새이기 때문이다. 다만 같은 냄새라도 그게 차 안에서 나면 왠지 싫을 뿐이다.

우리 인간도 무더운 여름이면 곰팡이 때문에 골머리를 썩이는데 땅속이나 나무속에 굴을 파고 사는 벌이나 개미는 오죽하랴. 그런 환경에 적응하는 과정에서 꿀벌이 개발해 낸 화합물이 바로 프로폴리스(propolis)이다. 프로폴리스는 꿀벌이 식물에서 채취한 수지(樹脂·resin)를 밀랍과 혼합하여 만든 것으로 대개 벌통의 빈틈을 메우는 데 쓰인다. 한편 분봉을 할 때 새롭게 둥지를 틀 나무 구멍을 찾으면 한 무리의 일벌들이 먼저 들어가 그 내벽을 얇은 프로폴리스 막으로 도배를 한다.

최근 미국 미네소타주립대학의 연구진이 프로폴리스로 도배를 한 둥지와 그렇지 않은 둥지에서 태어나 일주일 동안 성장한 벌들을 비교해 보았더니, 프로폴리스의 영향하에 자란 벌들이 상대적으로 면역 물질을 적게 갖고 있는 것으로 밝혀졌다. 프로폴리스의 항균력 덕택에 그들은 일찍부터 면역 물질을 만드는 데 영양분을 허비할 필요가 없는 것이다. 바로 이런 속성 때문에 상당수의 암환자들이 프로폴리스를 항암제로 복용하고 있다.

곰팡이는 효모, 버섯과 함께 균류에 속하는 생물로서 온갖 생물의 몸에 기생하며 건강을 해치는 골치 아픈 존재이다. 하지만 개미 중에는 이런 균류의 탁월한 생명력을 역이용해서 아예 그들을 경작하여 먹는 종들이 있다. 중남미 열대 우림에 사는 잎꾼개미들은 나뭇잎을 수확하여 그걸 거름 삼아 버섯을 길러 먹는다. 그런가 하면 이런 곤충의 몸에서 자라 나오는 동충하초(冬蟲夏草)는 우리 인간이 귀한 약재로 사용한다. 실로 서로 먹고 먹히는 곳이 자연이다.

2010

8월 10일*

게으름 예찬

* 세계 사자의 날

8월 10일 오늘은 '세계 사자의 날'이자 '게으름의 날'이다. 이 얼마나 기막힌 조합인가? 아프리카 평원의 여름은 거의 요즘 우리가 겪고 있는 날씨의 연속이라 깨어나 돌아다니는 것보다 자는 게 유리할 때가 많다. 사자는 하루에 대충 18~20시간 정도 잔다. 때로는 24시간 내리 존다. 그래서 세상에서 가장 게으른 동물을 뽑으면 사자는 코알라, 나무늘보, 하마 등과 함께 늘 메달권에 들어 있다.

『게으름에 대한 찬양』이라고 번역된 책에서 철학자 버트런드 러셀은 100년 전 영국 사회의 일자리 문제를 진단한다. 한정된 일자리를 몇 안 되는 사람들이 차지하고 너무 부지런히 일하는 바람에 나머지 많은 사람은 일할 기회조차 얻지 못한다고 분석했다. 그의 영향인지 모르지만 유럽은 주 5일제를 넘어 주 4일제로 진입하고 있는데, 세계에서 가장 근면한 나라 대한민국은 지금 주 52시간 근무제와 씨름하고 있다.

호주 소설가 로버트 디세이는 『게으름 예찬』에서 "느긋하게 있을 때 우리는 가장 치열하고 유쾌하게 인간다울 수 있다"고 단언한다. 깨어 있는 동안 쓸 에너지를 충전하기 위해 애써 잠을 청하거나, 게임이나 스포츠는 반드시 이겨야 하는 것이며, 멍 때리고 있는 시간은 낭비라고 생각한다면 당신은 너무 열심히 살고 있다. 행복하기 위해 게으름을 피워야 하는 게 아니라 게으름을 피우기 위해 행복해야 한다.

'세계 사자의 날'은 2013년 자연 다큐멘터리 제작자 주베르 부부가 내셔널지오그래픽과 함께 제정한 날이다. 반면 '게으름의 날'은 누가 언제부터 시작했는지 확실하지 않다. 그걸 밝히려고 열심히 자료 조사를 하는 것은 '게으름의 날' 취지에 맞지 않는다. 올림픽도 끝났겠다 오늘은 그냥 하루 종일 밀린 드라마나 보며 빈둥거리면 좋겠다. 오랜만에 책을 읽어도 좋다. 읽다가 잠이 들면 더 좋고.

2021

8월 11일

기후 바보

끝 모를 장마가 추적추적 이어지고 있다. 이대로라면 역대 가장 길었던 2013년 49일 장마 기록을 넘어설 기세다. 기상 이변은 워낙 원인을 규명하기가 쉽지 않지만, 이번 경우는 북극 지방의 때아닌 이상 고온 때문에 일어난 명백한 기후변화 현상이다. 한반도 날씨가 예전 같지 않다.

국제 사회에서 우리나라는 공공연히 '기후 깡패'로 불린다. 2007~2017년에 다른 OECD 국가들은 탄소 배출량을 평균 8.7퍼센트 줄인 반면 우리나라는 되레 24.6퍼센트나 늘었다. 2019년 유엔기후변화총회가 발표한 '기후변화 대응 지수'에 따르면 우리나라는 전체 61국 가운데 58위다. 생물다양성협약 의장으로 활동하던 2014~2016년에 나는 국제회의를 주재하다 말고 우리 정부가 약속을 이행하지 않은 이슈를 다룰 때마다 번번이 의장석에서 내려와야 했다. 깡패 두목 체면이 말이 아니었다.

그래도 우리는 비록 깡패 짓은 할망정 양심은 있어서 지구온난화로 물에 잠겨 가는 투발루나 방글라데시 같은 나라에 미안해한다. 하지만 웬 착각? 지금 전례 없는 물난리를 겪으면서도 모르는가? 정작 자기 집이 물에 잠기는 줄도 모르는 채 다른 나라들에 미안해하며 겸연쩍게 뒤통수를 긁는 탄소 배출량 세계 7위 국가가 바로 우리다. 우리는 가해자인 동시에 피해자다.

나는 이미 우리가 앞으로 코로나19 같은 대재앙을 수시로 겪을 것이라 경고했다. 기후변화에 관해서도 똑같은 경고를 내릴 수 있다. 우리나라처럼 어정쩡하게 여러 기후대에 걸쳐 있는 나라는 앞으로 극단적인 홍수와 가뭄을 번갈아 겪을 것이다. 그럼에도 우리 정부는 최근 발표한 그린 뉴딜에 끝내 2050년 탄소 중립 선언을 담지 않았다. 감축 약속을 지키지 않으려 국제 사회 눈치나 살피는 지질한 '기후 깡패'인 줄 알고 있지만 실제로는 제 살 깎아 먹는 줄도 모르는 '기후 바보'다.

8월 12일*

몸에 좋은 음식

* 세계 청소년의 날

지금은 6척 장신에 당당한 근육질 남정네가 되었지만 아들 녀석은 아기 때 워낙 입이 짧아 우리 부부의 애를 참 많이 태웠다. 키는 백분위로 상위 15퍼센트에 속했건만 체중은 바닥에서 아예 도표 밖으로 밀려날 판이었다. 음식 한 점을 먹이려고 악어 흉내에서 비행기 곡예에 이르기까지 안 해 본 짓이 없었다.

최근 미국 노스웨스턴대와 시카고대 연구진은 아이들에게 그 음식이 얼마나 몸에 좋은지를 말해 주면 오히려 더 안 먹는다는 흥미로운 연구 결과를 내놓았다. 3~5세 아이들에게 간식으로 각각 과자와 홍당무를 먹은 아이 이야기가 담긴 그림책을 읽어 준 다음 과자 또는 홍당무를 먹게 하는 실험을 했는데, 홍당무를 먹으면 더 튼튼해지고 셈도 더 잘한다는 얘기를 들은 아이들은 오히려 홍당무를 덜 먹더라는 것이다. 연구자들에 따르면 어른들이 애써 몸에 좋다고 말하는 순간 아이들은 그 음식이 맛이 없기 때문에 일부러 그런다는 걸 알아챈단다. 자식 양육에도 무턱대고 훈육적인 방식보다는 고도의 심리전이 필요한가 보다. 우리 부부도 아들에게 몸에 좋다는 얘기를 참 많이 했던 것 같다.

이 연구 결과에 고개를 끄덕이는 부모가 많겠지만 나는 경쟁 상황에서는 얘기가 달라질 수 있지 않을까 생각한다. 어렸을 때 음식에서 파를 골라내는 우리를 보시고 아버지가 일부러 파를 맛있게 드시면서 "파가 그렇게 머리에 좋다네" 하시는 바람에 우리 사 형제는 앞을 다퉈 파를 골라 먹는 촌극을 벌였다. 아버지는 종종 우리에게 나이에 상관없이 퍼즐을 함께 풀게 하고 가장 먼저 푼 아들에게 대놓고 상금을 하사하는 처절한 경쟁 체제를 도입했다. 여섯 살이나 어린 동생에게 번번이 고배를 마시던 나로서는 음식 맛 따위를 따질 상황이 아니었다. 그러다 보니 지금도 내 설렁탕 그릇은 그야말로 국물 반, 파 반이다. 그간 먹은 파 덕에 타고난 것보다 머리가 후천적으로 조금이나마 좋아졌으려나.

8월 13일*

지도자와 미래

* 세계 왼손잡이의 날

미래학이라는 분야가 있다. 연구의 대상이 미래이다 보니 누구도 완벽하게 실증할 수 없다는 점에서 원천적인 비판을 피하기 어렵다. 예를 들어, 어느 미래학자가 미래에는 로봇이 인간을 지배할 것이라는 예측을 내놓았다고 하자. 여러 해가 지나 온갖 종류의 로봇이 개발되었으나 인간을 지배하는 일은 벌어지지 않자 사람들은 그 미래학자를 비판하기 시작했다. 그러나 미래학자는 여전히 할 말이 있다. "기다리시라니까요. 언젠가 '미래'에는 로봇이 인간을 지배하게 된다니까요". 미래는 영원히 오지 않을 수도 있다.

바로 이런 연유로 미래학은 철저하게 과학이어야 한다. 직관적인 예언이 아니라 정확한 미래 시점을 짚고 현재 시점에서 가용한 모든 데이터를 과학적으로 분석하여 다양한 대안적 예측들을 제시하는 학문이어야 한다. 최근 각광 받고 있는 빅데이터 연구는 그 자체가 미래학이며 제대로만 한다면 실로 막강한 힘을 발휘할 것이다. '모르는 게 약'이라는 교훈은 이미 벌어진 과거에만 해당될 뿐, 미래 예측에 관한 한 무지는 거의 확실하게 독이 될 수밖에 없다.

독일의 신학자 위르겐 몰트만은 미래를 Adventus(도래·到來)와 Futurum(미래·未來)으로 구분하여 설명한다. 미래학에서 다루는 미래는 당연히 Futurum이지만, 종교는 우리에게 Adventus의 위용을 설파한다. 우리는 흔히 과거가 현재라는 찰나를 거쳐 미래로 흘러간다고 생각하지만, 종교는 신이 미리 정해 둔 미래가 현재로 강림한다고 가르친다. 컴퓨터과학자 앨런 케이는 "미래를 예측하는 가장 좋은 방법은 미래를 발명하는 것"이라 했지만, 미래는 발명이 아니라 발견의 대상일 수도 있다는 것이다.

지도자란 우리를 좀 더 밝은 미래로 이끌어 주는 사람이다. 그래서 나는 리더(leader)는 책을 많이 읽고(reader), 깊이 생각하여(thinker), 새로운 길을 열어 주는 사람(trailblazer)이어야 한다고 생각한다. 교향악단의 지휘자는 청중에게 등을 돌려야 하지만 국가의 지휘자는 국민의 눈을 들여다보며 희망을 이야기해야 한다. 정해진 미래든, 만들어 갈 미래든, 그 미래가 이 암울한 현재보다 반드시 밝을 것이라는 확신을 심어 줘야 한다.

2013

합리성 4/29/2009

홍성욱

김영식

합리성의 진실성/객관성?

자연과학적 합리성/인문학적 합리성

미래 사회? → 변화를 전제로 하나?

아니면 사회의 변화에도 불구하고 본질/원형이 있나?

미래 사회의 인간상?

'95 → Good work (반대) When excellency and ethics meet + 이제는 happiness

전문가 Learned man
professionals.

이들에게는 언제나 학문이라는 배경.

다수의 사회 mass 촛불, 인터넷, ...

lateral leadership

사람의 문제냐, system의 문제냐? — 처방

의학 = 의과학 + 진료(의료)

미래 사회
- 존재론적 probable future
- possible "
- 가치론적 preferrable/desirable "
- 당위적 ought-to " (김경동)

gap

미래학

질병에 대한 진단

인간상
- 개인으로서 인간
- 사회 " "

excellent,
ethical
happy

정직? 비전?

우리나라(우리 사회)가 어떤 나라(사회)가 되었으면 좋은가?

적어도 desirable future에 대한 합의(목표 설정)

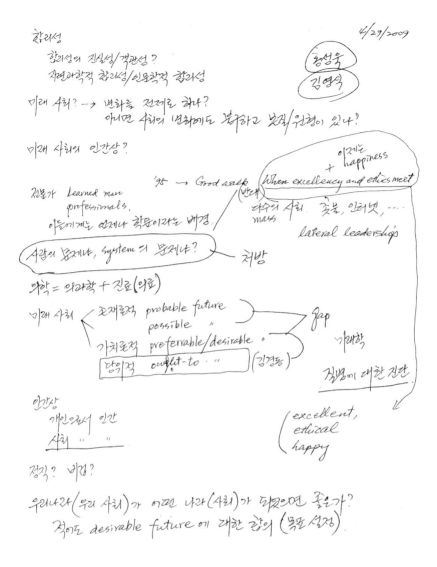

8월 14일*

세계 도마뱀의 날

* 세계 도마뱀의 날

뱀이나 도마뱀 같은 파충류를 징그러워하며 혐오하는 사람이 많다. 반면 좋아하는 사람들은 그야말로 사족을 못 쓴다. 서늘하고 매끄러운 비늘의 매력이 치명적이다. 사내아이 중에는 크면서 이른바 '파충류 시기'에서 헤어나지 못하는 아이도 있다. 집에서 기르게 해 달라며 조르는 바람에 곤혹스러워하는 부모를 심심찮게 본다.

동물행동학에 입문하면 우선 도마뱀부터 연구한다. 동물의 '행동 목록(ethogram)'을 작성하는 법을 대개 도마뱀을 관찰하며 배운다. 척추동물 중에서 행동 패턴이 가장 단순하기 때문이다. 주변 환경의 온도에 따라 체온이 변하는 변온 동물이라서 온종일 그늘과 양지를 오가며 산다. 정기 노선을 왔다 갔다 하는 것 같다 해서 '왕복 행동(shuttling behavior)'이라고 부른다.

인도네시아는 최근 대표적 관광 명소인 '코모도섬'을

2020년 1년 동안 폐쇄하기로 결정했다. 얼마 전 밀렵꾼들이 코모도왕도마뱀을 41마리나 포획해 팔아먹었기 때문이다. 도마뱀은 세계적으로 총 1,046종이 알려져 있는데, 그중 241종이 멸종위기에 처해 있다. 거의 넷에 하나꼴이다. 우리나라에는 부산 지역에서 서식하는 도마뱀붙이(gecko)를 포함해 모두 7종이 사는데, 이 중 표범장지뱀이 멸종위기종으로 지정돼 있다.

8월 14일은 '세계 도마뱀의 날'이다. 어려서 도마뱀을 잡으려다 정작 몸통은 놓치고 꿈틀거리는 꼬리만 손에 쥐어 본 경험이 있을 것이다. 끊어진 꼬리의 신경 세포들이 여전히 서로 신호를 주고받는 바람에 한동안 마치 살아 있는 듯 움직인다. 꼬리를 끊어 내고 달아난 도마뱀도 두어 달이면 버젓한 꼬리를 되찾는다. 도마뱀은 요즘 생명과학 분야의 꽃으로 떠오르는 재생생물학(regeneration biology)에서 각광받고 있다. 비록 행동은 굼뜨나 세포 분열은 누구보다도 활발하다.

8월 15일*

세계 왼손잡이의 날

* 광복절

지난주 제인 구달 박사님 방한 중에 생명다양성재단이 마련한 '자연: 다양한 자아 실현의 장'이라는 이름의 릴레이 토크에서 배우 박중훈씨는 이 땅에서 왼손잡이로 살아온 애환을 구구절절 털어놓았다. 고교 시절 데생을 배울 때 그리면서 계속 문질러 지워 버리는 바람에 미술 선생님께 꾸지람을 들었다는 얘기는 우스우면서 슬프기까지 했다. 세계적으로는 왼손잡이 비율이 10퍼센트가량 되지만 우리나라는 5퍼센트 정도에 불과하다. 그만큼 편견이 훨씬 심하다는 얘기다. 나는 오른손잡이치고 왼손을 퍽 잘 쓰는 편이다. 당구장에서 남들이 당구봉을 허리 뒤로 돌려 얄궂은 자세로 쳐야 할 때 나는 그저 손만 바꿔 치면 된다. 물론 공이 잘 맞는다는 보장은 없지만.

양손 중 어느 손을 주로 쓰느냐는 우리 뇌의 비대칭에 기인한다. 오랫동안 과학자들은 좌뇌와 우뇌가 기능적으로 다른 동물은 우리 인간뿐이라고 생각했다. 비대칭도 무슨 우월함의 표징이라고 그리 주장했는지 모르지만, 이제는 대부분 영장류는 물론 딱히 손이라고 부르기 애매한 여러 동물도 손발의 좌우 편향성을 보이는 것으로 나타났다. 침팬지 집단에서는 대개 65~70퍼센트가 오른손잡이고 고릴라는 75퍼센트가 넘는다. 북미 서해안을 따라 분포하는 청개구리는 포식자와 맞닥뜨렸을 때 튀는 방향의 편향성을 보인다.

장관의 군무를 연출하는 철새나 산호초 물고기 무리에서 자꾸 엉뚱한 방향으로 몸을 틀어 대는 개체들을 제지하는 장치가 마련돼 있는지 모르지만 우리 인간 사회만큼 조직적이고 체계적으로 왼손잡이를 탄압하는 동물은 아마 없을 것이다. 가위, 깡통 따개, 카메라 셔터 등 대부분의 기기들을 비롯해 거의 모든 여닫이문들이 죄다 오른손잡이에 맞춰져 있다. 지난 8월 13일은 '세계 왼손잡이의 날'이었다. 세계 각국에서 오른손잡이들을 위한 왼손잡이 체험 행사가 열렸다. 그러나 온 세상이 다 오른손잡이 천국은 아니다. 오랑우탄은 약 66퍼센트가 왼손잡이고 캥거루는 거의 95퍼센트가 왼발잡이다. 그들 사회도 애써 '오른손잡이의 날'을 기릴까?

2017

8월 16일

붉은색과 남자

1986년 아르헨티나 태생의 영국 가수 크리스 드 버그가 불러 영국과 아일랜드는 물론 우리나라에서도 큰 인기를 끌었던 〈붉은 옷을 입은 여인(The Lady in Red)〉이라는 노래가 있다. "나는 이렇게 많은 남자들이 당신에게 춤을 추자고 몰려드는 걸 본 적이 없다오… 나는 당신이 그 드레스를 입고 있는 걸 본 적이 없다오… 오늘 밤 당신의 모습을 나는 결코 잊지 못할 것이라오…".

붉은색이 여성의 성적 매력을 돋보이게 한다는 것은 잘 알려진 사실이다. 그런데 최근 미국 로체스터대 심리학자들의 실험에 따르면 남자의 경우도 마찬가지란다. 동일한 남성의 사진에 각각 붉은색 테두리와 흰색 테두리를 두르거나 컴퓨터로 남성의 셔츠 색깔을 붉은색, 회색, 녹색, 파란색 등으로 조작한 사진을 여학생들에게 보여 주며 남성의 사회적 지위, 성적 매력, 호감도 등에 대해 물었다고 한다. 결과는 붉은색이 남성의 지위, 장래성, 성적 매력 등을 한층 높여 주는 것으로 나타났다. 연구자들은 동일한 결과를 미국뿐 아니라 영국, 독일, 그리고 중국에서도 관찰했다. 인간의 붉은색 선호에는 문화적 영향보다 훨씬 더 깊은 생물학적 근거가 있음을 의미한다.

아프리카의 카메룬과 가봉 지역의 열대 우림에 서식하는 맨드릴(mandrill)이라는 개코원숭이의 암컷들도 훨씬 더 강렬한 붉은색을 띤 수컷을 선호한다. 그 지역에 사는 아프리카 원주민들의 사회에도 높은 지위의 남성들이 종종 붉은색으로 치장하는 풍습이 있다. 우리나라를 비롯한 동양의 고대 국가들에서도 붉은색은 권위와 지위의 상징이었다. 최근에는 우리 정치인들이 소통과 희망의 표현으로 파란색 넥타이를 자주 매지만 자신감과 리더십을 나타내는 데에는 역시 붉은색 타이가 제일이다. 시상식장으로 향하는 배우들도 붉은 카펫 위를 걷는다.

그런데 붉은색에 대해 섭섭한 게 하나 있다. 우리말에는 붉은 빛깔을 묘사하는 수많은 형용사들이 있지만, 성적 문맥에서 쓰이는 영어의 'red'를 제대로 표현할 말이 없어 보인다. '붉은'은 어딘지 미흡하고 '빨간'은 너무 천박하다. '새빨간'은 너무 드세고 '시뻘건'이나 '검붉은'은 그저 음침해 보인다. 우리 형용사들이 이렇게 '풍요 속의 빈곤'을 겪을 줄이야.

2010

8월 17일

해파리의 공격?

생물의 번식력은 우리의 상상을 초월한다. 수학을 그리 즐기지 않았던 다윈도 그의 『종의 기원』(1859) 64쪽에 “상당한 고통을 감수하며” 계산 문제를 하나 풀었다. 생물 개체군이 얼마나 빠른 속도로 불어날 수 있는지를 보여 주기 위해 다윈은 아주 느리게 번식하는 대표적인 동물인 코끼리를 가지고 다음과 같은 계산을 했다. “코끼리가 30세에서 90세까지 번식을 하며 모두 6마리의 새끼를 낳는다면, 500년 후에는 불과 한 쌍의 부모로부터 무려 1,500만 마리의 코끼리가 태어나 살게 될 것이다”.

비록 40대 초반에 요절했지만 생태학을 정량적인 과학의 반열에 올려놓은 불세출의 생태학자 로버트 맥아더는 더 어마어마한 계산을 선보였다. 2분마다 세포 분열을 하는 박테리아에 먹이를 무한정으로 공급한다고 가정하면, 36시간 후면 지구의 표면 전체를 한 자 깊이로 덮을 것이고, 그로부터 1시간만 더 지나면 우리 키를 훌쩍 넘을 것이란다.

또한 현미경의 도움을 받아야만 볼 수 있을 만큼 작은 박테리아도 일단 태어나면 죽지 않는다고 가정할 때, 그저 수천 년만 기다리면 불어나는 박테리아의 살코기 때문에 이 지구의 부피가 저 끝없는 우주를 향해 빛의 속도로 팽창해 나갈 것이란다.

우리 어부들이 요즘 때아닌 해파리의 무차별 공격에 속수무책으로 당하고 있다. 그물 가득 멸치를 끌어 올려도 물컹물컹한 해파리의 살과 뒤엉켜 일일이 손으로 골라내야 할 판이란다. 그런가 하면 해수욕을 즐기던 아이들도 해파리에 쏘여 고통을 호소하고 있다. 몸의 90퍼센트 이상이 물로 이뤄져 있건만, 이제 더 이상 해파리를 물로 보기 어려워졌다.

세계 곳곳에서 해파리의 공격에 대한 보도들이 속출하고 있지만 전 지구적으로 볼 때 실제로 그 수가 늘어난 것인지는 확실하지 않다. 이런 일이 벌어지기 전에 아무도 그들의 개체군 크기를 조사해 두지 않았기 때문에 비교할 수 있는 데이터가 없다. 우리 환경부가 2004년부터 시작하여 현재 내가 총괄을 맡고 있는 '국가장기생태연구사업'이 좀 더 일찍, 그리고 해양 연구까지 포함할 수 있도록 좀 더 큰 예산으로 진행되었더라면 하는 아쉬움이 크다. 지금은 해파리지만 다음엔 또 누가 우리를 공격해 올지 아무도 모르기 때문이다.

2009

8월 18일

키스의 진실

키스, 알고 보니 모두가 다 하는 게 아니었다. 그동안 우리는 키스가 사랑의 표징이라는 점에 대해 추호의 의심도 하지 않았다. 그래서 〈바람과 함께 사라지다〉, 〈지상에서 영원으로〉, 〈카사블랑카〉 같은 영화에서 남녀 주인공의 진한 키스에 함께 전율을 느끼곤 했다. 그러나 최근 미국인류학회지에 게재된 인디애나대 연구진 논문에 따르면 세계 168개 문화에서 입술 키스는 불과 46퍼센트에만 존재한다. 아시아 문화권의 73퍼센트, 유럽의 70퍼센트 북미의 55퍼센트에서 연애 행위로서의 키스가 행해지고 있지만 중미, 아마존 지역, 뉴기니 그리고 사하라 사막 이남 아프리카에서는 연인들이 키스를 하지 않는 게 전통이다. 중동에서는 조사한 열 개 문화 모두에서 히잡으로 늘 얼굴을 가리고 다니는 중동 여성들이 일상적으로 키스를 즐기는 것으로 나타났다.

키스의 기원에 관해서는 본능과 학습의 두 상반된 주장이 있었다. 우리와 유전적으로 매우 가까운 침팬지와 보노보는 프렌치 키스 수준의 질펀한 키스를 즐긴다. 물고기 중에도 입을 맞추는 종류가 있는 걸로 보아 인간의 키스는 사회적 또는 성적 기능을 위해 진화한 행동이라는 학설이 상당히 유력했다. 반면 학습 가설은 이유식이 개발되기 전 아직 이가 나지 않은 아기에게 잘 씹은 음식을 입으로 전달하던 풍습이 키스로 발전한 것이라고 설명한다. 몇 년 전 드라마 〈아이리스〉에서 이병헌이 김태희에게 한 '사탕 키스'를 보며 나는 키스의 '채이(採餌· feeding) 기원설'을 떠올렸다.

이번 연구로 일단 인간의 키스가 동물에 기원을 둔 본능이라는 주장은 설 자리를 많이 잃었다. 그렇다고 해서 학습 가설을 흡족하게 지지하는 것도 아니다. 성애 키스의 짜릿함을 진정 학습의 결과로만 설명할 수 있을까? 키스를 "사는 게 미안해 너무 미안해서 죽음에게 잠시 혀를 빌려주는 것"이라 읊은 김륭 시인은 또 어쩌나?

2015

8월 19일*

오랑우탄과 파스칼

* 세계 오랑우탄의 날
* 세계 인도주의의 날

8월 19일은 '세계 오랑우탄의 날'이다. 유전자 분석에 따르면 오랑우탄은 약 1,500만~1,900만 년 전에 고릴라, 침팬지 등 아프리카 유인원으로부터 분화되어 아시아에서 독립적으로 진화했다. 오랫동안 보르네오 오랑우탄과 수마트라오랑우탄 두 종이 있는 걸로 알고 있었는데 아주 최근인 2017년에 타파눌리오랑우탄이 새롭게 발견돼 모두 세 종이 되었다. 세계자연보전연맹은 세 종 모두 '심각한 멸종위기종'으로 분류한다.

오늘은 프랑스의 사상가 블레즈 파스칼(1623~1662)이 사망한 날이기도 하다. 그는 자신의 유고집 『팡세』의 서두에서 인간을 "생각하는 갈대"로 규정한다. 우주가 인간을 죽이는 데는 한 줌의 증기, 한 방울의 물이면 충분하지만 인간은 여전히 우주보다 고귀하다. 스스로 죽을 수 있는 존재라는 것을 인식하기 때문이다. 인간은 지극히 약한 존재지만 사유하는 주체이기 때문에 위대하다고 설명한다.

2년 전 유튜브에 불도저가 밀어내는 나무를 붙들고 절규하듯 온몸으로 항거하는 오랑우탄 동영상이 올라와 많은 사람의 마음을 아프게 했다. 인도네시아 곳곳에서 야자유(palm oil) 농장을 만드느라 열대 우림이 무서운 속도로 사라지고 있다. 사냥은 엄연히 불법이건만 밀렵꾼들은 엄마 오랑우탄은 죽여서 멧고기(bush meat)로 유통하고 아기는 애완용으로 팔아넘긴다. 매년 2천~3천 마리씩 사라지고 있다.

오랑우탄은 이제 야생에 5만~6만 마리밖에 남지 않았다. 타파눌리오랑우탄은 수마트라 남부에 800마리 정도가 남아 있을 뿐이다. 성경 『이사야서』 42장 3절은 "그는 부러진 갈대를 꺾지 않고 꺼져 가는 심지를 끄지 않으리라"고 적고 있다. 존재의 역사 거의 내내 지극히 나약한 갈대로 살다가 지난 1만 년 사이에 엄청나게 막강해진 '생각하는 갈대'가 지금 '부러진 갈대'의 '꺼져 가는 심지'를 짓눌러 끄고 있다.

2020

8월 20일

소심한 다윈

오늘은 찰스 다윈이 악몽 같은 두 달을 보내고 드디어 안도의 숨을 내쉰 날이었다. 1858년 6월 18일 다윈은 평소 알고 지내던 젊은 학자 월리스가 보내온 편지에 혼비백산한다. 그 편지에는 20쪽짜리 논문 한 편이 들어 있었는데, 놀랍게도 다윈이 지난 20여 년간 애지중지 다듬어 온 자연선택 이론의 에센스가 고스란히 담겨 있었다.

평생의 위업이 한순간에 물거품이 될 위기에 그의 절친한 동료인 지질학자 라이엘과 식물학자 후커는 위험천만한 계략을 꾸민다. 단 하루라도 먼저 출판하는 게 혹독할 만치 준엄한 평가 기준인 학계에서 우선권은 명백히 투고 준비가 끝난 논문을 보내온 월리스에게 있었다. 그러나 그들은 다윈이 그동안 써 온 단문들과 편지들을 묶어 논문으로 급조해 그해 7월 1일 런던린네학회에서 발표하도록 주선한다.

월리스는 말레이 군도에서 연구 중이라 오지 못했고,

평소 대중 앞에 서는 걸 꺼렸던 다윈도 학회에 참석하지 않았다. 논문 대독 순서는 다윈 먼저, 그리고 월리스였다. 이어서 8월 20일에는 두 논문이 드디어 런던린네학회지에 나란히 실린다. 자칫 후배 학자의 아이디어를 훔쳤다는 비난에 휩싸일 수도 있었건만 동료의 세심한 배려로 가슴을 쓸어내릴 수 있었다.

하마터면 평생의 업적을 날릴 뻔했던 다윈은 부랴부랴 자신의 자연선택 이론을 요약해 이듬해인 1859년 『종의 기원』을 출간한다. 서문에서 다윈은 불완전한 요약본일 수밖에 없다며 다음과 같이 적었다. "여기서 언급한 내용의 출처가 되는 참고 문헌이나 저자명 중 일부를 밝히지 못했다. 다만 내가 언급한 것이 정확하다는 것을 독자들이 믿어 주기 바랄 뿐이다". 요즘 같으면 영락없이 표절 논란에 휩싸였겠지만 당시 사람들은 서두르느라 저지른 허물이었다는 학자의 말을 있는 그대로 받아 줬다.

8월 21일

뎅기열

뎅기열(Dengue fever)은 흰줄이집트숲모기가 옮기는 열대 지방의 바이러스성 풍토병이다. 뎅기 바이러스에 감염되면 고열과 더불어 근육, 관절, 안구 등에 심한 통증이 수반되고 마치 홍역을 앓는 듯한 발진이 나타난다. 얼룩날개모기가 옮기고 매년 적어도 65만 명의 목숨을 앗아 가는 말라리아에 비할 바는 아니지만, 뎅기열도 해마다 110개국에서 거의 50만 명이 병원을 찾으며 그중 약 2만 5천 명이 사망하는 무서운 질병이다.

흰줄이집트숲모기가 최근 제주도에 안착한 것으로 밝혀졌다. 공교롭게 미국 플로리다 남부에서도 이 모기가 발견되었다. 미국은 예전에 대대적인 방역을 실시하여 이 모기를 박멸했는데 이번에 다시 나타난 것이다. 제주대 의과대학 이근화 교수 연구진에 따르면 서귀포 지역에서 채집한 모기의 유전자 염기 배열을 분석해 보니 베트남에 서식하는 모기의 배열과 일치한단다. 연구진은 공항이나 항구를 통해 들어온 흰줄이집트숲모기가 지구온난화 덕택에 제주도에서도 서식할 수 있게 된 것이라고 설명했다.

미국에 유학하던 1982년 여름 내내 나는 하루걸러 작은 경비행기를 타고 곤충 채집을 했다. 고도를 달리하며 커다란 포충망을 비행기 밖에 내걸어 장거리를 이동하는 곤충들을 채집하여 분류하는 연구였다. 그 결과 우리는 진디, 파리, 모기, 멸구 등 몸집이 작은 곤충들이 계절풍 제트 기류를 타고 순식간에 엄청난 거리를 이동한다는 사실을 확인했다. 뎅기 바이러스에 감염된 모기는 이미 대만까지 북상했다. 그들이 꼭 점잖게 비행기나 배를 타고 오는 게 아닐 수도 있다. 오래전부터 바람을 타고 오고 있었을지도 모른다. 다만 예전에는 와 본들 살아남을 수 없었는데 이제는 기후변화 때문에 아열대화한 제주도에 버젓이 정착하게 된 것이다.

몇 년 전 나는 당시 보건복지부 장관을 찾아가 기후변화에 대비한 열대성 질병 연구의 필요성을 역설했다. 그러나 6개월 안에 조류 독감을 때려잡을 야전 사령부를 세운다면 지원하겠지만 10년 후에나 벌어질지 모르는 질병에 투자하기는 어렵다는 답변이 돌아왔다. 지내 보니 10년씩이나 걸릴 일이 아니었다. 뎅기 모기의 출현은 온갖 다른 열대성 질병도 이미 우리 문지방을 넘고 있음을 경고한다. 옛말에 '개미 나는 곳에 범 난다' 했다.

2013

8월 22일

도토리거위벌레

요즘 등산을 하거나 대학 교정을 거닐다 도토리가 달려 있는 나뭇가지들이 여기저기 떨어져 있는 걸 보았을 것이다. 관찰력이 예민한 사람이라면 그 가지의 절단면이 마치 누가 일부러 톱으로 자른 듯 아주 매끈한 걸 발견하고 적이 의아해했을 것이다. 도대체 누가 이런 짓을 한 것일까?

범인은 뜻밖에도 몸길이가 1센티미터도 안 되는 도토리거위벌레라는 작은 딱정벌레이다. 별나게 긴 주둥이가 거위의 목처럼 생겼다 하여 도토리거위벌레라고 불리는 이 딱정벌레 암컷은 상수리나무, 신갈나무, 참나무 등 참나무류의 도토리에 구멍을 뚫고 그 안에 알을 낳은 다음 그 도토리가 달려 있는 가지를 잘라 땅에 떨어뜨린다. 때로 지름이 5밀리미터도 넘는 제법 굵은 가지를 그야말로 '땀을 뻘뻘 흘리며' 자르는 모습을 지켜보노라면, 이 행동은 필경 어떤 뚜렷한 목적을 지닌 진화적 적응임이 분명해 보인다.

도토리거위벌레는 우리나라 전역과 일본 및 중국의 일부 지방에만 분포하기 때문에 이 행동은 아직 세계 학계에 별로 알려지지 않았다. 그래서 우리 연구진은 벌써 여러 해 동안 도토리거위벌레의 가지 절단 행동을 연구해 왔다. 우리는 도토리거위벌레 어미가 자기 애벌레로 하여금 타닌(tannin)이 적은 먹이를 먹을 수 있도록 일찌감치 나무로부터 격리한다는 가설을 세우고 연구를 시작했다. 타닌은 익지 않은 도토리나 밤을 씹었을 때 느끼는 떫은맛이나 적포도주의 텁텁한 맛의 주성분으로서 특정한 단백질과 결합하면 소화 불량을 일으킬 수 있다.

그러나 우리의 연구 결과는 예측과 정반대로 나타났다. 도토리거위벌레의 알이 부화하여 애벌레가 도토리를 파먹기 시작할 무렵 땅에 떨어진 도토리와 아직 나무에 달려 있는 도토리의 타닌 농도를 비교해 보았더니 전자의 농도가 오히려 더 높은 것으로 드러났다. 그 후 우리는 타닌의 효과가 곤충보다는 포유동물에게 더 크게 나타난다는 걸 알게 되었고, 어쩌면 타닌을 고농도로 유지하는 것이 다람쥐나 곰 같은 동물에게 먹힐 확률을 낮추는 게 아닐까 하고 후속 연구를 기획하고 있다. 여러분도 지금부터 도토리거위벌레가 떨어낸 도토리를 발견하면 도대체 왜 그 작은 곤충이 그처럼 힘든 톱질을 하고 사는지 생각해 보시라. 좋은 아이디어가 떠오르면 우리에게도 꼭 알려 주시고.

2011

8월 23일

둥지의 신화

바다오리는 바닷가 절벽에 선반처럼 튀어나온 바위 위에 그냥 덜렁 알을 낳는다. 남극에 사는 황제펭귄도 둥지를 만들지 않는다. 알을 발등에 올려놓고 축 처진 뱃가죽으로 덮어 품는다. 그러나 이들은 극히 드문 예외일 뿐, 새들은 모두 나름대로 정교한 둥지를 짓느라 상당한 시간과 에너지를 투자한다. 우리 연구진이 거의 20년 가까이 연구해 온 까치는 둥지가 워낙 나무 높은 곳에 있어 정말 얼마나 큰지 사람들이 잘 모른다. 위아래로 약간 길쭉한 달걀 모양의 까치 둥지는 웬만한 어른이 양팔로 감싸안기도 힘들다. 폭과 높이가 각각 1미터가 넘는다. 이렇게 거대한 둥지를 짓기 위해 까치는 적어도 달포 이상 암수가 함께 쉴 새 없이 나뭇가지를 물어 나른다.

열악한 연구비 사정에도 불구하고 거의 20년 가까이 연구를 계속했더니 이제는 까치 연구에 관한 한 우리 연구진이 명실공히 세계 제일이 되었지만 결코 쉽지 않은 여정이었다.

까치 연구가 어려운 또 다른 이유는 둥지가 원체 높기도 하지만 지붕까지 덮여 있는 바람에 나무를 타고 올라가 좁은 출입구 안으로 들여다보기 전에는 알이나 새끼를 관찰할 방법이 없다는 것이다. 그래서 우리는 비싼 이삿짐센터 사다리차를 빌려 연구하고 있다. 접시 모양의 둥지는 조금만 높은 곳에서 내려다보면 그 속의 내용물이나 거기서 벌어지는 온갖 사건, 사고를 훤히 들여다볼 수 있다. 가까운 사촌인 까마귀도 그저 평범한 접시 모양의 둥지를 만들건만 왜 유독 까치는 지붕이 달린 둥지를 틀도록 진화했을까 야속하기까지 했다.

그런데 미국과 호주 생태학자들의 최근 연구에 따르면 접시 모양의 둥지에서 돔 형태의 둥지로 진화한 게 아니라 그 정반대란다. 오늘날 70퍼센트 이상의 명금류(鳴禽類)가 접시 모양의 둥지를 만드는데, 알고 보니 그게 모두 주거 환경의 간소화 흐름에 동참한 것이었다. 우리가 만들어 준 펜션 모양의 예쁜 인공 둥지에 접시 둥지를 짓는 새들도 넙죽넙죽 입주한 이유를 이제야 알았다. 사람이나 새나 좋은 집 마다할 까닭이 없는 모양이다.

2016

8월 24일

긋닛

1936년 오늘 호주 호바트동물원에서 '벤저민'이라는 이름의 태즈메이니아 늑대가 사망했다. 이로써 육식성 유대류 동물인 태즈메이니아 늑대는 지구상에서 영원히 자취를 감췄다. 도도, 나그네비둘기, 황금두꺼비, 흰코뿔소, 양쯔강돌고래 등에 이어 이제 지구에는 태즈메이니아 늑대가 단 한 마리도 남아 있지 않다. 그리고 조만간 이들의 뒤를 이을 듯한 동물 목록 또한 한없이 길다. 아무르표범, 검은코뿔소, 보르네오오랑우탄, 크로스강고릴라, 매부리바다거북, 말레이호랑이….

내일부터 닷새 동안 국내 최대 책 축제 서울국제도서전이 서울 성수동 에스팩토리에서 열린다. 이번 '2021 서울국제도서전'의 주제는 '긋닛'이다. 나도 이번에 처음 배운 말인데 '끊어짐과 이어짐(단속·斷續·punctuation)'을 의미하는 우리 옛말이란다. 코로나19에 시달리며 간신히 매달려 있는 우리 삶의 끈들이 끝내 끊어지고 말지 아니면 더욱 단단히 이어질 수 있을지 함께 숙고해 보는 자리가 되면 좋겠다.

나는 어쩌다 작가 정세랑, 가수 황소윤과 더불어 이번 도서전 홍보대사로 선임되어 첫날 첫 주자로서 '긋닛, 자연이 우릴 쉬어 가라 하네'라는 주제의 강연을 한다. '긋닛' 하면 떠오르는 문장 부호가 무엇이냐는 질문에 나는 쉼표 대신 말없음표를 떠올렸다. 코로나19로 인간의 활동이 멈추자 곳곳에서 자연이 되살아나는 조짐이 보인다. 인간 없음이 야생을 되돌리고 미세 먼지도 가라앉힌다.

코로나19 경험은 쉼표처럼 마냥 너그러울 것 같지 않다. 이토록 무례하게 멈춰선 우리 삶이 아무 일 없었다는 듯 부드럽게 이어질 리 없어 보인다. 무릇 세상 모든 관계가 그러하듯 자연과 인간의 관계에도 긋고 이음이 분명해야 한다. 자연이 긋는 골짜기를 인간이 함부로 이을 수 없다. 엄청난 비용을 지불하며 배우고 있는 자연의 교훈을 허투루 흘려보내지 말자.

2021.9.7

8월 25일

원금과 이자

2002년 8월 세계생태학대회가 우리나라에서 열렸다. 당시 한국생태학회는 솔직히 이런 규모의 세계 대회를 개최할 능력을 갖추지 못했건만 선배 교수들이 중국이 개최하려고 2년 가까이 만지작거리다 포기한 걸 덜컥 물어 오는 바람에 하루아침에 날벼락을 맞았다. 나는 어쩌다 공동 조직위원장을 맡아 해외 석학들을 기조 강연자로 모시는 작업을 수행했다.

영어로 기조 강연자를 'plenary speaker' 혹은 'keynote speaker'라 부른다. 굳이 구분하자면 전자는 특정한 분야 또는 세부 주제를 총괄하는 강연을 한다면, 후자는 전체 대회의 주제를 아우르는 강연을 하도록 요청받는다. 나는 이례적으로 사뭇 사대주의적 전통을 깨고 소설가 박경리 선생님을 기조 강연자(keynote speaker)로 모셨다. 코엑스 오디토리움을 가득 메운 세계 생태학자들 앞에서 내가 순차로 통역한 선생님의 강연은 두 차례나 기립 박수를 받았다.

그중 한 번은 선생님이 자연을 대하는 인간의 태도에 대해 “원금은 건드리지 말고 이자만 갖고 살아야 한다”고 말씀하셨을 때였다. 1987년 유엔 브룬틀란위원회는 지속가능성(sustainability)을 “미래 세대의 요구를 해치지 않는 범위 내에서 현재 세대의 필요를 충족하는 것”이라고 정의했다. 그러나 10여 년이 지나도록 개념조차 제대로 이해하지 못하던 세계 생태학자들은 선생님의 이 기막힌 비유에 모두 자리를 박차고 일어설 수밖에 없었다.

좀처럼 가라앉지 않는 코로나19와 역대 최장 장마를 겪으면서도 우리는 스스로 원금을 깎아 먹고 있는 줄도 모른다. 이자로만 살 뿐 아니라 그동안 축낸 원금도 상환해야 한다. 미래 세대의 행복을 갉아먹지 않으려면 현재 세대가 지금보다 조금만 더 불편하게 살기로 각오해야 한다. 지하에 계신 선생님이 지켜보고 있다.

2020

8월 26일

CCTV와 The Police

1984년 여름 나는 중미 코스타리카에서 '열대생물학'을 수강했다. 두 달 동안 코스타리카의 여러 지역을 돌며 다양한 생태계를 체험하고 야외 관찰과 실험을 하는 수업이었다. 난생처음 접하는 신기한 열대 동식물로부터 우리는 잠시도 눈을 뗄 수 없었다. 그 당시 우리가 수업의 주제가로 뽑은 노래가 있었다. 바로 같은 남자끼리 봐도 참 멋있는 남자 스팅이 이끌던 록밴드 폴리스(The Police)가 1983년에 발표하여 8주 동안이나 빌보드 1위를 했던 〈당신이 내쉬는 모든 숨(Every breath you take)〉였다.

"당신이 내쉬는 모든 숨/당신의 움직임 하나하나까지/(…)/ 나는 당신을 지켜볼 겁니다/하루도 빠짐없이 매일/당신이 말하는 단어 하나하나/당신이 하는 모든 게임/당신의 모든 밤/나는 당신을 지켜볼 겁니다". 식물과 달리 동물은 기껏 관찰하고 있는데 홀연 달아나 버린다. 노래는 이렇게 읊조린다. "오, 당신은 진정 모르시나요/당신이 내 손안에 있다는 걸/당신의 걸음걸음 하나하나가 얼마나 내 여린 가슴을 쥐어뜯는지".

공공장소에서 음란 행위를 하다 적발된 전 제주지검장이 경찰에게 엉뚱한 사람을 체포했다고 우기다가 CCTV 때문에 들통이 났다. 고화질의 CCTV 자료가 최근 여러 사건들에 결정적인 단서를 제공하고 있다. 한 언론 보도에 따르면 CCTV가 전국에 450만 대가 넘는단다. 수도권 지역에 사는 사람은 길을 걸을 때 9초마다 한 차례씩 CCTV에 찍힌다고 한다.

경찰이 CCTV를 통해 우리의 움직임 하나하나를 지켜보고 있다. 범인 검거의 일등 공신인 줄은 알지만, 자꾸 조지 오웰의 소설 『1984년』에서 텔레스크린을 통해 사회 구성원을 감시하던 '빅 브라더'가 떠오른다. 개인 화장실에까지 텔레스크린을 설치한 빅 브라더의 만행에 치를 떨면서도 우리는 요즘 근처 맛집 정보를 얻기 위해 기꺼이 자신의 존재와 위치 정보를 위성항법시스템(GPS)에 바친다. 30여 년 전 '경찰'이라는 이름의 영국 밴드가 부른 노래가 그대로 오늘의 현실이 되었다.

2014

8월 27일

두 동굴 이야기

찰스 디킨스가 태어난 지 200년이 되었다. 그는 다윈의 『종의 기원』이 출간되던 1859년 『두 도시 이야기』라는 소설을 출간했다. 프랑스혁명을 전후하여 파리와 런던에서 일어난 계층 간의 갈등을 그린 소설로 무려 200만 부 이상이 팔렸다. 잡지에 연재하는 형식으로 발표된 『두 도시 이야기』의 마지막 회는 11월 26일 출간되었고, 『종의 기원』이 서점에 나온 날은 그 이틀 전인 24일이었다. '두 책 이야기'도 심상치 않아 보인다.

나는 인간 본성과 자연환경의 관계를 설명할 때 종종 디킨스의 『두 도시 이야기』의 제목을 패러디한다. 이름하여 '두 동굴 이야기'이다. 하버드대 생물학자 에드워드 윌슨 교수는 우리 인간의 본성에 본래부터 자연을 사랑하는 유전적 성향이 존재한다고 주장한다. 그는 이를 '생명-사랑((bio-philia)', 즉 '바이오필리아'라고 부른다. 나는 그가 내세운 거의 모든 이론을 추종하지만, 이것만큼은 따를 수 없다. 오히려 나는 인간에게 자연 파괴의 본성이 있다고 생각한다.

두 동굴에 살던 우리 조상들을 상상해 보자. 한 동굴에는 유난히 새벽잠이 없으신 할머니가 살고 있었다. 밤중에 용변을 보러 동굴 깊숙한 곳으로 들어가려는 손주에게 할머니는 단호히 밖에 나가서 보라 이르신다. 그날 밤 손주는 끝내 돌아오지 않았다. 또한 허구한 날 사냥을 나가려는 식구들에게 할머니는 동굴이 더러우니 대청소를 하자고 불러 세우신다. 그에 비하면 건너 동굴의 가족은 훨씬 분방하게 살았다. 그러다 보니 동굴에는 이내 먹다 버린 음식 찌꺼기와 오물로 악취가 진동하고 파리가 들끓는다.

자, 과연 어느 집안이 더 잘 먹고 잘 살았을까? 늘 주변 환경을 보살피며 산 가족일까, 아니면 맘 편히 먹고 싼 가족일까? 나는 단연코 후자였다고 생각한다. 그 옛날 우리는 살던 동굴이 참기 어려울 정도로 더러워지면 그냥 새 동굴로 옮겨 가면 그만이었다. 우리 인간은 그 누구보다도 자연을 잘 이용해 먹었기 때문에 '만물의 영장'이 된 것이다. 다만 이제 우리에게는 더 이상 옮겨 갈 동굴이 없을 뿐이다. 자연을 보호하고 사랑하라는 본능은 우리에게 없다. 자연이 참다못해 우리를 할퀴기 전에 생명사랑의 습성을 체득해야 한다. 오늘 무시무시한 태풍이 온단다.

2012

8월 28일

까치와 칠석

내일은 견우와 직녀가 은하수 위의 오작교에서 만나 애틋한 사랑을 나눈다는 칠석이다. 견우성과 직녀성이 늘 들러붙어 사랑을 속삭이다가 옥황상제의 노여움을 사는 바람에 그 후부터는 1년에 단 한 번밖에 만나지 못하게 되었다는 얘기, 그리고 이들이 만나는 장소인 오작교(烏鵲橋)는 까마귀(烏)와 까치(鵲)가 날개를 펴 만들어 준 것이라는 얘기는 우리 모두 익히 잘 알고 있다.

칠석 설화는 중국에서 유래하여 우리나라와 일본 모두에서 예로부터 지금까지 전해 내려오고 있다. 그런데 일본 전설에는 오작교에 대한 언급이 없다. 지금 일본 규슈와 홋카이도 일부 지역에 살고 있는 까치는 임진왜란 때 일본 장수가 일부러 옮겨 준 몇 마리의 후손들이다. 일본에도 까마귀는 오래전부터 있었으니 '오교(烏橋)'의 설화라도 있을 법한데 일본의 칠석 전설에는 새들에 대한 얘기가 아예 없다. 전설도 어느 정도 사실적 근거가 필요한 것이리라.

나는 서울대학교의 이상임 박사와 더불어 1996년부터 지금까지 벌써 13년째 까치에 관한 장기적인 생태·행동 연구를 수행하고 있다. 까치는 영국에서 유라시아 대륙에 걸쳐 미국에 이르기까지 북반구 전역에 분포하고 있다. 그런데 까치의 날개는 짧고 둥근 모양을 지니고 있어 사실 장거리 이동에는 적합하지 않다. 웬만한 산맥이나 해협도 넘지 못한다. 제주도에 지금은 까치들이 번성하고 있지만, 그것도 1989년 한 스포츠 신문사가 창간 20주년 기념행사의 일환으로 아시아나항공사의 후원을 얻어 방사한 것이다. 미국의 까치들도 거의 틀림없이 한때 베링 해협이 육로로 연결되어 있을 당시 건너가 정착한 것으로 보인다.

이처럼 애당초 장거리 여행에 적합하지 않도록 진화한 까치가 어떻게 '세계적인' 새가 되었는지는 까치 연구의 핵심 주제 중 하나이다. 우리 연구진은 몇 년 전 북반구 여러 지역에서 채집된 까치의 표본에서 DNA를 추출하여, 까치가 원래 영국에서 유래하여 동진에 동진을 거듭하여 미국으로 건너갔다는 주장과 달리, 우리나라를 비롯한 동아시아에서 시작하여 일부는 동진하여 미국에 이르고 일부는 서진하여 영국에 안주하게 된 것이라는 결과를 얻어 국제 학술지에 발표했다. 하지만 생물학 연구가 아니라 설화의 다양함만 보더라도 우리나라가 까치의 종주국임은 분명해 보인다.

2009

8월 29일

과학 독립 선언

'과학기술'이라는 용어가 도대체 언제부터 우리 사회에서 통용되기 시작했을까? 처음에는 필경 '과학과 기술'이라는 표현으로 시작했을 것이다. 그때라고 해서 과학과 기술이 완벽하게 동등한 대접을 받았는지는 모르겠지만 적어도 양쪽을 아우르겠다는 의지는 엿보였다. 한동안 '과학·기술'로도 표기하다가 끝내 그 불편하기 짝이 없는 가운뎃점을 빼버리고 이제는 종종 띄어쓰기조차 하지 않는다. '과학기술'은 이제 많은 이들에게 '과학과 기술'보다는 '과학적 기술'이라는 의미로 다가간다. 과학은 어느덧 기술의 형용사로 전락하고 말았다.

서양에는 '과학적 기술'이라는 용어 또는 개념 자체가 없다. 구글에 'scientific technology(과학적 기술)'를 입력하면 알아서 'science and technology(과학과 기술)'에 관한 정보를 쏟아 낸다. 스페인 철학자 오르테가 이 가세트는 기술의 발전을 세 단계로 나눈다. 뾰족한 돌을 주워 동물의 가죽을 벗기던 '임의 기술'에서 유용한 기술을 갈고닦는 '장인 기술' 단계를 거쳐 17세기 과학 혁명을 맞으며 '현대적 기술'로 도약했다는 것이다. 과학이 기술 발전에 기여한 공로를 명확하게 이해하기 때문에 우리처럼 과학을 기술의 시녀로 만드는 우를 범하지 않는다.

일찍이 파스퇴르는 "응용과학이란 없다. 과학의 응용이 있을 뿐이다"라고 말한 바 있다. 과학은 기술로 응용되어야만 비로소 존재의 가치를 인정받는 그런 종속 학문이 아니다. 흔히 인문학은 질문하는 학문이고 기술 혹은 공학은 답을 찾는 학문이라고 말한다. 나는 과학도 질문하는 학문이라고 생각한다. 과학은 차라리 인문학이다. 시인에게 시의 효용성에 대해 묻지 않을 것이라면 과학자에게도 더 이상 그의 연구가 어떻게 경제 발전에 기여할지 묻지 마라. 과학을 응용의 굴레에서 풀어 줘야 우리도 드디어 '빠른 추격자(Fast follower)'에서 '선도자(First mover)'로 탈바꿈할 수 있다. 기술로부터 과학의 독립을 선언한다.

2017

인문학과 자연과학의 차이는 주관성의 유무.

과학은 주관성을 최소화하려는 노력

(편지) 인문학은 오히려 주관성을 존중! 미술작품 또는 음악작품

주관적인 경험을 바탕으로 시나 소설을 쓰지만

다른 사람들이 읽고 공감한다면 이미 '객관성'?

상상 - 증명 ≒ 주관 - 객관

Online Offline

주관성이 주관성의 영역에 머물 수 있나?

인문학적/예술적 상상력도 결국에는 객관성을 추구?

증명

보편성

바술라르

교육과 연계

(imago-centrism
(동양사상

도킨스 <무지개를 풀며>

인문학적 상상력이 과학과 함께 펼쳐졌으면 ...

현대만큼 인문적 경험이 보편화된 시기는 없었다.

인문학과 자연과학의 사고의 차이는 ~ matter of degree!

한데 모아 '인간학' 상상력을 바탕에 깔자!

8월 30일

고령화와 저출산

2002년 경영학의 대가 피터 드러커는 인류의 미래를 가리켜 "고령 인구의 급속한 증가와 젊은 인구의 급속한 감소로 인해 지금까지 누구도 상상할 수 없을 만큼 엄청나게 다른 사회가 될 것"이라고 예언했다. 세계적인 석학이 이 정도로 힘줘 강조하면 적어도 겁먹은 흉내라도 내 주는 게 예의다. 그러나 우리 정부는 눈 하나 깜짝하지 않았다. 그해 합계출산율이 1.17로 거의 세계 최저를 기록했는데도.

그래서 나는 생물학자가 DNA나 분석하고 초파리나 들여다보지 왜 고령사회에 관한 책을 쓰느냐는 비난을 무릅쓰고 2005년 『당신의 인생을 이모작하라』를 출간했다. 그해 결국 드러커 박사님이 서거하셨고 우리나라 출산율은 1.08로 역대 최저를 기록했다. 이 책에서 나는 인생을 번식기(reproductive period)와 번식후기(post-reproductive period)로 구분해 이모작 전략을 세우라는, 다분히 생물학적인 제안과 더불어 정년 제도 폐지와 무모한 출산 장려 대신 열린 이민 제도를 통한 인구 유입 유도는 물론, 학령 인구가 줄어드는 마당에 오히려 대학을 더 만들자는 사뭇 엉뚱한 제안들을 쏟아 냈다. 당시에는 상당히 논쟁적인 제안들이었지만 이제는 진지하게 고려할 문제들이 되었다.

2005년 당시 나는 그나마 우리나라는 당분간 노동 인구의 증가로 이미 때를 놓쳐 버린 다른 선진국보다 유리할 수 있으니 향후 10년을 황금보다 더 소중하게 써야 한다고 강조했다. 그 10년이 허무하게 다 흘러가 버렸다. '나무만 보고 숲은 보지 못한다'는 말이 있다. 저출산·고령화 문제는 나무 몇 그루를 옮겨 심거나 거름을 주는 식으로는 해결할 수 없다. 인간종의 고령화라는 거대한 숲 전체를 봐야 한다. 인간은 자연계에서 유일하게 작심하고 고령화하고 있는 동물이다. 고령화는 21세기에 들어와 대한민국의 골칫거리가 된 기이한 현상이 아니라 수백만 년에 걸친 인간 진화의 결과물이다. 진화적인 문제에는 모름지기 근원적이고 원대한 대책이 필요하다.

2016

8월 31일

물까치

여름을 떠나보내기 못내 아쉬운지 요사이 며칠 물까치 소리가 요란하다. 물까치는 우리가 도심에서 흔히 보는 까치보다 몸집은 조금 작지만 긴 꼬리와 날개 위로 연한 하늘색 연미복을 걸치고 머리에는 검은 비니 모자를 거의 눈을 가릴 듯 눌러쓴, 까치 못지않게 멋을 잔뜩 부린 우리 고유 텃새다. 주로 물가에 모여 사는 까치라고 해서 물까치라 부르며 원래 가정집 근처에는 잘 나타나지 않는데, 요즘 인근 홍제천에 물이 풍부해진 덕인지 예전보다 훨씬 자주 눈에 띈다.

우리나라에는 '까치'라는 이름을 가진 새가 네 종류나 살고 있다. 까치, 물까치, 산까치, 때까치가 그들인데, 이 중 앞의 셋은 모두 참새목 까마귀과 새들이라 까치라는 이름이 어색하지 않지만, 때까치는 따로 참새목 때까치과에 속하는 새다. 때까치는 까치의 일종이 아니라 그냥 때까치다. 어려서 시골에서 자랐으면 온갖 큰 곤충의 애벌레와 성충은 물론,

도마뱀이나 들쥐가 부러진 나뭇가지에 꽂혀 있는 걸 본 적이 있을 것이다. 때까치가 나중에 먹으려고 가무려 놓은 먹이들이다.

내가 까치의 행동과 생태를 연구한 지 어언 사반세기가 흘렀다. 허구한 날 서울대 관악 캠퍼스와 카이스트 대전 캠퍼스에서 사다리차를 타고 올라가 까치 둥지를 들여다보기 바쁜 연구진에게 나는 눈치 없이 조만간 물까치도 연구하자고 조른다. 엄마, 아빠가 먹이를 구하러 집을 비운 사이 이웃집 아줌마, 아저씨가 들이닥쳐 새끼들을 물어 죽이는 까치와 달리 물까치는 종종 이웃사촌끼리 공동 육아를 한다. 까치는 겨울에나 이른바 '돌싱'이 된 개체들끼리 한데 어울리는 정도지만 물까치는 시도 때도 없이 몰려다닌다. 많게는 30마리 이상이 단체로 활동한다. 물까치는 배를 곯는 동료가 먼저 구걸하지 않아도 자진해서 먹이를 나눠 줄 만큼 친사회적이다. 공감과 동감은 우리 인간을 비롯한 영장류와 돌고래만의 전유물이 아니다.

2021

9

9월 1일

경원선 복원

극적으로 이뤄진 남북 고위급 회담 덕택에 DMZ 세계생태평화공원 조성과 경원선 복원이 급물살을 타고 있다. 그동안 결코 평화스럽지 못했던 '평화'라는 단어 때문에 남북 협력을 이끌어 내기 어려웠는데 이제 '생태'의 부드러움이 단절의 벽을 조금씩 허물기 시작했다. 그 첫걸음으로 우리 정부는 지난달 5일 백마고지역에서 월정리역까지 9.3킬로미터의 경원선 구간 복원 사업에 착수했다. 경원선이 복원되면 마식령 스키장을 비롯한 북한의 '원산·금강산 국제관광지구' 사업도 활기를 띨 것이다.

이번 정부의 기획안에 귀한 배려가 하나 눈에 띈다. 원래 경원선은 옛 태봉국 도성지를 관통했었는데 새 경원선은 유적지를 우회해 건설된다. 대한민국이 문화 선진국이 돼 가고 있다는 작은 증거이리라. 나는 내친김에 또 하나의 배려를 주문하련다. 복원할 구간 26.5킬로미터 중 적어도 DMZ 구간 4~5킬로미터는 반드시 고가 철도로 건설해 줄 것을 요청한다. 그리하면 문화 선진국과 더불어 생태 선진국이 될 수 있다. 어차피 낙타고지와 평강고원을 통과할 테니 충분히 고려할 가치가 있다고 생각한다.

DMZ 세계생태평화공원 조성과 경원선 복원은 분리된 사업이 아니다. 온대 생태계 제일의 생물다양성 보고인 DMZ는 전역을 한 덩어리로, 혹여 그게 불가능하더라도 몇 개의 큰 덩어리로 보전해야 한다. 김대중 정부는 너무 서두른 나머지 경의선과 동해선을 고가로 만들지 못했지만 경원선부터는 생태적으로 건설해야 한다. 그래야 통일과 함께 연결될 금강산철도를 비롯해 6개 국도와 6~8개의 지방도 역시 고가로 만들 수 있다.

DMZ는 그리 넓은 땅이 아니다. 길이 248킬로미터에 폭 4킬로미터로 미국 옐로스톤국립공원의 10분의 1도 안 되는 땅덩어리다. 만일 이 좁고 길쭉한 땅을 열댓 개 철도와 도로가 가로지르면 우리는 그토록 그리던 통일을 이룰지 모르지만 DMZ 동물들에게는 그 순간부터 아픈 분단의 역사가 시작된다. 분단 한국은 역설적으로 관광 거리가 됐지만 분단 생태계는 아무도 보러 오지 않는다.

2015

9월 2일

사회생물학

오늘은 내가 15년간의 미국 유학생 및 연구원 생활을 접고 귀국해 서울대학교에 둥지를 틀고 교수 생활을 시작한 지 얼추 20년이 되는 날이다. 서울대학교 대학원에 진학한 해가 1977년이니 학자의 길을 걸은 지 37년이 된다.

몇 년 전 독일 콘스탄츠대에서 수십 년 동안 오로지 시클리드 물고기만 연구해 온 친구가 내 연구실을 찾았다. 평생 이른바 한 우물만 파 온 그는 어느덧 유럽 생물학계 거물이 되었다. 그의 성공을 바라보며 '가지 않은 길'에 대한 회한을 숨길 수 없었다.

변명처럼 들리겠지만 행동생태학의 불모지인 이 땅에 돌아와 학생들의 다양한 학업 욕구를 무시한 채 나만의 연구 주제를 고집하기는 매우 어려웠다. 그래서 나는 일찌감치 '나'를 버리고 거름이 되기로 작정했다. 박사 학위 과정에서는 민벌레나 개미 같은 곤충 사회를 연구했지만 교수가 된 이후에는 학생들과 함께 말벌, 바퀴벌레, 귀뚜라미, 거미, 농게, 망둑어, 개구리, 조랑말, 까치 등을 연구하다 최근에는 영장류와 돌고래에 이르기까지 실로 다양한 동물의 행동과 생태를 연구해 왔다. 그러다 보니 내 연구논문 목록은 그야말로 산지사방 중구난방이다. 그러나 곰곰이 생각해 보니 내 학자 생활 37년 중 쥐의 난자를 키우며 발생 실험을 하던 서울대 대학원 시절과 알래스카 바닷새의 체외 기생충 군집생태학을 연구한 펜실베이니아주립대 시절을 제외한 나머지 30여 년 동안 내 연구의 키워드는 올곧게 '사회(society)'였다. 비록 연구 동물은 늘 달랐지만 나 역시 줄기차게 한 우물을 파 온 생물학자였다.

사회란 한 종(species)으로만 이뤄진 집단을 일컫는다. 사회 성원들은 일단 각자에게 득이 되기 때문에 모여들지만 함께 살다 보면 어쩔 수 없이 온갖 이해관계에 휘말리게 된다. 사회생물학은 바로 이런 관계의 다이내믹스(dynamics)를 연구하는 학문이다. 인문학과 사회과학도 결국 인간이라는 영장류의 사회와 문화를 연구하는 학문이다. 내가 생물학에서 시작해 궁극적으로 통섭을 주창하기에 이른 데에는 다 그럴 만한 태생적 배경이 있었다.

2014

9월 3일

똥약

나는 고등학교 시절 몸무게를 평생 유지하고 산다. 남자로서 극히 드문 경우라고 들었다. 다만 국립생태원장으로 일하던 시절 잠시 몸무게가 는 적이 있다. 팔자에 없던 기관장을 하느라 스트레스를 견디지 못했는지 만나는 사람마다 “얼굴이 왜 이렇게 폭삭했어요?” 하는 인사 일색이었다. 그런데 정작 몸무게는 거의 5킬로그램이나 늘었다. 난생처음 기사가 운전해 주는 고급 승용차 뒷좌석에 앉아 있었더니 속절없이 내장 비만이 생긴 것이다. 다행히 대학으로 돌아와 예전처럼 걸어서 출퇴근하며 서서히 원상태로 복귀하고 있다.

물만 마셔도 살이 찐다고 호들갑을 떠는 이들이 있다. 명백한 거짓말이다. 설탕물이라면 모를까 물만 마시는데 살이 찔 수는 없다. 그러나 많이 먹어도 살이 잘 찌지 않는 사람이 있는가 하면 조금밖에 먹지 않는데도 살이 잘 붙는 사람이 있는 건 사실이다. 최근 연구에 따르면 이게 상당 부분 장내 미생물 때문이란다.

호주에 사는 유대류 포유동물 코알라는 유칼리나무의 잎과 새싹만 먹고 산다. 생태학자들의 관찰에 따르면 다양한 유칼리나무를 먹는 코알라가 있는가 하면 한 종류만 편식하는 코알라도 있다. 퀸즐랜드대 미생물생태학자들은 최근 편식하는 코알라 열두 마리의 장 속에 다양한 유칼리나무를 먹는 코알라의 장내 미생물을 이식했더니 그중 절반이 이것저것 먹기 시작했다는 연구 결과를 내놓았다. 식성도 결국 장내 미생물이 뭘 좋아하는가에 달린 모양이다.

장내 미생물을 연구하는 학자들은 조만간 '똥약(poop pill)'을 개발해 시판할 작정이다. 그렇다고 정말 잘 먹어도 살이 찌지 않는 사람 똥을 그대로 캡슐에 넣어 판다는 말은 아니다. 그런 사람 똥에서 미생물을 걸러 내 정제로 만든 것을 복용하게 될 것이다. 그리되면 나 같은 사람 똥이 비싸게 팔릴 것이다. 이참에 내 이름을 내건 브랜드라도 개발해 볼까?

2019

9월 4일

기후변화와 영양실조

기후변화의 주범은 단연 이산화탄소다. 우리 인간이 화석 연료를 너무 많이 사용하는 바람에 대기권에 이산화탄소가 많아지면서 지구가 더워지고 있다. 지금은 대기 중 이산화탄소 농도가 400ppm을 조금 넘는 수준이지만 2050년대에는 550ppm까지 치솟을 것으로 전망된다.

기후변화에 따른 농업 생태계 변화는 그동안 주로 경작지 변천과 생산성 차원에서 논의됐다. 기온이 상승함에 따라 농작물의 경작지가 점점 극지방 쪽으로 옮겨 가고 있다. 청도 복숭아는 이제 충북 충주와 강원도 원주, 춘천 등지에서 잘 자란다. 대구 사과는 이제 옛말이 됐고 요즘엔 강원도 영월과 정선, 심지어는 양구에서도 익는다.

기후변화의 긍정적 효과도 점쳐진다. 대기 중의 이산화탄소 농도가 오르면 식물은 더 크게 더 빨리 자란다. 광합성 초기 단계에서 생성되는 화합물이 탄소 원자 3개 혹은 4개로 구성되어 있느냐에 따라 C3 혹은 C4 식물로 나뉘는데, 특히 C3 식물이 이산화탄소 농도 변화에 민감하게 반응한다. 인류의 곡창인 온대 지방에서 주로 경작하고 있는 밀, 쌀, 콩 등이 바로 C3 식물이라 자연스레 식량 증진에 관한 기대가 크다.

그러나 최근 하버드대 공중보건대학원 연구진이 과학 학술지 『네이처 기후변화(Nature Climate Change)』에 발표한 논문에 따르면 양보다 질이 문제란다. 현재 인류는 단백질의 63퍼센트, 철분의 81퍼센트, 그리고 아연의 68퍼센트를 식물에서 얻고 있는데, 이산화탄소 농도가 높아지면 밀이나 쌀 등의 영양분 함량이 줄어든다. 허기는 채울 수 있을지 모르나 자칫 영양실조에 걸릴까 두렵다.

논문에 따르면 인도를 비롯해 동남아시아, 중동, 아프리카 지역을 중심으로 2050년경이면 무려 1억 명 이상이 아연과 단백질 결핍에 시달리게 된단다. 산모와 아이들이 특별히 취약하다. 지금 우리의 의식주 생활 방식이 미래 세대의 식량과 삶의 질에 심대한 영향을 미치고 있다. 기후변화는 참으로 다양한 모습으로 우리를 옥죈다.

9월 5일

도심 양봉

시인 신석정은 「그 먼 나라를 알으십니까」에서 이렇게 묻는다. “서리가마귀 높이 날아 산국화 더욱 곱고/노란 은행잎이 한들한들 푸른 하늘에 날리는/가을이면 어머니, 그 나라에서/양지밭 과수원에 꿀벌이 잉잉거릴 때/나와 함께 그 새빨간 능금을 또옥 똑 따지 않으렵니까”.

선선한 가을바람이 불면 과수원마다 분주하게 잉잉거리던 꿀벌들이 지금 무서운 속도로 사라지고 있다. 1945년경 약 600만 개나 되던 미국의 벌통이 2005년에는 240만 개로 감소했다. 세계 식량의 3분의 1이 곤충의 꽃가루받이에 의해 생산되며 그 80퍼센트를 꿀벌이 담당한다. “꿀벌이 지구에서 사라지면, 인간은 그로부터 4년 정도밖에 생존할 수 없을 것”이라고 경고한 아인슈타인의 말을 수치 그대로 받아들일 수는 없지만, 나는 그의 혜안에 동의한다. 이대로 가다간 정말 조만간 꽃들은 모두 나와 헤벌쭉 웃고 있는데 벌들은 전혀 잉잉거리지 않는 ‘침묵의 봄’이 올지도 모른다.

우리 인류가 야생 꿀벌로부터 꿀을 채취해 먹은 것은 기원전 13000년의 암각화에 새겨져 있을 정도로 오래된 일이다. 이집트 투탕카멘의 무덤에서 꿀 항아리가 발견되기도 했다. 벌의 생활사와 양봉에 관한 연구는 아리스토텔레스까지 거슬러 올라갈 수 있지만, 근대적 의미의 꿀벌 생물학은 1973년 노벨생리의학상을 받은 카를 폰 프리슈의 연구로부터 시작한다. 그는 생물학계에서 가장 예리한 관찰력과 상상력을 지닌 학자이다. 수천 마리의 벌들이 잉잉거리는 벌통을 한 번이라도 본 적이 있다면 이에 동의할 것이다. 그 많은 벌이 제가끔 이리저리 분주하게 돌아다니는 모습을 보며 그들 중 몇 마리가 춤을 추고 있고 다른 벌들은 그걸 해독하여 꿀이 있는 곳까지 날아간다는 사실을 처음 발견한 사람이 바로 폰 프리슈이다.

요즘 파리나 도쿄 도심에서 양봉을 하는 사람들이 늘고 있단다. 도심의 꽃들에도 꽃가루를 옮겨 줄 '사랑의 전령'이 생김은 물론, 멸종위기에 놓인 꿀벌의 보전에도 한몫하는 일이다. 게다가 꿀벌의 춤언어(dance language)를 익히면, 내가 베란다나 옥상에서 기르는 벌들이 어디에서 꿀을 따 오는지 그 꽃밭을 직접 찾아가 볼 수도 있다. 이런 걸 일거삼득(一擧三得)이라고 해야 하나?

2011

9월 6일

박테리아와 바이러스

하루가 다르게 널뛰는 날씨 탓에 주변에 콜록거리는 사람 천지다. 예전에 미국에 살 때 감기인가 싶어 병원에 가면 종종 빈손으로 쫓겨났다. 검진 결과 감기로 의심되면 미국 의사들은 집에 가서 편히 쉬며 물을 많이 마시라고 충고할 뿐 그 흔한 주사도 한 방 놔 주지 않았다.

감기나 독감은 박테리아가 아니라 바이러스가 일으키는 병이다. 박테리아는 비록 눈에 보이지 않을 만큼 작아도 홀로 움직여 다니며 자가 증식을 할 줄 아는 엄연한 생물이지만, 바이러스는 다른 생물의 유전체에 편승해야만 증식이 가능한 유전자 쪼가리에 불과해 엄밀히 말하면 생물이 아니다. 당연히 항생제(antibiotics)가 들을 리 없다. 그런데도 우리나라 사람들은 막무가내로 항생제 처방을 요구하는 바람에 대한민국은 지금 항생제 남용 폐해가 가장 심각한 나라가 되었다. 늦었지만 '항생제 바로 쓰기 운동 본부' 출범을 환영한다.

병원(病原)이 박테리아인지 바이러스인지 감별하는 문제는 갓난아기의 경우 특별히 심각하다. 아기의 체온이 38도 이상이면 치명적인 박테리아 감염을 의심해야 한다. 병원에 데려가면 소변, 혈액, 때론 위험을 무릅쓰고 뇌척수액까지 채취해 박테리아 감염 여부를 확인한다. 그런데 이 과정이 대개 며칠씩 걸린다. 아기의 몸에서 추출한 체액을 배양해 봐야 확인할 수 있기 때문이다. 그러는 동안 아기는 만일의 경우를 대비해 일단 항생제를 맞아야 하고 온갖 다른 치료도 받아야 한다.

최근 『미국의사협회지(JAMA)』에는 이 같은 부조리를 극복할 수 있는 획기적인 기초 연구 결과들이 보고되었다. 스탠퍼드대 연구진은 박테리아와 바이러스에 각각 다르게 활성화되는 유전자를 하나씩 찾았다. 또 다른 연구진도 두 달 미만 아기의 혈액에서 박테리아와 바이러스에 반응하는 유전자를 66개나 분리해 냈다. 이젠 이 테크닉의 정확도를 높이는 연구만 하면 된다. 아기의 생명이 달려 있는 만큼 한 치의 오차도 허용될 수 없다. 당연한 얘기지만 기초 연구보다 더 확실한 열쇠는 없다.

2016

9월 7일

빼꾸기

영화를 좋아하는 사람이라면 우리 시대의 대표적인 성격 배우로 1975년 〈빼꾸기 둥지 위로 날아간 새〉에서 정신질환자도 아닌데 정신병원에 갇혀 온갖 수난을 겪는 남자를 열연하여 아카데미 남우주연상을 받은 명배우 잭 니컬슨을 떠올릴 것이다. 영어로 '빼꾸기(cuckoo)'는 물론 새의 이름이지만 속된 표현으로는 미친 사람이나 정신병자를 뜻하기도 한다. 그런데 빼꾸기는 아예 둥지를 만들지도 않기 때문에 이 영화는 내용은 물론 제목부터 이중적 상징성의 묘한 매력을 지닌다.

얼마 전 대구의 어느 결혼도 하지 않은 젊은 부부가 병원비를 마련할 수 없어 낳은 지 사흘밖에 안 되는 핏덩이를 단돈 2백만 원에 팔았다가 경찰에 붙잡힌 사건이 있었다. 언론은 앞다퉈 이들의 행위를 인면수심(人面獸心)의 야만으로 비난했다. 하지만 그 옛날 못살던 시절에 부잣집 대문 앞에 업둥이를 두고 가던 것과 무엇이 그리 다를까 생각해 본다.

그들로부터 아기를 사서 이윤을 남기고 되판 아기 매매 업자는 결코 용서할 수 없지만 그 젊은 부부는 그야말로 병원비를 만들기 위해 죄를 저지른 것이다. 눈에 넣어도 아프지 않을 자식의 값이 겨우 2백만 원이라니. 그저 가난이 죄일 뿐이다.

뻐꾸기는 왜 스스로 둥지를 틀지 않고 남의 둥지에 몰래 알을 낳도록 진화한 것일까? 우리나라에서는 오목눈이, 할미새, 개개비 등이 하릴없이 뻐꾸기의 새끼들을 길러 주는 의붓어미들이다. 자연계 전체를 놓고 볼 때 뻐꾸기와 쇠새처럼 남에게 자기 자식을 떠맡기는 얌체 새들이 거의 1퍼센트에 이른다. 그렇다고 해서 남의 자식을 대신 길러 주는 의붓새들이 모두 절멸하는 것도 아니다. 어느 사회나 이런 정도는 알면서도 눈감아 주는 수준으로 존재한다.

우리나라는 지금 세계에서 가장 낮은 출산율을 기록하고 있다. 한때 저출산으로 고민하던 프랑스는 '아이는 나라가 키운다'는 정책을 줄기차게 밀어붙여 합계출산율이 이제 2.0을 넘어 대체출산율에 육박하고 있다. 나는 결코 불륜이나 미혼 출산을 장려하자는 게 아니다. 하지만 우리도 프랑스처럼 고령화의 위기를 극복하려면 국가가 나서서 마음 넉넉한 오목눈이와 개개비가 되어야 한다. 뻐꾸기의 탁란(托卵)마저도 너그럽게 받아 줄 수 있는 그런 정책이 아니면 이 심각한 저출산의 늪을 헤어나기 어려울 것이다.

2009

9월 8일*

사회적 가치

* 세계 문해의 날

사회적 가치란 무엇인가? 요즘 들어 부쩍 자주 듣는 용어인데 정확히 뭘 말하며 그래서 어떻게 하라는 것인지 쉽게 다가오지 않는다. 여러 다양한 설명이 있지만 나는 아주 짤막하게 '사회 전체가 같이 지켜야 할 가치'라고 정의한다. 이 더운 날씨에도 혹여 남에게 바이러스를 옮길까 두려워 성실하게 마스크를 쓰는 우리 국민의 행위는 바로 사회적 가치를 인식하고 존중하는 데서 나온다.

이윤 창출이 지상 최대 목표인 자본주의 사회에서 기업의 사회적 가치 추구는 언뜻 자기모순처럼 들린다. 최근 SK그룹의 변신이 범상치 않다. 적당히 외부에 보여 주는 수준이 아니라 사회적 가치를 창출하며 이윤을 추구하는 사업 모델을 적극적으로 모색하고 있다. 전통적 경제학자는 적이 회의적이겠지만 나는 충분히 해 볼 만하다고 생각한다.

우리가 배운 매우 고약한 이분법적 사고에 성선설/성악설 구분이 있다. 맹자와 순자의 학설이 완벽하게 대립하고 있는 줄 알지만, 성무선악설(性無善惡說)을 주장한 고자(告子)도 있었다. 그는 "인간의 본성이 선과 악으로 나뉘지 않는 것은 마치 물이 동서로 나뉘지 않는 것과 같다"고 설명했다.

세상에는 세 부류의 사람이 있다. 철저하게 이기적인 사람, 거의 맹목적으로 이타적인 사람, 그리고 보응적(報應的)인 사람. 행동경제학 연구에 따르면 이타적 성자는 극히 드물고 철저한 이기주의자도 좀처럼 전체의 5분의 1에서 3분의 1을 넘지 않는다. 압도적 다수는 대체로 양심적이며 때론 손해를 감수하면서도 부당한 행위자를 기꺼이 응징한다. 열심히 번 돈의 일부를 성실하게 세금으로 헌납해 국가가 덜 가진 사람들을 보살피게 하고, 내 한 표가 세상을 바꾸지 못한다는 사실을 잘 알면서도 기꺼이 투표장에 나타나 신성한 한 표를 행사하는 평범한 시민이 다름 아닌 보응적 인간이다. 사회적 가치는 결국 보응적 가치다. 다수가 움직이면 달라진다.

2020

9월 9일

남자들의 수다

수다는 원래 여성의 영역이었다. 인간은 존재의 역사 25만 년 중 첫 24만 년 동안 이른바 수렵 채집 생활을 하며 살았다. 수렵, 즉 사냥은 근육의 힘이 필요했기 때문에 자연스레 남성들이 맡게 됐다. 사냥이란 게 낚시만 해 봐도 알지만 날이면 날마다 잡히는 게 아니었다. 그래서 허구한 날 빈손으로 돌아올지 모르는 남정네들을 생각하며 여성들은 집 주변에서 견과류와 채소를 채집해 안정적으로 저녁상을 차렸던 것이다.

수렵은 다분히 목표 지향적인 행위이다. 사슴을 사냥하려면 바다로 갈 게 아니라 사슴들이 출몰하는 초원으로 가야 한다. 운 좋게 사슴 한 마리를 잡으면 그 무거운 걸 둘러메고 객쩍게 이리저리 돌아다닐 게 아니라 곧바로 귀가해 고기를 다듬어야 한다. 반면 여성들이 너무 목표 지향적으로 행동하면 곤란하다. 냉이 캐러 나간 아낙네가 냉이만 달랑 캐서 돌아오면 그날 저녁엔 냉이만 먹어야 한다. 그래서 여성들은 대개 냉이 한 바구니를 옆에 낀 채 마을을 한 바퀴 돌고 귀가한다. 마을을 돌며 동네 아낙네들을 만나면 질펀하게 수다를 떤다. 수다는 흔히 쓸데없는 말이라 여기지만, 여성들은 언뜻 쓸데없어 보이는 수다를 통해 정보를 교환한다. 달래, 냉이, 씀바귀가 늘 동일한 시기와 장소에 나타나는 게 아니기 때문에 채집에는 정보의 수집이 무엇보다 중요하다. 동물을 사냥하던 남자들은 숨소리조차 내지 않으려 했지만 식물을 채집하던 여성들은 늘 재잘재잘 수다를 떨었다.

최근 랩 음악과 SNS가 등장하며 남자들의 수다가 엄청나게 늘었다. 예전에는 술잔을 돌려야 군대나 정치 얘기로 나름 수다를 떨던 남자들이 요즘엔 떼로 몰려나와 수다를 떠는 TV 프로그램에서도 여성들에게 결코 밀리지 않는다. 래퍼도 여성에 비해 남성이 압도적으로 많다. 남자들이 원래부터 수다를 못 떠는 동물은 아니었나 보다. 그저 수다를 떨 기회가 없었던 모양이다. 지금도 전화 통화는 여성들이 훨씬 더 길게 하는 것 같은데, 과연 SNS 공간에서도 여성이 남성보다 더 수다스러운지 연구해 보고 싶다.

2013

9월 10일*

굴드와 다이아몬드

* 세계 자살 예방의 날

오늘은 두 걸출한 과학 저술가 재러드 다이아몬드와 스티븐 제이 굴드가 태어난 날이다. 다이아몬드는 1937년에 태어나 팔순이 넘은 지금도 왕성한 집필 활동을 계속하고 있고, 그보다 4년 늦게 태어난 굴드는 겨우 예순에 사망했다. 1982년 악성 복막 중피종 진단을 받았으나 극적으로 이겨 내 모두를 놀라게 했지만 2002년 끝내 선암으로 세상을 떠났다. 1983년 하버드대에서 처음 만났을 때 눈을 뜬 채 졸던 그의 모습은 지금 떠올려도 섬뜩하다. 그의 책이 열 권 이상이나 번역됐지만 내가 그의 최고 역작으로 꼽는 『개체 발생과 계통 발생(Ontogeny and Phylogeny)』이 아직 번역되지 않아 섭섭하다.

다이아몬드는 하버드대를 졸업하고 영국 케임브리지대에서 담낭의 세포막을 연구해 박사 학위를 받고 로스앤젤레스 소재 캘리포니아주립대 의과대학 생리학 교수가 되었다. 그러나 취미 삼아 시작한 뉴기니섬 새 관찰이 학문으로 이어지며 같은 대학 생태 및 진화생물학과 교수를 겸직하다가 50대 중반부터는 아예 지리학과로 옮겨 교수 생활을 계속하고 있다. 우리는 대부분 평생 한 우물 속에서 허우적거리는 게 고작인데 그는 생리학, 생태학, 조류학, 지리학, 역사학 분야 모두에서 석학 반열에 오른 천재다. 그의 책도 열 권 이상 우리말로 번역됐는데 그중 『총, 균, 쇠』는 전체 베스트셀러 반열에 올랐다.

9월 10일은 도대체 무슨 날이길래 이토록 대단한 저술가들을 배출한 것일까? 두 사람은 모두 과학자로 출발했지만 특유의 박학다식함으로 폭넓은 독자층을 거느린다. 그러나 언뜻 '골드와 다이아몬드'로 들릴 만큼 존귀한 이들에게도 흥미로운 차이점이 하나 있다. 다이아몬드는 그의 책에서 종종 한글의 우수함을 칭송하는 '친한파'인 반면, 굴드는 한국 사람을 혐오했다. 혹시 내가 뭘 잘못했나?

2019

9월 11일

숭례문과 브라질 국립박물관

2008년 설 연휴 마지막 날인 2월 8일 일요일 우리나라 국보 1호 숭례문이 불에 탔다. 벌써 10년 전 일이지만 불길에 휩싸인 숭례문을 보며 부들부들 떨었던 기억이 새삼스럽다. 2018년 9월 2일 일요일에는 지구 반대편 브라질 리우 국립박물관이 전소됐다. 항공 사진을 보니 석조 얼개만 덩그러니 남았을 뿐 내부는 빈 강정처럼 텅텅 비었다. 별관에 따로 보관한 유물 일부와 도서관 장서 50만 권을 빼곤 소장품의 거의 90퍼센트가 사라졌다. 전쟁 중에도 이만큼 참혹하게 파괴된 예는 없을 것이다.

브라질 국립박물관은 1818년에 건립되어 동식물 표본은 물론 지질학, 인류학, 고고학, 민속학 관련 유물을 무려 2천만 점이나 소장하고 있던 대규모 박물관이었다. 하지만 브라질 경제가 무너져 내리며 2014년부터 예산이 삭감되어 지난 6월 200주년을 맞았건만 박물관 상태는 이미 고사(枯死) 직전이었다. 이번 화재 때 경보기나 자동 소화기는 작동하지도 않았고 박물관은 보험에도 들어 있지 않았단다.

브라질 국립박물관 화재는 피해 규모로 볼 때 숭례문 화재와는 비교도 되지 않는다. 숭례문의 경우에는 상층의 90퍼센트가량이 훼손되었을 뿐 고주 등 주요 골격은 상당 부분 살아남았다. 큰 부상은 입었지만 목숨은 건진 셈이었는데 브라질 국립박물관은 그야말로 사망 선고를 받았다.

이에 비하면 우리나라 국립중앙박물관은 실내외에 촘촘히 CCTV를 설치해 24시간 살피고 있고 소화 시설도 완벽하게 구비하고 있다. 만일의 경우 화재가 발생하면 유물과 서적이 젖는 2차 피해를 줄이기 위해 물이 아니라 산소 유입을 차단해 불을 끄는 할론 가스를 사용하고 있다. 물론 소방 훈련도 정기적으로 실시하고 있고.

국보 1호라는 상징성 때문에 우리는 숭례문 화재에서 많은 걸 깨달았다. 나 역시 국립생태원에 원장으로 부임하자마자 군수님 다음으로 서천소방서장님을 찾아뵙고 시설 안전에 관한 도움을 청했다. 사고는 방심을 먹고 산다.

2018

9월 12일

말괄량이 벌 길들이기

“양지밭 과수원에 꿀벌이 잉잉거릴 때/나와 함께 그 새빨간 능금을 또옥 똑 따지 않으렵니까”. 신석정 시인의 「그 먼 나라를 알으십니까」의 마지막 구절이다. 우리는 대개 따뜻한 봄날 꽃가루를 나르느라 분주하게 꽃들 사이를 날아다니는 꿀벌에게 눈길을 주는데 시인은 왜 하필 능금이 익는 이 무렵에 꿀벌이 눈에 들었을까? 능금의 과즙을 빨아 먹느라 잉잉거리는 꿀벌은 나무에는 실제로 아무런 도움이 되지 않는다.

꿀벌은 미국의 경우 농작물 수분(受粉)의 80퍼센트를 책임지고 있어 그 생태계 서비스 효과가 연간 17조 원에 달한다. 그런데 사실 벌이 꽃을 찾는 이유는 오로지 꽃꿀과 꽃가루를 얻기 위함이지 식물의 번식을 도우려는 것은 아니다. 꿀을 얻기 위해 꽃 속을 누비느라 온통 꽃가루로 뒤범벅된 벌은 다리로 온몸을 쓰다듬으며 꽃가루를 모은다. 얼마나 꼼꼼히 긁어모으는지 실제로 다음 꽃으로 전달되는 꽃가루는 전체의 4퍼센트밖에 되지 않는다. 이 4퍼센트에 우리가 심어 놓은 거의 모든 농작물의 운명이 달려 있다니 적이 한심하다는 생각마저 든다.

최근 국제 학술지 『플로스 원(PLoS ONE)』에 발표된 논문에 따르면 식물이 벌의 몸에 붙여 준 꽃가루 중에서 머리 꼭대기, 등 한복판, 그리고 배 안쪽 깊숙한 곳에 들러붙은 꽃가루만이 벌의 갈퀴질을 피할 수 있는 것으로 드러났다. 공교롭게도 벌이 꽃 속을 드나들 때 식물의 암술이 닿는 부위가 바로 벌의 머리와 등판이다. 제비꽃처럼 벌이 매달리면 앞으로 축 처지는 꽃들의 경우에는 벌이 꿀을 빠는 동안 암술이 벌의 배 안쪽 한가운데를 방아 찧듯 연방 다독인다.

식물과 그들의 수분 매개체인 곤충은 이처럼 세심한 부분까지 서로 조율하며 공진화(共進化)했다. 하지만 이 현상을 다른 각도에서 보면 식물이 곤충과 세밀하게 서로를 조율한 게 아니라 오매불망 자기 이익만 추구하는 말괄량이 벌을 길들여 근근간간 함께 살고 있는 형국이다. 그러면서도 이 지구 생태계를 뒤덮은 식물의 위대함에 저절로 머리가 숙여진다.

2017

9월 13일

얼굴

‘까치가 울면 반가운 손님이 온다’는 우리 속담이 있다. 까치는 전형적으로 영역을 방어하는 텃새라서 자기 둥지 주변에 위험 요소가 발생하면 시끄러운 경계음을 낸다. 그러니까 사실은 까치가 울어서 반가운 손님이 찾아오는 게 아니라 낯선 사람이 나타나면 까치가 울어대는 것이고, 옛날 시골에서는 그 낯선 사람이 대개 반가운 손님이었을 뿐이다. 우리는 잘 모르는 사람을 흔히 낯선 사람이라고 표현한다. ‘낯이 설다’라고 얘기할 때 낯은 ‘눈, 코, 입 따위가 있는 얼굴의 바닥’을 일컫는다. 그러니까 우리가 낯이 설다고 할 때에는 의복이나 행동보다 주로 얼굴을 보고 판단한다는 뜻이다.

그런데 우리뿐 아니라 까치도 낯을 가린다는 사실이 밝혀졌다. 서울대 생명과학부 행동생태연구실의 이상임 박사와 내가 함께 이끌고 있는 까치장기생태연구사업단은 거의 15년째 까치의 행동과 생태를 모니터링하고 있다.

우리 연구진은 나무 높은 곳에 있는 까치둥지에 접근하기 위해 이삿짐센터의 사다리차를 사용하는데, 지난 몇 년간 특별히 자주 사다리차를 타고 둥지에 가까이 접근했던 한 서울대 연구원을 까치들이 집중적으로 공격하는 걸 관찰하곤 본격적인 실험에 들어갔다. 그 연구원과 체격이 비슷한 다른 연구원들이 똑같은 옷을 입고 함께 나타나도 까치들은 영락없이 그 연구원만 공격했다. 까치가 사람의 얼굴을 식별하고 기억하는 능력을 지녔다는 확실한 증거를 얻어 냈다. 우리는 이 연구 결과를 국제 학술지 『동물 인지(Animal Cognition)』 최근 호에 발표했다.

까치는 사람의 얼굴을 기억하는 새로 까마귀와 앵무새에 이어 세 번째이다. 지난 7월 3일 영국에서 열린 실험생물학회 2011년 정기 학술 대회에서는 비둘기가 네 번째로 명단에 이름을 올렸다. 파리의 대학교 연구진이 우리와 매우 비슷한 방식으로 관찰과 실험을 진행하여 도심 공원의 비둘기들도 자기들을 특별히 많이 괴롭힌 사람의 얼굴을 기억한다는 사실을 밝혀낸 것이다.

'아침 까치가 울면 반가운 손님이 오지만, 저녁 까치가 울면 초상이 난다'고 했다. 히치콕의 영화 〈새〉에서 공격 대상을 물색하던 새들의 예사롭지 않은 눈초리를 기억하는가. 어쩌면 히치콕은 그 옛날 이미 이 같은 새들의 인지 능력에 대해 다 알고 있었나 보다.

2011.7.18

9월 14일

hate와 stupid

미국 유학 시절 아내와 나는 부부 싸움을 늘 영어로 했다. 부부 싸움이야말로 미주알고주알 짚고 따져야 할 것이 많은 법인데 왜 꼭 그 서툰 영어로 했을까? 그건 아마 모국어로 하는 싸움보다 외국어로 하는 싸움이 감정을 분리하는 데 유리했기 때문이었던 것 같다. “I hate you” 또는 심지어 “I REALLY hate you”를 수없이 내뱉었지만, 그건 우리말로 “나 너 정말 싫어”라고 말하는 것과는 차원이 다른 것이었다. 부부가 서로 정말 싫다고 말할 정도면 그건 이혼 일보 직전일 것이다.

그 후 미국 친구들의 행동을 관찰하며 나는 그들 역시 ‘hate’란 단어에 그렇게 대단하게 감정을 싣지 않는다는 걸 깨달았다. ‘어리석다’는 뜻의 ‘stupid’도 마찬가지다. 미국에서 태어나 유년 시절을 그곳에서 보낸 내 아들 녀석도 툭하면 “Dad, are you stupid?”라며 힐난하지만, 그건 결코 “아빠, 바보야?”와는 다른 것이다. 부시 미국 전 대통령은 재임 시절 아마 단 하루도 국민들로부터 'stupid'라는 소리를 듣지 않은 날이 없었을 것이다. 그렇다고 해서 미국 국민이 그를 탄핵하기 일보 직전은 아니었다.

아이돌 그룹 2PM의 재범이 어린 소년 시절 친구와 나눈 지극히 개인적인 대화에서 이 두 단어를 사용했던 것이 인터넷이라는 고삐 풀린 괴물 그물에 걸려 급기야는 그룹을 탈퇴하고 미국으로 돌아가는 일이 벌어졌다. 세계화 시대에 살면서 이 정도의 문화 혹은 언어의 차이도 이해하지 못하는 소수의 'stupid' 네티즌들이 어쭙잖게 전 국민을 대변하는 양 그에게 우리말로 "우린 너 싫으니 꺼져라"를 외친 것이다. 그 말에 씻을 수 없는 상처를 입고 돌아서는 재범을 보며 나는 그가 지난 몇 년간 한국에 살면서 어느덧 한국인이 다 되었구나 하고 느꼈다. 만일 우리 네티즌들이 영어로 그를 비난했다면 어쩌면 그는 이렇게까지 가슴 아파하지 않았을지도 모른다.

귀와 가슴 사이에는 엄연한 간극이 존재한다. 아무리 험한 말이 귀로 들어와도 그걸 가슴이 받지 않으면 그 충격은 그리 크지 않다. 게다가 손가락은 더 멀다. 재범에게 자살까지 권유한 네티즌들이 과연 그를 마주 보고 말로 할 수 있었을까? 무책임한 손가락들이 사이버 공간에 던지는 돌들을 어찌할꼬?

2009

9월 15일*

박쥐와 바이러스

* 세계 민주주의의 날

박쥐는 참 억울할 것 같다. 비록 날아다니지만 엄연히 새끼를 낳아 젖을 먹여 키우는 포유동물인데 이솝 우화에는 길짐승과 날짐승 편을 왔다 갔다 하는 후안무치(厚顔無恥)의 상징으로 그려졌다. 또한 아일랜드 작가 브램 스토커가 드라큘라에 비유하는 바람에 박쥐가 주로 피를 빨아 먹고 사는 줄 아는 사람이 많다. 하지만 지금까지 발견된 1,400여 종의 박쥐 중에서 흡혈박쥐는 단 세 종뿐이고 나머지는 모두 꿀을 빨거나 열매 또는 곤충을 먹고 산다.

21세기 들어 우리 사회를 휩쓴 사스, 메르스, 그리고 코로나19 모두 박쥐에게서 유래했다고 한다. 박쥐는 왜 이렇게 자주 유행성 바이러스의 온상이 되는 걸까? 중국 우한 지역의 관박쥐에서 추출한 코로나19 바이러스와 지금 우리 인간을 공략하고 있는 바이러스의 유전체 구성은 불과 4퍼센트밖에 차이 나지 않는다. 그런데 왜 우리는 목숨까지 잃을 지경인데 박쥐는 멀쩡할까?

신경계나 심혈관계와 마찬가지로 면역계도 생물에 따라 제가끔 다르게 진화했다. 인간은 특별히 예민한 면역 반응을 갖도록 진화했다. 우리 몸속에 들어오더라도 그리 치명적일 것 같지도 않은 꽃가루와 먼지에도 콧물을 흘리고 재채기를 연발한다. 오죽하면 자신의 정상적인 신체 조직이나 세포에 대해서도 비정상적으로 반응하는 이른바 자가면역질환도 류머티즘성 관절염, 다발성 경화증 등 80여 가지에 이를까?

박쥐는 훨씬 느슨한 면역계를 지녔다. 박쥐에게는 인간을 비롯한 대부분의 포유류에 존재하는 염증 유발 유전자가 현저하게 적다. 게다가 박쥐는 포유동물이지만 날아다니는 습성 때문에 에너지 소모가 커서 체온이 종종 40도에 육박한다. 우리 면역계는 외부에서 이물질이 진입하면 체온을 올려 태우는 전략을 취하지만 박쥐의 몸에서 이미 고온에 적응한 바이러스에게는 속수무책이다. 조직은 손상하지 않고 체온만 오르도록 진화할 순 없을까?

2020

9월 16일*

으악새

* 세계 오존층 보호의 날

“아 아 으악새 슬피 우니 가을인가요”. 고복수 선생이 부른 〈짝사랑〉의 첫 구절이다. 이 땅의 중년이라면 누구나 가을의 문턱에서 한 번쯤 읊조려 본 노래지만 정작 으악새가 뭐냐 물으면 속 시원하게 답하는 이가 없다. “뻐꾹, 뻐꾹” 운다고 뻐꾹새요, 연신 “솥 적다, 솥 적다” 울부짖어 소쩍새이니만큼 “으악, 으악” 하며 우는 새려니 하지만 딱히 그리 우는 새가 없다. 하기야 새소리는 듣는 귀에 따라 사뭇 다르긴 하다.

으악새가 왜가리라는 이들이 있다. 일부 지방에서는 왜가리를 ‘으악새’라 부른단다. 하지만 왜가리 소리는 “으악, 으악” 하며 늘어지는 두 음절보다는 “왝, 왝” 하며 뚝뚝 끊어지는 단음절 소리에 가깝다. 게다가 마을 어귀 솔숲에 수십 마리가 한데 모여 왝왝거리는 왜가리는 왠지 고즈넉한 가을 정취와는 거리가 있어 보인다.

으악새의 ‘새’가 벼과 식물을 통틀어 일컫는 말일 수도 있다.

실제로 일부 경기 지방에서는 '으악새'가 '억새'의 방언으로 불린다. 그렇다면 "으악새 슬피 우는"은 가을바람에 억새가 휩쓸리며 내는 스산한 소리를 비유한 표현일 수 있다. 옛날 그리스의 미다스왕이 아폴론의 노여움을 사 당나귀 귀를 얻었는데 그 비밀을 알고 있는 이발사에게 함구 명령을 내리고 평생 모자를 눌러쓰고 살았건만 입이 근질근질해 견디다 못한 이발사가 강둑에 구덩이를 파고 그 속에다 "임금님 귀는 당나귀 귀"라고 속삭이는 바람에 강변의 갈대들은 지금도 바람만 불면 그 비밀을 노래한다는 설화가 있다. 강가의 갈대가 노래를 한다면 언덕 위의 억새도 가을을 탈 법하다.

이쯤 되면 으악새란 결국 새가 아니라 풀이려니 하며 〈짝사랑〉의 2절로 넘어가면 "아 아 뜸북새 슬피 우니 가을인가요"로 이어진다. 할 수만 있다면 작사가 김능인 선생에게 여쭤보면 좋으련만 언제 어디서 돌아가셨는지 정확한 기록조차 없단다. 으악새야, 너는 도대체 누구냐?

2014

9월 17일

개미 사회의 화학적 거세

한 입 베어 먹은 사과 모양의 애플 컴퓨터 로고에 관해서는 여러 가지 설이 존재한다. 그중 가장 유력한 것은 아마 흔히 컴퓨터 과학과 인공 지능 연구의 아버지로 불리는 영국의 수학자 앨런 튜링의 사망에서 유래되었다는 설일 것이다. 제2차 세계 대전 중 독일 해군의 암호를 해독하는 일에 탁월한 공을 세운 튜링은 전후 영국 국립물리연구소를 거쳐 맨체스터대의 연구원으로 일하던 1952년 1월 어느 날 극장 앞에서 우연히 만난 19세 소년과 '부적절한 관계'를 가진 사실이 드러나 영국 정부로부터 화학적 거세를 당한다. 당시 영국에서는 동성애 행위를 법으로 엄금하고 있었기 때문에 그는 감옥에 가는 대신 1년 동안 정기적으로 여성호르몬 주사를 맞는 형벌을 택했다. 그 결과 그는 유방이 부풀어 오르고 극심한 발기 부전을 경험했다. 튜링은 그로부터 2년 뒤 마흔두 번째 생일을 맞기 보름 전쯤 청산가리 중독으로 사망했는데, 그의 주검 옆에 반쯤 먹은 사과가 놓여 있었다고 한다.

2009년 9월 고든 브라운 영국 총리는 정부를 대신하여 튜링과 그의 가족에게 정식으로 사과했다. 이유야 어찌 됐건 생물에게 거세란 대단히 참혹한 형벌이다. 하지만 개미에게는 사회를 안정적으로 유지하는 데 없어서는 안 될 중요한 수단이다. 오로지 여왕만 알을 낳고 일개미들은 평생 여왕이 낳은 알을 기르며 일만 하는 이른바 진사회성(eusocial) 사회가 유지되는 것은 여왕개미가 분비하는 강력한 여왕물질(queen substance)의 화학적 거세 효과 덕택이다. 일개미들도 유전적으로는 여왕개미와 마찬가지로 엄연한 암컷으로 태어나지만 그들의 생식 기관은 여왕물질의 억제 작용 때문에 제 기능을 발휘하지 못한다. 여왕이 사망하여 더 이상 여왕물질을 만들어 내지 못하게 되거나 군락이 지나치게 커져 여왕물질의 영향이 미치지 못하는 변방에서는 일개미들이 슬금슬금 알을 낳기 시작한다. 여왕물질의 효력이 떨어지면 억제되어 있던 생식 기관의 기능이 회복되며 점차 여성성을 회복하는 것이다.

최근 우리 사회에는 성범죄자의 화학적 거세를 둘러싼 인권 논란이 뜨겁다. 그 옛날 개미의 초기 진화 시절에도 여왕개미의 왕권 강화와 일개미들의 '의권(蟻權)' 사수의 투쟁이 만만치 않았을 듯싶다.

2012

9월 18일

컵라면

국수라면 하루 세끼를 내리 먹어도 질리지 않을 나지만 컵라면은 왠지 꺼림칙하다. 아무리 잘 밀봉돼 있더라도 국수가 상하지 않도록 방부제를 잔뜩 넣지는 않았을까, 뜨거운 물을 부으면 스티로폼 용기에서 유해 물질이 우러나오지 않을까, 칼로리가 너무 높아 살이 찌지 않을까 등등 걱정이 한두 가지가 아니다.

컵라면은 47년 전 오늘 일본에서 태어났다. 타이완 태생 일본인 안도 모모후쿠가 삶은 국수를 방수 처리한 스티로폼 용기에 넣어 팔기 시작했다. 원래는 고급 음식으로 개발돼 가격이 무려 35엔이었다. 당시 우동 한 그릇 가격의 여섯 배나 되는 바람에 전혀 팔리지 않았다고 한다. 게다가 누구나 냄비 하나쯤은 다 가지고 있는 상황에서 구태여 컵에 들어 있는 라면에 끓은 물을 부어 먹을 까닭이 없었다.

그러다가 1972년 나가노현 아사마 산장(山莊) 인질극 현장에서 기동대원들이 컵라면을 먹는 모습이 TV로 방영되며 전국적으로 알려지기 시작했다. 이어 1980년대 편의점의 폭발적인 증가와 1990년대 1인 가족의 증가에 힘입어 바야흐로 컵라면 전성시대를 맞고 있다.

국내에서도 1972년 삼양식품이 컵라면을 출시했지만 봉지 면보다 네 배나 비싼 가격에 고전하다 끝내 단종됐다. 1981년 농심에서 '사발면'을 내놓으며 부활한 용기 면 시장은 1988년 서울올림픽 때 간편한 한 끼 음식으로 부각되며 폭발적인 성장을 누린다. 한국농수산식품유통공사의 발표 자료에 따르면 올해 1분기 컵라면을 포함한 용기 면 시장 규모는 지난해 같은 기간에 비해 141억 원이 증가해 7.5퍼센트의 증가율을 보였다. 같은 기간 라면 시장 전체 성장률(3.5퍼센트)의 두 배를 웃도는 성장 폭이다.

하지만 용기면 시장은 조만간 상당한 위기를 맞을 것이다. 플라스틱 빨대에도 민감한 반응을 보인 '진지한' 소비자들이 머지않아 컵라면 용기를 문제 삼을 것이다. 소비자가 들고일어나기 전에 기업이 먼저 해결책을 내놓아야 할 것이다.

9월 19일

정자 기증

세계 최고 '다산의 여왕'으로 『기네스북』에는 평생 69명의 자식을 낳은 러시아 여인이 기록되어 있다. 모두 스물일곱 번의 임신에서 쌍둥이, 세쌍둥이는 물론, 심지어는 네쌍둥이까지 낳으며 이 어마어마한 대기록을 수립한 것이다. 아이를 한 번이라도 낳아 본 여성이라면 이 기록이 얼마나 대단한지 잘 알 것이다. 기록은 깨지기 위해 존재한다지만 이 기록은 당분간 깨지지 않을 것 같다.

하지만 이 대단한 기록도 『기네스북』 그다음 줄에 나오는 남성의 기록에 견주면 아무것도 아니다. 『기네스북』이 이 세상에서 가장 많은 자식을 낳은 걸로 기록한 남자는 모로코의 이스마일 황제이다. 그는 1703년까지 아들 525명과 딸 342명을 합쳐 무려 867명의 자식을 낳은 걸로 기록되어 있다. 하지만 1721년에 700번째 아들을 낳았다는 기록도 있는 걸 보면 실제 자식 수는 족히 1,000명을 넘을지도 모른다.

다윈의 성선택(sexual selection) 이론에 따르면 출산 기록에 있어서 암수의 차이가 이처럼 엄청나게 나는 이유는 일단 난자와 정자의 크기 차이에서 출발한다. 새로운 생명체의 초기발생에 필요한 기본 영양소를 고루 갖추고 있어야 하는 난자는 달랑 수컷의 유전자를 전달하면 그 소임을 다하는 정자에 비해 엄청나게 크다. 그래서 아무리 많은 수컷과 잠자리를 같이해도 낳을 수 있는 자식의 수에는 생리적 한계가 있는 암컷과 달리 수컷은 상대하는 암컷의 수에 비례하여 엄청난 수의 자식을 얻을 수 있다. 성에 있어서 암컷은 대체로 신중하고 수컷은 헤픈 까닭이 여기에 있다.

미국에서는 최근 한 남성이 정자은행에 제공한 정자로 150명의 형제자매가 태어난 사실이 드러나 시끄럽다. 같은 정자 기증자에 의해 태어난 사람들이 서로를 찾는 온라인 채팅 사이트 '인공 수정 형제자매 찾기 센터'를 통해 무려 150명의 유전적 형제자매가 확인된 것이다. '피에 굶주린(The Bloodthirsty)'이란 별명까지 갖고 있던 이스마일 황제는 막강한 권력을 휘둘러 그 많은 후궁들로 하여금 자기 자식을 낳게 했지만, 문제의 이 사내는 단 한 번의 정자 기증으로 잠자리도 같이하지 않은 생면부지 여인네들로부터 무려 150명의 자식을 얻은 것이다. 다윈 선생님도 기가 차 하실 일이다.

2011

9월 20일

추석과 바이러스

지난 5월 19일 나는 이 칼럼에서 전염병의 전파 메커니즘과 독성의 관계에 대해 설명한 바 있다. 병원균의 숙주 간 이동이 어려워지면 지나치게 독성이 강한 균들은 이미 감염시킨 숙주와 함께 사멸하고 다음 숙주로 옮겨 가지 못하기 때문에 자연스레 약한 균들만 남아 그 질병에 대해서는 더 이상 사회 전체가 함께 걱정할 필요가 없게 된다. 그런데 지금 신종 인플루엔자의 경우에는 우리가 어쩌면 초기 차단에 실패한 건 아닐까 우려된다.

추석이 다가오고 있다. 이번 추석에 대목을 기대하고 있는 이들이 그동안 경기 침체로 고생하던 우리 상인들만은 아닌 듯싶다. 신종 인플루엔자 바이러스들도 두 손 모아 추석 대목을 기다리고 있다. 민족 대이동은 직접 감염에 의해서만 다른 숙주로 옮겨 갈 수 있는 인플루엔자 바이러스에게는 그야말로 하늘이 내린 절호의 기회가 아닐 수 없다. 그러지 않아도 신종 인플루엔자가 호시탐탐 대유행의 단계를 흘끔거리는 즈음에 민족 최대의 명절이 맞물려 보건복지가족부의 걱정이 이만저만이 아니다.

그까짓 바이러스 때문에 수천 년을 이어 온 전통을 훼손할 수는 없다고 생각하는 이들도 있을 것이다. 그러나 나는 이 문제만큼은 냉철하게 이성적으로 판단해야 한다고 생각한다. 자식들이야 물론 효성으로 어르신들을 찾아뵙지만 신종 인플루엔자에 가장 취약한 분들이 바로 그분들인 걸 어찌하랴? 우리가 오늘날 외지인들을 꺼리고 심지어는 차별하게 된 연유가 바로 전염성 질환에 대한 우려 때문이라는 진화심리학자들의 연구 결과를 곱씹어 볼 필요가 있다. 금년 추석만큼은 도시에서 몰려오는 이들을 마냥 반갑게만 맞을 수 없는 시골 어른들의 마음도 헤아려야 하지 않을까 싶다.

신종 인플루엔자가 극성을 부리는 바람에 조류 인플루엔자 소식은 잘 들리지도 않는다. 그들이 제법 신종 인플루엔자로 고생하는 우리 사정을 헤아려 자제하고 있을 리 만무할 걸 생각하면 신종 인플루엔자 바이러스를 가져다주는 대신 조류 인플루엔자 바이러스를 묻혀 돌아올 가능성도 완전히 배제할 수 없다. 이번 추석은 연휴 기간이 짧아 서울~부산 소요 시간이 무려 8시간 40분이나 될 것이라는 한국도로공사의 예측도 있고 한데, 거의 자학 수준의 귀성 전쟁에 일시적이나마 휴전 협정을 논의하는 건 정말 불손한 일일까?

2009

9월 21일*

태풍

* 세계 평화의 날

요즘 지방에 다녀 보면 얼마 전 우리나라를 훑고 간 태풍 곤파스의 상처가 곳곳에 역력하다. 최대 직경이 450킬로미터밖에 안 되는 카테고리 3급의 소형 태풍이었지만 중심권의 기압 경도가 워낙 급격하고 한반도를 불과 네 시간 만에 관통하는 바람에 순간 최대 풍속이 초속 30~60미터에 이르는 기록적인 강풍이 관측되었다.

태풍과 허리케인은 근본적으로 같은 기상 현상이다. 다만 태풍은 북서태평양, 허리케인은 동태평양과 서대서양에서 일어나는 열대 폭풍우를 일컬을 뿐이다. 인도양에서는 '사이클론', 오세아니아 지역에서는 '윌리 윌리'라고도 부른다. 태풍과 허리케인은 여름에서 가을에 이르는 6월부터 11월 사이 언제든 일어날 수 있지만, 9월 21일 오늘은 지난 100년간 특별히 강한 비바람이 몰아친 날이다. 1934년에는 초대형 태풍이 일본 열도를 강타하여 무려 3,036명의 목숨을 앗아갔다. 1938년 오늘에는 미국 뉴욕의

롱아일랜드에 상륙한 허리케인으로 500~700명이 사망했고, 지난 1989년에는 허리케인 휴고가 사우스캐롤라이나 해변을 초토화시킨 바 있다.

지난달 말 미국에서는 뉴올리언스 거의 전역을 물에 잠기게 했던 허리케인 카트리나 5주년을 맞아 그날의 교훈을 되새기며 도시 재건의 의지를 다짐하는 각종 기념행사들이 열렸다. 지구온난화 때문에 바닷물의 온도가 상승하면서 열대 폭풍우로 인한 피해가 늘고 있다. 하지만 태풍이나 허리케인의 빈도와 강도에 대한 전망에 관해서는 세계 기상학자들의 의견이 엇갈리고 있다. 아시아권의 기상학자들은 대체로 태풍이 앞으로 더 자주 더 강력하게 일어날 것으로 예측하고 있는 것 같은데, 금년 초 미국 국립해양대기청이 주도하여 과학 저널 『사이언스』에 게재한 논문에 따르면 허리케인의 경우 강도는 훨씬 증가하겠지만 빈도는 조금 줄 것이란다.

오늘은 또 서른 번째 맞는 '세계 평화의 날'이다. 세계 각국에서 비정부기구(NGO)들이 중심이 되어 핵무기 확산을 막고 정전(停戰)과 비폭력을 상징하는 퍼포먼스를 벌인다. 나도 몇 년째 제인 구달 박사의 부름을 받아 학생들과 함께 평화의 비둘기를 만들어 날리는 행사를 진행해 왔다. 자연과의 평화가 인류평화 못지않게 중요해지고 있다.

2010

9월 22일

낚시 쓰레기

낚시하기 좋은 계절이다. 해마다 이 무렵이면 브래드 피트를 단숨에 세계적인 스타로 만든 영화 〈흐르는 강물처럼〉의 장면이 떠오른다. 나는 그런 멋진 곳에서 낚시해 본 경험은 없지만 아들 녀석이 어렸을 때 하도 낚시를 좋아해 거의 매주 인근 숲 속 작은 연못을 찾았다. 우리가 나타나면 어떻게 아는지 손바닥만 한 블루길들이 얼른 미끼를 던져 달라며 빠끔빠끔 모여들었다. 그날도 나는 아들의 장난감 낚싯바늘에 끼워 줄 미끼 곤충을 찾아 연못 주위를 돌던 중 올무에 걸린 흰발생쥐 한 마리를 발견했다. 누가 생쥐를 잡으려고 올무까지 놓았나 싶어 자세히 보니 버려진 낚싯줄에 다리가 걸린 것이었다.

낚시꾼이 무심코 버리고 간 낚싯줄과 바늘 때문에 애꿎은 새들이 낚이고 있다. 오리, 기러기, 고니 등 이른바 수금류(水禽類)만 당하는가 싶겠지만 도요새, 저어새, 왜가리 등 섭금류(涉禽類)는 물론 나무에 둥지를 틀고 사는 다른 새들까지 피해를 본다. 낚싯바늘을 삼켰거나 부리, 다리, 날개 등이 낚싯줄에 감겨 시름시름 죽어 간다. 심지어는 둥지를 지을 때 물어 나른 낚싯줄 때문에 그야말로 자기 집 안방에서 엉켜 죽는 어처구니없는 비극도 벌어진다.

'한국물새네트워크'와 '동아시아바다공동체 오션'은 낚시 쓰레기로부터 저어새를 보호하는 운동을 벌이고 있다. 저어새는 현재 2천여 마리밖에 남지 않은 멸종위기종으로 중국 동북부 해안과 우리나라 서해안에 둥지를 틀고 번식한 다음 홍콩, 대만, 베트남, 필리핀 등으로 이동하여 월동한다. 저어새는 숟가락처럼 생긴 부리를 갯벌에 박고 좌우로 휘휘 저으면서 먹이를 잡기 때문에 다른 새들보다 더 손쉽게 버려진 낚싯줄과 바늘에 걸려든다.

이제는 우리 낚시 애호가들도 작은 물고기는 풀어 주는 등 기본적인 수칙은 잘 지키지만 조금만 더 성숙해지면 좋겠다. 낚싯줄이나 납추가 걸릴 만한 구조물이 많은 곳은 되도록 피하고 사용하던 낚시 용품은 꼭 수거하기 바란다. 내 즐거운 취미 활동이 새들에게는 심각한 생사(生死)의 문제가 될 수 있다.

2015

9월 23일

좋은 놈,
나쁜 놈,
추한 놈

엔니오 모리코네의 주제 음악이 환상적이었던 스파게티 웨스턴 영화 〈좋은 놈, 나쁜 놈, 추한 놈(The Good, the Bad, and the Ugly)〉(국내 출시명 '석양의 무법자')은 세 총잡이의 맞대결로 끝이 난다. 무려 3분간이나 이어진 피 말리는 신경전 끝에 '좋은 놈' 클린트 이스트우드는 '나쁜 놈'에게 총을 쏜다. '추한 놈'도 '나쁜 놈'에게 총을 겨누지만 전날 밤 이스트우드가 그의 총에서 미리 총알을 제거해 둔 바람에 불발로 그친다.

흔히 '멕시컨 대결(Mexican standoff)'이라고 불리는 삼자(truel) 게임은 양자(duel) 게임에 비해 훨씬 복잡한 양상을 띤다. 양자 게임의 경우에는 대체로 먼저 공격 기회를 잡는 게 유리하지만, 셋이서 대결하는 상황에서 선제공격은 절대적으로 불리하다. 만일 갑이 먼저 을을 쏜다면 병이 곧바로 갑을 쏘아 손쉽게 승리를 거머쥘 수 있기 때문이다. 댜오위다오 혹은 센카쿠 열도를 놓고 중국과 일본의 무력시위가 위험 수위를 넘나들고 있다. 일본은 또한 우리나라와 독도를 두고 분쟁을 일으키려 한다. 중국 역시 우리 이어도를 호시탐탐 넘보고 있다. 해양 영유권을 둘러싼 세 나라의 갈등은 각각 다른 섬을 두고 벌어지고 있지만 자칫 까다로운 삼자 게임으로 번질지 모른다.

삼자 게임에서는 공격력의 확실한 우위가 없는 한 일부러 상대를 맞히지 않는 게 일단 최선의 전략이다. 그러면 다음 공격자는 여전히 실탄을 장전하고 있는 나머지 상대를 쏘게 마련이다. 이런 점에서 볼 때 센카쿠 열도를 실질적으로 점유하고 있는 상황에서 홀연 국유화를 선언한 일본은 쓸데없이 선제공격을 하는 우를 범했다. 국내 정치용 전략이 국제 정치를 망친 전형적인 예이다. 독도에 대한 우리의 전략도 이런 관점에서 신중하게 점검할 필요가 있어 보인다.

나는 이 게임에서 우리나라가 '좋은 놈' 클린트 이스트우드였으면 좋겠다. 그래서 '추한 놈'을 일찌감치 무장 해제시키고 게임을 단순하게 만드는 지혜를 발휘했으면 한다. 두 나라 중 누가 '나쁜 놈'이고 '추한 놈'인지는 차차 드러날 것이다. 그러고 보니 이번 대선도 지난 세 번의 대선과 마찬가지로 삼자 게임이 되고 말았다. 늘 양자 게임을 벌이는 미국과 달리 우리는 은근히 삼자 대결을 즐기는 건 아닌가 싶다.

2012

9월 24일

수컷의 물건

대형 유인원, 즉 인간, 침팬지, 보노보, 고릴라, 오랑우탄 중에서 수컷의 음경이 가장 긴 동물은 바로 우리 인간이다. 고릴라는 대형 유인원 중에서 몸집은 단연 제일 크지만 음경의 평균 길이는 불과 4센티미터로 침팬지의 절반, 인간의 3분의 1에 지나지 않는다. 그러나 고환의 크기를 비교하면 서열이 좀 달라진다. 침팬지가 가장 큼직한 고환을 갖고 있고 보노보가 그 뒤를 바짝 쫓는다. 고릴라는 이 부문에서도 단연 꼴찌이다. 체격 대비 가장 왜소한 고환을 지니고 있다. 인간은 침팬지와 고릴라의 중간쯤에 위치한다.

고릴라 수컷은 어쩌다 체격에 걸맞지 않게 그처럼 작은 생식기를 갖게 되었을까? 생식기의 크기에 자존심까지 결부하는 인간 남성의 눈에는 초라해 보일지 모르지만 정작 고릴라 수컷들은 생식기의 크기 따위는 아랑곳하지 않는다. 다른 수컷들과 힘겨루기를 거쳐 일단 암컷들을 수중에 넣고 나면 일일이 암컷에게 검증을 받을 필요가 없다.

오히려 그렇지 못한 침팬지나 인간 수컷은 마지막 성행위 과정에서조차 자신의 남성성을 입증해야 하는 것이다.

유인원 중에서 가장 큰 음경을 지닌 까닭일까. 그동안 음경의 크기와 남성의 매력에 관한 연구는 여러 차례 수행되었다. 그러나 최근 『미국국립과학원회보(PNAS)』에 실린 논문에 따르면 고환의 부피가 음경의 크기보다 실질적으로 더 중요한 '남자의 물건'이란다. 이번 연구에서 미국 에모리대 인류학자들은 남성 70명의 두뇌와 고환의 MRI 자료를 분석한 결과 고환의 부피가 작은, 즉 사정되는 정액의 양이 적은 아빠일수록 자식 양육에 더 적극적으로 참여한다는 사실을 발견했다.

우리 인간은 침팬지, 보노보, 고릴라, 오랑우탄과 마찬가지로 일부다처제의 성향을 타고났지만 실제로는 거의 일부일처제를 시행하는 유인원이다. 다른 유인원 아기들이 나무를 탈 무렵 겨우 몸을 뒤집는 데 성공하는 무기력한 아기를 기르려면 부모 모두의 양육 참여가 거의 필수적이다. 인간 남성의 대형 음경과 중형 고환은 남자와 아빠의 역할을 고루 해내기 위한 절묘한 중용 진화의 결과인 듯싶다.

2013

9월 25일

박쥐를 기다리며

동남아시아 도시를 방문할 때마다 나는 꼭 저녁 산책을 나간다. 때맞춰 저녁 사냥을 나올 박쥐들을 만날 설렘을 안고. 몇 년 전에는 결혼기념일에 아내와 함께 찾은 홍콩의 어느 레스토랑 안으로 박쥐가 날아들어 은근히 반가웠다. 사실 동남아시아까지 갈 것도 없다. 이웃 나라 일본의 웬만한 중소 도시에서도 저녁때 강가를 거닐다 보면 강물 위를 나지막이 휘젓는 박쥐들을 쉽게 만날 수 있다. 그러나 우리나라 도시에서는 더 이상 박쥐를 볼 수 없다. 도심의 생태성이 전반적으로 저하된 것이 가장 큰 원인이지만 건물의 구조도 한몫한다. 깎아지른 직육면체 형태의 건물 어디에도 옛날 집 처마처럼 박쥐가 매달릴 공간이 없다.

최근 독일 막스플랑크연구소 연구진은 유리창의 매끈한 표면이 박쥐의 초음파 수신을 어렵게 한다는 실험 결과를 내놓았다. 박쥐는 초음파를 내보내고 그것이 물체에 반사돼 돌아오는 것을 감지해 먹이도 잡아먹고 장애물도 피해 다닌다. 입체나 굴곡진 표면에서 반사되는 파장의 차별적 양상으로 물체의 존재를 파악하는데 완벽한 평면은 차라리 허공처럼 인식되어 종종 부딪히는 것이다. 약 925종이 알려진 박쥐는 세계 포유동물 다양성의 20퍼센트를 차지한다. 몇몇 열대 지방에서는 박쥐의 종다양성이 포유동물 전체의 절반을 웃돈다. 우리나라에도 21종의 박쥐가 살고 있다.

모기 때문에 밤잠을 설치나요? 가습기 살균제에 놀란 가슴을 애써 억누르며 모기향을 피운 채 주무시느라 찜찜한가요? 박쥐 한 마리가 한 시간에 잡아먹는 모기의 수가 무려 1천 마리에 달한다. 게다가 박쥐는 같은 체중의 다른 포유동물보다 훨씬 오래 산다. 평균 수명이 거의 40년에 이른다. 잘 키운 박쥐 한 마리가 열 모기향 안 부럽다. 도심에 다시 박쥐를 불러들이자. 건물마다 박쥐가 머물 수 있는 '처마' 공간을 마련하고 유리 충돌을 막는 방안을 찾아보자. 박쥐가 징그럽다고 생각하는가? "자세히 보아야 예쁘다/오래 보아야 사랑스럽다/너도 그렇다". 박쥐도 그렇다.

9월 26일

코끼리와 벌

몸무게가 무려 7천 킬로그램에 달하는 코끼리도 무서워하는 게 있을까? 사실상 사자도 아랑곳하지 않는 코끼리지만 벌을 끔찍이도 무서워한다. 코끼리 가죽의 두께나 단단함으로 볼 때 벌침이 뚫고 들어갈 수 있을까 의아한데 벌에게 콧잔등이라도 쏘이면 펄쩍 뛰며 줄행랑을 놓는다. 통증이란 게 묘해서 꼭 팔다리가 잘려 나가야 아픈 게 아니다. 눈에 잘 보이지도 않는 작은 가시가 발바닥이나 손가락에 박히면 온몸이 전율한다. 개인적으로 나는 예전에 파나마 정글에서 연구할 때 발톱 밑으로 파고든 작은 진드기 때문에 눈물까지 찔끔거린 기억이 생생하다.

서식처 파괴와 사냥으로 인해 하루에 거의 100마리씩 사라지는 바람에 코끼리는 이제 겨우 40만 마리밖에 남지 않아 세계자연보전연맹이 '취약종'으로 지정했다. 마땅히 보호받아야 하지만 곳에 따라서는 코끼리가 마을로 내려와 가옥을 부수고 농작물을 짓밟아 인간에게도 적지 않은 피해를 입히고 있다. 인도에서는 종종 술에 취한 코끼리에게 변을 당한다. 땅에 떨어진 과일이 썩는 과정에서 발효해 알코올 성분이 늘어나는데, 우연한 기회에 술 맛을 본 코끼리들이 허구한 날 해롱거리며 마을을 휘젓고 다닌단다.

아프리카에서는 최근 코끼리 행동에 관한 기초 연구 결과를 바탕으로 벌을 이용해 인간과 코끼리가 공존할 수 있는 방법을 찾았다. 마을 어귀와 밭 가장자리에 벌통을 설치해 코끼리의 접근을 차단하는 전략이다. 코끼리는 벌들이 붕붕거리는 소리만 들려도 아예 접근조차 하지 않는다. 벌과 흡사한 소리를 내는 드론을 띄워 코끼리를 숲으로 돌려보내기도 한다. 기초 연구는 당장 떼돈을 벌어 주지 못할지라도 종종 큰돈을 절약할 수 있게 해 준다. 엄청난 돈을 들여 밭을 빙 둘러 전기 담장을 설치해 보았건만 영리한 코끼리는 통나무를 가져다 담장을 무너뜨리고 유유히 건너 들어온다. 이에 비하면 벌통 설치는 훨씬 저렴하다. 게다가 꿀도 딸 수 있다. '뽕도 따고 님도 보고'가 아니라 '꿀도 따고 코끼리도 안 보고'.

2016

9월 27일

모델 T와 중용

오늘은 포드 자동차가 그 유명한 '모델 T'를 처음으로 출시했던 날이다. 1908년 처음 시작할 때에는 한 달에 열한 대밖에 만들지 못하던 것이 헨리 포드가 세계 최초로 고안한 조립라인(assembly line) 분업 공정 덕택에 1914년에 이르면 93분 만에 한 대씩 만들 수 있게 되었다. 공정 효율이 절정에 이르렀던 1920년대에는 하루에 1만 대까지 만들어 냈다고 한다. 1927년까지 총 1,500만 대가 생산된 모델 T는 자동차 대중화 시대를 연 주역이었다.

포드 자신은 모델 T를 가리켜 최고의 기술자들이 최상의 재료로 만든 자동차라 했지만 실제 품질 관리에 얽힌 일화는 극명한 대조를 이룬다. 어느 날 포드는 그의 기술자들에게 폐차장에 가서 별로 망가지지 않아 재사용할 만한 부품이 있는지 조사해 보라는 지시를 내린다. 그러자 기술자들은 자동차 핸들과 관련된 부품인 킹 핀(king pin)을 가져와 자신들이 그 부품을 얼마나 잘 만들었으면 폐차에서 빼내어 그대로 새 차에 장착해도 아무런 문제가 없을 것이라며 자랑을 늘어놓았다. 그러자 포드는 "그렇다면 우리가 그 부품을 만드는 데 지나치게 많은 돈을 들이고 있다는 얘기이다. 그것도 다른 부품들과 비슷하게 망가지도록 만들라"고 지시했다고 한다.

이 일화는 다윈의 자연선택 메커니즘을 설명할 때 종종 인용된다. 천수를 누리고 돌아가신 어느 어르신이 장기를 기증하시겠다고 하여 건강 검진을 했는데 뜻밖에도 심장만큼은 20대 젊은이의 심장이 부럽지 않은 상태였다고 하자. 언뜻 참 건강한 분이셨구나 생각할 수 있지만, 사실 그분은 건강한 심장을 유지하느라 지나치게 많은 영양분을 낭비하신 것이다. 보다 골고루 영양분을 분배하셨더라면 비록 심장은 그리 튼튼하지 않았더라도 몇 년 더 사실 수도 있었을 것이다.

자연선택은 중용(中庸)의 덕을 행한다. 자사(子思)는 중용을 부족함이나 지나침도 없고 어느 한쪽으로 치우치지도 않은 떳떳하고 알맞은 상태라고 설명했다. 인간이 만든 인위적인 것들에 비해 자연에 있는 것들은 대체로 훨씬 더 아름다운 중용의 미를 발휘한다. 실제로 『종의 기원』과 『중용』을 공부했는지는 모르지만 헨리 포드는 놀랍게도 다윈의 자연선택 이론은 물론 유교의 핵심 개념까지 꿰뚫고 있었던 것 같다.

2011

9월 28일

석양

예년보다 좀 이른 추석도 지나고 억수 같은 비를 토해 낸 다음이라 그런지 하늘이 유달리 창백해 보인다. 마냥 뜨겁기만 하던 햇살도 가슴팍에 내리쬐는 느낌이 다르다. 폭염이라는 표현이 전혀 어색하지 않았던 여름도 이젠 슬그머니 산모퉁이를 돌아선다. 여태껏 살면서 깨달은 한 가지 분명한 진리가 있다면, 그건 제아무리 난리를 쳐도 시간이 가면 시간이 온다는 사실이다.

고형렬 시인이 "까마득한 기억의 한 티끌과 영원 저 바깥을 잇는 통섭의 시"라고 평한 황지우 시인의 〈아주 가까운 피안〉이라는 시가 있다. "어렸을 적 낮잠 자다 일어나 아침인 줄 알고/학교까지 갔다가 돌아올 때와/똑같은, 별나도 노란빛을 발하는 하오 5시의 여름 햇살이/아파트 단지 측면 벽을 조명할 때 단지 전체가 피안 같다/(…)/어디선가 웬 수탉이 울고, 여름 햇살에 떠밀리며 하교한 초등학생들이/문방구점 앞에서 방망이로 두더지들을 마구 패대고 있다".

나는 하루 중 해 질 무렵을 제일 좋아한다. 어릴 적 시골에서 삼촌들과 함께 밭일을 마치고 할머니가 감자밥을 해 놓고 기다리는 집으로 돌아오던 기억이 아른하다. 늘 바삐 돌아가는 삶이지만 눈에 드는 사물들의 윤곽이 아스라해지기 시작할 무렵이면 왠지 모르게 마음도 절로 차분해진다. 툭하면 괜스레 우수에 젖는 걸 즐기는 나만 그런가 했는데 주변에 물어보니 해 질 무렵을 좋아한다는 이들이 뜻밖에 적지 않다. 시간을 내어 가까운 동산에 오르거나 강변을 거닐며 지는 해를 바라보라. 석양을 바라보며 숙연함을 느끼는 것은 인간 모두의 보편적인 감성일 것이다.

『인간의 위대한 스승들』이라는 책에 소개되어 있는 어느 동물학자의 이야기이다. 어느 날 그는 아프리카 하늘을 온통 붉게 물들이며 꺼져 가는 석양을 지켜보고 있었다. 그때 숲속에서 홀연 파파야 한 무더기를 들고 침팬지 한 마리가 나타났다. 침팬지는 슬그머니 파파야를 내려놓더니 시시각각으로 변하는 노을을 15분 동안이나 물끄러미 바라보다가 해가 완전히 사라지자 터덜터덜 숲으로 돌아갔다고 한다. 땅에 내려놓은 파파야는 까맣게 잊은 채. 침팬지의 삶도 피안의 순간에는 까마득한 저 영원의 바깥으로 이어지는가? 그 순간에는 그도 생명 유지에 필요한 먹을 것 그 이상의 무언가를 찾고 있었으리라. 가을이다.

2010

9월 29일

지구 세입자 인간

이른바 '존재의 거대한 사슬(Great Chain of Being)'이라고 하는 플라톤과 아리스토텔레스의 자연의 계층 구도 즉 '스칼라 나투리(Scala Naturae)'의 맨 꼭대기에는 당연히 인간이 자리 잡고 있었다. 이는 하느님이 만물을 창조할 때 유독 우리 인간만 당신의 형상대로 만들었다는 기독교 신앙과 결합하며 오랫동안 서양의 사고 체계를 지배했다. 그러나 이 철옹성 같았던 인간 중심 세계관도 결국 코페르니쿠스, 케플러, 갈릴레이의 지동설과 다윈의 진화론에 의해 무너졌다. 더 이상 지구가 우주의 중심이 아니며 인간이 만물의 정점이 아님을 깨달았다.

하지만 인간 중심 사고 체계는 그리 쉽사리 물러나지 않는다. 인간이 지구에 등장한 때는 지금부터 약 25만 년 전인데 첫 24만 년 동안에는 거의 존재감도 없었다. 그 당시 우리 인간 전부의 무게는 동물 전체 생물량(biomass)의 1퍼센트 미만이었다. 그러던 것이 불과 1만여 년 전 농경을 시작하며 숫자가 급격히 불어나더니 이제 우리와 우리가 기르는 가축은 동물 전체 중량의 무려 96~99퍼센트를 차지한다. 이 엄청난 성공이 우리로 하여금 여전히 세상의 중심이라 믿게 만든다.

그러나 35억 년 전 생명이 처음 탄생했을 때나 지금이나 이 지구의 주인은 바이러스와 박테리아 같은 미생물이다. 그들은 인간을 포함한 동물과 식물을 합친 수보다 1백억 배나 많다. 그들이 그 옛날 대기 중 이산화탄소를 줄이고 산소를 풍부하게 해 준 덕에 우리가 살 수 있게 되었다. 우리는 자기가 세입자인 줄도 모르고 어쭙잖은 주인 행세를 하다가 코로나19 같은 대재앙을 자초했다. 유발 하라리는 『사피엔스』에서 인간의 임대 계약이 300년을 넘지 못할 것이라고 주장했다. 나는 한술 더 떠 이번 세기를 넘기지 못할지도 모른다고 예언한다. 그런데 우리를 내보낸 뒤 집주인 미생물은 흐뭇해할까?

2020

9월 30일

기부

2006년 서울대에서 이화여대로 옮기면서 나는 연구실 한 구석에 '의생학(擬生學) 연구 센터'를 설립했다. 간판부터 내건 다음 이른바 '차세대 먹거리'를 찾는 기업들과 브레인스토밍, 즉 '창조적 집단 사고' 모임을 시작했다. 혁신적 아이디어에 목말라하는 기업과 함께 생태계 섭리(eco-logic)를 터득하고 진화의 역사를 통해 자연이 고안해 낸 아이디어를 모방(biomimicry)하는 작업을 해 왔다.

그러던 어느 날 적이 섭섭한 일이 벌어졌다. 2009년 모교 하버드대가 역사상 최대 규모의 개인 기부금을 유치한 것이다. 스위스 기업가 한스조르그 비스가 무려 1억 2,500만 달러(약 1,300억 원)를 기부해 '비스연구소'가 세워졌다. 그는 자연에서 아이디어를 얻어 기술을 개발해 달라고 주문했다. 자연을 모방하는 연구라면 내가 먼저 시작한 터라 아쉬움이 컸다.

그런데 얼마 전 이 기록이 깨졌다. 홍콩 부동산업자

챈이 하버드대 공중보건대학원에 3억 5천만 달러(약 3,656억 원)를 내놓은 것이다. 마침 에볼라 바이러스 때문에 공중위생이 더할 수 없이 중요해진 상황이라 그의 기부는 엄청난 화제를 불러모았다. 그러나 이 또한 연구 기부금으로 세계 최고 기록은 아니다. 2010년 인도 기업가 아닐 아그라왈은 10억 달러(약 1조 450억 원)를 출연해 세계적 수준의 베단타대를 설립했다.

어느덧 기부가 문화로 자리 잡았다. 나는 기업(인)이 할 수 있는 가장 멋진 일은 대학이나 연구 기관 또는 학술 재단에 기부하는 것이라고 생각한다. 사회 환원이면서 잘하면 기업에 도움이 되는 연구도 할 수 있기 때문이다. 가난한 학생들에게 장학금을 주는 데 그치지 말고 그들의 연구 활동까지 지원할 때가 되었다.

Date

가을비

한강시

비가
창을 열고
아예 내 핏줄 속으로
들이친다
먼저 떠난 네가
그렇다

Page

10

10월 1일*

깡패와 얌체

* 국군의 날
* 세계 노인의 날

재러드 다이아몬드는 퓰리처 수상작 『총, 균, 쇠』에서 세계 불평등은 지역 간 환경 차이에 기인한다고 설명했다. 이것이 유라시아인이 총과 균과 쇠를 앞세워 원주민들을 밀어낼 수 있었던 근본 원인이라는 것이다. 다이아몬드의 이러한 분석은 과거사는 물론 기후변화로 인한 국가 간 경제 불균형 추이도 정확하게 예측하고 있다.

최근 스탠퍼드대 지구과학자들이 『미국국립과학원회보(PNAS)』에 게재한 논문에 따르면 지난 세기 동안 기술 발전 덕택에 꾸준히 좁혀지던 국가 간 경제 불평등이 기후변화로 인해 물거품이 되고 말았다. 그렇지 않아도 사회 인프라가 취약한 나라들은 지구온난화에 따른 농업 및 제조업의 생산성 저하와 국민 건강 악화의 영향을 훨씬 심하게 받는 것으로 드러났다.

인도, 브라질, 인도네시아, 나이지리아, 수단의 인구를 합하면 세계 인구의 4분의 1이 넘는 20억에 달한다. 1961년부터 2010년까지 이 나라들의 경제 성장률을 분석한 연구진은 이들의 국내총생산(GDP)은 충분히 세계 총생산의 4분의 1 이상으로 성장할 수 있었는데 지구온난화의 영향으로 오히려 줄어들었다고 평가했다. 특히 수단의 GDP는 이 기간 동안 무려 36퍼센트나 감소했다. 반면 인구를 모두 합쳐 봐야 1억 8,500만밖에 되지 않는 노르웨이, 캐나다, 스웨덴, 영국, 프랑스는 지구온난화가 진행되는 동안 오히려 경제가 성장했다. 노르웨이와 캐나다의 GDP는 각각 34퍼센트와 32퍼센트나 상승했다.

정작 이산화탄소는 주로 추운 나라들이 뿜어내는데 그로 인해 애꿎게 더운 나라들이 더 살기 어려워지고 있다. 우리나라는 2018년 사우디아라비아, 미국, 캐나다에 이어 1인당 이산화탄소 배출량 세계 4위를 차지했다. 대놓고 '기후 깡패' 짓을 해 대는 미국만큼은 아니더라도 말만 번지르르할 뿐 실천에 옮기지 않는 '기후 얌체'는 되지 말아야 하는데.

2019

10월 2일*

노인의 날

* 노인의 날

“까치 까치 설날은 어저께고요, 우리 우리 설날은 오늘이래요”. 어제는 유엔이 정한 ‘세계 노인의 날’이고 오늘은 우리 정부가 법정기념일로 제정한 ‘노인의 날’이다. 정부의 저출산고령사회위원회 홈페이지를 열면 “‘일하며 아이 키우기 행복한 대한민국’을 반드시 실현하기 위해 국민과 현장의 목소리에 항상 귀 기울이겠습니다”라는 인사말이 뜬다. 위원회 이름을 보면 저출산과 고령화 문제를 고루 다룰 것처럼 보이지만 실제는 저출산 문제에만 집중하겠다는 것 같아 적이 불편하다.

정부가 청년 실업 문제에 코를 박고 있는 동안 노인 일자리 문제는 조용히 깊은 수렁으로 빠져들고 있다. 최근 통계청 자료에 의하면 지난해 우리나라 70~74세 고용률은 물경 33.1퍼센트에 달한다. 이는 OECD 회원국 평균(15.2퍼센트)의 두 배를 웃도는 수치다. 65~69세 고용률(45.5퍼센트)도 아이슬란드(52.3퍼센트) 다음으로 세계 2위다.

여기까지만 들으면 언뜻 노인 일자리 상황은 청년 일자리와 달리 퍽 양호한 듯 보인다. 문제는 빈곤율이다. 2016년 기준 우리나라 65세 이상의 빈곤율은 43.7퍼센트이다. 유럽 28개국보다 월등하게 높다. 노인 서너 명에 한 명꼴로 일하는데 10명 중 4명 이상이 빈곤에 허덕이고 있다. 딱히 모아 놓은 게 없어 계속 일해야 하지만 좋은 일자리는 찾기 어렵다.

노인 빈곤과 저출산이 별개의 문제라고 생각하면 오산이다. 출산 적령기의 젊은 세대 관점에서 제 앞가림조차 제대로 못 하는 노인을 바라보라. 자기들을 기르느라 노후 대책을 마련하지 못한 부모지만 막상 모실 걸 생각하면 마음 놓고 아이를 낳기 어렵다. 게다가 먼 훗날 자신도 겪어야 할지 모른다 생각하면 자식 낳기가 두렵기까지 할 것이다. 저출산과 노인 빈곤 문제는 서로 엮여 있기 때문에 반드시 함께 풀어야 한다. 노인 문제는 인권 문제다. 평생 가족과 사회를 위해 희생한 분들을 빈곤에 시달리게 내버려두는 것은 엄연한 인권 유린이다.

2018

10월 3일*

얍체 귀뚜라미

* 개천절

날이 선선해지니 귀뚜라미 소리가 한결 청명하다. 초저녁부터 울기 시작한 귀뚜라미 수컷이 밤을 지새운다. 윗날개를 하늘 높이 치켜들고 좌우로 비벼 소리를 내는 작업은 결코 쉽지 않은 육체노동이다. 그런데 실제로 야외에 나가 조사해 보면 이처럼 열 시간 넘게 소리를 내며 열심히 암컷을 부르는 수컷들이 있는가 하면 하룻밤에 30분도 채 울지 않는 수컷들도 있다. 도대체 이들은 무슨 배짱이란 말인가? 귀뚜라미 수컷으로 태어나 대통령이나 기업 회장을 할 것도 아닌 주제에 그 짧은 시간을 투자하여 어떻게 암컷을 유혹하고 자신의 유전자를 후세에 남기겠다는 말인가?

우리 인간의 콧구멍은 서로 너무 가까이 들러붙어 있어 냄새를 한 번만 맡아서는 그 냄새가 어느 쪽에서 오는지 알아내지 못한다. 그래서 우리는 코를 이쪽저쪽 들이밀며 킁킁대야 비로소 냄새의 진원지를 찾아낼 수 있다. 하지만 귓구멍은 얼굴 양옆에 멀찌감치 떨어져 위치해 소리가 어느 방향에서 오는지 대번에 알아낸다. 그러나 방향만 알 뿐 정확한 지점을 찾아내기는 쉽지 않다. 선생님이 칠판에 무언가를 쓰고 계실 때 뒤에서 떠들며 장난친 학생을 적발하려 해도 방향은 알겠는데 정확히 누가 그랬는지 짚어내기 어렵다.

채 30분도 울지 않는 귀뚜라미 수컷들은 청각 소통의 바로 이 약점을 이용한다. 열 시간씩 열심히 소리를 내는 수컷 근처 풀숲에 숨어 있다가 그 성실하고 매력적인 수컷을 찾아오는 암컷 앞에 홀연히 나타나 마치 자기가 그 수컷인 양 행세하며 짝짓기에 성공하는 얌체들이 있다. 둘러보면 우리 인간사회에도 이런 얌체 수컷들이 심심찮다. 평생 남이 차려주는 밥상 주변을 맴돌며 달랑 숟가락만 올려놓고 사는 그런 사내들 말이다.

암컷에 비해 수컷들이 대체로 훨씬 치사한 삶을 사는 데에는 그럴 만한 생물학적 이유가 있다. 자기 스스로 자식을 낳을 수 있는 암컷 주변에는 언제든 정자를 제공하려는 수컷들이 즐비하다. 하지만 수컷은 아무리 잘났어도 암컷의 몸을 거치지 않고는 자신의 유전자를 후세에 남길 방법이 없다. 그래서 이 세상 모든 수컷들은 암컷의 간택을 받기 위해 때론 치사한 삶도 불사할 수밖에 없는 것이다. 수컷으로 태어나 앞뒤 계산하지 않고 뚜벅뚜벅 자신만의 길을 걷기란 그만큼 더 어려운 법이다.

2011

10월 4일

사막여우

오닉스처럼 영롱하지만 어딘지 모르게 슬퍼 보이는 동그란 검은 눈, 잘못 안으면 아스러질 듯한 가녀린 몸매, 그리고 무엇보다도 온 얼굴을 가리고도 남을 커다란 귀…. 세상에서 제일 예쁜 동물을 꼽으라면 나는 주저하지 않고 사막여우라고 답할 것이다. 프랑스 작가 생텍쥐페리도 나랑 비슷한 생각인 것 같다. 사과나무 아래에서 사막여우를 처음 만났을 때 어린 왕자의 첫마디가 바로 "넌 누구야? 참 예쁘게 생겼구나"였지 않은가.

날지 못하는 새 펭귄이 비행사 헬멧과 두툼한 안경을 끼고 기어코 날겠다며 좌충우돌 뒤뚱거리는 모습에 우리나라는 물론 전 세계 어린이가 열광하는 '뽀로로'의 친구 '에디'가 다름 아닌 사막여우다. 1998년 프랑스 TV에서 26회에 걸쳐 방영한 만화 영화 〈페넥(Fennec)〉의 주인공도, 디즈니 영화 〈주토피아〉의 '핀닉(Finnick)'도 모두 사막여우다. 사막여우의 큰 귀는 체온을 조절하는 기능도 하지만 모래

속 작은 동물의 움직임도 감지할 수 있는 고성능 레이더다. 그래서일까? 제2차 세계 대전 때 북아프리카에서 혁혁한 공을 세워 독일 최고의 전쟁 영웅으로 추앙받는 에르빈 로멜 장군의 별명 역시 '사막여우'였다.

『어린 왕자』를 세심히 읽어 보면 작가의 속마음을 전달하는 존재는 사실 어린 왕자가 아니라 사막여우라는 걸 알게 된다. 사막여우는 우리에게 "중요한 것은 눈에 보이지 않는 법이라서 오로지 마음으로 보아야 정확히 볼 수 있다"고 말한다. 2014년 아프리카에서 몰래 들여오다 적발된 열일곱 마리 중 겨우 살아남은 다섯 마리를 국립생태원이 인수해 정성으로 보살폈더니 최근 새끼 두 마리가 태어나는 경사가 일어났다. 『어린 왕자』의 사막여우는 말한다. "내게서 좀 떨어져 앉아 있어. (…) 날마다 넌 조금씩 더 가까이 다가앉을 수 있게 될 거야". 질곡의 세월을 벗어나 마침내 보금자리를 찾은 국립생태원의 사막여우들. 마음으로 보는 그 굴곡진 삶은 한없이 애틋하지만, 눈에 보이는 그들은 그저 더할 수 없이 예쁜 에디들이다.

2016

10월 5일*

동물 비자

* 세계 한인의 날
* 세계 교사의 날

내가 작가로서 알려지기 시작한 결정적 계기는 2002년 국정 국어 교과서 제1단원에 「황소개구리와 우리말」이라는 글이 실렸을 때다. 내가 2001년에 출간한 책 『생명이 있는 것은 다 아름답다』에 실려 있는 글인데 졸지에 이 땅의 모든 아이들이 고등학생이 되자마자 맨 먼저 배우는 글이 되었다. 이 글에서 나는 세계화의 봇물에 휩쓸려 "우리말을 제대로 세우지 않고 영어를 들여오는 일은 우리 개구리들을 돌보지 않은 채 황소개구리를 들여온 우를 또다시 범하는 것"이라고 지적했다.

얼마 전 인천세관은 맹독성 사탕수수두꺼비를 밀반입하려는 일당을 적발했다. 사탕수수두꺼비는 몸 크기는 황소개구리와 얼추 비슷하지만 눈 뒤 측두샘에서 분비하는 독은 멋모르고 집어삼킨 왕도마뱀이나 카이만악어를 죽일 만큼 강력하다. 1935년 여름 호주 퀸즐랜드 주정부는 하와이에서 사탕수수두꺼비 102마리를 들여와 방생했다.

그로부터 불과 100년도 안 된 현재 호주에는 2억 마리가 넘는 사탕수수두꺼비가 살고 있지만, 사탕수수의 해충인 딱정벌레 박멸에도 성공하지 못했을 뿐 아니라 파충류 생물다양성이 심각하게 감소했다.

서울 중랑천을 따라 걷다 보면 바위에 나란히 앉아 일광욕을 즐기는 거북들을 쉽게 볼 수 있다. 환경 단체 '북부환경정의 중랑천사람들'은 중랑천 본류와 지류에서 붉은귀거북을 비롯해 외래 거북 다섯 종을 발견했다. 기르던 거북을 방류하는 사람들이 두꺼비라고 풀어 주지 않으리라는 보장이 없다. 미국 플로리다에서는 사탕수수두꺼비가 유입된 이래 그를 물거나 핥은 개들이 다수 죽는 바람에 주민들에게 두꺼비를 발견하면 죽이도록 권고하고 있다. 우리가 결국 황소개구리에게 그랬던 것처럼. 제 발로 우리 땅에 들어온 야생 동물은 어쩔 수 없다 하더라도 우리 손으로 옮기지는 말아야 한다. 이제는 동물도 국경을 넘을 때 비자 검사를 받았으면 좋겠다.

2021

10월 6일

밤샘

미국 유학 첫 학기말이었다. 학기말 리포트를 쓰느라 거의 40시간을 깨어 있었던 기억이 지금도 지난밤 악몽처럼 생생하다. 컴퓨터가 보편화되지 않았던 시절이라 타자기에다 그것도 이른바 독수리 타법으로 수십 쪽에 달하는 리포트를 마감일이 임박해 써야 했다. 학생 휴게실 공용 타자기 앞에 앉아 학과 사람들이 퇴근했다가 출근했다가 다시 퇴근하는 모습을 지켜보았다. 그리고 먼동이 트던 다음 날 새벽 가까스로 끝낸 리포트를 교수 연구실 앞 상자에 넣고 기숙사로 기어가 꼬박 하루가 넘도록 일어나지 못했다.

누구나 이런 학창 시절 무용담 하나쯤은 갖고 있을 것이다. 밤을 꼴딱 새운 이튿날 몽롱한 상태에서 자신의 뇌 건강을 걱정해 본 기억도 있을 것이다. 최근 노르웨이 신경과학자들이 이런 밤샘이 뇌에 미치는 영향을 연구해 발표했다. 건강한 젊은 남성 21명을 23시간 동안 잠을 재우지 않고 MRI의 일종인 DTI 기법을 사용해 뇌의 변화를 관찰했다. 아침 7시 30분, 저녁 9시 30분, 그리고 다음 날 새벽 6시 30분에 촬영한 검사 결과를 비교해 보았더니 뇌 미세 구조에 상당한 변화가 나타났다. 뇌량, 뇌간, 시상을 비롯해 뇌 전반에 걸쳐 기능적 연결성이 현저하게 줄어들었다. 물론 이 연구는 단 한 차례 밤샘 효과를 검사한 것이라 관찰된 변화가 영구적인지는 확실하지 않다.

내 밤샘은 유학 시절 내내 이어졌다. 그 대가로 박사 학위도 취득했고 교수도 됐겠지만 그러는 동안 내 뇌세포들이 겪었을 수난을 생각하면 적이 끔찍하다. 하지만 이 질문은 거꾸로 뒤집을 수도 있다. 인간은 왜 잠을 자도록 진화했을까? 그 옛날 우리 조상들이 아프리카 초원을 헤매던 시절 호시탐탐 맹수들이 노리는 상황에서 잠시라도 세상 모르게 늘어지는 게 과연 진화적으로 이득이었을까? 잡아먹힐까 두려워 잠 못 이루는 게 좋은 학점 못 받을까 걱정돼 밤새우는 것에 비할까?

2015

10월 7일

다양성

지금 강원도 평창에서는 제12차 생물다양성협약 당사국 총회가 열리고 있다. 세계 194개국 대표단이 모여 지구의 생물다양성을 어떻게 보전할지에 대해 논의하고 있다. 역대 최대였던 소치동계올림픽에 88개국이 참가했던 걸 감안하면 4년 후 이곳에서 열릴 평창동계올림픽에 참가할 것으로 기대되는 나라보다 갑절이나 많은 나라가 모인 셈이다. 유엔이 추진하고 있는 '생물다양성 2011~2020 전략 계획'에 필수적인 '아이치 목표(Aichi target)' 달성을 위한 '평창 로드맵' 수립과 향후 2년간 의장국으로서 우리 정부가 주도할 '과학기술 협력 이니셔티브(Bio-Bridge Initiative)'에 관한 의견 수렴이 가장 중요한 의제이다. 총회와 더불어 수백 가지 다양한 부대 행사가 진행되고 있는 만큼 아름다운 이 가을 평창으로 나들이 한번 하시기 바란다.

이 행사를 준비하며 가장 자주 들은 얘기는 생물다양성이란 용어가 생소하고 어렵다는 것이다. 일상에서 늘 쓰는 게 아니라 다소 생소하며 단순히 숫자로만 나타내기 어려운 개념이다. 두 연못 생태계를 비교해 보자. 연못 1에는 물고기가 10종 사는데 큰입배스가 전체 개체 수의 90퍼센트를 차지하고 나머지 9종은 겨우 몇 마리씩만 존재한다. 연못 2에는 물고기 5종이 살지만 모두 고르게 20퍼센트씩 분포한다. 그렇다면 연못 1에 분명히 더 많은 물고기 종류가 사는 건 사실이지만 그 어류 생태계가 과연 더 다양한지, 즉 지속 가능한지는 따져 봐야 한다.

다양성 지수(diversity index)를 계산하려면 얼마나 많은 종류가 존재하는지(풍부도·richness)와 그들이 얼마나 고르게 분포하는지(균등도·evenness)를 함께 측정해야 한다. 서식지가 통째로 파괴되면 그곳에 살던 생물이 한꺼번에 사라져 풍부도가 격감하여 경종이 울리지만 시간을 두고 퇴화하는 생태계는 균등도가 손상되더라도 풍부도는 그대로 유지되는 듯 보여 자칫 안심할 수 있다. 우리나라의 많은 생태계가 지금 이런 상태에 있다. 겉으로는 멀쩡해 보일지 모르나 속은 썩어 문드러지고 있다.

10월 8일*

문어

* 세계 문어의 날

지능이 높은 동물은 한결같이 사회를 구성하고 산다. 우리 인간을 비롯해 영장류, 코끼리, 돌고래, 까치, 까마귀, 앵무새 등은 모두 남들과 한데 모여 살며 관계의 역학을 이해하느라 두뇌가 발달했다는 것이 지능의 진화에 관한 일반적 설명이다. 그런데 문어가 문제다. 문어는 각자 따로 살기 때문에 남 눈치를 볼 필요가 없는데 거의 우리가 기르는 개 수준의 지능을 지녔다.

문어를 병 속에 넣고 마개로 막았다고 안심해서는 안 된다. 빨판을 이용해 안에서 마개를 돌려 열고 빠져나온다. 문어가 좋아하는 먹이인 게를 병에 넣고 마개를 덮어 둬도 밖에서 마개를 열어 꺼내 먹는다. 수조 안에 모셔 둔 문어가 마실 다녀온 사실을 뒤늦게 알았다. 다른 수조에 들어가 먹이를 잡아먹거나 아예 바다까지 다녀온 문어도 있다. 뼈가 없는 연체동물이라 그저 작은 책 크기의 틈만 있으면 거뜬히 드나든다.

문어는 자기 굴 주변을 조개나 코코넛 껍데기로 덮어 위장할 줄도 안다. 사물 모양이나 패턴을 구별할 줄 알고 웬만한 학습 능력도 갖추고 있다. 과학자들은 문어가 그저 영리할 뿐 아니라 기본적 감정을 모두 지니고 있다고 생각한다. 그래서 영국에서는 문어를 수술할 때 반드시 마취해야 한다. 무려 3만 3천 개의 유전자와 신경 세포 3억 개를 지닌 섬세한 동물이다. 과연 이런 동물을 먹어도 되는 걸까? 그것도 산 채로?

문어는 4억 년 전 공룡과 포유류보다 훨씬 먼저 나타나 지금까지 세계 거의 모든 바다에 살고 있다. 그러나 몸의 색은 물론 형체도 거의 자유자재로 바꾸며 숨어 있어 개체 수를 가늠하기 어렵다. 언제부터인가 아시아와 지중해 연안 음식이 세계적으로 각광받으며 포획이 심각한 수준이다. 오늘은 '세계 문어의 날'이다. 문어에 관한 책도 읽고 다큐도 찾아보기 바란다. 알면 알수록 저절로 사랑하게 되는 게 우리 심성이다.

2019

10월 9일*

기린

* 한글날

기린은 설명이 필요한 동물이다. 세상에 기린만큼 기이한 동물도 그리 많지 않다. 그 길고 굵은 목 위에 어쩌자고 그리도 조막만 한 얼굴을 올려놓았을까? 그 높은 곳에 위치한 뇌에 피를 공급하기 위해 기린은 길이 60센티미터, 무게 10킬로그램의 거대한 심장을 갖고 있다. 기린이 물을 마시는 모습을 본 적이 있는가? 앞다리를 있는 대로 쩍 벌린 채 목을 한껏 낮춰 겨우 물을 마시는 걸 보고 있노라면, 합의를 보지 못한 디자이너들이 제가끔 자기주장만 하며 만든 몽타주 같다는 생각이 든다.

2009년 '다윈의 해'를 맞아 기린만큼 자주 화제에 오르는 동물도 없다. 원시 기린이 점점 더 높은 곳의 이파리를 뜯어 먹으려고 노력하는 과정에서 '신경액(nervous fluid)'이 기린의 목을 점점 길게 만들어 주었다는 프랑스의 진화학자 라마르크의 주장을 다윈의 자연선택 이론이 바로잡아 주었다는 그 유명한 얘기가 금년 내내 세계 곳곳에서 수도 없이 반복되고 있다. 그런데 기린의 목이 길어진 이유는 먹이 때문이 아닌 듯싶다. 관찰해 보니 기린들은 먹이가 귀한 건기에도 나무 꼭대기가 아니라 어깨 높이에 있는 잎들을 주로 따 먹는단다. 기린의 목이 길어진 진짜 이유는 먹이가 아니라 짝짓기에 있었다. 길고 굵은 목을 가진 수컷들이 싸움도 더 잘하고 암컷들에게도 더 매력적이란다.

현대생물학의 원리에 따르면 라마르크의 이른바 '획득 형질의 유전'은 일어날 수 없다. 제아무리 운동을 열심히 하여 왕(王) 자 복근을 얻는다 해도 내 아기가 아예 그런 복근을 갖고 태어나는 것은 아니다. 유전자에 새겨진 복근이 아니면 다음 세대로 전달되지 않기 때문이다. 사실 다윈의 『종의 기원』에는 기린의 목에 대한 언급이 없다. 마치 총채처럼 생긴 기린의 꼬리가 날파리들을 쫓기 위한 진화적 적응이란 설명은 있어도 정작 기린의 목에 대한 설명은 없다. 후세의 생물학자들이 라마르크와 다윈 사이에 기린 싸움을 붙인 것이다.

경주 천마총 벽화의 천마가 말이 아니라 기린이라는 새로운 주장이 제기되어 역사학계에도 때아닌 기린 싸움이 붙은 모양이다. 적외선 촬영을 해 보니 머리 위에 두 뿔이 선명하단다. 옛사람들은 성군이 태어나 어진 정치를 펼치면 기린이 나타난다고 믿었다. 예나 지금이나 국민은 늘 목이 빠져라 기다린다.

2009

10월 10일

오랑우탄

공상과학영화 〈혹성 탈출: 진화의 시작〉에서 오랑우탄은 주인공 '시저'가 유일하게 대화를 나누는 친구 '모리스'로 나온다. 1963년에 출간된 원작 소설에서는 성직자로 등장한다. 이처럼 영화와 소설 속의 오랑우탄은 상당히 지적인 존재인 데 비해 정작 과학계에서는 그간 침팬지의 명성에 가려 두각을 나타내지 못했다.

1960년대 초반 제인 구달 박사는 아프리카 탄자니아에서 나뭇가지를 흰개미굴에 집어넣은 다음 그걸 물어뜯는 흰개미를 꺼내 먹는 행동을 관찰하여 발표했다. 그리 오래지 않아 일본 영장류학자들은 서아프리카의 침팬지들이 평평한 돌을 모루로 사용하고 다른 돌을 망치처럼 들고 내리쳐 단단한 견과를 깨 먹는 걸 관찰했다. 이로써 침팬지는 도구를 사용할 줄 아는 유일한 동물로서의 인간의 아성을 무너뜨렸다. 그 후 침팬지는 단순히 도구가 될 만한 물건을 주워 사용하는 정도가 아니라 도구를 다듬거나 제작하기도 한다는 사실이 밝혀졌고, 급기야 일본 교토대 영장류연구소의 침팬지들은 컴퓨터에서 문제를 풀기도 한다.

무슨 까닭인지 오랑우탄의 도구 사용에 관한 연구는 1980년대에 접어들어서야 시작되었다. 나는 최근 PRINCE(Primate Research Institute for Cognition and Ecology)라는 이름의 영장류 연구 센터를 설립하고 에버랜드와 서울동물원에 실험실을 마련하여 본격적인 영장류 인지 실험에 착수했다. 후발 주자로서 나는 침팬지보다 상대적으로 연구가 덜 되어 있는 오랑우탄을 공략하기로 했다. 다행히 서울동물원에는 나이가 얼추 비슷한 세 명의 오랑우탄 청소년들이 있어서 우리는 지금 그들을 훈련하여 실험을 진행하고 있다.

우리가 처음 실험을 기획하던 무렵 서울동물원에서 작은 화재 사고가 일어났다. 실내 사육 공간 천장에 설치한 난방용 열선에 오랑우탄이 손을 데지 않도록 철망으로 덮어 두었는데 한 녀석이 나뭇가지를 철망 틈새로 집어넣어 불을 지핀 것이다. 동물원 사육사들은 화들짝 놀랐지만 나는 내심 쾌재를 불렀다. 그만큼 그들의 지능이 탁월하다는 방증이었기 때문이다. 실험을 시작한 지 얼마 되지도 않았는데 벌써부터 흥미로운 결과들이 나오기 시작했다. 지금 나는 장차 대한민국의 제인 구달을 꿈꾸는 우수한 학생들의 도전을 기다리고 있다.

2011

10월 11일

말랑말랑한 뇌

인간 아기가 난생처음으로 몸을 뒤집는 데 성공할 때 침팬지나 오랑우탄 새끼는 나무를 탄다. 망아지는 초원을 질주한다. 인간은 도대체 어떻게 태어난 지 1년이 넘어야 겨우 걸음마라도 떼는 무기력하기 짝이 없는 새끼를 낳아서 맹수가 득시글거리던 아프리카 초원에서 살아남은 것일까? 망아지가 엄마 배 속에서 빠져나오기 무섭게 툭툭 털고 일어나 뛸 수 있는 것은 몸의 균형과 움직임을 관할하는 신경 회로망이 완성된 상태로 태어나기 때문이다. 험악한 환경에서 살아남기 위해 만반의 준비를 갖추고 나온다.

갓 태어난 인간 아기는 두개골만 말랑말랑한 게 아니다. 그 속의 뇌세포들 운명도 아직 제대로 정해지지 않았다. 최근 10월 7일 자 국제 학술지 『사이언스』에는 그동안 우리 진화생물학자들이 가설로 내세웠던 '말랑말랑한 뇌' 이론을 뒷받침하는 결정적인 논문이 게재됐다. 미국 샌프란시스코 소재 캘리포니아주립대 신경병리학자 에릭 황과 그의 동료는 사망 직후 기증된 신생아의 뇌세포를 녹색형광단백질이 부착된 바이러스로 감염시킨 다음 전자 현미경으로 관찰해 생후 7개월 동안 뇌세포들이 대거 전두엽으로 이동해 안착한다는 사실을 발견했다.

침팬지를 비롯한 다른 동물이 태어나자마자 환경에 곧바로 적응하는 듯 보이지만, 그들은 대충 맞는 '기성복'을 입고 태어나는 것이다. 이에 비하면 언뜻 준비가 부실한 듯 보이는 인간 아기는 엄마 배 속에서는 일단 '시침바느질'만 한 상태로 태어난 다음, 앞으로 살아갈 환경에 맞도록 '본바느질'을 다시 하는 셈이다. 위급한 상황에서 다른 영장류 아기처럼 엄마의 털가죽을 붙들고 매달리지도 못하지만, 어렵게 생애 첫 고비를 넘기면 드디어 '맞춤옷'으로 갈아입고 살아가게 된다. 연구에 따르면 생후 한 달 반경에 가장 많은 뇌세포가 이동한단다. 아기가 배 속에 있을 때에는 태교에 온갖 노력을 다 기울였으면서 정작 태어난 다음에는 매일 "까르르 까꿍"만 반복하는 것은 엄청난 시간과 노력의 낭비인 듯 보인다.

10월 12일

까치들의 수다

어슴푸레 동이 틀 무렵 창밖 까치들의 왁자지껄 수다에 눈을 떴다. 창문을 열어 보니 목련나무에 까치가 족히 여남은 마리 모여 앉아 옥신각신하다 이내 옆 동네로 날아가 버렸다. 꼭두새벽부터 도대체 무슨 연유로 티격태격 말다툼을 벌였는지 정말 궁금하다. 그리고 어떻게 화해했는지.

1990년대 중반 미국에서 귀국하자마자 시작한 나의 까치 연구는 이제 어언 사반세기를 맞았다. 연구 역사가 거의 100년에 이르는 영국 옥스퍼드대 박새 연구에 견줄 바는 못 되지만 어려운 연구비 사정에도 꾸준히 하다 보니 어느덧 우리 연구실은 명실공히 까치 연구의 종주로 등극했다.

그동안 우리는 서울대와 카이스트 교정에서 까치 개체군 변동을 비롯한 행동과 생태의 다양한 면모를 연구해 왔다. 하지만 여전히 '가지 않은 길'에 대한 아쉬움이 남아 있다. 나는 진정 까치의 언어를 연구하고 싶었다. 새소리를 연구하는 생물학자들은 그동안 참새목 명금류(鳴禽類)의 노래만 열심히 분석했다. 그런 새들의 노래는 구조적으로는 엄청나게 복잡하지만 유전자에 녹음된 곡조를 연주하는 것에 불과하다. 따라서 인간 언어의 진화에는 별다른 함의를 제시하지 못한다.

최근에 들어서야 조류학자들은 딱히 노래하는 새라고 할 수 없는 까마귀, 까치, 앵무새 등의 신호를 분석하기 시작했다. 나는 오래전부터 까치 신호에서 음절 수를 세고 있다. 이쪽에서 "깍깍깍깍" 하며 소리를 지르면 건너편에서 "깍깍깍깍까악깍" 하며 응수하고, 또다시 이쪽에서 "깍깍"으로 화답한다. 1에서 9까지 한 자리 숫자들이 정해진 순서도 없이 난삽하게 뒤섞여 있어 흡사 난수표처럼 보이는 까치 신호 노트를 들여다보며 나는 오늘도 까치들은 도대체 무슨 말을 하고 사는지 궁금해한다. 홀연 전신주에 앉은 까치 한 마리가 내게 "과락과아락" 하며 말을 건넨다. 이건 또 무슨 소린가?

2021

10월 13일*

생일과 죽음

* 세계 자연재해 감소의 날

10월 13일 오늘은 미국 메이저리그 야구 선수 스위드 리스버그가 태어나고 죽은 날이다. 하지만 나는 지금 그가 왜 1919년 월드시리즈 결승에서 돈을 받고 일부러 져 줬는지에 대해서가 아니라 그처럼 생일에 사망한 사람들에 대해 이 글을 쓰고 있다. 생일에 생을 마감한 사람은 뜻밖에 많다. 셰익스피어가 1616년 4월 23일 52번째 생일에 작고한 것으로 알려져 있고, 여배우 잉그리드 버그먼과 전미여성협회 초대 회장을 지낸 여권 운동가 베티 프리단도 태어난 날 사망했다.

미국 시카고대 경제학자 파블로 페냐의 최근 연구에 따르면 평일에 비해 생일에 사망하는 비율이 평균 6.7퍼센트가량 높다. 미국사회보장국으로부터 1998년에서 2011년 사이에 사망한 2,500만 명의 기록을 넘겨받아 분석했는데 이 같은 현상은 20대 청년들에게서 가장 두드러졌고 30대, 10대, 40대가 그 뒤를 이었다. 20대의 경우 생일이 주말인 경우에는 48.3퍼센트를 기록했다. 생일에는 다른 날보다 과식 또는 과음할 확률이 높고 평소와 달리 무모한 도전으로 인한 불의의 사고를 당할 위험이 높다는 게 보편적인 해석이다.

총 2백만여 명의 사망 자료를 분석한 2012년 스위스 연구는 60세 이상의 경우 평일에 비해 생일에 사망하는 확률이 14퍼센트나 높은 것으로 보고했다. 생일에 심장마비로 죽을 확률은 18.6퍼센트, 낙상 사고로 죽을 확률은 무려 44퍼센트나 높았다. 그리고 이런 현상은 여성보다 남성에게 더 두드러지게 나타났는데 자살로 인한 죽음도 34.9퍼센트나 높았다.

연구진은 두 가지 설명을 내놓았다. 오랜만에 가족과 친지들에게 둘러싸여 행복한 시간을 갖다 보면 들뜬 나머지 심장 박동이 급증해 뜻밖의 죽음을 맞이하거나 생일까지는 어떻게든 버티다가 정작 생일을 맞으면 긴장이 풀려 스스로 생명 줄을 놓는 것일 수 있다는 설명이다. 영국 시인 알렉산더 포프는 "생일이란 지난해의 장례일"이라 했지만 평생의 장례가 되는 건 아무래도 좀 서운하다.

2015

10월 14일

책값 에누리

"이 세상에 에누리 없는 장사가 어딨어? 깎아 달라 졸라 대니 원 이런 질색". 코미디언 서영춘이 부른 〈서울 구경〉에는 시골 영감이 처음으로 서울 가는 기차를 타며 차표 파는 아가씨에게 표 값을 깎아 달라 승강이하는 장면이 나온다. 세상에는 깎을 수 있는 것과 없는 게 따로 있다. 시골 영감은 막상 기차가 떠나려 하자 "깎지 않고 돈 다 낼 테니 나 좀 태워 주. 저 열차 좀 붙들어요" 하며 애걸한다.

도서정가제는 에누리 없이 '책값 제값' 받게 하자는 제도다. 책은 어쩌다 깎아야 살 맛 나는 품목이 됐을까? '원님과 급창이 흥정을 해도 에누리가 없다'는 옛말 그대로 하면 되건만, 2014년에 개정된 현행 제도는 독자를 위한답시고 신·구간 모두 15퍼센트 이내 할인 여지를 남겨 뒀다. 그래도 이 미흡하기 짝이 없는 제도 덕택에 작은 독립 서점이 늘며 독서 토론과 저자 초청 북토크가 활발해졌다. 다양한 소형 출판사가 생기며 도서정가제 시행 전에 비해 신간 종수도

2만 종이나 늘었다.

정부가 도서정가제를 손보려는 이유가 독자의 부담을 덜어 주려는 것이라면 훨씬 좋은 방법이 있다. 지난 10여 년 동안 기적의 도서관을 비롯해 전국에 많은 도서관이 건립되었다. 그들이 더 이상 저자에게 책을 기증해 달라고 구걸하지 않도록 도서 구입비를 넉넉하게 지원하자. 선진국에서는 좋은 책이 나오면 도서관들이 구입하는 양만으로도 손익 분기점을 넘긴다. 우리도 그리하면 저자, 출판사, 서점 모두 살고, 가난한 소비자도 책을 읽을 수 있다.

학술 출판이 가장 걱정스럽다. 2019년에 내가 발간한 『동물행동학 백과사전(Encyclopedia of Animal Behavior)』은 정가가 무려 2백만 원이 넘는다. 국내에서는 내가 읍소해서 이화여대와 국립생태원 도서관이 구입해 줬다. 해외에서는 선진국의 많은 대학 도서관과 공공 도서관이 구입해서 일찌감치 손익 분기점을 넘었다. 도서 생태계는 이래야 건강하다.

2020

10월 15일*

길일

* 체육의 날

혼례, 이사, 개업 등을 앞두고 호시탐탐 우리를 해코지하려는 악귀를 피해 '손 없는 날'을 찾는 사람이 많다. 과학적으로는 이렇다 할 근거가 없는 민속 신앙에 지나지 않지만 오늘의 역사를 돌이켜 보면 진정 길일이란 게 따로 있나 싶기도 하다.

기원전 70년 10월 15일 "행운은 도전하는 사람 편이다"라는 유명한 글귀를 남긴 로마 시인 버질이 탄생했다. 이어서 1844년에는 "신은 죽었다"고 일갈한 독일 철학자 프리드리히 니체, 1908년에는 반세기 동안 하버드대 경제학과 교수로 재직하며 전문 저서 40여 권과 논문 1,000여 편을 발표한 경제학자 존 갤브레이스, 그리고 1926년에는 『광기의 역사』, 『감시와 처벌』 등을 저술한 프랑스 철학자 미셸 푸코가 태어났다.

1582년 오늘 지금 거의 모든 나라가 사용하고 있는 그레고리력이 최초로 채택되었다. 1878년에는 토머스 에디슨이 전기 조명 회사를 설립했는데, 훗날 '제너럴 일렉트릭(GE)'으로 개명하며 세계적 기업으로 발전했다. 60대 후반과 70대 초반 세대가 대학 시절 펀치 카드 한 움큼씩 손에 들고 배우던 컴퓨터 언어 포트란(FORTRAN)이 출시된 날도 1956년 오늘이었다. 1989년 오늘에는 웨인 그레츠키가 북미아이스하키리그(NHL) 역대 최고 득점왕으로 등극했다.

하루 앞뒤와 비교하면 하늘과 땅 차이다. 10월 14일에는 1890년에 34대 미국 대통령 아이젠하워가 태어났고, 1926년 요즘 우리나라에서 때아닌 돌풍을 일으키고 있는 어린이 책 『곰돌이 푸』가 출간된 걸 빼곤 그리 대단한 사건이 없다. 10월 16일도 『제인 에어』가 출간된 1847년, 월트 디즈니 회사가 설립된 1923년, 오스카 와일드가 태어난 1854년을 빼면 그리 특별하지 않다. 오늘 생일을 맞는 분들의 삶이 기대된다.

10월 16일*

가을 하늘과 미세 먼지

* 세계 식량의 날

"누구의 시린 눈물이 넘쳐/저리도 시퍼렇게 물들였을까". 목필균 시인의 「가을 하늘」은 이렇게 시작한다. 어릴 때 올려다보던 가을 하늘이 얼마나 청명했는지 이젠 기억도 나지 않지만, 이번 가을 우리는 참으로 오랜만에 쪽빛 하늘을 만끽했다. 그 시리도록 자욱했던 미세 먼지는 다 어디로 갔을까?

과학 실험에는 두 종류가 있다. 실험자가 능동적으로 상황을 조정하며 결과를 도출해 내는 조작 실험(manipulative experiment)과 상이한 자연 상태들을 비교 분석하는 관찰 실험(observational experiment) 또는 자연 실험(natural experiment)이 있다.

그동안 우리 정부는 명확한 데이터도 없이 미세 먼지의 발생 원인이 국내와 국외 얼추 절반이라는 두루뭉술한 답변만 내놓았다. 중국 정부는 2008년 올림픽을 준비하며 베이징 인근 공장을 모두 닫고 지방 자동차의 도시 진입을 전면 통제했다. 때마침 중국과학원 초청으로 베이징을 방문했던 나는 놀랍도록 깨끗해진 베이징 공기를 마시며 신선한 충격을 받았다.

미세 먼지가 국민적 관심사로 떠오르자 우리 정부도 발전, 산업, 수송, 생활 등 4대 핵심 배출원을 집중적으로 관리하기 시작했다. 하지만 중국 정부 수준으로 노후 석탄 발전소와 공장을 폐쇄하거나 노후 경유차 운행을 전면 금지하지는 못했다. 가을 내내 동풍이 늘 안성맞춤으로 불어 줬을 리도 없다. 그런데도 이번 가을 우리나라 공기는 충분히 마실 만했다. 그렇다면 이 관찰 실험의 결론은 명백해 보인다. 중국발 미세 먼지가 주(主)원인일 수밖에 없다. 국내 원인이 없는 건 결코 아니지만 문제 수준은 아닌 듯싶다.

날씨가 쌀쌀해져 중국이 난방을 시작하면서 우리의 삶도 또다시 숨막히는 연옥으로 빠져들기 시작했다. 실질적인 차원에서 구태여 따진다면 우리나라 미세 먼지는 환경부가 아니라 오히려 외교부 소관이다. 최대 교역국이라 통상에 껄끄러움이 있겠지만 외교로 풀어야 할 소지가 다분하다.

2018

10월 17일*

책벌

* 세계 빈곤 퇴치의 날

'벌(閥)'이란 본래 '명사 아래 붙어서 그 방면의 지위나 세력을 뜻하는 말'이다. 그 자체로는 결코 나쁜 말이 아니건만 언제부턴가 우리 사회에서는 재벌(財閥)이나 학벌(學閥) 등이 영 호감이 가지 않는 말로 전락해 버렸다. 곧 죽어도 선비를 자처하는 내가 절대로 들을 염려 없는 소리는 아마 재벌일 것이다. 그럼에도 불구하고 나는 오늘 내가 한때 '추악한' 재벌이었음을 고백하려 한다.

중학생 시절 나는 남산 해방촌 골이 떠들썩한 구슬 재벌이었다. 당시에는 설탕이 귀한지라 명절이면 커다란 양철통에 가득 담긴 설탕을 귀한 선물로 주고받았다. 허구한 날 양지바른 길목에 쪼그리고 앉아 구슬 따먹기를 해서 긁어모은 구슬이 그런 큰 설탕통 대여섯 개를 채우고도 남았다.

그 당시 구슬에 대한 나의 탐욕은 여느 재벌의 시장 독점욕 못지않았다. 나의 부를 넘볼 만한 '준재벌'이 나타나면 그 상대가 누구든 기어코 맞대결을 벌여 무너뜨려야 직성이 풀렸다. 그가 가진 구슬의 마지막 한 개마저 몽땅 빼앗을 때까지 악착같이 공략했다. 그야말로 피도 눈물도 없는 기업 합병을 단행한 것이다. 물론 상대를 완벽하게 제압한 다음에는 그가 다시 재기할 수 있도록 구슬 몇 개를 그의 손에 쥐여 주는 배려도 잊지 않았다. 그래야 시장이 계속 유지된다는 걸 나는 본능적으로 알고 있었다. 그래야 그 친구가 또 다른 친구들과 경기를 벌여 얼마간의 재산을 축적한 다음 내게 또 속절없이 갖다 바칠 것임을 나는 치밀하게 계산하고 있었다.

언제부턴가 나는 구슬을 버리고 책을 모으는 책벌(冊閥)이 되었다. 연구실과 집의 벽이란 벽은 다 책으로 두른 지 오래건만 나는 여전히 책을 긁어모으며 산다. 다 읽을 시간이 없다는 것을 뻔히 알면서도 끊임없이 주워 나른다. 책 때문에 더 큰 아파트로 이사하는 사람들의 마음을 충분히 이해한다. 돈과 달리 책은 내가 긁어모은다 해서 세상의 책이 다 없어지는 것도 아닌 만큼 죄책감을 느낄 필요도 없다. 방 안 그득한 책을 바라보면 마냥 행복하다. 하지만 진정한 책벌은 책을 몇 권이나 가지고 있는지 자랑하지 않는다. 얼마나 많이 읽었는지 흐뭇해할 뿐이다. 책 읽기 좋은 계절이다. 이 가을 책 읽는 행복에 푹 빠져 사는 실속 있는 책벌이 되시기 바란다.

2011

10월 18일

수상 유감

상을 받고도 욕을 먹는 것처럼 섭섭한 일이 또 있을까? 매년 9월 말이면 맥아더재단이 펠로우를 선정해 발표한다. 일명 '천재상(Genius grant)'이라 불리는 이 상을 받으면 5년간 아무런 꼬리표 없이 연구비 62만 5천 달러가 주어진다. 첫해인 1981년 수상자만 보더라도 전이성 유전 인자를 발견한 바버라 매클린톡, 철학자 리처드 로티, 고생물학자 스티븐 제이 굴드, 다중지능 심리학자 하워드 가드너 등 내로라하는 학자들이 줄줄이 포함돼 있었으니 가히 천재상이라 부를 만하다. 우리나라 사람으로는 김용 세계은행 총재가 2003년에 수상했다.

이런 유명한 분들이 이 상을 받았다는 얘기를 들었을 때는 아무렇지 않았는데 또래 학자들이 하나둘 받기 시작하자 느낌이 사뭇 달랐다. 수상 소식이 들려오자마자 우리의 옹졸한 입방아가 이어졌다. "그 친구 어떻게 그런 연구를 해냈지?"라던 칭송이 하루아침에 "솔직히 천재상을 받을 정도는 아니잖냐?"로 돌변했다.

밥 딜런의 노벨문학상 수상에 대해 이러쿵저러쿵 말이 많다. 그의 음악은 그대로 한 편의 시라며 칭송하던 사람이 졸지에 그가 시인이냐고 윽박지른다. 하지만 그가 받은 상은 '노벨시(詩)상'이 아니다.

딜런의 노벨상 수상은 문학의 정의와 범주에 날아든 마뜩잖은 도전장이다. 앙리 베르그송의 철학 논문과 윈스턴 처칠의 역사 기록물은 문학이지만 딜런의 노랫말은 아니란 말인가? 언어와 음악은 어쩌면 그 기원이 하나였을지도 모르는데. 시가 산문과 다른 건 시에는 음악이 담겨 있기 때문이다. 음악과 시는 모두 리듬, 음절, 박자 등을 갖고 있다. 참, 시에서는 박자를 운율이라 하던가? 딜런의 〈아직 어둡지 않아(Not dark yet)〉에는 이런 노랫말이 나온다. "내 영혼은 강철로 변해 가는 듯싶은데/태양은 여전히 내 상처가 아물도록 허락하지 않는다". 내 귀엔 예사롭지 않은 시로 들린다. 어쩌다 보니 오늘은 157년 전 베르그송이 태어난 날이다. 공연히 어쭙잖은 논쟁에 끌어들여 송구스럽다.

10월 19일

개미의 정당 정치

더불어민주당이 우여곡절 끝에 경선을 마치고 대선 후보를 확정했다. 민주 정치는 모름지기 정당 정치라지만 이런 선거 제도가 과연 최선일까 묻고 싶다. 경선 과정 내내 같은 당 후보들끼리 다시는 안 볼 사람들처럼 으르렁거렸다. 야당인 국민의힘 경선도 별반 다르지 않다. 비록 여론 조사에서는 1위를 달리지만 가족 비리, 고발 사주, 무속 논란 등 이런저런 의혹을 역시 같은 당 후보들이 끈질지게 물고 늘어진다. 유권자인 우리는 결국 만신창이가 된 후보들을 놓고 누가 덜 나쁜지 떨떠름한 선택을 하게 된다.

개미의 경선은 다르다. 땅속 깊은 곳에서 벌어져 확인하기 어렵지만 개미들의 정치판은 합종연횡이 기본이다. 어느 따뜻한 봄날 혼인 비행을 마친 여왕개미는 홀로 굴을 파고 이제 더 이상 소용 없는 날개를 부러뜨린 다음 피하지방과 날개 근육을 녹여 일개미를 양육한다. 하지만 천신만고 끝에 키워 낸 일개미들이 굴 문을 뜯고 나가면 수많은 주변 신흥 국가와 필살의 전쟁을 치러야 한다. 그래서 여왕개미들은 여럿이 서로 손잡고 수적으로 훨씬 막강한 일개미 군대를 만들어 춘추전국 천하를 평정하는 전략을 취한다.

진짜 여왕은 정권을 거머쥔 후에 정한다. 내가 연구한 아즈텍개미 사회에서는 승전보가 울리자마자 어제의 동지가 적으로 돌변한다. 서로 물고 뜯으며 가장 강한 여왕이 등극한다. 하지만 다른 많은 개미 국가에서는 일개미들이 여왕을 선출한다. 나라를 건설하려 함께 최선을 다한 여왕개미 중에서 가장 오랫동안 알을 낳아 줄 것으로 기대되는 한 여왕을 옹립하고 나머지는 죄다 숙청한다. 정권을 잡기도 전에 서로 치명적 흠집을 내는 우리 경선과 달리 상흔 없는 후보 중에서 가장 능력 있는 리더를 선택하는 개미의 지혜가 부럽다. 이 과정에서 자신의 친모를 죽이는 모사(母死)에 기꺼이 가담하는 일부 일개미의 심정은 끝내 헤아리기 어렵다.

2021

10월 20일

베짜기개미와 한산 모시

한산 모시는 충남 서천의 자랑거리 중 단연 으뜸이다. 잠자리 날개처럼 가볍고 고운 한산 모시의 우수성을 알리기 위해 세워진 한산모시관에서는 지금도 전통적인 방식으로 모시를 짜고 있다. 조만간 국립생태원에서도 마치 모시 틀에서 씨실 꾸리가 담긴 북이 좌우로 넘나드는 것 같은 모습을 볼 수 있게 된다. 다만 무형문화재로 지정된 장인들이 아니라 앙증맞은 개미들이 올을 엮는 게 다를 뿐이다. 국립생태원 〈개미세계탐험전〉에는 동남아시아 열대에서 데려온 베짜기개미가 손님 맞을 채비를 하고 있다.

베짜기개미는 협동의 극치를 보여 주는 아주 특별한 개미다. 오죽하면 개미허리라고 할까마는 그 가는 허리를 뒤에서 입으로 물고 그놈의 허리를 또 다른 개미가 입으로 무는 형식으로 수십, 수백 마리의 일개미가 여러 줄로 나란히 매달려 두 장의 나뭇잎을 가까이 잡아당긴다. 그런 다음 곧 고치를 틀어 번데기가 되려는 애벌레들을 동원해 그들이 뿜어내는 생사(silk)를 가지고 마치 씨실 북이 왔다 갔다 하듯 양쪽 이파리를 엮어 방을 만든다. 이들의 일사불란한 협업 현장을 바로 코앞에서 지켜볼 수 있도록 전시할 예정이다.

베짜기개미 연구는 하버드대 내 스승들이었던 횔도블러 교수와 윌슨 교수의 공동 연구에서 시작해 지금까지 무려 40년을 이어오고 있다. 오랜 연구에도 여전히 남는 불가사의는 그들의 작업 현장에 이를테면 '작업 반장'이 없다는 사실이다. 『잠언』 6장 7~8절에 솔로몬 대왕께서 이미 그 옛날에 "개미는 두령도 없고 간역자도 없고 주권자도 없으되 먹을 것을 여름 동안에 예비하며 추수 때에 양식을 모으느니라" 하셨지만, 그래도 많은 개미가 일하려면 전체를 진두지휘하며 구령이라도 부를 지도자 개미가 있어야 할 것 같은데 어언 40년 동안 보고 또 봐도 찾을 수가 없다. 베짜기개미 전시에 오면 꼭 작업 반장 개미가 있는지 찾아보시기 바란다. 만일 찾으시면 그야말로 세기의 발견이 될 것이다.

2015

10월 21일*

성수대교와 벌새

* 경찰의 날

얼마 전 잔잔하지만 은근히 파고드는 영화 〈벌새〉를 보았다. 벌새는 아메리카 대륙에만 서식하는 작은 새인데 꽃에 꿀을 빨러 들락거릴 때 순간적으로 마치 공중에 멈춰 있는 것처럼 보인다. 그러기 위해 벌새는 초당 최다 88번이나 날개를 펄럭거려야 한다. 영화 〈벌새〉의 주인공들도 최소한의 삶의 평정을 위해 안간힘을 다하며 산다. 성수대교 붕괴 같은 엄청난 일이 삶을 덮쳐도.

1994년 10월 21일 성수대교 한가운데 상판이 무너져 내리며 32명이 사망하고 17명이 부상했다. 15년간의 미국 생활을 청산하고 귀국 비행기를 타기 불과 며칠 전인 그해 7월 8일 김일성 사망 소식을 접했다. 뒤숭숭한 마음으로 귀국해 서울대에서 학생들을 가르치기 시작한 지 두 달도 채 되지 않아 대도시 서울 한복판에서 다리가 무너지는 걸 지켜봐야 했다. 유학길에 오르던 1979년에 비해 허우대는 몰라보게 멀쩡해졌지만 여전히 속 빈 강정 같은 내 조국의 민낯을 보았다.

흥미롭게도 10월 21일은 1940년 헤밍웨이의 『누구를 위해 종은 울리나』가 출간된 날이다. 전염병으로 누군가 죽을 때마다 울리는 교회 조종 소리에서 삶의 허무를 읽어 낸 17세기 영국 시인 존 던의 시에서 제목을 따온 이 소설에서 헤밍웨이는 스페인 내전에 참전해 작전이 변경돼 무의미해진 다리 폭파 임무를 수행하다 죽음을 맞이하는 미국인 종군 기자와 18세 스페인 소녀의 순수하지만 허무한 사랑을 그린다.

삶은 대체로 무의미하다. 〈벌새〉의 은희가 유일하게 따르던 어른인 한문 선생님 영지가 성수대교에서 생을 마감해야 할 특별한 이유는 없다. 약효도 의심스러운 천산갑 비늘을 뽑다 옮은 바이러스에 애꿎은 목숨이 수백만 이상 스러져야 할 이유도 없다. 그러나 존 던의 말처럼 죽음은 그저 "흙더미 한 점이 바닷물에 씻겨 나가는" 것과 같을 뿐이다.

2020

10월 22일

집행 유예

롯데월드 아쿠아리움에서 손님을 맞던 벨루가가 '순직'했다. 이번에 죽은 벨루가는 열두 살짜리 수컷인데 2016년 4월에 폐사한 다섯 살배기 수컷에 이어 두 번째다. 이제 덩그러니 암컷 '벨라'만 남았다. 벨루가는 세계자연보전연맹이 지정한 멸종위기 '관심 필요종'인데 우리의 삐뚤어진 '관심' 때문에 사라지고 있다.

고래는 수염고래와 이빨고래로 나뉘는데, 벨루가는 이빨고래 중에서도 돌고래, 범고래, 상괭이 그리고 왼쪽 앞니가 비틀어져 앞으로 길게 뻗은 일각고래와 더불어 참돌고래상과에 속한다. 주로 북극 근해에 살지만 철 따라 멀게는 6천 킬로미터나 이동하며 산다. 우리 동해까지 다녀가는 벨루가도 있다. 이런 동물을 작은 수조에 몇 년씩 가둬 두는 행위는 그 어떤 기준으로도 정당화할 수 없다.

이른 봄 아이들과 논에서 올챙이를 잡아 어항에 넣어 기르다 뒷다리가 나오면 풀어 주는 일은 하셔도 좋다. 올챙이는 자기가 잡혔다는 사실을 인식하지 못한다. 하지만 고래는 안다. 지금 이 순간 시설에 갇혀 있는 고래는 거의 다 우울증을 앓고 있다. 게다가 롯데월드 아쿠아리움의 수조는 수심이 너무 얕다. 주로 해수면에서 수심 20미터 사이를 헤엄쳐 다니지만 종종 700~800미터 깊이까지 잠수하며 사는 고래를 수심 7.5미터 수조에 넣어 선보이는 것은 그야말로 접시에 담아내는 격이다.

벨라도 그리 오래 버티지 못할 것이다. 영락없이 죽을 날만 기다리는 무기수 꼴이다. 롯데그룹에 호소한다. 벨라가 무슨 죽을죄를 지었는지 모르지만 제발 집행 유예로라도 풀어 달라. 그룹 회장님도 얼마 전 집행 유예로 풀려나 업무를 보고 계시지 않는가? 우리는 제돌이와 그의 친구들을 제주 바다에 방류하는 데 성공해 국제 사회에서 실력을 인정받았다. 롯데만 결심하면 벨라에게 자유를 되찾아 줄 수 있다. 재미도 돈도 자유만큼 소중할 수는 없다.

2019

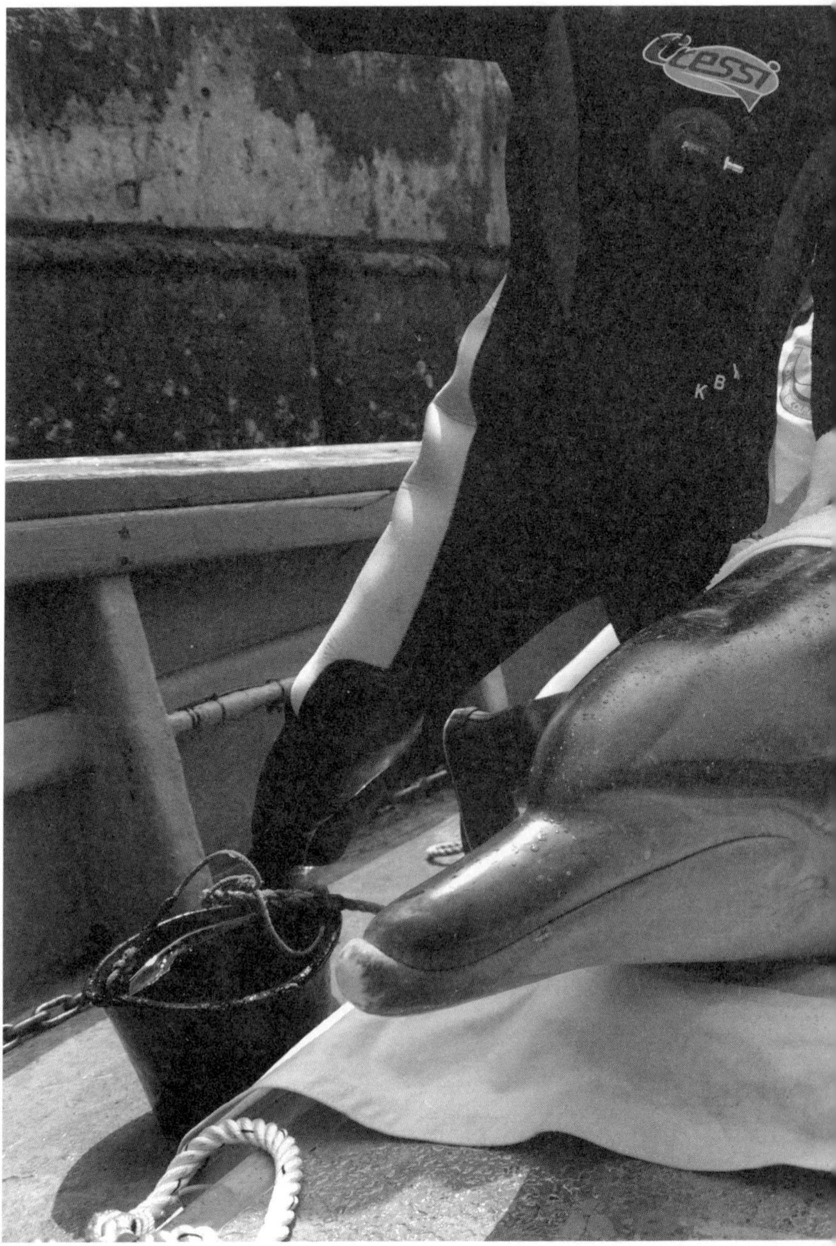

Cressi
KB

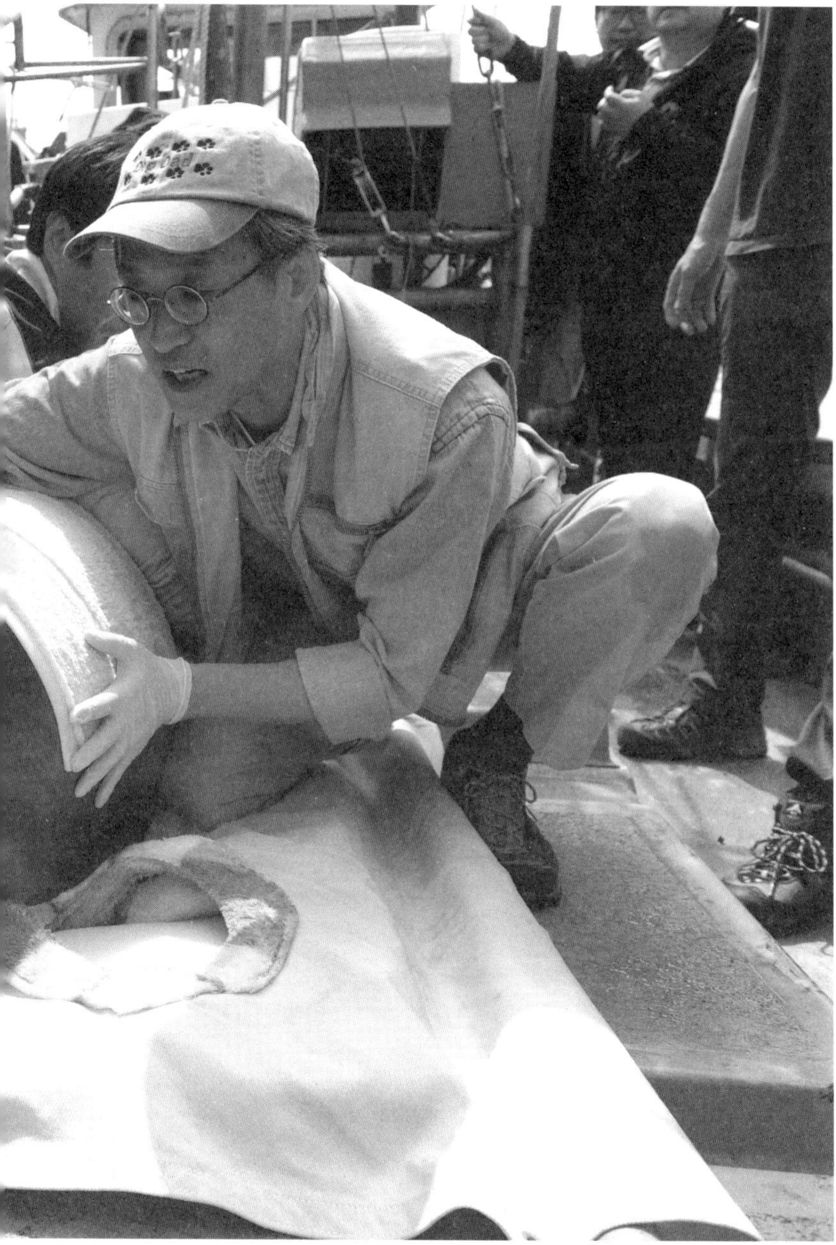

10월 23일

가지 않은 길

한 치 앞도 내다보이지 않던 대학 시절 나는 온갖 '가지 않은 길'을 기웃거렸다. 아나운서가 되면 어떨까 싶어 당시 서울 남산에 있던 KBS 방송국을 기웃거리던 어느 날, 성우들이 연속극을 녹음하는 장면을 보게 되었다. 공중에 매단 마이크 주위에 모여 서서 각자 대본을 손에 쥔 채 마이크 가까이 붙었다 떨어졌다를 반복하는 성우들 모습은 참으로 정겨웠다.

요즘 나는 한때 그리던 성우의 삶을 살아 보고 있다. 그렇다고 방송국에 취직한 것은 아니고 네이버 오디오클립에서 〈최재천의 생명 읽기〉와 〈통섭원 손님과 어머니〉라는 프로그램을 진행하고 있다. 전자는 오디오북인데 내가 쓴 책 중에서 가장 아끼건만 애석하게도 가장 안 팔리는 『열대예찬』을 낭독한다. 후자는 주요섭의 『사랑 손님과 어머니』를 제목만 패러디해서 만든 팟캐스트인데, 지금까지 철학자 엄정식, 건축가 승효상,

미술평론가 기혜경, '공룡 박사' 이융남 교수 등을 차례로 모시고 속 깊은 이야기를 나누고 있다. 혼자 듣기 정말 아까운 콘텐츠들이다.

연애 시절 아내는 낭랑한 내 목소리를 좋아했단다. 몇 년 전만 해도 TV 강연이나 인터뷰 때 사회자에게 영화배우 한석규씨의 목소리를 닮았다는 황송한 칭찬을 듣기도 했는데, 뒤늦게 찾은 성우 생활이 요즘 나를 슬프게 한다. 세월은 어쩔 수 없는지 내 귀에 들리는 내 목소리는 어느덧 너무 거칠어졌다. 어떤 이는 열대 탐험가에게 잘 어울리는 목소리라지만 내겐 그다지 위로가 되지 않는다.

우리가 그렇게 열심히 외우고 배웠던 시(詩) 「가지 않은 길(The Road Not Taken)」이 실제로는 가장 잘못 이해한 시란다. "숲속에 두 갈래 길이 있었는데/나는 사람이 적게 간 길을 택했노라고/그래서 모든 것이 달라졌다고" 한탄하는 회한의 시인 줄로만 알았는데, 잘 읽어 보면 시인은 "그날 아침 두 갈래 길에는 똑같이/밟은 흔적이 없는 낙엽이 쌓여 있었습니다"라고 적고 있다. 가지 않은 길은 그저 가지 않은 길일 뿐이다.

2018

10월 24일*

모기라는 영물

* 세계 긴팔원숭이의 날

1980년대 중반 나는 박사 학위 논문 연구를 위해 파나마 운하 한복판에 있는 스미스소니언 열대연구소에 머물렀다. 그 시절 곤충의 비행 행동을 연구하며 듀크대에서 박사 과정을 밟고 있던 로버트 더들리라는 친구와 특별히 가깝게 지냈다. 지금은 버클리 소재 캘리포니아주립대에서 교수로 재직하고 있는 그의 연구실에서 최근 모기에 관한 흥미로운 논문이 나왔다. 우리 살갗에 내려앉아 실컷 피를 빨고 그 무거운 몸을 이끌고 이륙해도 왜 우리는 감쪽같이 모를까, 그 이유를 찾아냈다.

초고속 비디오카메라 석 대를 동원해 촬영한 영상 자료에 의하면 자기 몸무게의 서너 배나 되는 피를 챙긴 모기가 사뿐히 날아갈 수 있는 이유는 발로 박차며 튀어 오르는 게 아니라 날갯짓에 훨씬 더 많이 의존하기 때문이다. 이륙에 필요한 동력의 61퍼센트가 날개 근육의 운동으로부터 발생한다. 비교 대상으로 초파리의 이륙 행동을 함께 분석했는데, 둘 다 이륙에 필요한 속력은 마찬가지지만 초파리보다 훨씬 긴 다리를 가진 모기는 사뭇 더 천천히 이륙할 수 있다. 이를테면 급발진이 아니라 훨씬 더 여유롭고 우아하게 떠오른다는 말이다.

우리는 대부분 모기가 우리 살 속으로 주둥이를 찔러 넣기 전에는 감지하지 못한다. 그리고 우리가 그 따끔한 고통을 느꼈을 때는 이미 늦었다. 모기는 주둥이를 꽂으며 우선 침부터 뱉는다. 우리 피는 모기가 자력으로 빨아 당기는 게 아니라 모세관 현상에 의해 빨려 들어가는 것이다. 모기는 이 모세관 현상의 효율을 높이기 위해 다짜고짜 침부터 뱉어 우리 피를 희석한다. 그리고 바이러스는 이때 모기의 침에 섞여 우리 몸으로 들어온다. 그러니 따끔함을 느낀 다음에 모기를 때려잡는 일은 그저 쪼잔한 분풀이에 불과하다. 이런 판국이다 보니 더들리 교수의 이번 연구는 학리적 관점에서는 흥미로우나 질병 퇴치에는 그리 큰 도움이 되지 않을 듯싶다. 그래서일까. 연구진의 다음 목표는 모기의 착륙도 이륙만큼 부드러운가를 밝히는 것이란다.

2017

10월 25일

동물의학

수의학을 말하려는 게 아니다. 동물 세계에도 그들 나름의 의학이 있다는 얘기를 하려 한다. 1972년 탄자니아 곰비국립공원의 구달 박사 연구진은 전혀 침팬지답지 않은 기이한 행동을 관찰한다. '휴고'라는 이름의 침팬지가 평소 그들의 식단에 포함되어 있지 않은, 표면이 매우 거친 이파리를 먹더란다. 그것도 그냥 씹어 먹는 게 아니라 차곡차곡 접어서 잠시 입에 물고 있다가 단번에 꿀꺽 삼키더란다. 마치 우리가 알약을 삼키듯.

휴고가 삼킨 '아스필리아(*Aspilia*)'는 국화과 식물로서 그 지역 주민들이 오래전부터 복통이 있거나 장내 기생충을 구제하기 위하여 섭취하던 약용 식물이었다. 그렇다고 해서 침팬지들이 인간의 행동을 예의 주시하고 배운 것은 아닐 것이다. 야생곰들이 배탈이 났을 때 뜯어 먹는 풀을 눈여겨보았다가 약초로 사용했다는 북미의 인디언들을 보더라도 둘 중 누군가가 배웠다면 그건 아마 침팬지보다는 우리 인간일 것이다. 집에서 기르는 고양이나 개가 몸이 불편할 때에는 평소 먹지 않던 풀을 뜯어 먹더라는 관찰은 이미 고대 중국이나 로마 시대의 기록에도 발견된다.

그동안 동물들의 의료 행위는 주로 포유동물에서 관찰되었는데 최근 곤충에서도 주목할 만한 연구 결과가 나왔다. 미국 에모리대 연구진은 제왕나비(monarch butterfly) 암컷이 특정한 체내 기생충에 감염되면 특별히 독성이 강한 박주가리 잎에 알을 낳는다는 사실을 실험을 통해 밝혀냈다. 그동안 제왕나비 애벌레가 박주가리잎을 갉아 먹는 까닭은 박주가리의 독성을 품고 있으면 포식 동물들이 건드리지 않기 때문이라고 알려져 왔는데, 이제 기생충을 구제하는 효능도 있다는 사실이 밝혀진 것이다.

지금까지 '동물 동의보감'에 수록된 약초 목록에는 우리나라에도 서식하는 식물들과 가까운 종들이 여럿 들어 있다. 우리 산야에서 어렵지 않게 발견되는 다년생 덩굴 초본인 갈퀴꼭두서니와 흔히 달개비라고 부르는 닭의장풀을 비롯하여 제법 여럿이다. 특별히 부가가치가 높아 최근 우리 정부가 신약 개발을 중요한 국가 전략 산업 중의 하나로 육성하려는 것으로 알고 있는데, 이참에 우리도 동물의학을 체계적으로 연구할 필요가 있어 보인다. 동물들이 오랜 진화의 역사를 통해 발견해 낸 약초들을 우선적으로 검토해 보자는 것이다.

2010

10월 26일

긴팔원숭이는 원숭이가 아니다

유인원과 원숭이를 구별할 줄 아시나요? 인간을 제외한 모든 영장류를 그냥 원숭이로 부르는 사람도 있지만, 분류학적으로 침팬지, 보노보, 고릴라, 오랑우탄 그리고 긴팔원숭이는 원숭이가 아니라 유인원이다. 유인원과 원숭이를 구별하는 가장 손쉬운 방법은 꼬리의 유무를 확인하는 것이다. 진화적으로 인간과 가까운 유인원에게는 꼬리가 없다.

흔히 유인원은 우리처럼 충수를 갖고 있고 원숭이는 없다고 알고 있지만 그건 사실과 다르다. 원숭이들에게는 벌레 모양의 돌기, 즉 충양돌기(蟲樣突起)가 두드러지지 않을 뿐 충수 역할을 하는 조직을 갖고 있는 종은 많다. 그보다는 어깨 관절의 차이가 두드러진다. 우리와 마찬가지로 유인원은 360도 회전 가능한 어깨 관절 덕택에 나무에 매달린 채 움직여 다닐 수 있다. 원숭이는 네 발로 가지 위를 뛰어다닐 뿐이다.

긴팔원숭이는 발이 아니라 주로 '손으로 걷는다(brachiating)'. 그들은 다리보다 더 긴 팔을 사용해 숲에서 거의 날아다닌다. 영어로는 'gibbon'이라고 하는데 누가 왜 긴팔'원숭이'로 번역해 헷갈리게 만들었을까? 이화여대 영장류인지생태연구소는 2007년부터 인도네시아에서 자바긴팔원숭이(Javan gibbon)를 연구해 당당히 긴팔원숭이 분야의 세계적 중심 기관으로 우뚝 섰다.

지난 10월 24일은 '세계 긴팔원숭이의 날'이었다. 오랑우탄은 세 종, 고릴라는 두 종, 침팬지와 보노보는 각각 한 종밖에 남지 않아 자체 비교 연구가 거의 무의미하다. 긴팔원숭이는 아직 18~20종이나 남아 있어 잘만 보전하며 연구하면 인간 진화에 관해 다른 유인원보다 훨씬 많은 단서를 제공할 것이라는 기대감에 뛰어들었다. 그러나 안타깝게도 거의 모든 종이 지금 멸종위기에 처해 있다. 남중국해 섬에 사는 하이난긴팔원숭이는 야생에 겨우 27마리 남았다. 아까운 시간이 흐른다.

2020

10월 27일

10월 27일

나는 퍽 오래전부터 10월 27일 오늘을 나만의 특별한 날로 지키고 있다. 그렇다고 내 생일이거나 결혼기념일도 아니다. 세계사의 관점에서도 그리 대단한 날이 아니다. 1904년 미국 뉴욕의 지하철이 처음 개통된 날이며 1971년 아프리카 콩고민주공화국이 국명을 자이르로 바꾼 날일 정도일 뿐, 세상이 놀랄 만한 사건이 일어난 날도 아니다. 오늘 태어난 유명인을 찾아봐도 영국의 탐험가 쿡 선장(1728), 이탈리아의 바이올린 연주자 파가니니(1782), 팝 아티스트 리히텐슈타인(1923) 등이 내가 아는 사람의 거의 전부이다.

내가 10월 27일을 기억하는 이유는 다른 데 있다. 4년마다 한 번씩 윤년이면 10월 26일로 대체해야 하지만, 오늘은 그레고리력으로 새해가 시작된 지 꼭 300번째 되는 날이다. 300이란 숫자 역시 그리 특별한 의미를 지닌 숫자도 아니다. 수학적으로 300은 어느 일정한 물체로 삼각형 모양을 만들 때 필요한 물체의 총수를 나타내는 파스칼 삼각수의 하나이며, 그 수가 각 자릿수의 합으로 나뉘는 '하샤드 수(Harshad number)'라는 점이 흥미롭긴 하다. 그런가 하면 13에서 47에 이르는 소수(素數) 열 개를 모두 합하면 300이 되기도 한다.

내가 10월 27일 오늘을 나름대로 특별하게 기억하는 이유는 이제 금년도 겨우 65일, 즉 두 달 남짓밖에 남지 않았다는 걸 나 자신에게 일깨워 주기 위함이다. 정작 크리스마스가 오면 그때부터 그믐날까지 사실 아무 일도 할 수 없다는 걸 고려하면 이제 금년도 두 달이 채 남지 않았다. 여러 해 전 우연하게 10월 27일이 바로 새로운 해가 시작된 지 300일째 되는 날이라는 사실을 깨달은 다음부터 나는 이날을 기하여 늘 그해를 마무리하는 작업에 조용히 착수하곤 한다. 100일째인 4월 10일이나 200일째인 7월 19일보다는 오늘이 내겐 나름대로 의미가 있다.

"시간은 누구나 가지고 있는 유일한 자본이며 아무도 잃을 수 없는 유일한 것이다". 발명왕 에디슨이 남긴 말이다. 하지만 셰익스피어에 따르면 시간의 걸음걸이는 사람마다 다르단다. 남은 두 달을 어떻게 보내는가에 따라 당신의 한 해의 의미가 달라질 것이다. 아는지 모르는지 철새들도 서서히 길채비를 시작한다.

2009

10월 28일*

여울

* 교정의 날

얼마 전 지인 가족과 함께 자동차 여행을 하던 중 각자 자기가 이 세상에서 가장 좋아하는 것 다섯 가지를 말해 보기로 했다. 막상 꼽으려니 그리 쉽지 않았다. 나 역시 애써 다섯 가지를 얘기했지만 이제는 그중 세 가지밖에 기억나지 않는다. 학교, 해질녘, 개울….

나는 평생 학교가 그냥 좋았다. 동네 골목에서 노는 것도 좋았지만 너른 학교 운동장에서 뛰어노는 것에 비할 바가 아니어서 일요일에도 꾸역꾸역 책가방을 챙겨 메고 학교에 가서 놀곤 했다. 그러다 보니 끝내 학교를 떠나지 못하고 교수가 된 듯싶다. 어느덧 공부와 폭력에 찌들어 버린 우리 학교, 그리고 그곳에 가기를 끔찍하게 싫어하는 요즘 아이들을 보면 안쓰럽기 그지없다.

나는 하루 중 어둑어둑 해질녘을 제일 좋아한다. 그 어슴푸레한 '빛결'이 내 마음 깊숙한 곳까지 가지런히 빗겨 주는 그 느낌을 좋아한다. 그리고 나는 돌돌거리며 흐르는 개울을 좋아한다. 미국에 유학해 1년이 넘도록 개울다운 개울을 보지 못했다. 가슴 한복판에 무거운 돌 하나가 댐처럼 막아서 있었다. 이 땅에서는 숲으로 몇 발짝만 들어서면 귀가 먼저 찾아내는 개울이건만 내가 살던 미국 땅에는 시내는 있어도 돌 틈에 재잘대는 개울은 흔치 않았다.

그런데 엄밀히 말하면 내가 정말 좋아하는 건 단순한 개울이 아니라 여울이란다. 골짜기나 들판에 흐르는 작은 물줄기가 모두 개울이라면 바닥이 얕아지거나 폭이 좁아져 물살이 빨라지는 곳이 여울이란다. 요즘 단풍놀이가 한창인데 그 붉은 이파리들을 흔드는 여울 소리가 없다면 참 건조할 것 같다. 김소월 시인의 「개여울」에는 "가도 아주 가지는 않노라심은"이란 구절이 있다. '물은 흘러도 여울은 여울대로 있다'는 옛말을 떠올리면 '굳이 잊지 말라는' 시인의 '부탁'이 참으로 절묘하다. 과연 우리 삶에서는 무엇이 변하고 무엇이 여울처럼 제자리에 머물고 있는 것일까? 날마다 해질녘이면 개여울에 나가 앉아 하염없이 무언가를 생각하며 살 수 있으면 정말 좋으련만.

2014

10월 29일*

묘비명

* 지방 자치의 날

묘비명이란 내가 죽은 후 남들에게 어떻게 기억되고 싶은가에 대한 본인 스스로 또는 지인들의 표현이다. 요즘 학교에서는 글쓰기 훈련, 기업에서는 신입 사원 교육, 어르신들에게는 아름다운 죽음 준비의 일환으로 자신의 묘비명 쓰기 연습을 한단다.

『크리스마스 캐럴』의 스크루지 영감은 자기가 죽은 후 남들이 자기에 대해 어떻게 생각하는지 절절이 보았고, 프랭크 카프라 감독의 영화 〈멋진 인생〉에는 자살하고 난 다음 자신의 삶이 그리 헛되지 않았음을 알고 환생하는 남자의 삶이 그려져 있다. 죽음을 가상하며 자신의 삶을 되돌아보는 훈련은 나이에 상관없이 매우 값진 경험이라고 생각한다.

영국의 극작가 조지 버나드 쇼의 기일(11월 2일)이 다가오자 그의 유명한 묘비명을 두고 온갖 교훈적인 얘기들이 들린다.

대부분의 사람은 그의 묘비명이 “어영부영하더니 내 이럴 줄 알았다”라고 알고 있지만, 누가 처음 번역했는지 영 잘못 이해한 것 같다.

모두 함께 검토해 보자는 뜻에서 원문을 여기 그대로 적어본다. “I knew if I stayed around long enough, something like this would happen”. 그는 그저 “오래 살더니 내 이런 꼴 당할 줄 알았다” 또는 “오래 살면 결국 죽는다”라는 지극히 당연한 명제를 특유의 풍자적 표현으로 말한 것뿐이다. 그는 94년 동안 극작가, 소설가, 수필가, 음악평론가로 살며 노벨문학상과 아카데미영화상을 모두 거머쥔 사람이다. 결코 어영부영하며 살지 않았다.

인구에 회자되는 유명한 묘비명들은 대체로 심오하거나 가슴 짠한 것들이지만, 나는 마지막 순간에도 삶을 해학으로 승화한 묘비명들을 특별히 좋아한다. 생전에 ‘걸레스님’으로 불리던 중광 스님은 “에이 괜히 왔다 간다”라며 가셨단다. 일본의 선승 모리야 센얀의 묘비에는 “내가 죽으면 술통 밑에 묻어 줘. 운이 좋으면 술통 바닥이 샐지도 모르니까”라는 그의 시가 적혀 있단다. 미국의 코미디언 조지 칼린은 친지들에게 자기 묘비에 “이런, 그 사람 조금 전까지도 여기 있었는데”라고 적어 달라고 부탁했단다. 하지만 이런 모든 해학적인 묘비명 중에서 가장 압권은 개그우먼이자 시사 프로그램 진행자인 김미화 씨가 미리 써 둔 묘비명이다. “웃기고 자빠졌네”.

2012

10월 30일

다윈과 월리스

1858년 6월 18일 말레이 군도에서 현장 연구를 하고 있던 젊은 자연학자 앨프리드 러셀 월리스의 논문이 다윈의 집으로 배달되었다. 읽어 보시고 괜찮다고 생각하시면 당시 학계의 거물인 지질학자 라이엘에게 전달해 달라는 짤막한 메모와 함께. 월리스의 논문에는 비록 '자연선택(natural selection)'이라는 용어는 사용하지 않았더라도 지난 20년간 다윈이 연구해 온 진화 메커니즘의 정수가 고스란히 정리되어 있었다.

평생의 과업이 한순간에 무너져 내리는 순간이었지만 마침 그 무렵 갓 태어난 아들의 발병으로 경황이 없었는지 다윈은 라이엘에게 모든 걸 내려놓은 듯한 편지를 보낸다. "이보다 더 훌륭한 요약문을 쓰기도 어려울 겁니다…. 내게 출간을 부탁하진 않았지만 나는 어떤 학술지에든 편지를 써서 부탁할 생각입니다". 하지만 다윈의 심정을 누구보다 잘 알고 있는 라이엘과 다윈의 절친 식물학자

후커는 자진하여 위험한 '교통정리'에 나선다. 딱히 출간을 요청하지도 않은 월리스의 논문과 나란히 일찍이 후커에게 보낸 에세이와 하버드대의 식물학자 그레이에게 보낸 편지의 내용을 발췌하여 짜깁기한 다윈의 논문이 그해 7월 1일 런던린네학회에서 발표된다. 뒤늦게 이 같은 사실을 통보받은 월리스가 아무런 문제 제기를 하지 않아서 그렇지, 자칫 과학계의 최대 음모 사건으로 비칠 수도 있는 모의였다.

훗날 다윈이 월리스에게 보낸 편지들의 행간에는 마지못해 동료의 작전에 동조하긴 했지만 월리스가 불편한 심기를 드러낼까 노심초사 우려한 흔적이 여기저기 배어난다. 하지만 1862년에 영국으로 돌아온 월리스는 다윈의 『종의 기원』을 알리고 방어하는 데 적극적이었다. 심지어는 자신의 이론과 유사한 다윈의 이론에 다윈주의(Darwinism)라는 별칭까지 붙이며 떠받들었다. 오는 11월 7일은 월리스 서거 100주년이 되는 날이다. '최초'가 게임의 거의 전부인 과학계에서 존경하는 선배 학자에게 업적을 돌리고 진심으로 예우한 인품의 대학자 월리스를 기린다.

2013.11.4

10월 31일

유전자 편집 시대

책만 편집하는 게 아니라 유전자를 편집할 수 있는 시대가 코앞으로 다가섰다. 하버드대 데이비드 류 교수 연구진은 유전자 가위를 이용해 염기 조성을 편집하는 획기적인 연구 결과를 세계적인 과학 학술지 『네이처』 최신 호에 게재했다. 수십억 개의 염기로 이뤄진 인간 유전체의 공정은 우리 인간이 만든 그 어떤 기계 설비 공정과도 비교조차 할 수 없을 만큼 정확하다. 구태여 수치화하자면 99.99…퍼센트에 이른다. 그러나 이 지극히 낮은 확률에도 불구하고 일단 오류가 발생하면 치명적인 유전 질환을 앓게 된다.

유전자 가위 기술이라고 부르지만 실제로 초미세 가위로 유전체의 일부를 물리적으로 잘라 내고 정상적인 유전자 조각을 꿰매 넣는 것은 아니다. 우리가 사용하는 그런 가위가 아니라 단백질로 되어 있는 효소가 잘못된 유전자 부위를 찾아내 화학적으로 교정한다. 이 과정에서 미세하나마 엉뚱한 곳을 건드리면 도리어 심각한 부작용을 일으킬 수 있다. 이번에 류 교수 연구진은 정확하게 염기 하나만 찾아내 교정하는 기술을 개발한 것이다. 시토신(C)을 티민(T)으로 바꾸고, 아데닌(A)을 구아닌(G)의 대체 염기인 이노신(I)으로 바꾸는 데 성공했다. 유전체가 책이라면 철자 하나만 골라 편집할 수 있게 된 것이다.

연구진은 배양 세포를 가지고 수행한 실험에서 태아 시절 헤모글로빈을 만들다가 무슨 연유인지 태어나면서 멈추는 공정을 재가동하는 데 성공했다. 적혈구가 낫 모양으로 변형돼 빈혈을 유발하는 겸상 적혈구 빈혈증(sickle cell anemia) 치유에 청신호가 켜졌다. 하지만 바로 이 시점에서 나 같은 진화생물학자의 우려가 시작된다. 태아 시절 멀쩡하게 잘 가동되던 공정이 출산과 더불어 멈추도록 진화한 데에는 그럴 만한 이유가 있었을 것이다. 애써 꺼 둔 공정에 갑자기 스위치를 켰을 때 비록 빈혈은 멈출지 모르지만 그로 인해 어떤 다른 엄청난 일들이 벌어질지 지금은 아무도 모른다. 빈대 잡으려다 초가삼간 태우는 우를 범할까 두렵다.

11

11월 1일

소통

세계 최고 수준의 정보 통신 국가에서 소통이 문제라니 이 무슨 기막힌 모순인가? 소통의 원활함이 통신 수단의 발달에 정비례하는 것은 아닌 모양이다. 나는 동물행동학자이다. 내가 하는 동물행동학이란 따지고 보면 결국 동물들의 의사소통을 연구하는 학문이다. 그들의 행동이 무엇을 의미하는지 그들과 소통만 가능하면 직접 물어보며 밝힐 수도 있고, 그들 사회의 모든 관계들도 그들 간의 의사소통 메커니즘만 파악하면 그리 어렵지 않게 이해할 수 있을 것이다.

동물들의 의사소통에는 대충 네 가지 종류가 있다. 촉각, 후각, 시각, 청각에 의한 소통이 그들이다. 우리 인간은 이 중에서 특별히 시각과 청각에 의존하는 동물이지만, 이 세상 절대다수의 동물들은 주로 후각을 이용하여 의사소통을 한다. 인간도 제한적이나마 후각을 사용한다. 남성에 비하면 여성들이 훨씬 더 후각에 의존하는 편이다. 나는 아무렇지도 않은데 현관에 들어서자마자 아내는 대뜸 발부터 씻으라고 성화를 낸다.

요사이 밤마다 구성지게 울어 대는 귀뚜라미는 우리 못지않게 청각을 사용하는 대표적인 동물이다. 허구한 날 초저녁부터 울기 시작한 녀석이 새벽녘까지 울어 댄다. 실제로 관찰해 보니 어떤 녀석은 하룻밤에 무려 열한 시간을 운다. 귀뚜라미는 윗날개를 서로 비벼 소리를 낸다. 만일 당신이 팔을 뒤로 한 채 서로 엇갈리게 움직이는 운동을 열한 시간 동안 계속한다고 상상해 보라. 실로 엄청난 노동이다. 그렇다면 귀뚜라미 수컷들은 밤마다 왜 그리도 끔찍한 육체노동을 하는 것일까? 암컷 귀뚜라미들이 쉽사리 그들이 부르는 세레나데에 넘어와 주지 않기 때문이다.

동물 세계에서 보면 소통이란 원래 잘 안 되는 게 정상처럼 보인다. 동물행동학은 한때 의사소통을 "서로에게 이로운 정보를 교환하는 행동"이라고 정의했었다. 하지만 이제 우리 동물행동학자들은 의사소통을 기본적으로 일방적인 설득의 노력 또는 심지어는 속임수로 이해한다. 소통이란 소통을 원하는 자가 소통의 목적을 이루기 위해 일방적으로 끊임없이 노력해야 하는 관계이다. 툭하면 소통이 안 되다고 하소연하는 우리 정부의 푸념은 소통의 근본을 모르는 처사이다. 국민이 이해할 때까지 수천 번이라도 설명과 설득을 반복해야 한다. 열한 시간이나 날개를 비벼 대는 귀뚜라미 수컷처럼.

2010

11월 2일

자연에서 배우는 기술

거미는 여러 종류의 거미줄을 만든다. 먹이를 잡고 그 잡은 먹이를 둘둘 말아 저장하거나 알 집을 만드는 데 사용하는 거미줄은 끈적끈적해야 한다. 반면 거미줄의 구조를 지탱하는 방사 실이나 지지 실은 강하고 질겨야 한다. 거미줄 연구의 초창기 학자들은 대체로 거미줄의 끈적끈적함에 매료됐지만 이제는 강하고 질긴 속성을 훨씬 더 세심하게 들여다본다.

거미줄은 같은 무게의 강철 실보다 훨씬 강하고 질기다. 스피드로인(spidroin)이라는 단백질이 만들어 내는 여러 겹의 나노 결정체(nanocrystal) 구조 덕분이다. 그래서 과학자들은 오래전부터 초강력 섬유나 수술용 실 등을 제조할 수 있는 인공 거미줄을 만들어 내려 노력했는데, 최근 미국 워싱턴대 연구진이 실제 거미줄보다 더 강한 거미줄을 만드는 실험에 성공했다. 스피드로인에 아밀로이드(amyloid)라는 단백질을 합성해 훨씬 길고 강력한 나노 결정 고분자 화합물을 생산해 냈다.

나는 거의 20년 전부터 이른바 '생체 모방' 혹은 '청색 기술' 연구에 투자하자고 부르짖었다. 이처럼 자연을 모사하는 연구 분야를 나는 의생학(擬生學)이라 명명하고 이화여대 내 연구실과 국립생태원에 연구 센터를 설립했다. 세계 최초로 신기술을 개발하려면 천문학적인 돈을 쏟아부어야 하지만 의생학 연구는 훨씬 적은 예산으로도 할 수 있어 우리 같은 후발 주자에게 안성맞춤이다.

가방이나 신발에 붙어 있는 찍찍이는 도꼬마리 같은 식물이 씨앗을 동물 털에 붙여 멀리 퍼뜨리기 위해 오랜 진화의 역사를 통해 개발한 것을 우리가 그대로 베낀 것이다. 그러나 진화는 주어진 조건에서 최적의(optimal) 길을 찾을 뿐 반드시 최고의(maximal) 결과로 수렴하는 과정이 아니다. 때로는 자연을 그대로 베끼는 것보다 이번 워싱턴대 연구처럼 원리를 이해하고 개선하면 훨씬 탁월한 해결책을 얻을 수 있다.

2021

11월 3일*

"본드, 제임스 본드"

* 학생 독립운동 기념일

추억의 한 막이 내렸다. 원조 '007 제임스 본드' 숀 코너리가 90세 나이로 우리 곁을 떠났다. 까까머리 중·고등학생 시절 그는 우리 사내들의 영웅이었다. 길거리에는 여전히 '시-바ㄹ' 택시와 삼륜차 기아마스타가 굴러다니던 시절 그는 마치 외계에서 날아온 듯한 차를 몰고 다녔다. 언제나 강렬한 눈매의 호박진 여인과 함께.

그는 1962년 〈닥터 노〉를 시작으로 1971년 〈다이아몬드는 영원히〉까지 10년 동안 6편, 그리고 한참 후인 1983년 〈네버 세이 네버 어게인〉까지 모두 7편의 007 시리즈에 출연했다. 그의 뒤를 이은 로저 무어는 12년 동안 8편을 찍었건만 사람들은 여전히 '007' 하면 코너리를 떠올린다. 나는 요즘도 '저출산·고령화'에 관한 강의를 할 때면 그의 1967년 영화 〈두 번 산다〉 포스터를 올리고 인생 이모작 얘기를 풀어 나간다.

그는 제임스 본드 역에 고정되는 걸 싫어해 일찌감치 다른 배역을 찾아 많은 영화에 참여했다. 세월이 많이 흐른 1987년 그를 〈언터처블〉에서 다시 만났을 때 정말 기뻤다. 게다가 특유의 존재감으로 알 카포네 역을 징그럽게 잘 소화해 낸 로버트 드니로를 누르고 아카데미 남우조연상을 거머쥐었을 때 어릴 적 내 추억 속 인물이 부활해 돌아온 것 같아 더욱 기뻤다.

원조 조각 미남 숀 코너리의 죽음으로 '거역할 수 없는 마초의 시대' 역시 막을 내렸다. 클라크 게이블과 게리 쿠퍼에 이어 존 웨인이 가고 이제 숀 코너리마저 떠났다. 이들은 요즘 최고로 잘나가는 드웨인 존슨이나 빈 디젤 같은 마초들과는 결이 사뭇 달랐다. 코너리는 한때 여성을 구타하는 게 전혀 이상하지 않다고 발언해 앞뒤 분간 못 하고 그저 힘자랑만 하는 '말초적 마초'로 추락할 뻔했지만 훗날 정중히 사과했다.

"본드, 제임스 본드". 남자들의 남자로 살아 줘 고맙습니다. 편히 쉬십시오.

2020

11월 4일

판 하빌리스

1961년 11월 4일 '다윗' 그레이비어드와 골리앗은 나뭇가지를 꺾어 잔가지들을 쳐 내며 무언가를 열심히 만들고 있었다. 이윽고 그들은 매끈하게 잘 다듬어지고 적당히 구부러진 가지를 흰개미 굴 속으로 조심스레 밀어 넣었다. 잠시 후 다시 끄집어낸 가지에는 흰개미들이 줄줄이 들러붙어 있었다. 그러자 그들은 나뭇가지 낚싯대에 매달린 흰개미들을 입술과 혀로 날름날름 집어 먹었다. 인간이 아닌 침팬지가 도구를 사용한다는 최초의 발견이었다. 53년 전 바로 오늘 이 현장을 목격하여 과학계에 알린 최초의 인물이 제인 구달이다.

제인 구달을 아프리카에 보내 침팬지를 연구하게 한 인류학자 루이스 리키는 그의 동료들과 함께 1960년 동아프리카 올두바이에서 발견한 인류 화석을 분석한 결과 그들이 석기 도구를 제작해 사용했다는 결론을 내리고 '손재주가 있는 사람'이라는 뜻의 호모 하빌리스(*Homo habilis*)라는 학명을 붙였다. 하지만 제인 구달의 발견 소식을 접한 리키 박사는 "이제 우리는 도구를 재정의하거나, 인간을 재정의하거나, 아니면 침팬지를 인간으로 받아들여야 한다"고 말한 것으로 전해진다. 도구를 제작해 사용하는 침팬지 '판 하빌리스(*Pan habilis*)'의 등장은 인간의 존재 의미를 되돌아보게 한 위대한 발견이었다.

팔순 나이에도 생명의 소중함을 알리려 지구촌 곳곳을 찾아다니는 제인 구달이 생명다양성재단 초청으로 방한한다. 11월 25일에는 이화여대에서 '인간과 사회, 자연에 관한 연구와 성찰을 장려하고 확산시키기 위해 제정'된 김옥길 강좌의 연사로 대중 강연을 한다. 특히 이번 강연에는 이화여대 음악연구소 주선으로 세계적인 작곡가 박영희 독일 브레멘대 교수의 생명사랑 헌정 음악이 초연될 예정이라 그 의의가 각별하다. 이에 앞서 23일 제인 구달의 업적을 기리기 위해 충남 서천 국립생태원 숲 속에 마련된 '제인 구달의 길' 봉헌식이 있을 예정이다. 함께 걸으며 제인 구달의 생명철학에 흠뻑 젖어 보시기 바란다.

11월 5일

통찰

행동이란 유전하는 게 아니라 당대에 습득하는 속성이라는 주장을 펼치기 위해 하버드대 비교심리학자 B. F. 스키너는 상자 안에 쥐를 가둔다. 졸지에 '스키너 상자' 안에 갇힌 쥐에게는 그저 배고픔이라는 현실만 존재할 뿐 이렇다 할 기획도 정보도 없다. 그래서 쥐는 상자 안을 돌아다니며 할 수 있는 모든 걸 해 본다. 그러다가 우연히 어떤 단추를 눌렀더니 홀연 먹을 게 굴러떨어지는 게 아닌가?

단추를 누르는 자신의 행동과 횡재의 연관 관계를 대번에 알아채는 쥐는 거의 없다. 그러나 몇 번의 시행착오 끝에 드디어 그 관계를 터득하면 허구한 날 연신 단추만 누른다. 스키너는 이를 '연관 학습'이라 부른다.

독일의 인지심리학자 볼프강 쾰러의 실험실에 있던 침팬지에게도 배고픔은 피할 수 없는 현실이었다. 덩그렇게 넓은 방에 먹을 것이라곤 천장 높이 매달려 있는 바나나뿐.

긴 막대기를 들고 아무리 뛰어본들 닿을 수 없던 바나나를 물끄러미 올려다보던 침팬지가 갑자기 벌떡 일어나더니 방 안 여기저기 흩어져 있는 상자들을 차곡차곡 포개기 시작한다. 그러더니 그 위로 기어올라 가 막대기를 휘둘러 바나나를 따 먹는 데 성공한다. 동물행동학에서는 이를 두고 '통찰(洞察) 행동'이라고 한다. 스키너의 쥐가 보여 주는 시행착오와는 차원이 다른 행동이다.

그렇다면 통찰력은 온전히 타고나는 능력일까? 쾰러가 만일 쥐를 가지고 실험했다면 통찰 행동을 발견했을 리 없지만, 그렇다고 이 세상 침팬지 모두가 통찰력을 지닌 것은 아니다. 통찰력은 스키너의 쥐와 쾰러의 침팬지 사이 어딘가에 존재한다. 나는 최근 이 칼럼에 연재했던 글들을 모아 『통찰』이란 제목의 책을 냈다. 누구나 오랜 연구, 폭넓은 독서, 활발한 토론 등을 통해 통찰력을 기를 수 있다. 이참에 함께 뒤돌아보고, 건너다보고, 헤집어 보았으면 좋겠다.

버뮤다 제도에서 목회하고 있는 마일즈 먼로 목사는 예지력(vision)을 다음과 같은 멋진 말로 설명한다.
"과거에 대한 이해를 바탕으로 통찰력을 갖추면 미래가 보인다(Foresight with Insight based on Hindsight)".
결코 순탄치 않을 향후 5년간 이 나라를 이끌 명견만리(明見萬里)의 통찰력을 지닌 후보가 누군지 우리 모두 밝게(洞) 살필(察) 일이다.

2012

11월 6일

어쩌다 발견

시애틀 소재 워싱턴대 토머스 퀸 교수는 연어를 연구하는 어류학자다. 어느 날 그는 불곰의 포식 현황을 조사하느라 강물에서 건져 낸 연어 사체 때문에 주변 나무들의 성장률이 달라지는 걸 감지했다. 20년 동안 연어 21만 7,055마리가 던져진 강변 쪽의 나무들이 훨씬 크게 자랐다. 평생 물고기만 연구하던 그는 최근 이 뜻밖의 나무 논문을 생태학 분야의 최고 학술지인 미국생태학회지에 게재했다.

알렉산더 플레밍은 실험실에서 황색포도상구균을 연구하던 세균학자였다. 1928년 가을 잠시 휴가를 다녀온 그는 세균을 배양하는 유리 접시 일부에 푸른곰팡이가 피어 있는 걸 보고 쓰레기통에 버리려다 뜻밖의 발견을 하게 된다. 푸른곰팡이가 피어 있는 접시에는 포도상구균의 증식이 멈춘 것을 보고 페니실린을 발견한 것이다. 위대한 항생제의 시대는 이렇게 우연히 시작됐다.

뜻밖의 발견으로 인해 연구의 향방이 바뀐 예는 과학계에 수두룩하다. 오늘날 발기 부전 치료제로 널리 복용되고 있는 비아그라가 원래 협심증 치료제로 개발되던 약이라는 것은 잘 알려진 사실이다. 듀폰은 냉매 연구를 하다 뜻하지 않게 음식물이 들러붙지 않는 테플론 프라이팬을 개발했다. 강력 접착제 수퍼 글루(Super Glue)는 내열 도료를 개발하는 과정에서 렌즈가 자꾸 들러붙는 바람에 어려움을 겪던 와중에 우연히 얻어걸린 횡재였다. 찍찍이(Velcro)는 등산을 즐기던 스위스의 엔지니어가 반려견의 털에 붙은 씨앗을 보고 발명한 것이다.

내가 박쥐를 연구하게 된 것도 순전히 우연한 일이었다. 나는 열대 정글에서 연구할 때 주로 바닥에 쓰러져 썩어 가는 나무 둥치를 뒤진다. 오랫동안 정글 바닥을 기다 보면 허리가 뻐근해지기 때문에 이따금씩 일어서서 하늘을 올려다봐야 하는데, 바로 그때 나무 이파리를 변형해 텐트를 만들고 그 아래에서 비를 피하는 과일박쥐를 발견했다. 어디로 튈지 모르는 건 탁구공이 아니라 과학자의 눈망울이다.

2018

11월 7일

성대모사

언제부턴가 TV 오락 프로그램에 나와 성대모사 하나쯤 못 하면 연예인으로서 자질을 의심받는 분위기가 되어 버렸다. 그래서인지 가수건 배우건 할 것 없이 다른 사람의 말투나 노래를 흉내 내기 위해 필사적인 연습을 하는 것 같다. 나는 원래 성대모사에는 조금 재주가 있는 편이다. 학창 시절 나는 쉬는 시간마다 교탁 앞에서 선생님들 흉내를 내던 '달인' 중의 하나였다. 거의 10초 간격으로 "어때?"라는 말을 끼워 넣던 윤리 선생님과 다분히 일본식 발음을 구사하던 영어 선생님 흉내가 내 주종목이었다.

동물행동학자가 된 이후로는 종목을 동물 소리로 바꿨다. 나는 강의 도중 서로 다른 종의 귀뚜라미 소리를 비교하거나 온갖 종류의 새소리 또는 맹수들의 포효 소리 등을 흉내 내어 조는 학생들을 깨우곤 한다. 아마 내가 이 세상에서 가장 잘 내는 소리는 물개 소리일 것이다. 나는 여태까지 나보다 물개 소리를 더 그럴듯하게 내는 사람을 본 적이 없다.

나의 물개 소리 모사에는 나름대로 필살의 비법이 있다.

새들의 세계에서 성대모사는 종종 출세의 지름길을 열어 준다. 자기가 태어난 고향을 떠나 다른 지역에 정착하려는 수컷들은 우선 그 지역에서 가장 성공적인 수컷이 누구인가를 살핀다. 가장 비옥한 터에서 가장 훌륭한 암컷과 함께 살며 자식들을 여럿 길러 낸 수컷을 찾아 그 근처를 맴돌며 그의 노래를 배워 흉내 낸다. 암컷들의 귀에 생경한 신곡으로 승부를 보기보다 나훈아나 빅뱅의 후광을 얻으려는 '너훈아' 또는 '오케이뱅' 전략을 쓰는 것이다.

성대모사의 달인으로 추앙받는 몇몇 우리 연예인들을 보며 나는 다시 한번 인간이라는 동물의 탁월함에 감탄한다. 미국 동부에는 하룻밤에 무려 세 종의 다른 반딧불이 암컷의 발광 패턴을 흉내 내며 짝짓기의 달콤한 꿈을 안고 접근하는 수컷들을 차례로 잡아먹는 '팜므파탈(femme fatale)' 반딧불이가 있지만, 동물들의 모사는 대개 한 가지에 국한되어 있다. 하지만 우리 중에는 전현직 대통령에다 축구 해설가, 토론 진행자 등 수없이 많은 사람들의 목소리는 물론 자동차, 기차, 비행기 등 온갖 기계음까지 두루두루 흉내 내는 이들이 수두룩하다. 인간의 성대는 참으로 기막힌 진화의 산물이다.

2010

11월 8일

흡혈귀

지금으로부터 170년 전 11월 8일 아일랜드에서 괴기 공포 소설 『드라큘라』의 작가 브램 스토커가 태어났다. 『드라큘라』는 평론가들로부터 에드거 앨런 포와 에밀리 브론테의 작품에 비견되는 호평을 받았지만 판매는 극히 저조했다. 스토커 자신도 작가라기보다는 당시 유명한 연극배우였던 헨리 어빙 경의 개인 조수로 알려져 있었고, 말년에는 아내가 그의 습작 노트들을 소더비 경매에 내다 팔아 겨우 2파운드 남짓을 챙겼어야 할 정도로 찢어지게 가난했다. 하지만 그의 사후에 『드라큘라』는 소설은 물론 영화로도 세계 각국에서 수백 편이 만들어지며 일종의 문화 신드롬을 불러일으켰다.

『드라큘라』 덕택에 흡혈박쥐도 덩달아 유명해졌다. 그로 인해 박쥐라는 동물 전체가 음산하고 징그러운 이미지를 얻었지만 1천 종도 넘는 박쥐 중 흡혈박쥐는 단 세 종에 불과하다. 나머지는 과일과 곤충을 주로 먹는 귀여운

털북숭이 박쥐들이다. 그러고 보면 동물의 피를 주식으로 하는 척추동물은 극히 드물다. 세 종의 흡혈박쥐와 큰 물고기에 들러붙어 피를 빨아먹는 칠성장어 종류가 거의 전부다. 양서파충류와 조류 중에는 피를 주식으로 하는 종이 하나도 없다. 이에 비하면 모기, 벼룩, 빈대, 진드기 등 피를 빠는 갑각류 동물은 줄잡아 1만 4천 종에 달한다. 여기에 1천 종 가까운 거머리까지 합하면 흡혈 무척추동물의 목록은 한층 길어진다.

무척추동물에 비해 피를 빨아먹으며 사는 척추동물은 왜 이렇게 적을까? 우선 척추동물의 생물다양성이 상대적으로 작다. 전체 동물종의 5퍼센트에 불과하다 보니 그중에서 피를 먹고 사는 종도 당연히 적을 수밖에 없다. 하지만 더 근본적인 이유는 피가 그리 훌륭한 먹거리가 아니기 때문이다. 척추동물에게는 피보다 고기가 훨씬 풍부한 영양가를 제공한다. 요즘도 야생 동물을 사냥해 즉석에서 피를 마시며 객기를 부리는 마초 사냥꾼이 있다면 재고하기 바란다. 게다가 야생 동물의 피 속에는 검증되지 않은 병원체들이 득시글거린다.

11월 9일

혼화의 시대

역사학을 전공하시는 분들에게 묻고 싶다. 인류 역사를 통틀어 지금처럼 대대적으로 피가 섞여 본 적이 있는지. 예전에는 핀란드 사람들은 대체로 핀란드 사람들끼리 피를 섞었고, 한반도에 사는 우리들은 그저 우리들끼리 결혼하여 애 낳고 살았다. 그런데 언제부터인가 종족 간 결혼이 엄청나게 빈번해지기 시작했다. 전쟁 통에 억지로 피가 섞이긴 하지만 지금처럼 대규모의 피 섞임이 일어난 적은 없었던 것 같다.

나는 가끔 그저 넉넉잡고 한 500년만 살게 해 달라고 기도한다. 삶에 대한 애착이 특별히 남달라 그런 것은 아니다. 다만 보고 싶다. 도대체 인류가 어떻게 변할지 내 눈으로 확인하고 싶다. 지금으로부터 약 5만 년 전 우리 인류가 아프리카를 빠져나와 지구 여러 곳에 흩어져 독립된 개체군(population)으로 살다가 다시금 하나의 거대한 개체군으로 묶이고 있다.

이 같은 피 섞임은 각각의 개체군에는 당장 새로운 유전적 변이를 제공하지만 인류 전체를 놓고 보면 그동안 개별적으로 구축해 온 변이의 다양성을 희석시키는 결과를 빚을 것이다. 도대체 우리가 어떤 모습의 '신인류'로 변화할지 정말 궁금하다. 그렇다고 다짜고짜 천년만년 살게 해 달라고 빌 수는 없고, 한 500년이면 변화의 조짐 정도는 엿볼 수 있지 않을까 하여 빌어 본다.

지금 우리 농촌의 결혼은 거의 절반이 국제결혼이다. 우리나라는 지금 상당히 빠른 속도로 다민족 국가로 변하고 있다. 대원군의 자손입네, 단일 민족입네 하는 편견을 고수할 때가 아니다. 섞이는 피에 문화가 묻어와 한데 뒤섞이고 있다. 문화와 과학이 섞이고 예술과 기술이 섞인다. 동양과 서양 음식이 섞여 퓨전 음식 천지이다.

언제 정말 한가한 시간이 나면 백지 위에 지금 이 순간 우리 주변에서 절대로 섞이지 않는 것들의 목록을 만들어 보라. 몇 개 못 적을 것이다. 우리는 지금 거대한 섞임의 급류에 휩싸여 어디론가 마구 흘러가고 있다. 그래서 나는 21세기 초반 이 시대를 '혼화(混和)의 시대'로 규정해 본다. 다름이 어우러져 새로움으로 거듭나고 있다. 섞임을 거부하는 우를 범하지 말고 섞임의 선봉에 서야 한다. 우리와 가족이 되기 위해, 우리와 함께 일하기 위해, 왠지 우리 곁에 있고 싶어 이 땅에 온 이들을 우리 가족으로 보듬어야 한다.

2009

11월 10일*

말벌 여왕의 탕평책

* 평화와 발전을 위한 세계 과학의 날

개미, 벌, 흰개미 등 이른바 사회성 곤충은 여왕을 중심으로 전체주의 사회를 이루고 산다. 이들 국가에서는 오로지 여왕벌 또는 여왕개미만 알을 낳고 일벌과 일개미는 평생 일만 하며 여왕의 자식들을 돌본다. 인류 사회에도 가끔 절대군주가 군림하며 상대적으로 많은 여성을 거느리지만, 그렇다고 해서 군주 홀로 자식을 낳고 온 백성은 그의 자식을 기르기 위해 일하는 것은 아니다. 이처럼 철저한 번식 분업이 같은 사회성 동물이지만 곤충 사회가 인간 사회와 결정적으로 다른 점이다.

미국에서 박사 학위 과정을 밟던 1988년 어느 날 나는 여왕만이 무소불위의 권력을 행사하는 듯 보이는 개미제국에도 왕권에 대한 끊임없는 도전과 침해가 있다는 걸 알게 되었다. 아직 온라인 검색 엔진이 개발되지 않았던 터라 그때까지 발표된 개미 관련 논문 수천 편을 일일이 수작업으로 확인한 결과 일개미들도 심심찮게 알을 낳는다는 사실을 발견하고 이를 학계에 보고했다. 일개미들은 원래부터 불임이 아니라 여왕이 분비하는 페로몬 때문에 생식 기능이 멈춰 있을 뿐이다. 그러다 보니 변방의 일개미들은 여왕 페로몬의 영향력이 약해지는 바람에 자신도 모르는 사이에 신체 기능이 회복되어 알을 낳기 시작하는 것이다. 물론 일개미들은 교미를 하지 않은 채 미수정란을 낳기 때문에 그저 수개미만 생산할 뿐이다.

이렇게 다분히 수동적이고 제한적인 줄 알았던 곤충 사회의 모반이 상당히 의도적이고 조직적이라는 연구 결과가 나왔다. 『커런트 바이올로지(Current Biology)』 최신 호에 따르면 미국 말벌(yellow jacket) 사회에서는 일벌들이 종종 여왕을 살해하고 자기들이 낳은 수벌들과 교미한 여왕을 옹립한다. 흥미롭게도 유전적으로 다양한 일벌들이 낳은 수벌들과 고루 교미한 여왕은 살해당할 확률이 낮은 것으로 나타났다. 옛날 왕정 시대에 왕족이나 신하들이 왕을 살해하는 것과 흡사한 현상이 곤충 사회에서 벌어지는 것도 흥미롭지만, 왕권을 유지하기 위해 계파를 고루 등용하는 '탕평책'이 말벌 사회에서도 통한다니 신기하다.

2015

11월 11일*

기무라 모토

* 농업인의 날

지금은 골동품 가게 혹은 박물관에나 가야 볼 수 있을지 모르지만 불과 십수 년 전만 해도 우리는 '투시 환등기(overhead projector)'라는 기기를 사용하여 강의를 하곤 했다. 컴퓨터 화면을 곧바로 스크린에 투영하는 기술이 등장하기 전까지는 미리 준비한 투시물 교재를 환등기 위에 올려놓고 그 위에 판서까지 할 수 있어서 매우 유용했다. 그 당시 국제 학회에 가면 이 투시용 환등기에 수학 공식을 빼곡히 적으며 논문 발표를 하는 일본 학자들을 볼 수 있었다. 영어 발음은 알아들을 수 없는 수준이었지만 쟁쟁한 서양 학자들이 숨을 죽인 채 경청하는 모습은 신기하기까지 했다.

이런 진풍경을 가능하게 만든 사람이 바로 일본이 낳은 세계적인 진화생물학자 기무라 모토다. 11월 13일은 그가 태어나고 죽은 날이다. 1924년에 태어나 1994년 70세 생일에 작고하기까지 그는 세상 모든 진화생물학자가 다윈의 자연선택 메커니즘에만 코를 박고 있을 때 분자 수준의 진화적 변이는 딱히 이롭거나 해롭지 않고 대체로 중립적이라는 사실을 밝혀냈다. 그의 중립 이론에 따르면 진화는 잘 짜인 필연 관계보다는 주로 우연에 의해 좌우된다는 것이다. 그는 이 논리를 수학 공식을 사용해 정립했다. 수학적 소양이 빈약한 서양 생물학자들을 단숨에 제압한 것이다. 그가 열어젖힌 이론생물학의 길을 따라 그 후 많은 일본 학자들이 줄줄이 대가의 반열에 올랐다.

서울대 생물학과 교수 시절 나는 수학과에 특강을 자청한 적이 있다. 수학이라면 우리도 일본에 뒤지지 않건만 국제적으로 이름을 날리는 수학생물학자가 없는 현실을 지적하며 전향을 호소했다. 지난 8월 세계수학자대회가 우리나라에서 열렸다. 나는 조만간 수학 분야의 노벨상이라는 필즈 메달(Fields medal) 수상자가 우리나라에서 나올 것이라고 확신한다. 순수수학만 홀로 영광받지 말고 내친김에 다른 학문 분야에서도 우리나라 수학의 위용이 넘쳐 났으면 좋겠다.

2014

11월 12일

뿌리와 새싹

1991년 탄자니아 10대 청소년 열두 명이 곰비국립공원에서 침팬지를 연구하고 있던 제인 구달 박사를 찾았다. 그들은 자신들이 겪고 있는 마을의 여러 가지 문제에 대해 심각하게 고민하고 있었다. 그들이 걱정하던 문제는 구달 박사가 연구하는 침팬지를 비롯한 여러 야생 동물의 불안한 미래에서부터 주변 산림의 황폐화와 도시의 오염에 이르기까지 다양했다. 구달 박사와 상담을 마친 그들은 어른들이 이 모든 문제를 해결해 줄 때까지 기다릴 게 아니라 스스로 팔을 걷어붙이기로 결의했다.

이렇게 시작한 '뿌리와 새싹(Roots & Shoots)' 운동은 이제 세계 120개국에 수십만 개의 크고 작은 청소년들의 자발적인 모임들로 연결된 세계적인 네트워크로 발전했다. 우리나라에도 지난 몇 년간 20여 개의 학생 모임이 만들어져 활발한 활동을 펼치고 있다.

이를 격려하기 위해 바로 오늘 구달 박사가 한국에 들어온다. 앞으로 사흘 동안 각종 대중 강연과 언론 인터뷰는 물론 지금 뿌리와 새싹 운동을 하고 있는, 그리고 앞으로 참여하고 싶어 하는 학생들과 다양한 만남의 자리를 마련할 것이다.

구달 박사는 늘 이렇게 말한다. "뿌리는 땅속 어디든 파고들어 든든한 기반을 만든다. 새싹은 연약해 보이지만 햇빛에 이르기 위해 벽돌담도 뚫고 오른다. 벽돌담은 우리가 이 지구에 저질러 놓은 온갖 문제들이다. 이제 수천수만의 뿌리와 새싹이 이 모든 벽돌담들을 무너뜨릴 것이다. 우리는 함께 이 세상을 바꿀 수 있다". 그는 매년 300일 이상 세계를 돌며 '희망의 이유'를 강연한다. 몇 년 전 방한했을 때 댁이 어디냐고 묻는 어린 소녀에게 그는 조금도 주저하지 않고 "비행기 안"이라고 답했다.

뿌리와 새싹 운동은 인간, 환경, 그리고 동물을 위해 누구나 시작할 수 있는 운동이다. 인간, 환경, 동물 이 셋이면 우리 삶 전체를 아우를 수 있다. 우리는 그동안 우리 인간 사회와 주변 환경을 위해서는 퍽 많은 일을 해 왔다. 하지만 다른 동물에 대해서는 제대로 배려하지 못한 게 사실이다. 이런 점에서 나는 최근 동물보호과를 신설한 서울시의 혜안에 박수를 보낸다. 우리 사회도 드디어 선진화하고 있다는 확실한 징표라고 생각한다. 이제 우리의 갈 길은 독존이 아니라 공존이다.

2012

11월 13일

잡초의 향연

또다시 예산 철이 왔다. 우리 정부는 해마다 20조 원의 예산을 연구에 투자한다. 국민총생산(GNP) 대비 비율은 세계 최고라고 자랑한다. 하지만 비율이 무슨 소용인가? 1만 원의 10퍼센트가 1천 원이면 1억 원의 10퍼센트는 1천만 원인데. 하버드대의 기부금 총액이 40조 원을 웃돈다. 미국 대학 하나가 갖고 있는 돈의 절반을 들고 감불생심 미국을 상대로 경쟁하겠단다.

게다가 연구비를 받으려면 선진국에서 이미 잘하고 있으니 실패할 확률이 적음을 우선적으로 앞세워야 한다. 쥐꼬리만 한 돈을 쥐고 남의 뒤나 좇는 연구는 애당초 지기로 작정한 게임이다. 이제는 우리도 빤한 장미와 백합만 키우지 말고 잡초도 챙겨야 한다. 그래야 평생 개똥쑥만 연구하다 말라리아 치유 물질을 찾아내 노벨화학상을 받은 중국의 투유유 박사 같은 잡초를 길러 낼 수 있다.

꾸준히 오래 한 연구의 막강함을 가장 극적으로 입증한 예는 영국 옥스퍼드대의 박새 연구일 것이다. 1947년부터 해 온 연구 덕에 옥스퍼드 근방 박새들에 관한 거의 모든 정보가 축적돼 있다. 세계 각국의 생태학자들이 생태계에 미치는 기후변화의 영향 연구를 기획하던 무렵, 덜컥 옥스퍼드 연구진의 논문이 나왔다. 반세기 이상 모아 온 데이터를 분석해 보니 박새들이 둥지를 트는 시기가 해마다 빨라지는 경향이 확연하게 드러났다. 장기적 연구로 구축한 데이터베이스의 힘은 바로 이런 것이다.

나도 모든 연구를 하릴없이 길게 한다. 서울대 교수 시절 시작한 까치 연구는 어느덧 20년이 훌쩍 넘었다. 인도네시아에서 하고 있는 긴팔원숭이 연구도 어언 10년이 넘었고, '제돌이'를 바다로 돌려보내며 시작한 남방큰돌고래 연구도 벌써 5년이 됐다. 20년 넘도록 정부에 손 벌리다 지쳐 이제 그냥 우리끼리 뭉치려 한다. 생명다양성재단이 '잡초들의 향연'을 기획하고 기꺼이 잡초를 자처하는 분들의 십시일반 '후원동행'을 기다리고 있다.

2018

11월 14일

자연도 짝이 있다

대규모 블루베리 농장들이 많은 북미에서는 양봉가들이 큰 트럭에 벌통을 싣고 이런 농장들을 찾아다닌다. 그런데 오리건주립대 생태학 연구진은 최근 꿀벌이 실제로는 블루베리 꽃을 제대로 공략하지 못한다는 뜻밖의 관찰 결과를 내놓았다. 꿀벌이 수확해 들이는 꽃가루 중 블루베리는 극히 드문 것으로 조사됐다. 그런 줄도 모르고 농장주들은 그동안 적지 않은 돈을 지불하며 양봉가들에게 벌통을 가져와 달라고 애걸한 것이다.

우리나라에도 요즘 블루베리를 재배하는 곳이 제법 많아져 실제로 보았는지 모르지만, 블루베리꽃은 길쭉한 항아리 모양을 하고 땅을 향해 살포시 고개를 수그리고 있다. 꿀벌이 그 좁은 입구를 통과해 꽃 속으로 기어올라 가 꿀과 꽃가루를 채취하기가 상당히 어려운 것으로 드러났다. 꿀벌은 또한 뒤영벌처럼 강력한 날갯짓으로 공기를 진동시켜 꽃가루를 떨어뜨리는 능력도 없다.

나는 자연을 연구하는 학자가 되어 첫 논문을 1982년 펜실베이니아 곤충학회가 발행하는 『멜샤이머 곤충학 시리즈(Melsheimer Entomlogical Series)』라는, 검색도 되지 않는 학술지에 실었다. 그해 여름 내내 나는 곤충학과의 조수가 되어 학교 트럭을 몰고 지역 곳곳에 설치해 놓은 포충기에 곤충이 매일 몇 마리나 잡히는지 조사하던 중이었다. 거의 매일같이 내가 점심 도시락을 까먹던 작은 언덕에는 황금싸리꽃들이 흐드러졌고 온갖 종류의 벌이 잉잉거렸다. 마침 내일의 탄생화가 바로 황금싸리인데, 잘 관찰해 보니 꿀벌은 얼기설기 쌓인 황금싸리의 꽃잎을 헤집고 들어가는 데 퍽 오랜 시간을 허비하는 반면 뒤영벌은 가운데 용골 꽃잎에 내려앉자마자 그 무게 덕택에 꽃이 활짝 열려 별 어려움 없이 들어가는 것이었다.

'짚신도 제 짝이 있다'는 우리 옛말처럼 자연에도 다 짝이 있다. 이렇게 짝끼리 서로에게 맞춰 가며 진화하는 과정을 공진화(co-evolution)라 한다. 그런 줄도 모르고 농장주와 양봉가는 엉뚱한 벌을 데려다 짝지으려 하고 있다.

11월 15일

국화

요즘 국화가 제철이다. 전국 여러 곳에서 국화 축제와 전시회가 열리고 있고, 가로수 옆 화분마다 노란 국화꽃들이 가득하다. 15세기 중국에서 재배하기 시작한 국화는 이제 세계 전역에서 가장 사랑받는 화초 중의 하나가 되었다. 해마다 화분을 사서 즐기다가 꽃이 지면 버리곤 해서 잘 모르는 이들이 있을지 모르지만, 국화는 사실 여러해살이풀이다. 여러 해 두고 기르면 줄기 아랫도리가 제법 나무처럼 변한다.

중국에서는 예로부터 국화를 사군자(四君子)의 하나로 사랑했다. 그러나 막상 문인화의 소재로 국화는 매화, 난초, 대나무에 비해 푸대접을 받은 것 같다. 내가 미술에 조예가 깊지 못해 그런가 동양화에서 국화를 접한 기억이 그리 많지 않다. 사군자를 칠 때 어쩌면 우리 붓의 획으로는 다른 '군자'만큼 멋을 내기 힘들어 그랬는지도 모른다. 획수가 늘면 글씨고 그림이고 조잡해지기 마련이다.

한편 국화는 동양문학, 그중에서도 시조나 시의 소재로는 각별한 사랑을 받았다. 국화를 주제로 한 중국 한시가 수백 편에 이른다. 그런데 그 유명한 「국화 옆에서」에서 시인 서정주는 국화를 "내 누님같이 생긴 꽃"이라 표현했다. 문학평론가들은 이를 두고 시련을 겪으며 더욱 성숙해진 아름다움을 상징한다고 말하지만 생물학자인 나는 좀 불편하다. 꽃이란 본래 식물의 성기이기 때문이다. 동물처럼 연모하는 암컷에게 접근하여 직접 짝짓기를 시도할 수 없는 식물은 벌건 대낮에 자신의 성기를 펼쳐 보이며 벌이나 나비를 유혹하여 그들에게 대리 섹스를 부탁한다. 바비 인형의 속눈썹처럼 꽃술들을 치켜뜨고 있는 나리꽃만큼 저속하진 않지만, 다소곳이 고개를 숙이고 있는 초롱꽃에 비하면 내겐 국화의 자태도 너무 되바라져 보인다.

우리가 흔히 '가깝고도 먼 나라'라고 부르는 일본의 이중성을 예리하게 분석한 『국화와 칼』의 저자 루스 베네딕트에 따르면 일본인들은 정작 그들의 국화(國花)인 벚꽃의 깔끔함보다도 국화의 온화함을 더 사랑한단다. 호주 사람들은 어머니날에 카네이션 대신 국화꽃을 선물한다. 하지만 "시들고 해를 넘긴 국화에서도 향기는 난다/ 사랑이었다 미움이 되는 쓰라린 향기여/잊혀진 설움의 몹쓸 향기여"라고 읊은 도종환 시인의 「시든 국화」처럼 국화란 꽃은 어딘지 모르게 질척거린다.

2010

11월 16일*

단풍

* 세계 관용의 날

“숲의 나뭇가지 끝에도/가을은 젖어/금빛으로 타오른다”. 부끄러운 마음으로 고백하건대, 중학교 2학년 시절 교내 백일장에서 장원을 했던 내 시 「낙엽」의 첫 구절이다. 금년 단풍도 어제오늘 갑자기 쌀쌀해진 날씨에 사뭇 삭연해 보인다. 해마다 어김없이 드는 단풍이지만 한 번이라도 도대체 왜 나무들은 이토록 아름다운 색의 향연을 펼치는지 생각해 본 적이 있는가?

단풍은 나무가 겨울을 나기 위해 잎을 떨어뜨리는 과정에서 잎자루 끝에 떨켜가 생겨 그동안 초록빛을 내는 색소인 엽록소에 눌려 기를 펴지 못하던 카로틴이나 크산토필과 같은 색소들이 드디어 빛을 발산하며 나타나는 자연 현상이다. 하지만 나는 지금 단풍의 색이 ‘어떻게(How)’ 만들어지는가를 묻는 게 아니다. 생물학에서 ‘어떻게’에 못지않게 중요한 ‘왜(Why)’를 묻고 있다.

피는 왜 물보다 진할까? 피는 왜 그저 물과 같은 색을 띠지 않고 새빨간 빛을 띠게 되었을까? 우리 몸의 내부를 들여다보면 유독 피만 거의 원색에 가까울 정도로 강렬한 색을 띠고 있다. 왜? 살을 베였거나 각혈을 할 때 피가 만일 그저 물과 같은 색을 띤다면 과연 지금처럼 다급한 심정을 느낄 수 있을까? 강렬한 색의 진화에는 다 그럴 만한 이유가 있다.

리처드 도킨스의 『이기적 유전자』를 통해 알려진 '유전자의 관점'은 사실 다윈 이래 가장 위대한 생물학자라는 칭송을 받았던 윌리엄 해밀턴의 이론에서 나온 것이다. 해밀턴에 따르면 단풍의 화려한 색깔은 나무가 해충들에게 보내는 일종의 경계 신호이다. 단풍 색소를 만들려면 상당한 비용이 들기 때문에 건강한 나무라야 보다 화려한 색을 띨 수 있고, 그 화려한 색은 해충들에게 이렇게 말하고 있는 것이다. "너희들이 내 몸에 알을 낳으려면 내년 봄에 내가 만들 독한 대사 물질에 고생할 네 자식들을 걱정해야 할 것이다".

해밀턴은 이 연구의 결과를 미처 발표하기도 전인 2000년 1월 에이즈 바이러스의 기원을 연구하러 아프리카에 갔다가 급성 말라리아에 걸려 그만 세상을 떠나고 말았다. 이듬해 영국 왕립학회는 고인을 제1저자로 하여 논문을 발표했고, 그로 인해 우리는 단풍을 바라보는 새로운 눈을 얻었다. 건강한 나무들이 고운 가을을 만든다.

2009

Date

낙엽

한오시

숲의 나무가지 끝에도
가을은 젖어
금빛으로 타오른다.

지나간 날들의
행복한 생각도, 슬픈 사색도
가을의 향로 속에
녹아 꺼지면
조그마한 한 잎의 낙엽
밝은 달빛을 타고
벗낟가리 위에
사뿐이 내려 앉는다.

귀익은 귀뚜라미 소리 들으며
낙엽은 이슬에 젖는다.

고독의 쓰라림을 삿으며
조용히 조용히 이슬에 젖는다.

서늘한 가을바람이 불어오면
낙엽은 다시 땅 위에 닿는다.

지난 여름
즐거웠던 일들을 생각하며
사색에 잠기는 낙엽은
가을의 상징.

짙어가는 가을빛 속에
쓸쓸한 미소를 지을 뿐 ......

11월 17일*

리더의 덕목

* 순국선열의 날

2008년 김광웅 전 서울대 행정학과 교수 수업에서 한 초청 강연을 계기로 나는 여러 다양한 기업과 단체에 불려 다니며 리더십에 관해 강연한다. 그러나 평생 대학교수로 살며 그 흔한 보직도 죄다 고사하고 기껏해야 학회 회장 한 번 해 본 내게는 늘 부담스러운 강의 주제였다. 그러다가 2013년부터 3년 동안 환경부에서 새로 설립한 국립생태원 초대 원장을 지내며 현장의 매운맛을 제대로 느껴 보았다.

이 경험에서 얻은 뼈아픈 교훈들을 엮어 낸 책이 바로 『숲에서 경영을 가꾸다』이다. 이 책에서 나는 지도자의 덕목을 네 가지(RTPS)로 정리했다. 평생 학문을 해 온 사람으로서 어쩔 수 없이 나는 모름지기 지도자라면 자기가 이끌어야 할 사람들보다 지적으로 탁월해야 한다고 생각한다. 그러기 위해서 리더(Leader)는 우선 리더(Reader)여야 한다. 다양한 분야의 책을 두루 많이 읽어 박식했으면 좋겠다. 그리고 그 해박한 지식을 지혜로 승화시킬 줄 아는 사람이면 더욱 좋겠다. 경거망동 돈키호테가 아니라 깊이 생각하는 지도자(Thinker)를 원한다. 그래야 새로운 길로 우리를 인도할 수 있는 슬기로운 길라잡이(Pathfinder)가 될 수 있다.

여기에 내가 국립생태원장을 지내며 터득한 넷째 덕목을 보탠다. 새 시대가 원하는 지도자는 지시하고 명령하고 잘잘못을 평가하고 상벌하는 보스(Boss)가 아니라 솔선수범하며 함께 울고 웃는 현장 참여형 리더다. 보스는 자기만 혼자 떠들지만 리더는 귀 기울여 듣는다. 보스는 결과에 목을 매고 리더는 과정을 중시한다. 보스는 군림하고 리더는 섬긴다. 대선 주자 다섯 중에서 누가 진정 책도 많이 읽고, 매사에 깊게 숙고하며, 국가가 가야 할 길을 찾아 줄 지도자인지 곰곰이 따져 보자. 그리고 그보다 더 중요하게 누가 과연 국민을 섬기는 지도자(Server)가 될지 잘 가늠해 보자.

2021

하는 사람들을 돕자
for Animals and the Natural World
7 자연을 해치지 말고 자
Refrain from Harming Life in
아니다 희망을 갖고 살자
Not Alone and Live with Hope

이가 되
fe on Ea
부
Lea
소중히 여기고
rve the Sounds

11월 18일

공회전

요즘 하늘은 참 청아하게 맑은데 길을 걷다 보면 매캐한 냄새가 코를 찌른다. 날이 쌀쌀해지자 차 안 온도를 따뜻하게 유지하려는 운전자들이 공회전(空回轉)을 부쩍 많이 하기 시작했다. 공회전으로 차량 연료의 10~15퍼센트가 낭비된다고 한다. 기름 한 방울 나지 않는 나라로서는 각별히 신경 써야 할 듯싶은데 우리나라 운전자들은 대체로 무심하다. 차량 냉난방 때문이 아니더라도 단순히 시동을 끄고 켜기 귀찮아 그냥 내버려두는 운전자가 적지 않다.

일본 요코하마대에 초청돼 특강을 한 적이 있다. 도쿄에서 고속철을 타고 요코하마역에 내렸더니 그 대학 교수 한 사람이 마중을 나와 있었다. 그의 차를 타고 대학까지 가는 도중 신호등에 걸려 멈출 때마다 그는 어김없이 차 시동을 끄고 기다렸다. 요코하마는 유달리 언덕이 많은 도시라서 여러 차례 상당히 가파른 비탈길에 거꾸로 매달린 지경이었건만 그는 단 한 번도 시동을 껐다 켜는 수고스러움을 거르지 않았다. 시동을 켤 때마다 과도하게 많은 연료가 주입돼 오히려 낭비가 아닌가 물었더니 일본에서 실시된 여러 실험에 따르면 전혀 그렇지 않단다.

국내에서 판매되고 있는 많은 유럽 자동차들은 신호에 멈춰 서면 자동으로 시동이 꺼졌다가 브레이크에서 발을 떼면 다시 시동이 걸린다. 국내 자동차 제조업체들은 이런 장치를 장착한 차량을 시판했지만 판매 확대에는 별 관심이 없는 것 같다. 차로가 여럿인 대로(大路)일수록 신호 대기 시간도 길고 대기하는 자동차도 많다. 그리고 그곳에는 어김없이 긴 횡단보도가 있다. 신호를 기다리는 차들이 내뿜는 미세 먼지가 보행자들 코를 통해 폐 깊숙이 빨려 들어가는 모습이 보이는 듯싶다. 자동차를 구입할 때에는 연비 정보를 세심하게 따지면서 정작 운전할 때에는 지극히 대범해지는 게 이 땅의 운전자들이다. 사소한 것에 얽매이지 않고 너그러운 대범함이 미덕인 문화이긴 하지만 환경 문제에는 조금 옹졸해도 좋을 것 같다.

2014

11월 19일

오리시대

웬 '오리시대'? 조선시대에서 깜찍한 소녀시대를 거쳐 어느덧 꽥꽥거리는 오리시대로 넘어간다는 말은 아니다. 이제 우리가 살아온 삶을 돌이켜 보고(reflect), 자원 고갈을 막기 위해 소비를 줄이고(reduce), 그저 오래됐다고 마냥 버리지 말고 또 쓰고(reuse), 가능한 한 모든 자원을 재활용하며(recycle), 망가진 환경을 복원해야(restore) 할 때가 되었다는 의미의 '5re시대'가 열렸다는 뜻이다.

Reflect: 언제까지나 개발 일변도의 정책을 지속할 수 없다는 것은 이제 모두가 안다. 오로지 경제 부흥만을 위해 숨가쁘게 달려온 우리 삶을 돌아볼 때가 되었다. '가난 극복'을 넘어 이제 '국민 행복'을 추구하고 있다.

Reduce: 소비가 미덕이던 무책임한 자본주의는 그 효용 가치를 상실했다. 에너지 공급을 늘리기보다 우선 절약할 방도부터 찾아야 한다. 스스로 자신의 수요를 줄여 남과 나누는 '따뜻한 자본주의'가 확산되고 있다.

Reuse: 재활용에 앞서 재사용이 중요하다. 재활용에는 사용하던 물건을 분쇄하여 새로운 제품을 만드는 공정 단계가 포함되어 있으며 적지 않은 시간과 에너지가 소요된다. 재활용하면 된다며 일회용 컵을 남용하는 것보다 자기만의 텀블러를 가지고 다니는 것이 훨씬 환경 친화적인 행동이다.

Recycle: 어느덧 우리 국민의 재활용 습관은 수준급에 이르렀다. 그러나 습관은 서서히 몸에 배어 가건만 여전히 정책과 시설이 따라 주지 못한다. 우리는 기껏해야 종이, 깡통, 플라스틱 정도로 분리수거하지만 재활용 선진국에서는 유리, 전구, 배터리, 전자 제품까지 세분하여 모은다. 우리도 조금만 더 분발했으면 좋겠다.

Restore: 생명의 역사 30억 년 동안 지구의 표면을 우리 인간만큼 대대적으로 바꿔 놓은 동물은 없다. 현생 인류의 역사 25만 년에서 지난 100년만큼 엄청난 환경 파괴를 저지른 역사도 없다. 이제 우리가 저지른 과오를 우리 스스로 씻어 내야 한다. 다음 세대에게 우리가 물려받은 자연보다 조금은 더 나은 자연을 물려주고 싶다. 그래야 한다.

2013

11월 20일

꿀벌의 꼬리춤과 언어의 조건

여남은 해 전 미국 MIT에서 유명한 언어학자 촘스키 교수를 찾아뵈었다. 『조선일보』와 대우재단이 주최하는 한국학술협의회 석학연속강좌에 모시려고 찾아뵌 것이었다. 촘스키 교수는 우리 학계의 거듭된 초청에 늘 인권 후진국에는 가지 않겠다며 거절해 왔다. 금방이라도 쓰러질 듯 위태롭게 쌓여 있는 책들 사이에서 점심이 늦었다며 샌드위치를 드시는 선생님께 조심스레 초청 의사를 밝혔는데 뜻밖에도 흔쾌히 수락해 주셨다. 그러나 기쁨은 잠시뿐, "그래 자네는 어떤 연구를 하는가"라고 묻는 말에 "까치의 언어를 연구합니다"라고 답하는 순간 애써 쌓은 공든 탑이 그만 와르르 무너지고 말았다.

인간만이 언어를 가진 동물이라는 대가의 사뭇 완강한 주장과 심지어는 꿀벌도 언어를 사용한다고 부득부득 우겨 대는 소장 학자의 눈치 없는 도전이 반 시간 넘도록 이어졌다. 언어를 만일 '시공간을 초월한 정보를 상징적인 부호를 사용하여 전달하는 행위'라고 정의한다면, 나는 꿀이 있는 곳까지의 거리와 방향에 관한 정보를 담고 있는 꿀벌의 춤은 언어로서 손색이 없다고 생각한다. 몇 시간 전, 수백 미터 떨어진 곳에서 수집한 정보를 춤이라는 상징 매체를 통해 남에게 전달하는 행위는 고양이가 지금 당장 배가 고프니 밥을 달라고 바짓가랑이를 감아 돌며 야옹거리는 것과는 차원이 다른 소통 행위이다.

꿀벌의 아침은 스무 마리 남짓의 정찰벌들이 새로운 꿀을 찾아 나서는 일로 시작한다. 제가끔 좋은 꿀의 출처를 알아낸 정찰벌들은 벌통으로 돌아와 이른바 꼬리춤(waggle dance)이란 걸 춘다. 꼬리춤의 방향과 중력의 방향 간의 각도는 태양과 꿀이 있는 곳 사이의 각도를 의미하고 꼬리춤의 속도는 꿀에 이르는 거리를 표현한다. 이 정보는 얼마나 객관적인지 우리 인간도 조금만 숙련하면 꼬리춤만 보고도 정확하게 꿀이 있는 곳을 찾을 수 있다.

오늘은 꿀벌의 춤언어를 해독하여 1973년 노벨생리의학상을 수상한 카를 폰 프리슈(1886~1982)가 태어난 날이다. 나는 이 세상에서 폰 프리슈보다 더 예리한 관찰력을 지닌 사람은 없다고 생각한다. 수천 마리의 벌들이 잉잉거리는 벌통을 들여다보며 그들 중 누군가가 춤을 추며 동료에게 이야기를 하고 있다는 걸 찾아냈으니 말이다.

(My thought)

How do scout bees decide whether the hole is big enough to support the entire colony when it ~~grows to~~ doubles?

Do workers try to pick the size that ~~doubles~~ is the twice the swarm size?

Or, do they remember their old nest size and pick the same size?

11월 21일*

기생충과 문화 수준

* 세계 텔레비전의 날

1994년 이전에 초·중·고 교육을 받은 이들은 분변 검사에 얽힌 추억이 있다. 나는 중학생 시절 어느 날 깜박하고 분변 시료를 가져오지 않아 급한 나머지 짝꿍 것을 쪼개어 냈다가 동양모양선충이 있다는 진단을 받고 애꿎은 약을 먹었던 기억이 난다. 분명히 같은 시료였는데 왜 그 친구는 회충만 있고 나는 동양모양선충이 있는 걸로 나왔는지 알다가도 모를 일이지만, 담임 선생님이 약을 나눠 주며 그 자리에서 먹으라 하셔서 피할 길이 없었다. 온종일 하늘이 노랬다.

1970년대만 해도 우리나라 장내 기생충 누적 감염률은 200퍼센트에 달해 국민 한 사람이 두 종 이상 기생충에 감염되어 있었다. 우리 정부는 1966년에 '기생충 질환 예방법'을 공표하고 1971년부터 2013년까지 5~7년 주기로 8차에 걸쳐 전국 장내 기생충 감염 실태를 조사했다. 1971년 제1차 조사 때에는 감염률이 무려 84.3퍼센트였으나 1986년 제4차 조사에서 12.9퍼센트로 급감하더니 2013년

제8차 조사에서는 불과 2.6퍼센트로 나타났다. 예전에는 회충, 구충, 편충과 같은 토양 매개성 선충이 주를 이뤘으나 차츰 간흡충과 요코가와흡충 감염률이 높아졌다. 베트남, 캄보디아, 라오스 등 동남아시아 국가에서 나타나는 후진성 기생충인 흡충의 감염률이 높은 까닭은 여전히 민물고기를 날로 먹는 식습관 때문이다. 그러나 이를 제외하면 우리나라 장내 기생충은 거의 박멸된 상태다. 동양모양선충은 검출되지 않은 지 오래다.

15일 수원 아주대병원 이국종 교수가 판문점 공동경비구역(JSA)을 통해 귀순하려다 총상을 입은 북한군에 대해 2차 수술을 한 후 환자 상태에 대해 브리핑을 하고 있다. 이 교수는 "우리나라 사람에게 나오지 않는 기생충이 발견됐다. 기생충을 모두 제거하는 수술을 했다"고 말했다.

이번에 귀순하다 총상을 입은 북한 병사를 수술하는 과정에서 기생충이 수십 마리 나왔다. 큰 것은 몸길이가 무려 27센티미터나 된다니 북한의 생활 환경이 얼마나 열악한지 짐작할 수 있을 것 같다. 어렸을 때 동네 어르신이 어느 꼬마의 항문에서 긴 촌충을 잡아 빼는 걸 본 적이 있다. 지금부터 무려 50년 전 일이다. 우리와 북한의 문화 수준 차이가 족히 반세기는 되는 듯싶다. 통일이 되더라도 이 격차를 어찌 감당할지 마음이 무겁다.

11월 22일

외국어와 치매

별나게 수다스러운 입방정에 영어 회화책까지 펴낸 개그맨 김영철이 다른 동료 개그맨들보다 알츠하이머 치매에 걸리는 시기가 길면 5년이나 늦을 것이라는 연구 결과가 나왔다. 최근 국제 학술지 『신경생물학(Neurobiology)』에 발표된 캐나다 토론토대의 연구에 따르면, 평생 모국어만 사용하는 사람들보다 외국어를 한두 개 구사하는 같은 연령대의 사람들이 알츠하이머 치매 증상을 훨씬 덜 보인다는 것이다.

치매는 다양한 원인으로 인해 뇌기능이 전반적으로 저하되면서 기억, 언어, 사고 등에 심각한 지장이 생겨 정상적인 일상생활을 유지할 수 없게 되는 질병이다. 세계적인 사회 현상인 고령화에 발맞춰 치매 발병률도 날로 증가하고 있는데, 미국의 경우에는 65세 이상 노인 8명 중 1명꼴로 나타나고 있고 우리나라도 그 비율이 최근 8~9퍼센트에 이른다. 한국치매가족협회의 예측에 따르면, 2020년경에는 치매로 인해 고통받을 우리나라 사람의 수가 치매 환자 36만 명과 그들을 돌봐야 할 가족 64만 명을 합해 무려 110만 명에 이를 것이란다.

2007년에서 2009년 사이에 알츠하이머 치매 판정을 받은 65세 이상 노인 환자 211명을 대상으로 조사한 이번 연구에서는 둘 이상의 언어를 사용하는 사람들의 뇌라고 해서 노화성 손상을 덜 입는 것은 아니지만 기억력, 문제 풀이 능력, 기획력 등의 감퇴 정도는 훨씬 덜하다는 사실이 밝혀졌다. 지난 수십 년간 치매에 관한 의학 연구에 엄청난 돈과 시간을 쏟아부었지만 아직 이렇다 할 치매 예방 약물을 개발해 내지 못한 상황에서 절제된 식단, 주기적인 운동 등과 더불어 활발한 외국어 사용이 건강한 노후의 삶에 도움이 될 수 있다는 것이다.

그렇다고 노인들이 꼭 영어를 해야 할 까닭은 없다. 우리 아이들이야 이다음에 가장 많이 써먹을 수 있는 영어나 중국어를 우선적으로 배울 이유가 있을지 모르지만, 치매 예방에는 우리말과 어휘나 어순이 다른 언어라면 어떤 것이든 도움이 될 것이다. 손자들 사교육비에 보탬은 되지 못할망정 다 늙은 마당에 돈까지 내며 학원에 다닐 생각은 접고, 이참에 외국인 노동자들을 위해 자원봉사를 하며 그들의 언어를 배워 보면 어떨까 싶다. 이야말로 남에게 좋은 일 하며 내 뇌의 건강도 챙기는 일거양득이 아닌가?

2010

11월 23일

헌법 제1조 3항

지난 3월 프랑스 하원은 헌법 제1조에 "국가는 생물다양성과 환경 보전을 보장하고 기후변화에 맞서 싸운다"는 문구를 삽입하는 법안을 찬성 391명, 반대 47명으로 의결했다. 그러나 이를 국민 투표에 부치려던 마크롱 대통령의 계획은 중도 성향의 하원과 달리 우파 공화당이 다수를 차지한 상원을 통과하지 못해 끝내 무산되고 말았다. 상원은 하원이 의결한 문구에서 '보장'이라는 단어를 삭제하고 '맞서 싸운다'는 표현을 미적지근한 '대응한다'로 대체했다.

우리나라는 1987년 헌법을 개정하며 제35조에 환경권을 국민의 기본권으로 신설했다. 하지만 환경권의 내용과 행사를 법률로 제한할 수 있다는 단서 조항을 삽입하는 바람에 소극적 실행으로 이어지고 말았다. 나는 요즘 사회 각계각층 대표들과 함께 헌법 개정 운동에 팔을 걷어붙였다. 대한민국 헌법 제1조 1항은 "대한민국은 민주공화국이다"이고, 2항은 "대한민국의 주권은 국민에게 있고, 모든 권력은 국민으로부터 나온다"이다. 여기에 "대한민국 국민은 기후 및 생물다양성 위기를 극복하고 지속 가능한 환경을 후손에게 물려줄 의무를 지닌다"는 문구를 3항으로 추가할 것을 제안한다.

헌법 개정을 위한 국민 투표는 국회 재적 의원 과반수가 발의하고 3분의 2 이상이 찬성해야 성사된다. 과정도 까다롭지만 우선 어마어마한 예산이 필요하다. 하지만 아주 손쉬운 방법이 있다. 내년 3월 9일 대통령 선거 때 헌법 개정 찬반을 묻는 종이 한 장만 추가하면 된다. 대선 주자들만 동의하면 어렵지 않게 이뤄 낼 수 있을 것 같다. MZ세대는 일자리 못지않게 환경 문제를 중요하게 여긴다. 건강한 환경에서 강한 경제가 나온다. 발의에 참여한 청년 대표들은 한결같이 기후변화가 그들 목에 칼을 겨누고 있다며 결코 좌시하지 않겠다고 포효했다. 대선 주자들의 현명한 판단을 기대한다.

11월 24일

生水와 아리수

먹을 물이 없어 매일 여덟 시간씩 물을 길어 나르는 아프리카 소녀 이야기를 듣고 "생수(生水)를 사 먹으면 될 텐데" 하고 말하는 아이들이 있다. 어디서든 꼭지만 틀면 나오는 수돗물은 마다하고 병에 든 물을 굳이 돈을 주고 사 먹는 게 이른바 현대인이다. 공공재이던 물이 어마어마한 돈을 투자하고 회수하는 거대한 시장을 형성하고 있다.

서울시는 2004년 2월부터 수돗물에 고구려 때 한강을 부르던 이름을 붙여 '아리수'라 명명하고 수질을 개선하기 위해 노력해 왔다. 세계보건기구가 권장하는 155개 수질 항목에 대해 정기적 검사를 실시함은 물론, 감시가 더 필요하다고 판단한 200여 항목도 수시로 검사를 해 온 덕에 2009년 유엔 공공행정상 대상을 받았다. 그런데도 수돗물에 대한 불신은 여전하다. 내가 몸담고 있는 이화여대에서도 하루에 적어도 1천 병 이상 생수를 소비하고 있다.

지난해 5월 내가 가르치는 수업인 '환경과 인간'의 학생들이 구성한 물대책위원회가 '생생水다'라는 이름의 블라인드 테스트를 실시했다. 이화여대 학생, 교수 그리고 여러 외국인 교환 학생이 참여한 테스트에서 아리수는 총 140표를 얻어 일반 생수는 물론 고가 생수 에비앙도 누르고 당당히 1등을 했다. "셋 중에서 어느 물이 수돗물일 것 같으냐"는 추가 질문에는 상당수가 "가장 맛이 없는 이 물이 수돗물일 것"이라고 답했다. 수돗물에 대한 불신 정도가 위생을 넘어 취향에 이른 것이다.

세계적 수자원 전문가 피터 글렉은 저서 『생수, 그 치명적 유혹』에서 생수의 취수원, 청결함, 영양가, 안전성 문제를 조목조목 파헤친다. 물이란 모름지기 흘러야 썩지 않는다는 원리는 4대강 사업 비판에만 적용되는 게 아니다. 지구 저편 알프스나 피지에서 채수되어 병 속에 갇힌 채 수천 킬로미터를 날아온 물이 과연 좋은 물일까? 병에 든 물은 이내 병든 물이 된다. 한 줌 물을 담는 데 동원되었다 버려지는 그 엄청난 양의 플라스틱은 또 어찌할꼬? 그 옛날 대동강 물을 팔아먹었다는 봉이 김선달은 그나마 부자와 양반을 골탕 먹였지만 현대 생수 산업은 생태계를 파괴하며 인류 전체를 골탕 먹이고 있다.

2013.04.15

11월 25일*

개미 나라의 단일화

* 세계 여성 폭력 추방의 날

대선 후보 간의 단일화를 두고 명분이 없다느니 야합이라느니 구시렁거리지만 개미를 연구하는 내게는 전혀 이상하지 않은 일이다. 해마다 혼인 비행에 참여하는 차세대 여왕개미가 지역마다 수만 마리에 이를 텐데 그들이 모두 짝짓기에 성공하고 제가끔 나라를 세운다고 생각해 보라. 그야말로 춘추전국시대가 따로 없다. 나라를 세우기에 적절한 장소를 발견하면 여왕개미들은 더 이상 쓸모가 없게 된 날개를 떼어 낸 다음 땅속 깊이 굴을 파고 그곳에서 천하를 평정할 군대를 양성한다. 날개 근육과 피하의 지방만으로 거의 같은 시각에 건국 대장정에 돌입한 주변의 수많은 여왕개미보다 하루라도 일찍 더 많은 일개미를 길러 내야 한다.

바로 이 시점에서 많은 여왕개미가 선택하는 전략이 제휴 또는 동맹이다. 계산은 지극히 간단명료하다. 여왕개미 혼자서 한 달 안에 5마리의 일개미를 키워 낼 수 있다고 가정해 보자. 여왕개미 둘이 연합하면 10마리, 넷이 연합하면 20마리의 일개미를 키울 수 있다. 신기하게도 여왕개미 여럿이 함께 키우면 일개미들의 발육 속도도 혼자서 키울 때보다 빨라진다. 이쯤 되면 홀로 버티는 여왕개미가 오히려 이상해 보일 지경이다.

홀로 버티는 이유는 간단하다. 동맹 체제에서는 필연적으로 연합한 여왕 중에서 누가 실제로 정권을 쥘 것인지를 결정하는 단계가 기다리고 있기 때문이다. 개미 나라에는 일개미들이 결정하여 한 마리의 여왕을 옹립하거나 여왕개미들끼리 직접 담판을 짓는 두 가지 방법이 있다. 안철수 후보가 문재인 후보와의 담판 과정에서 속사정이야 어찌 됐건 결국 깨끗이 양보하고 물러섰다. 이제 안 후보 지지자들의 이탈이 관건이란다.

개미 나라의 동맹에 이탈이란 없다. 이탈의 문제는 여왕개미들끼리 직접 담판을 짓는 경우보다 일개미들이 한 여왕을 추대하는 경우에 더 심각할 수 있다. 여왕개미 한 마리만 남기고 나머지를 모두 숙청하는 과정에서 상당수의 일개미는 실제로 자기를 낳아 준 어머니를 죽이는 비정한 짓을 저지른다. 그래도 이탈은 없다. 여왕개미들은 기회만 있으면 서로 물어뜯으려 했을지 모르지만 일개미들은 한 치의 흔들림도 보이지 않는다. 정권 창출이 지지 후보 충성도나 심지어는 천륜지정(天倫之情)보다 더 중요하기 때문이리라. 정치란 원래 그런 것이다.

2012

11월 26일

傳說의 계통분류학

“참으로 단순한 시작으로부터 정말 아름답고 대단한 형태들이 끝도 없이 진화해 왔고 지금도 진화하고 있다”. 다윈의 『종의 기원』에서 가장 자주 인용되는 문장이다. 다윈은 사실 유전자의 실체에 대해 잘못된 지식을 갖고 있었음에도 불구하고 지구상의 모든 생명체가 태초에 하나의 생명으로부터 분화되었다고 주장했다. 그런데 놀랍게도 오늘날 최첨단의 생물학은 그가 옳았다는 것을 확인하고 있다.

다윈의 진화론에 입각하여 시간을 거슬러 올라가며 생물의 가계도를 밝히는 생물학 분야를 계통분류학(phylogenetics)이라고 한다. 예전에는 생물의 형태에 관한 정보를 사용하다가 최근에는 유전자나 아미노산 정보를 가지고 확률적으로 가장 근사한 정도, 즉 최우도(最尤度)를 찾아내는 통계 방법을 이용하여 공룡이 진정 새의 조상인지 또는 인간과 침팬지가 언제 공통 조상으로부터 갈려 나왔는지 등을 추정한다.

계통분류학은 어느덧 생물학에서 가장 활발한 연구 분야가 되었지만 이 멋진 진화적 방법론이 생물학의 담을 넘어 다른 분야에 적용된 예는 언어의 기원에 관한 연구 외에는 거의 없었다. 하지만 대표적인 범학문 학술지 『플로스 원(PLoS ONE)』 최신 호에는 17세기 프랑스 동화 작가 샤를 페로의 『빨간 모자(Little Red Riding Hood)』와 그와 흡사한 아프리카와 동아시아의 전래 동화를 비교 분석한 논문이 실렸다. 섭섭하게도 이 동화들은 그 기원과 발달 과정에서 한 계통으로 진화한 것이 아니라고 밝혀졌지만 앞으로 민간 설화와 민요의 진화적 연구는 봇물 터지듯 쏟아져 나올 것 같다.

나는 가장 좋은 후보로 무엇보다도 먼저 우리 전설(傳說) 『콩쥐팥쥐』의 분석을 제안한다. 『콩쥐팥쥐』와 『신데렐라』의 유사성에 대해서는 이미 많은 사람이 지적한 바 있지만 비슷한 이야기가 중국 당나라의 설화집 『유양잡조(酉陽雜俎)』에도 실려 있다. 이들은 만일 요즘 발표되었으면 표절 시비에 휘말렸을 게 분명할 정도로 서사 구조가 흡사하지만 진정 진화의 역사를 공유하는 이야기인지는 계통분류학적 분석이 필요해 보인다.

2013

11월 27일

도구를 사용하는 동물

1960년 제인 구달 박사는 침팬지가 가늘고 긴 나뭇가지를 개미굴에 넣었다 뺐다 하며 '개미 낚시'를 하는 광경을 목격했다. 도구를 사용하는 유일한 동물, 인간의 아성이 무참히 무너지는 순간이었다. 그 후 일본 영장류학자들은 침팬지들이 평평한 돌을 모루로 깔고 다른 돌을 망치처럼 사용하여 견과류를 깨 먹는 행동을 관찰했다. 바다에 사는 해달은 물 위에 벌렁 누운 자세에서 평평한 돌을 가슴팍에 올려놓고 거기에다 조개를 부딪쳐 깨 먹는다.

늪지대에 사는 고릴라는 물에 들어가기 전에 긴 막대기로 물의 깊이를 잰다. 오랑우탄은 풀피리를 만들어 위험 신호를 보낸다. 태국의 사찰에서는 마카크원숭이들이 관광객의 머리카락을 낚아채 치실로 사용한다. 동물계에서 가장 큰 두뇌를 지닌 코끼리는 큰 나무나 돌로 전기 울타리를 무너뜨리기도 하고, 나뭇가지를 다듬어 파리채를 만들기도 한다. 호주 서해안에 서식하는 병코돌고래는 청소용

스폰지처럼 생긴 해면동물을 코끝에 끼고 모래를 뒤집으며 먹이를 찾아 먹는다.

새 중에는 까마귀류가 단연 으뜸이다. 그들은 나무 구멍 안에 숨어 있는 벌레를 잡아먹기 위해 알맞은 굵기의 나뭇가지를 고르거나 용도에 맞게 다듬기도 한다. 영국의 인지과학자들은 뉴칼레도니아 까마귀들이 입구가 좁은 물병에 돌을 집어넣어 수위를 높여 물을 마시는 행동을 관찰했다. 이솝 우화를 실제로 '입증'한 셈이다.

지금 유튜브에는 산호초 지역에 서식하는 놀래기과 물고기의 도구 사용 행동을 촬영한 비디오가 올라 있다. 작은 물고기가 모래를 헤치며 잡은 조개를 입에 물고 꽤 먼 거리를 헤엄쳐 간 다음, 커다란 바위에 매질하는 모습이 또렷하다. 침팬지들은 한참 신나게 뛰놀다가도 특별하게 생긴 나뭇가지를 발견하면 그걸 주워 들고 평소 즐겨 찾던 개미굴로 달려간다. 삐뚤빼뚤 개미굴에 딱 맞는 나뭇가지를 발견한 것이다. 놀래기와 침팬지의 이런 행동은 '미래를 염두에 둔 사고(forward thinking)'로서 상당한 기억력과 판단력을 요구한다.

우리는 오랫동안 인간만이 사고할 줄 아는 동물이라고 생각했다. 천만의 말씀이다. 그들에 대한 우리의 생각을 바꿀 때가 되었다.

2011

11월 28일

나이트클럽과 의학 발전

정확하게 75년 전 오늘 미국 보스턴 코코아넛 그로브(Cocoanut Grove) 나이트클럽에서 큰불이 나 492명이 목숨을 잃었다. 미국 역사상 건물 화재로는 1903년 무려 602명의 목숨을 앗아간 시카고 이로쿼이 극장(Iroquois Theatre) 화재 다음으로 사망자가 많은 사건이었다. 너무나 많은 사람이 사망한 것은 안타깝기 그지없지만 이 사건은 뜻하지 않게 의학 발전에 큰 획을 그었다.

생명이 위태로운 화상 환자들에게 두 가지 획기적 의료 시술이 이뤄졌다. 1928년 알렉산더 플레밍이 발견했지만 아직 실험 단계에 머물던 페니실린을 과감하게 임상에 투입한 일은 지금까지도 의학계의 큰 혁신으로 꼽힌다. 제약 회사 머크가 간간이 효험이 검증되던 페니실린 배양액 32리터를 보내왔다. 곰팡이가 세균의 공격을 막아 내기 위해 분비하는 항생 물질을 추출해 대량으로 배양한 다음 세균에 감염된 환자들에게 본격적으로 투여한 최초 사례다. 결과는 대단히 성공적이어서, 페니실린은 곧바로 제2차 세계 대전 당시 모든 야전 병원에 공급되어 수천 병사를 무사히 집으로 데려오는 데 기여했다.

화재 현장에서 구조된 환자들은 각각 보스턴시립병원과 매사추세츠병원으로 이송되었는데, 매사추세츠병원 의사들이 새로 개발한 수액 소생 방법 또한 큰 효과를 냈다. 제1차 세계 대전 때부터 널리 쓰이던 화상 치료법은 상처 부위에 타닌산을 바르는 것이었는데, 이 전통적 방법을 고수한 보스턴시립병원 환자들의 회복률은 겨우 30퍼센트에 그친 데 비해 바셀린을 듬뿍 머금은 거즈로 상처 부위를 감싼 메사추세츠 병원 환자들은 전원 회복되었다.

이 바셀린 치료법은 내 삶과도 연결되어 있다. 우리 아버지는 6.25전쟁 끝 무렵 공비 토벌 작전을 수행하던 중 야전 텐트에 불이 붙어 치명적 화상을 입었다. 병원으로 후송되었지만 거의 가망이 없는 상태였는데 어느 의사가 온몸에 발라 준 바셀린 덕분에 목숨을 구하셨다. 하마터면 홀어머니를 모실 뻔했다.

11월 29일

다윈과 휴얼

1859년 11월 24일 찰스 다윈의 『종의 기원』이 출간됐다. 모두 1,250권을 찍었는데 주문이 쇄도해 이틀 전에 이미 매진되는 기록을 세웠다. 이듬해 1월에 3,000권을 인쇄한 제2판도 날개 돋친 듯 팔려 나갔다. 일반인도 읽을 수 있도록 썼다지만 결코 호락호락한 책이 아님을 감안하면 엄청난 반응이었다.

『종의 기원』은 전통적인 동물학과 식물학은 물론 발생학, 생리학 그리고 지질학에 이르기까지 실로 다양한 학문 분야의 이론과 정보를 총망라한 저술이다. 굳이 내가 유행시킨 표현을 빌려 말하자면 다윈은 완벽한 의미의 통섭형 인재다. 흥미롭게도 다윈은 내가 '통섭'으로 번역한 'consilience'라는 단어를 처음으로 고안하고 그 개념을 설명한 윌리엄 휴얼에게 상당한 영향을 받았다. 휴얼의 저서 『귀납 과학의 철학(The Philosophy of the Inductive Sciences)』(1847)과 『귀납 과학의 역사(History of the

Inductive Sciences)』(1857)에 관한 천문학자 허셜의 서평을 읽고 다윈은 그의 노트에 꼭 읽어야겠다는 메모를 남기기도 했다. 휴얼 역시 1837년 런던지질학회 회장을 맡으며 이듬해 다윈을 총무로 영입했다.

그러나 『종의 기원』이 출간되자마자 허셜과 휴얼은 졸지에 비판자로 돌변했다. 그나마 허셜은 다윈이 신의 영역을 인정하고 비중 있게 다룬다면 그의 이론을 일부 받아들일 용의가 있다고 한 데 반해 휴얼은 다윈의 이론을 전적으로 거부했다. 철학자이자 근본주의 신학자였던 휴얼에게 다윈은 신의 설계를 이해조차 못 하는 자격 미달의 얼치기 이론생물학자였다. 그는 자신이 학장으로 있던 케임브리지 트리니티칼리지 도서관에 『종의 기원』을 비치하지 말라고 지시했다.

하지만 역설적이게도 『종의 기원』의 속표지에는 자연신학에 관한 휴얼의 인용문이 실려 있다. "물질계에 관한 한 (…) 현상은 신의 권능이 일일이 개입해서가 아니라 일반 법칙의 정립에 의해 일어난다". 통섭의 언덕에 오르려면 우선 아집의 늪에서 헤어나야 한다. 열려 있어야 어우를 수 있다.

11월 30일

빌리 진

1982년 11월 30일 역사상 가장 많이 팔린 앨범이 출시됐다. 마이클 잭슨의 《스릴러(Thriller)》는 지금까지 무려 7천만 장 이상 팔렸다. 이 앨범에 수록된 노래 중 일곱 곡이 싱글 앨범으로 출시됐는데 모두 빌보드 순위 10위 안에 드는 기염을 토했다. 그중 뭐니 뭐니 해도 문워크(moon walk)를 선보인 〈빌리 진(Billie Jean)〉이 압권이다. 분명히 뒤로 움직이고 있는데 앞으로 걸어가는 것 같은 착각을 불러일으키는 문워크에서 구두코로 곧추서는 동작으로 이어지는 안무는 눈으로 보고도 믿기지 않았다. 오죽하면 전설의 흑인 가수 스티비 원더가 "내가 만일 눈을 뜬다면 첫째로 딸의 얼굴을 보고 싶고, 둘째로 마이클 잭슨의 문워크를 보고 싶다"고 했겠나?

문워크 동작을 최초로 개발한 사람이 누구인지는 알려지지 않았지만 1932년 재즈 음악인 캡 캘러웨이의 춤 동작 '버즈(The buzz)'와 1943년 빌 베일리의

'백슬라이드(backslide)' 탭 댄스 동작이 가장 오래된 기록으로 남아 있다. 마이클 잭슨은 R&B 그룹 샬라마(Shalamar)의 멤버이자 안무가인 제프리 대니얼에게서 직접 사사한 것으로 알려져 있다. 문워크는 잭슨의 발명품은 아니었지만 그의 몸을 빌려 완벽하게 육신승천 했다.

마이클 잭슨은 여섯 살 때 친형 넷과 함께 잭슨 파이브(Jackson 5)의 멤버로 데뷔했다. 1972년에 발표한 〈벤(Ben)〉과 〈갓 투 비 데어(Got to be there)〉의 천진하고 청아한 목소리에 반한 나는 그가 20대 초반에 내놓은 〈오프 더 월(Off the wall)〉이나 〈걸프렌드(Girlfriend)〉 등에는 적이 실망했다. 아직 갈 길을 찾지 못해 방황하는 젊음의 불안한 음정처럼 들렸다. 그러다 터진 게 《스릴러》, 더 정확히는 〈빌리 진〉이었다. 노래도 한층 성숙해졌지만 춤은 가히 견줄 자가 없었다. 가장 농익은 〈빌리 진〉을 감상하려면 1996년 히스토리 투어(HIStory tour) 쿠알라룸푸르 공연 동영상을 찾아보기 바란다. 공연 예술의 극치를 만끽하게 될 것이다. BTS의 칼군무 이전에 잭슨의 문워크가 있었다.

Date

눈

밤새
크리스마스 카드처럼
눈이 내렸다

12

12월 1일

꽃가루 도마뱀

내가 학자의 삶을 시작하고 제일 처음 쓴 논문은 달랑 한 쪽 반이었다. 미국 펜실베이니아주립대에서 석사 과정을 밟던 시절 여름 학기에 돈을 벌기 위해 매일 트럭을 몰며 포충기(捕蟲器)에 잡힌 곤충들을 수거하는 실험 조수 일을 했다. 그때 내가 종종 점심 도시락을 까 먹던 언덕에는 마침 황금싸리가 만발했는데 그 꽃에서 꿀을 빨던 꿀벌과 호박벌의 행동을 관찰해서 쓴 논문이었다. 꿀벌은 황금싸리꽃을 열어젖히느라 고생하는 반면, 그보다 조금 무거운 호박벌이 암술과 수술을 감싸며 떠받치는 용골꽃잎에 내려앉으면 꽃문이 활짝 열렸다. 꽃과 꽃가루를 나르는 매개자 사이도 이처럼 궁합이 맞아야 한다.

벌과 개미는 더할 수 없이 가까운 사촌 간이지만 개미에게 꽃가루 운반을 부탁하는 식물은 없다. 벌과 달리 진화 과정에서 날개를 잃어버린 개미는 꽃가루 매개자로서 매력을 상실했다. 제법 많은 식물이 벌이 없으면 차라리 새나 딱정벌레에게 부탁한다. 한결같이 날개가 달린 동물이다. 밤에 피는 꽃은 대개 박쥐와 계약을 맺었다. 박쥐에게는 벌에게 주는 꿀보다 훨씬 많은 양을 제공해야 한다. 꽃의 색이 화려할 필요는 없어 대개 흰색이다. 대신 향이 진하다.

남아프리카공화국에는 별명이 아예 '숨겨진 꽃(hidden flower)'이라는 식물이 있다. 거의 기다시피 땅에 붙어 사는 이 식물의 꽃은 이파리 아래 숨은 채 땅바닥에 거의 코를 박고 있다. 게다가 부드러운 연두색을 띠고 있는지라 도대체 누가 찾을까 싶었는데 주인공은 뜻밖에도 도마뱀이었다. 미끌미끌한 비늘로 뒤덮인 도마뱀이 어떻게 꽃가루를 옮길 수 있을까 의아했는데 꿀로 범벅이 된 도마뱀 콧잔등에는 꽃가루가 뽀얗게 내려앉아 있었다. 영화 〈쥬라기 공원〉에서 이언 맬컴이 던진 명대사가 생각난다. "생명은 방법을 찾는다(Life will find a way)".

12월 2일*

이반 일리치의 '죽음'

* 세계 노예제 철폐의 날

톨스토이의 소설 『이반 일리치(Ivan Ilyich)의 죽음』에는 남부러울 것 없이 잘 살다가 대수롭지 않은 옆구리 부상으로 인해 급격하게 죽음을 맞는 한 중년 남자의 삶이 그려져 있다. 참으로 을씨년스럽고 덧없는 삶이다. 하지만 이른바 '물수능' 급류에 휩쓸려 허우적거리는 요즘 우리 아이들의 삶도 덧없기는 마찬가지다. 오늘은 12년 전 이 소설 주인공 이름과 우리말 발음이 거의 같은, 우리 시대 가장 논쟁적인 사상가 이반 일리치(Ivan Illich)가 사망한 날이다. 수능 문제 단 하나에 삶의 격이 달라지는 이 어처구니없는 현실에 나는 얼마 전 그의 『학교 없는 사회』를 다시 읽어 보았다. 제대로 된 공동체의 구성원이라면 점수가 아니라 존재 자체로서 사랑받아야 하건만 수능 따위가 어쭙잖게 '전 국민 줄 세우기'를 하고 있다.

일리치는 특이하게도 진보와 보수 양쪽으로부터 비난의 화살을 맞은 사상가다. 철학, 사회학, 역사학은 물론 종교학,

언어학, 여성학, 의학에 이르기까지 여러 다양한 학문 분야에 두루 탁월한 업적을 남겼건만, 해방신학자, 환경운동가, 무정부주의자들의 정신적 지주로 떠오르며 급진적 몽상가로 내몰렸다. 평생 고정관념을 깨부수는 데 천착했건만 그의 대표 저서 『과거의 거울에 비추어』 때문인지 다른 편에서는 그를 엉뚱하게도 '좌파 지식인을 향해 지적 폭력을 퍼붓는 보수주의자'로 몰아세운다. 12세기 사회와 사상을 탐구하며 현재를 이해하려면 과거로 돌아가 성찰해야 한다고 주장한 그가 보수적이라면 진화를 연구하는 나는 보수주의자의 전형일 수밖에 없다. 현재는 오로지 과거의 관성으로 나타나는 찰나일 뿐인데.

일찌감치 아이들을 문과와 이과로 나눠 놓고 모자라는 부분을 가르쳐 주기는커녕 피해 가라고 요령만 훈련하는 우리 교육의 작태를 보며 일찍이 교육이 "결핍을 가르치는 것으로 타락했다"는 일리치의 일침을 떠올린다. 그는 우리에게 '공용(公用)의 가치'를 일깨웠다. 문명의 '목발'이 부러져 나가기 전에 그가 부르짖은 '생태학적 현실주의'를 제대로 품어 내야 한다.

2014

12월 3일*

공격적 책 읽기

* 세계 장애인의 날

올해도 어느덧 저물어 간다. 한 해를 마무리하며 정리할 게 많겠지만 올 한 해 나는 과연 책을 몇 권이나 읽었나 돌이켜 보자. 우리나라 성인 10명 중 4명은 1년에 책을 한 권도 읽지 않는다. 고백하건대 나 역시 올해 책을 단 한 권도 읽지 않았다. 스스로 '책벌(冊閥)'이라 떠벌리고 살면서 1년 내내 단 한 권도 읽지 않았다니….

독서란 본디 책을 손에 쥐고 설레는 마음으로 책장을 펼치곤 때로 식사도 거르고 밤잠도 설쳐 가며 읽는 것인데, 나는 언제부터인가 그저 '공격적 책 읽기'만 하고 있다. 바쁘다는 핑계로 이 책 저 책 필요한 부분만 잘라 읽는다. 영어로 쓰인 책에는 대개 색인이 있다. 나는 색인을 뒤져 원하는 키워드를 찾은 다음 그 페이지로 쳐들어가 포획물을 둘러업곤 황급히 빠져나온다. 이러다 보니 어느덧 책을 펼치기보다 인터넷 검색을 더 즐긴다.

학교생활 기록부에서 독서 기록란을 없애겠다는 최근 교육부의 발표를 두고 찬반이 엇갈린다. 진득하게 책 한 권을 떼는 게 아니라 시험에 나올 법한 짤막한 지문을 도려내 읽고 저자의 의도 따위나 알아맞히는 방식을 신랄하게 비판해 온 독서 문화 시민 단체들은 이번 결정을 환영하지만, 비록 완벽한 제도는 아니더라도 열악한 교육 현장에서 어떻게든 아이들에게 책을 읽히려 안간힘을 써 온 일선 교사들은 허탈함을 감추지 못한다. 학창 시절 '억지로' 읽은 책 한 권으로 인생 진로가 뒤바뀐 사람은 뜻밖에 많다.

세상 모든 게 그렇듯이 국가 정책도 혁신과 진화 두 과정을 거치게 마련이다. 고생물학자 스티븐 제이 굴드의 '단속평형설'이 개혁에 약간의 정당성을 부여할 수도 있겠지만, 모름지기 전 국민을 상대로 펼치는 정책은 스스로 진화하도록 충분한 시간을 허용해야 한다. 책과 저자 이름이나 기록하는 짓은 그만두더라도 독서는 어떻게든 장려해야 한다. 단언컨대 독서보다 훌륭한 교육은 없다.

2019

12월 4일

귀지

나는 의사 선생님이 하지 말라는 것은 거의 하지 않는 편이다. 평생 담배는 피운 적이 없고 술도 거의 마시지 않는다. 짜고 맵고 기름진 음식보다는 담백한 음식을 좋아하고 과식하지 않는다. 20대 중반부터 거의 마시지 않던 커피는 최근 어느 의사 선생님이 건강에 이로울 수도 있다 하셔서 조금씩 즐기기 시작했다. 그리고 거의 10년 가까이 걸어서 출퇴근하고 있다.

그런데 내가 지키지 못하는 게 몇 가지 있다. 의자에 앉아 있는 시간만큼 수명이 줄어든다는 의학 연구 결과를 뻔히 알면서도 눈 뜨고 있는 시간 대부분을 컴퓨터 앞에 앉아 있다. 그리고 까탈스레 귀를 후벼 댄다. 하버드의대에 따르면 귀지는 결코 더러운 게 아니라서 제거할 필요도 없고 손가락, 면봉, 귀이개 등을 귓속으로 집어넣는 일은 위험하기까지 하다는데.

고래의 귀지를 연구하는 학자들이 있다. 귀를 후빌 손가락이 없는 바람에 고래의 귀지는 수십 년에 걸쳐 귓구멍 속에 켜켜이 쌓인다. 때로 길이가 50센티미터에 달하고 무게가 1킬로그램이 넘는다. 자연사 박물관 고래 표본에서 마치 나이테처럼 쌓인 고래 귀지를 꺼내 들여다보니 고래의 삶은 물론 인류의 근대사가 고스란히 기록돼 있더란다.

고래잡이 어업이 횡행했던 1970년대까지는 귀지층에 스트레스 호르몬의 흔적이 역력했다. 특히 1939년에서 1945년 사이에 스트레스 호르몬 축적이 두드러졌다. 아마 제2차 세계 대전 때문일 것이라는 게 연구자들의 설명이다. 다행히 1970년대 이후 계속 줄어들던 호르몬 수치가 1990년부터 바닷물 온도가 올라가며 다시 증가하기 시작했다. 고래들에게도 기후변화는 피해 갈 수 없는 스트레스 원인인가 보다.

이 논문을 읽고 나서 나는 우리 돌고래 연구진에게도 귀지 연구를 제안할 참이었다. 그러나 생각해 보니 돌고래는 눈 옆에 작은 구멍이 뚫려 있지만 주로 아래턱뼈의 울림으로 소리를 감지한다. 외이(外耳)가 없으니 귀지도 쌓일 리 없다.

12월 5일

선행 학습의 유혹

얼마 전 안과에 갔다가 선행 학습의 극치를 보았다. 시력 검사는 진료 전에 누구나 받아야 하는 과정이라 시력 검사실 앞은 늘 붐빈다. 얼추 60대 중반쯤으로 보이는 한 남성이 계속 검사실 안을 기웃거리다 결국 간호사로부터 복도에 나가 있으라는 핀잔을 들었다. 가만히 보니 그는 시력 검사표를 외고 있었다. 평생 경쟁 사회에서 살다 보니 시력 검사도 무슨 검사라고 좋은 성적을 얻으려 선행 학습을 하고 있던 것이다. 꼭 그래야만 하는 무슨 말 못 할 사연이 있는지는 모르지만 오진을 자처하는 참으로 어처구니없는 행동이었다.

“당신의 아이가 글자를 깨치고 입학하면 교육 과정에서 불이익을 받을 수 있습니다”. 독일의 취학 통지서에 적혀 있는 경고 문구란다. 공정한 경쟁 규칙을 어긴 부모도 비난의 대상이지만, 그런 아이들이 대체로 수업에 집중하지 못하고 산만하게 굴어 다른 아이들의 학업을 방해하기 때문에 교사에게는 공연한 부담으로 작용할 수 있다. 게다가 이런 일련의 부조화가 아이의 인격 형성에 장애를 초래할 수 있다는 점을 간과하지 말아야 한다.

우리나라 1세대 대표 뇌과학자 서유헌 가천대학교 뇌과학연구원 원장의 지론에 따르면 선행 학습이 아이의 뇌에 심각한 장애를 유발할 수 있단다. 인간의 뇌는 '생존의 뇌', '감정의 뇌', '이성의 뇌' 등 삼중 구조로 되어 있다. 뇌의 진화가 그랬듯이 이 세 뇌는 차례로 발달한다. 거의 20년에 걸쳐 순차적으로 발달하도록 진화한 인간의 뇌에서 '감정의 뇌'도 미처 자리를 잡지 못했는데 억지로 '이성의 뇌'를 구겨 넣으면 자칫 돌이킬 수 없는 지적 또는 사회적 장애가 일어날 수 있다.

이 땅의 부모들이 선행 학습을 통해 긍정적으로 자극하고 싶은 뇌 부위가 바로 전두엽일 것이다. 그러나 남보다 조금 앞서려다 이 중요한 전두엽을 뒤죽박죽으로 만들 수 있다. 요즘 아이들의 주의력 결핍과 높은 자살률이 어쭙잖은 선행 학습과 무관하지 않아 보인다. 시력 검사표 선행 학습이 생명을 위협할 수 있는 것처럼.

2017

12월 6일

시어머니와 장모

용산역에서 장항선 열차에 몸을 실으면 쉬엄쉬엄 느리고 정겨운 추억 여행을 떠날 수 있다. 기차가 충남 끝자락 장항역에 멈췄다 다시 무거운 몸을 추슬러 출발하면 왼편 창 너머 저만치 홀연 초현대식 돔들이 나타난다. 마치 영화 〈마션〉에나 나옴직한 이 돔들은 바로 국립생태원의 대표 전시관 에코리움(Ecorium)이다. 이곳은 열대관, 사막관, 지중해관, 온대관, 극지관 등 세계 5대 기후 생태계를 체험할 수 있는 '작은 지구'다. 작은 열대개미들이 자기 몸보다 훨씬 큰 나무 이파리를 물고 행군하는 진풍경과 더불어 곧 열대 난(蘭) 수백 종이 형형색색 꽃을 피우며 장관을 연출할 것이다. 추워지면 스키장 빼고는 딱히 갈 곳이 없는 이 땅에 최상의 겨울 관광지로 자신 있게 권한다.

후텁지근한 열대관을 빠져나와 사막관으로 들어서면 까칠한 선인장이 반긴다. 한 아름 공 모양의 이 선인장은 매무새만 까칠한 게 아니라 이름도 까칠하다. '시어머니 방석'이라니? 공식 명칭은 '황금 술통 선인장(golden barrel cactus)'이지만 흔히 '시어머니 방석(mother-in-law's cushion)'이라는 애칭으로 부른다. 서양에서는 '장모님 방석'으로 통하지만, 그렇게 번역하면 의미가 제대로 전달되지 않을 듯싶어 논의 끝에 '시어머니 방석'이라는 푯말을 내걸었다. 우리나라에서는 시어머니와 며느리 사이에 갈등의 골이 깊지만, 서양에서는 장모와 사위 관계가 껄끄럽다. '사위가 고우면 요강 분지를 쓴다'거나 '사위 반찬은 장모 눈썹 밑에 있다'는 속담처럼 그야말로 '백년손' 대접을 받는 사위가 서양에서는 장모를 공항에 배웅하고 돌아올 때가 가장 행복하다며 구시렁거린다.

최근 들어 우리 사회의 처가 풍속도도 빠르게 변하고 있다. 일단 금지옥엽 외동딸에 대한 사랑이 도를 넘거나 사위를 친아들 삼으려는 장인이 문제지만, 까칠한 사위를 바라보는 장모 시선도 예전 같지 않다. 조만간 국립생태원의 푯말을 서양처럼 '장모님 방석'으로 되돌려야 할지도 모르겠다.

12월 7일

기후변화와 이혼율

기후변화 때문에 이혼율이 높아진다는 연구 결과가 나왔다. 기후변화가 드디어 부부 생활에도 영향을 끼치는가 걱정스럽겠지만 인간이 아니라 바닷새 앨버트로스 사회에서 벌어지는 현상이다. 포르투갈 리스본대 연구진은 남미 포클랜드 제도에서 15년 동안이나 수행한 연구 결과를 최근 영국 왕립학회 회보에 발표했다. 이 논문에서 연구진은 기후변화로 인한 바닷물 온도 상승이 이혼을 부추기는 직접적인 원인이라고 보고했다.

2004년에서 2019년까지 축적한 데이터에 따르면 평소 4퍼센트 미만이던 이혼율이 해수 온도에 정비례하며 올라 2017년에는 7.7퍼센트를 기록했다. 2018년과 2019년에 수온이 떨어지자 이혼율도 다시 감소했다. 흥미롭게도 바닷물 온도가 오른 해에는 이전 해에 새끼를 비교적 잘 길러 낸 암컷들이 더 적극적으로 배우자를 버리고 새 짝을 찾았다. 번식 실패보다 환경 변화가 이혼율 변화와 더 직접적으로 연계되어 있는 것처럼 보인다.

갈매기, 제비갈매기, 슴새 같은 바닷새들은 일부일처제에 매우 충실하다고 알려져 있었다. 그러나 1980년대 중반 캘리포니아주립대 주디스 핸드 교수는 캘리포니아 갈매기 부부 세 쌍 중 한 쌍이 이혼한다는 관찰 결과를 내놓아 학계를 놀라게 했다. 갈매기는 평생토록 부부의 연을 맺을 뿐 아니라 양육 임무도 동등하게 나눈다. 인간 사회의 맞벌이 부부에게는 누가 아이를 돌보느냐가 첨예한 이슈지만 갈매기 부부는 서로 집에 있으려 해서 문제다. 바다에 나가 물고기를 잡는 일이 둥지에 앉아 있기보다 훨씬 고달프고 위험하기 때문이다.

갈매기 부부의 일과를 분석해 보니 교대 시간이 특별히 길었던 부부들이 갈라섰다. 앨버트로스는 수온 상승으로 먹이를 구하기 힘들어진 수컷이 뒤늦게 서식지에 도착해 이미 다른 수컷과 살림을 차린 암컷을 발견하는 비극이 속출하고 있다.

12월 8일

남녀의 두뇌

남성 과학자들은 오랫동안 남녀의 두뇌에서 확실한 성징을 찾고 싶어 했다. 제일 처음 발견한 것은 두뇌의 크기 차이였다. 남성의 뇌가 여성 뇌보다 평균 15퍼센트 정도 크다. 그러나 최대 8킬로그램에 이르는 두뇌의 소유자 향유고래와 종종 5킬로그램이 넘는 두뇌 무게를 자랑하는 코끼리가 두뇌 무게 겨우 1.3~1.5킬로그램인 인간보다 더 지능적이지 않은 것만 봐도 두뇌 용량만으로는 남성의 우월함을 장담할 수 없다. 20세기 내내 남녀 두뇌의 구조 및 기능 차이를 규명했다고 주장하는 논문이 줄을 이었다. 그러나 문제는 표본 크기였다. 그 자체로는 결코 신성한 숫자가 아니지만 과학계에서는 오랫동안 표본 크기가 적어도 20은 넘어야 일단 논문 심사 대상이 될 수 있었다. 하지만 두뇌 연구에서는 기껏해야 남녀 각각 3명을 상대로 수행한 연구라도 미미한 차이만 포착되면 대단한 발견인 양 보고되곤 했다.

이러한 관행에 마침표를 찍을 만한 연구 결과가 최근 『미국국립과학원회보(PNAS)』에 실렸다. 무려 1,400명의 두뇌를 MRI 기법으로 분석한 결과 이른바 '여성의 두뇌' 또는 '남성의 두뇌'라는 실체는 존재하지 않는 것으로 드러났다. 연구진은 우선 남녀 차이가 가장 두드러진 부위를 찾아낸 다음 각각의 두뇌에서 그 존재 여부를 검토해 보니 23~53퍼센트는 특징적으로 여성 또는 남성 부위를 각각 적어도 하나 이상씩 갖고 있었다. 인간의 두뇌는 형질이 다양한 모자이크, 즉 모듈(module)로 구성되어 있다.

염색체 수준에서 보면 여성(XX)과 남성(XY)은 분명히 다르다. 그 결과 인간 남녀는 생식 기관의 차이와 더불어 여성은 남성보다 훨씬 도드라진 가슴을 지니며 월경 주기를 갖고 있고, 남성은 여성보다 얼굴이나 몸에 털이 훨씬 많은 등 서로 다른 2차 성징을 나타낸다. 그런데 두뇌는 그리 다르지 않게 진화한 까닭이 무엇일까? 영장류 중 가장 복잡한 사회를 구성하여 살게 되는 과정에서 선택된 형질은 아닐까 생각해 본다. 네안데르탈인의 두뇌에도 남녀 차이가 없었을까 궁금하다.

2015

12월 9일*

파란 마음 하얀 마음

* 세계 반부패의 날

미국 유학 시절에 만나 짧은 연애 기간을 거쳐 결혼한 우리 부부는 신혼 때 서로에게 많은 질문을 하고 대화를 나눴다. 결혼을 하고 나서야 비로소 서로에 대해 깊이 알아 가는 과정을 거친 셈이다. 어느 날 아내가 내게 가장 좋아하는 동요가 무엇이냐 물었다. 나는 잠시도 머뭇거리지 않고 〈파란 마음 하얀 마음〉이라고 답했다. 전쟁으로 상처받은 동심을 어루만지고자 1956년 당시 서울중앙방송국이 벌인 '밝고 아름다운 노래 부르기' 캠페인에서 선정한 동요다. 아내는 내게 그 노래가 '4분의 3박자, 바장조'라고 가르쳐 주며 내가 밝은 노래를 좋아한다고 반가워했다.

그러나 훗날 아들이 태어났을 때 내가 그 녀석을 안고 〈섬집 아기〉를 부르자 아내는 아기에게 왜 그렇게 슬픈 노래를 자장가로 불러 주느냐며 펄쩍 뛰었다. 나는 세상에서 내가 둘째로 좋아하는 동요라고 항변하며 아내 몰래 아들에게 종종 들려 주었다. 〈섬집 아기〉를 자장가로 부르는 부모는 나뿐이 아니다. 하지만 이 노래를 자장가로 들려 주면 예민한 반응을 보이며 눈물까지 흘리는 아기 역시 적지 않다고 한다. 같은 바장조의 두 노래가 어쩌면 이리도 느낌이 다를 수 있는지 설명을 듣고 나도 여전히 신기하다.

〈파란 마음 하얀 마음〉의 작곡가 한용희 선생이 지난 5일 83세로 별세했다. "우리들 마음에 빛이 있다면"으로 시작하는 이 노래가 폭넓게 사랑받은 데에는 수려한 작곡 못지않게 아동 문학가 어효선 선생의 가사도 한몫했다. 그저 1절만 기억하는 다른 많은 노래와 달리 이 노래는 누구나 대개 2절까지 내리 부른다. 1절과 2절의 가사가 파랗고 하얀 차이 외에 그저 '여름'과 '겨울', '나무'와 '지붕', '파아란 하늘'과 '깨끗한 마음'이 다를 뿐이다. 내가 일하고 있는 충남 서천의 국립생태원에는 지금 하얀 눈이 소복이 쌓인 지붕 위로 '파아란 하늘'이 그림처럼 아름답게 펼쳐져 있다. 파란 여름과 하얀 겨울이 함께 찾아온 듯한 착각이 마냥 흥겹다.

2014

12월 10일*

솔제니친과 사회생물학

* 세계 인권의 날

『개미제국의 발견』을 읽은 독자라면 알고 있겠지만, 내가 사회생물학이라는 학문을 전공하게 된 배경에는 알렉산드르 솔제니친이 있었다. 지금은 과학자로 살고 있지만 고등학생 시절 나는 속절없이 신춘문예 열병을 앓던 문학청년이었다. 1970년 노벨문학상 발표가 나기 무섭게 출간된 솔제니친 전집에서 『수용소 군도』와 『이반 데니소비치의 하루』를 읽어 내려가던 나는 책의 뒷부분에서 「모닥불과 개미」라는 짤막한 수필을 만났다.

"활활 타오르는 모닥불 속에 썩은 통나무 한 개비를 집어 던졌다. 그러나 미처 그 통나무 속에 개미집이 있었다는 것을 나는 몰랐다. 통나무가 우지직 타오르자 별안간 개미들이 떼를 지어 쏟아져 나오며 안간힘을 다해 도망치기 시작했다. 그들은 통나무 뒤로 달리더니 넘실대는 불길에 휩싸여 경련을 일으키며 타죽어 갔다. 나는 황급히 그 통나무를 낚아채서 모닥불 밖으로 내던졌다. 다행히 많은 개미들이 생명을 건질 수 있었다. (…) 그러나 이상한 일이다. (…) 가까스로 그 엄청난 공포에서 벗어난 개미들은 방향을 바꾸더니 다시 통나무 둘레를 빙글빙글 맴돌기 시작했다. 무엇이 그들로 하여금 자기 집으로 다시 돌아가게 만드는 것일까? 많은 개미들이 활활 타오르는 통나무 위로 기어올라 갔다. 그러고는 통나무를 붙잡고 바둥거리면서 그대로 거기서 죽어 가는 것이었다".

이 같은 일개미들의 자기희생, 즉 이타주의는 바로 사회생물학의 핵심 질문이다. 내가 이 질문에 답하려 하버드대에 머물던 내내 미국으로 망명한 솔제니친은 바로 옆 버몬트주에 살았다. 1994년 나는 15년간의 미국 생활을 청산하고 귀국했고, 같은 해 그도 러시아로 귀환했다. 억지로 내 삶을 그의 삶에 엮으려는 나의 유치한 노력은 여기서 끝나지 않는다. 내일은 1918년 그가 태어난 날이다. 할아버지가 늦게 신고하는 바람에 호적에는 내 생일이 이듬해 1월로 적혀 있지만 거슬러 계산해 보면 실제 내 생일도 12월 11일인 걸로 나온다. 설령 이 추산이 잘못되었더라도 나는 위대한 작가 솔제니친과 같은 날 태어났노라 끝까지 박박 우기련다.

2013

12월 11일*

병렬 사회

* 세계 산의 날

최근 KT 화재 사건으로 우리는 초(超)연결 사회가 안겨 준 어처구니없는 단절을 경험했다. 인터넷과 휴대전화는 물론 집 전화와 TV까지 한 묶음으로 엮는 바람에 그야말로 불통(不通) 그 자체였다. KT는 이럴 때를 대비해 우회 회로를 마련했으나 그마저 작동하지 않아 속수무책이었다고 해명했다.

개미 사회는 공정 과정을 한꺼번에 여럿 운용해 어느 한 공정에 차질이 생기더라도 다른 공정들의 작업 속도를 올려 전체 과업에 지장이 없도록 조율한다. 이를테면 병렬 공정(parallel process)을 채택한 것이다. 이는 오로지 단기간의 결과만 중시하는 직렬 또는 순차 공정과 대비되는 전략이다.

국립생태원장으로 일하던 시절, 나는 남미 트리니다드토바고에서 잎꾼개미를 채집해 와

〈개미세계탐험전〉에 전시했다. 우리는 전시(展示)에 필요한 수보다 더 많은 군락(群落)을 확보했다. 만일 전시 군락에 무슨 일이 생기면 곧바로 다른 군락으로 대체할 수 있도록 전시실 뒤편에 복수의 예비 군락을 사육하고 있다.

우리는 국립생태원을 기획하는 단계에서도 병렬 공정을 채택했다. 버젓이 전시 온실이 있는데 왜 재배 온실을 또 만들어 세금을 낭비하느냐는 기획재정부 공무원을 설득하느라 애를 먹었지만, 그 덕에 국립생태원 에코리움에는 늘 다양한 식물이 전시되고 있다. 전시 시설의 식물들은 아무리 잘 관리해도 수시로 죽어 나간다. 희귀한 식물이 죽었을 때 허둥지둥 그 식물을 구하러 해외로 달려갈 게 아니라 재배 온실에서 키우고 있다가 곧바로 옮겨 심을 수 있어야 전시의 다양성을 유지할 수 있다.

직렬로 연결한 크리스마스 조명은 전구 하나만 고장 나도 전체가 꺼져 버린다. 회로가 좀 복잡해지더라도 전체 또는 일부라도 병렬로 연결하면 한꺼번에 깜깜해지지는 않는다. 이런 면에서는 개미 사회가 인간 사회보다 훨씬 진화했다. 우리도 이제 우리 사회 구석구석을 병렬화할 때가 됐다. 질 높은 삶은 속도보다 안전이 담보한다.

2018

12월 12일

뻬뜨와 현상과 하인리히 법칙

노벨문학상 수상작가 아나톨 프랑스의 「뻬뜨와(Putois)」라는 단편 소설이 있다. 저녁 초대를 거절하려 즉흥으로 지어낸 이야기의 주인공 뻬뜨와가 마을 사람들의 입을 거치며 점점 구체적인 실체로 변모해 가는 과정을 해학적으로 그린 소설이다. 이 과정에서 허구의 인물을 만들어 낸 장본인마저도 궁극에는 마치 그가 실존하는 인물인 것처럼 착각하게 된다. 거짓말이란 이처럼 마치 살아 있는 생명체처럼 일단 태어나면 자기만의 삶을 산다. 미확인 비행 물체(UFO)는 뻬뜨와 현상의 전형을 보여 준다. 잊을 만하면 터져 나오는 목격자들의 민망하리만치 구체적인 진술에 일단 믿기로 작정한 사람들의 신뢰도는 날이 갈수록 높아간다.

요즘 들어 부쩍 미래 예측에 관한 책들이 쏟아져 나온다. 새천년을 맞던 지난 세기말보다 더 많아 보인다. 미래에 대한 우리 사회의 불안감이 크다는 확실한 증거이다. 나도 한 미래 연구 프로젝트에 참여하여 최근 『10년 후 세상』이라는 책을 펴냈다. 미래 예측은 정확한 미래 시점을 짚고 해야 한다. 그렇지 않으면 기껏해야 사기 또는 소설에 지나지 않는다. 만일 어느 미래학자가 미래에는 로봇이 인간을 지배할 것이라는 예측을 내놓았다고 하자. 그로부터 수십 년이 지난 어느 날 도우미 로봇은 많이 등장했어도 로봇이 인간을 지배하는 것은 아니잖으냐고 항의해도 그는 여전히 할 말이 있다. "기다리시라니까요. 언젠가 미래에는…". 그가 말하는 미래는 영원히 오지 않을 수도 있다.

'제비가 물을 차면 비가 온다'는 옛말이 있다. 옛사람들이 비가 오기 전 공기 중에 습기가 많아지면 잠자리들이 낮게 날기 때문에 그들을 잡아먹는 제비가 물을 차듯 나지막이 나는 걸 보고 한 말이다. 1931년 미국 해군 장교 허버트 하인리히는 각종 산업 재해 관련 사망 사고 이전에는 평균적으로 동일한 원인으로 인한 부상 사고가 29건, 그리고 부상에 이를 뻔한 사고가 300건이나 발생한다는 흥미로운 관찰을 내놓았다. 미래는 어느 날 하늘에서 뚝 떨어지는 게 아니다. 미래는 과거의 관성으로 일어난다. 가랑비에 옷 젖는 줄 모를 뿐이다. 세상에 떠도는 많은 미래 예측들이 삐뜨와 현상의 단면인지 하인리히 법칙의 경우인지 잘 살펴야 한다.

2011

거짓말

거짓말 하는(속이는) 동물을 찾아내는 메커니즘의 진화?

검찰에서도 고심, 개발 중
거짓말 탐지기
눈을 보고 말한다
    눈을 피하는 경향
  다른 행동 징후
거짓말을 말하는(꾸미는) 사람들은 다른 사람들을 동원하는 경향

솔직히 진실을 말하는 사람은 숫적 약세
진실은 도움을 청할 까닭이 없다

거짓을 말하는 사람은 대체로 더 흥분하는 편
    장황하게 말하는 편
    필요없는 정보를 애써 제공
물론 막무가내로 아니라며 묵비권 행사하는 이도 있지만

온 나라가 누가 거짓말을 말하나에

하늘이 벼락이라도 쾅하면 얼마나 속시원할까?

사회가 이걸 바로잡아주지 않으면 더 이상 도덕적인 동물이 아니다

12월 13일

相生과 共生

요즘 상생(相生)이란 말이 남용되고 있다. 원래 '나무(木)는 불(火)을, 불은 흙(土)을, 흙은 쇠(金)를, 쇠는 물(水)을 생(生)한다'는 오행설(五行說)의 개념인데 언제부터인가 슬그머니 '서로 돕고 산다'는 뜻으로 쓰이고 있다. '서로'라는 훈을 너무 곧이곧대로 받아들여 오히려 본뜻을 곡해하게 된 것이다. 하지만 언어란 본래 법칙보다 쓰임이 더 무서운 만큼 잘못된 용례들이 너무 굳어지기 전에 이쯤에서 한번 짚고 갈 필요가 있어 보인다.

상생은 양자가 서로 도움을 주고받는 쌍방 행위가 아니다. 상생이란 목생화(木生火), 화생토(火生土), 토생금(土生金), 금생수(金生水)에서 다시 수생목(水生木)으로 이어지는 삶의 순환을 의미한다. 즉, 내가 누군가를 도우면 그가 또 누군가를 돕고 또 그가 다른 누군가를 돕는 가운데 우리 사회 전체가 풍요로워지며 그게 결국 나에게도 도움이 된다는 삶의 이치이다. 대기업더러 무턱대고 중소기업과 상생하라고 윽박지르거나 그리하면 대기업에도 곧바로 도움이 된다고 꼬드긴들 별 효력이 없는 까닭이 여기에 있다.

상생에는 반드시 상극(相剋)이 따라온다. 상극 관계를 모르면서 어쭙잖게 상생을 꾀한다면 큰 화를 입을 수 있다. 상생과 상극을 너무 단순하게 선과 악으로 분류하는 것도 옳지 않다. 때론 적절한 상극 상황이 화끈한 상생을 불러일으킨다. 그래서 너무 쉽게 상생과 공정(公正)을 연계하는 것도 부당하다. 상생은 삶의 원리이지 갑자기 외쳐댈 규범이 아니기 때문이다.

'상생'이 남용되기 전에 우리가 늘 쓰던 단어가 있다. 바로 공생(共生)이다. '공동의 운명을 지닌 삶'이란 뜻인데, 내가 몸담고 있는 학문인 생태학에서 아주 자주 쓰는 용어이다. 영어로는 심비오시스(symbiosis)라고 하는데, 서로에게 이득이 되는 상리공생(相利共生·mutualism)과 한쪽에만 이득이 되는 편리공생(片利共生·commensalism) 모두를 포괄한다. 개미와 진딧물은 상리공생을 하고 밭을 가는 황소와 그 뒤를 따르며 벌레를 잡아먹는 황로는 편리공생을 할 뿐, 어쭙잖게 상생을 말하지 않는다. 상생은커녕 딱히 얻는 것도 없으면서 남에게 해나 끼치는 편해공생(片害共生·amensalism)만 저지르지 않아도 좋으련만.

2010

12월 14일

백신 낭설

실제 통계를 보면 별 차이가 없거나 일부 지역에서는 화이자로 인한 사례가 더 많았건만, 혈전 부작용은 마치 아스트라제네카(AZ) 백신의 증상인양 알려져 접종을 기피하는 사례가 속출했다. 화이자나 모더나와 달리 AZ 백신은 팬데믹 기간 동안 수익을 내지 않겠다고 선언한 '공익 백신'이며 냉동 상태로 운반할 필요가 없어 가격이 낮은 건데 마치 열등한 백신처럼 취급당하는 어처구니없는 일이 벌어졌다.

나는 엊그제 모더나로 3차 접종을 마쳤다. 접종 차례를 기다리는 동안 병원으로 걸려 온 전화 내용을 고스란히 듣게 됐다. 거의 모두 모더나 말고 화이자 백신을 맞을 수 있는지 문의하는 전화였다. 처음에는 친절하게 모더나와 화이자는 효능과 부작용에 있어서 차이가 없다고 설명하던 간호사는 이윽고 "저희 병원에는 화이자가 없습니다"라며 전화를 끊었다.

회사 명성 덕택에 화이자 백신에 대한 신뢰도가 높지만 지난 1일 세계적 의학지 『뉴잉글랜드 저널 오브 메디신(New England Journal of Medicine)』에 실린 대규모 역학 조사 논문에 따르면 모더나도 탁월한 백신이다. 금년 1월 4일부터 5월 14일까지 모더나 혹은 화이자 백신을 접종한 미국 재향 군인 44만 명을 대상으로 비교한 결과, 감염률, 증상 완화, 중환자실 입실을 포함한 입원율, 사망률 모두에서 모더나가 화이자보다 우수한 것으로 밝혀졌다. 감염률에서는 27퍼센트, 그리고 24주간 확인한 입원율에서는 70퍼센트 차이가 드러났다.

나는 화이자가 과람하게 많은 돈을 벌어들이고 있다고 생각한다. 기업에게는 재앙도 엄연한 사업 기회일지 모르지만 이제는 저개발국에게 백신을 무료 또는 저가로 공급하는 일에 앞장서야 한다. 그래야 지구촌 전체가 함께 팬데믹에서 헤어날 수 있다. ESG를 들여다보기 시작한 투자 회사들이 화이자의 사회적 기여(S)를 어떻게 평가할지 지켜볼 일이다.

12월 15일

첫눈

드디어 첫눈다운 눈이 내렸다. 겨울 들어 눈이 처음 쌓이면 어김없이 가와바타 야스나리의 『설국』이 떠오른다. "국경의 긴 터널을 빠져나가자 설국이었다. 밤의 바닥이 하얘졌다". 하이쿠 한 편을 읽는 듯한 이 짤막한 두 문장은 세계 문학사에서 가장 아름다운 소설 도입부로 칭송받는다. 책을 펴자마자 단숨에 차안(此岸)에서 피안(彼岸)으로 보내 버리는 소름 돋도록 깔끔한 도입부다.

내게는 눈이 오면 생각나는 소설이 또 하나 있다. 주로 청소년을 위한 글을 쓰는 미국 작가 마이클 노스럽의 『트랩: 학교에 갇힌 아이들』이다. 갑자기 폭설이 내리고 이런저런 연유로 마지막 버스를 타지 못해 학교에 갇힌 10대 청소년 일곱 명의 욕망과 체념으로 출렁이는 갈등을 그린 소설이다. 상황 설정으로 보면 분명 재난 소설인데, 나흘째 되는 날 건물의 한쪽 지붕이 무너져 내린 사건을 제외하곤 공포는 너무나 은근히 조여 온다. 내리는 눈은 그칠 기미를 보이지 않고 전기와 난방이 끊기며 통신도 두절되고 물조차 나오지 않게 되자 사소한 오해가 큰 싸움으로 이어지며 아이들은 이내 편을 가르기 시작한다.

『설국』과 『트랩』 모두 눈에 갇히는 이야기지만 그 과정은 완연히 다르다. 『설국』의 시마무라는 스스로 눈에 파묻혀 욕망을 탐닉하지만 『트랩』의 아이들에게는 욕망이 허용되지 않는다. 2020년 끝자락에서 지난 1년을 돌이켜 보면 우리는 영락없이 '학교에 갇힌 아이들'이었다. 아이들에게 학교는 더없이 익숙한 공간이지만 끝없이 내리누르는 눈 속에서 그들의 마음은 여러 갈래로 흩어지고 만다. 우리 역시 익숙한 공간에서 아무도 들고나지 못한 채 눈에도 보이지 않는 바이러스에 쫓기며 헐떡이고 있다. 3차 대유행은 바이러스의 뜬금없는 반격으로 일어나는 게 아니다. 엄밀하게 말하면 생물도 아닌 바이러스가 우리 사이에서 벌어지는 균열의 틈새를 파고든다.

12월 16일

문과반 이과반

지난 20년간 나는 전국 방방곡곡 고등학교를 순방했다. 1990년대 중반 강연하러 간 어느 고등학교에 문과반이 이과반보다 많은 걸 발견하고 일종의 사명감을 느껴 고등학교 특강 순례를 시작했다. 아무리 서비스업의 부가가치가 높다 하더라도 안정적인 국가 경제는 모름지기 제조업이나 농어업 같은 생산 산업에 기반을 둬야 한다. 과학과 기술 분야에 종사하는 사람보다 그들을 관리하려는 사람 수가 많은 경제는 결코 안정적일 수 없다.

최근 문과 지망생이 급격하게 줄어 많은 학교가 곤혹스러워한단다. 갑작스러운 '이과 쏠림 현상' 때문에 학급 균형은 물론 학교의 장래까지 걱정한다는데, 바로 이렇게 만들기 위해 내 나름대로 혼신의 노력을 기울여 온 나로서는 도대체 뭐가 문제인지 이해할 수 없다.

지금 5060세대가 고등학교에 다니던 시절에는 어느 학교나 대개 문과 4반, 이과 8반으로 나뉘어 있었다. 그때 과학 기술 인재 양성에 투자한 덕택에 우리가 지금 이만큼 살 수 있게 된 것임을 부정할 수 없을 것이다. 이과반이 문과반보다 많은 것은 국가의 장래를 위해 지극히 바람직한 현상이다.

게다가 교육부가 2018년부터 문·이과 통합 교육을 실시하겠다고 공언한 마당에 문·이과 학급 균형은 그저 일시적인 문제일 뿐이다. 학급 균형이 아니라 교사 수급 균형을 우려하는 게 아닌가 의심스럽다. 문·이과 통합은 본질적으로 그리고 궁극적으로 '이과로 통합'하는 것이다. 천신만고 끝에 이제 겨우 문과와 이과를 통합하려는데 이과 공부가 어려우니 이과 과목 부담을 줄여 주겠다고 한다면 차라리 통합하지 않는 게 낫다. 개인적으로 나는 고등학교 1학년 때 갓 부임한 교장 선생님이 서울대 합격생 수를 늘리겠다며 문과반 하나를 이과반으로 바꾸는 '구조 조정'의 희생물로 뜻하지 않게 과학자의 길을 걷게 되었고, 그 결과로 훗날 '통섭'을 주창하기에 이르렀다.

세상이 아무리 변해도 학문의 기본은 당연히 인문학이지만, 21세기를 살아가기 위해 이제 모두 과학과 기술에 관한 소양을 갖추자는 게 문·이과 통합의 핵심이다.

2014

12월 17일

완경과 할머니 가설

우리 사회에서는 여성이 월경을 멈춘 상태를 흔히 폐경(閉經)이라 부른다. 나는 2003년에 출간한 『여성 시대에는 남자도 화장을 한다』에서 부정적 어감을 지닌 폐경 대신 잘 마무리했다는 뜻으로 '완경(完經)'이라 부르자고 제안했다. 인간 여성은 두 난소에 난모세포를 약 2백만 개 가지고 태어나 매달 그중에서 가장 완벽한 난자를 선별해 배출하며 임신 또는 월경을 거듭하다 50대 중·후반에 이르면 난모세포가 소진된다. 바야흐로 번식 임무를 완수한 셈이다.

그런데 우리처럼 완경하는 동물은 극히 드물다. 뭍에서 사는 동물로는 우리가 유일하고 나머지는 모두 물에서 사는 고래다. 범고래 사회에 완경 이후에도 한동안 사는 할머니들이 있다는 사실은 잘 알려져 있었는데 최근 흰고래, 일각고래, 들쇠고래에게서도 확인되었다. 인간 사회에서는 비록 식량은 약간 축낼 망정 할머니가 있는 집단이 그렇지 않은 집단보다 훨씬 융성한다는 관찰 결과가 여럿 있다.

이른바 '할머니 가설'이 범고래에게서도 검증되었다. 범고래는 엄마를 중심으로 과년한 아들딸이 함께 모여 사는 전형적 모계 사회를 이룬다. 야생에서 수컷의 최고 수명은 30년가량이지만 암컷은 대체로 30~40년을 전후해 완경한 후에도 수십 년을 더 산다. 최근 영국과 미국 고래학자들이 지난 36년간 모아 온 데이터를 분석해 이 할머니 고래들이 손주들의 생존율을 높이는 데 크게 기여한다는 사실을 발견했다. 특히 주식인 연어가 부족한 해에 이들의 기여가 더욱 두드러졌다.

오래전 이시하라 신타로 전 도쿄 도지사가 "여성이 생식력을 잃고도 사는 것은 지구에 심각한 폐해"라는 망언을 했다가 일본 여성들에게 소송을 당한 일이 있었다. 그 무렵 이규태 선생은 바로 이 칼럼의 전신인 '이규태 코너'에서 오히려 "할머니는 지혜의 보고"라고 규정하셨다. 사고 차원이 다르다.

2019

12월 18일*

종교의 미래

* 세계 이주민의 날

지난 15일 『신은 위대하지 않다』의 저자 크리스토퍼 히친스가 식도암으로 62세의 짧은 삶을 마쳤다. 그의 책은 1년 먼저 나온 리처드 도킨스의 『만들어진 신』에 가려 그리 큰 조명을 받지는 못했지만, 내용을 들여다보면 사실 도킨스의 책보다 훨씬 더 공격적이다. '종교가 어떻게 모든 걸 독살하는가'라는 부제가 암시하듯이 그는 이 세상 거의 모든 죄악에 종교가 결부되어 있다고 비난했다. 그는 또한 종교적 미덕의 표상인 테레사 수녀에 대해서도 "그는 가난한 사람들의 친구가 아니라 그저 가난 그 자체의 친구였을 뿐"이라고 폄훼했다.

우리 인류 집단은 거의 예외 없이 모두 나름의 종교를 갖고 있지만, 인간을 제외한 다른 어떤 동물에서도 종교라고 부를 수 있는 행동은 관찰되지 않는다. 다만 여왕개미가 뿜어내는 강력한 페로몬의 영향으로 스스로 번식을 자제하며 평생 여왕을 위해 헌신하는 일개미들의 행동을 보며 사이비

종교 집단을 떠올리는 일은 그리 어렵지 않다. 비슷한 행동 유형이 벌, 흰개미, 그리고 벌거숭이두더지에서도 나타난다. 흥미로운 사실은 이들이 모두 우리처럼 사회를 구성하고 사는 동물이라는 점이다.

종교는 사회적 현상이다. 이 세상 어느 종교든 그 궁극에는 결국 나와 신의 만남인 기도가 있지만, 홀로 사는 동물에게 종교가 진화할 가능성은 거의 없어 보인다. 우리는 종종 홀로 감당하기 어려운 위험에 처했을 때 신에게 매달리곤 하지만, 그것은 아마 종교에 어느 정도 길들여져 있었기 때문에 나타나는 행동일 것이다. 생사의 갈림길에 섰던 최초의 인류가 과연 종교에 귀의할 마음의 여유를 가질 수 있었을까?

연말만 되면 어김없이 등장하는 구세군 냄비, 노숙자들에게 따뜻한 밥을 제공하는 '밥퍼'와 같은 종교 단체, 그리고 〈울지마 톤즈〉의 이태석 신부님만 보더라도 종교는 분명히 우리 사회에서 훌륭한 일익을 담당하고 있다. 만일 도덕성이 인간 본성의 일부라면 종교야말로 가장 인간적인 행동의 표현일 수밖에 없다. "신을 설명할 수 있다면 나는 그런 신에게는 기도하지 않겠다"던 어느 신학자의 말에도 불구하고, 나는 인간의 종교 행동은 반드시 설명되어야 한다고 생각한다. 이번 크리스마스에는 함박눈이 내렸으면 좋겠다.

2011

12월 19일

공감에서 동행으로

요즘 내 마음을 꽉 채우고 있는 단어는 단연 '공감'이다. 세계적 영장류 학자 프란스 드 발의 『공감의 시대』를 번역한 데 이어, 3년여간 국립생태원 초대 원장으로 지내며 겪은 경험을 적은 생애 최초 경제 경영서 『숲에서 경영을 가꾸다』를 출간하느라 자나깨나 그저 공감 생각뿐이다. 『공감의 시대』를 번역하며 나는 공감이 호모 사피엔스의 출현과 함께 진화한 게 아니라 적어도 포유동물 초기부터 있었던 속성이라는 사실을 깨달았다. 우리와 유전자를 거의 99퍼센트 공유하는 침팬지는 말할 나위도 없거니와 심지어 쥐도 동료의 아픔을 공감한다. 그래서 나는 역자 서문에 "공감은 길러지는 게 아니라 무뎌지는 것"이라고 적었다.

『숲에서 경영을 가꾸다』에서는 "군림(君臨)하지 말고 군림(群臨)하라"를 나의 경영 십계명 중 으뜸으로 내세웠다. 21세기 리더는 더 이상 나를 따르라며 앞서가는 리더가 아니라 어깨동무하며 함께 걷는 리더여야 한다. 일단 어깨동무하고 나면 모든 일의 결과에 공동 책임을 질 수밖에 없다. 그래서 내 아홉째 계명은 "실수한 직원을 꾸짖지 않는다"가 되었다. 함께 일하다 얻은 결과인데 아무리 지위가 높다 한들 아랫사람에게만 책임을 떠넘길 수는 없다.

한국 사람은 너무 감정적이라는 얘기를 많이 듣는다. 이성보다는 감성을 앞세우며, 문제를 합리적으로 풀기보다는 다짜고짜 소리부터 지르거나 떼를 쓴다. 나는 이런 급한 성격을 오히려 장점으로 만들 수 있다고 생각한다. 우리 국민은 일단 머리에서 이해가 끝나면 거의 전광석화처럼 가슴이 뜨거워지며 실행에 옮긴다. 세상천지에 우리만큼 화끈한 국민은 없다.

올해는 사랑의 온도 탑이 영 데워지지 않는단다. 최순실과 '어금니 아빠' 이영학 같은 사람들이 우리의 공감을 자꾸 무뎌지게 만든다. 하지만 우리의 명석한 두뇌가 손과 발을 움직이기 바란다. 공감 심성이 동행 행동으로 이어져야 비로소 세상이 아름다워진다. 저승에서 전우익 선생님이 묻는다. "혼자만 잘 살믄 무슨 재민겨?"

2017

12월 20일*

거미 아빠의 사랑

* 세계 인간 연대의 날

인간을 포함한 거의 모든 동물에서 자식을 돌보는 일은 대체로 암컷 몫이다. 하지만 새와 물고기는 좀 다르다. 알이 수정되자마자 몸 밖으로 내보내는 새들은 자연스레 암수가 번갈아 알을 품는다. 그래서 새들의 번식 구조는 대개 일부일처제다. 물속에서 체외 수정을 하는 물고기는 암컷이 먼저 알을 낳고 달아나는 바람에 알 위로 정액을 뿌린 수컷이 뒤에 남아 홀로 자식을 돌보는 경우가 제법 많다. 포유동물의 수컷은 짝짓기를 마치기 무섭게 표표히 자리를 뜬다. 수정란을 몸 밖에 내보내는 게 못 미더워 그냥 몸속에 품기로 작정한 포유동물의 암컷은 자식 양육을 혼자 고스란히 떠안았다.

곤충이나 거미류는 기본적으로 자식을 돌보지 않는다. 곤충 중에서 수컷이 자식을 양육하는 예는 물속에 사는 물자라와 물장군 정도로 극히 드물다. 거미줄을 치고 먹이를 잡는 거미의 경우에는 암컷이 알 집을 거미줄에 매달아 놓고 지킨다. 수컷은 근처에 얼씬거리기도 어렵다. 짝짓기를 꿈꾸며 접근하다 자칫 먹이가 되기도 한다. 요행 짝짓기에 성공한 수컷도 정사를 마친 후 괜히 얼쩡거리다간 잡혀 먹히기 일쑤다. 상황이 이쯤 되면 거미 아빠가 자식 양육에 참여하기는 원천적으로 불가능해 보인다.

국제 학술지 『동물 행동(Animal Behavior)』 최신 호에는 이런 난국에도 자식을 돌보는 아빠 거미의 행동이 최초로 보고되었다. 중남미 열대에 서식하는 이 왕거미의 수컷은 짝짓기를 마친 후 암컷의 거미줄 위에 천막 같은 거미줄을 치고 머물며 알 집 주위의 거미줄을 수리하기도 하고 알 집 위에 떨어진 빗방울을 털어 내기도 한다. 야외에서 조사한 거미줄 중 3분의 2 이상에서 아빠 거미 혼자 알 집과 새끼들을 돌보고 있었다. 연구자들은 긴 다리를 빼곤 먹을 게 별로 없는 수컷에 비해 상대적으로 호벅진 몸매를 지닌 암컷들이 너무 자주 포식 동물에 잡혀 먹히는 바람에 아빠들이 어쩔 수 없이 자식 양육을 떠맡은 것으로 추정한다. 인간 사회도 그렇지만 급해져야 아빠들이 나선다.

2016

12월 21일

통합, 융합, 통섭

나는 그동안 주로 '개미박사'나 '생태학자'로 불렸는데 최근에는 종종 '통섭학자'라고 소개된다. 내가 몇 년 전 우리 사회에 화두로 던진 통섭(統攝)은 어느덧 지하철에서도 들을 수 있는 일상 용어가 되었다. 통섭이 등장하자 기존에 우리가 사용하던 통합이나 융합과 어떻게 다르냐는 질문이 이어졌는데, 고맙게도 2005년 서울대학교 개교 60주년 기념 학술 대회에 모인 여러 분야의 학자들이 마치 인터넷 백과사전 위키피디아를 만들듯 다음과 같이 정리해 주었다.

통합은 둘 이상을 하나로 모아 다스린다는 뜻으로 다분히 이질적인 것들을 물리적으로 합치는 과정이다. 전쟁 때 여러 나라의 군대를 하나의 사령부 아래 묶어 연합군 또는 통합군을 만들어 보지만 병사들 간의 완벽한 소통은 기대하기 어렵다. 통합보다 더 강한 단계가 통폐합인데 껄끄럽기는 마찬가지이다. 융합은 핵융합이나 세포융합에서 보듯이 아예 둘 이상이 녹아서 하나가 되는 걸 의미한다. 통합이 물리적인 합침이라면 융합은 다분히 화학적 합침이다. 이와 달리 통섭은 생물학적 합침이다. 합침으로부터 뭔가 새로운 주체가 탄생하는 과정을 의미한다. 남남으로 만난 부부가 서로 몸을 섞으면 전혀 새로운 유전자 조합을 지닌 자식이 태어나는 과정과 흡사하다.

나이가 조금 지긋한 이들은 학창시절 「가지 않은 길(The Road Not Taken)」이라는 시를 외던 기억이 날 것이다. 프로스트가 쓴 또 다른 시 「담을 고치며(Mending Wall)」에는 다음과 같은 구절이 있다. "좋은 담이 좋은 이웃을 만든다". 담이 없으면 이웃이 아니라 한집안이다. 한집안이라고 해서 늘 화목한 것은 아니다. 학문의 구분과 사회의 경계는 나름대로 다 필요한 것이다. 다만 지금처럼 담이 너무 높으면 소통이 불가능하다. 통섭은 서로의 주체는 인정하되 담을 충분히 낮춰 소통을 원활하게 만들려는 노력이다.

통합이든, 융합이든, 통섭이든 우리가 원하는 것은 서로 어울려 갈등을 없애고 화목해지는 것이다. 소통은 세 가지 덕목을 필요로 한다. 비움, 귀 기울임, 그리고 받아들임이다. 결론을 손에 쥐고 남을 설득하려 들면, 그건 통치 또는 통제에 가깝다. 우선 나를 비워야 한다. 그리고 상대의 말에 귀를 기울이며 좋은 것은 받아들여야 한다. 유난히도 소통이 아쉬웠던 한 해가 저문다.

2009

12월 22일

이가 없으면 입술로?

한자 고사성어가 4자성어만 있는 게 아니다. 5자성어도 많다. '치망순역지(齒亡脣亦支)'는 요긴한 것이 없어지면 다른 것이 그 기능을 대신함을 이르는 5자성어다. 우리말에는 '이가 없으면 잇몸으로 산다'는 속담이 있는데, 옛날 중국인들은 이가 빠지면 잇몸이 아니라 입술(脣)로 음식을 씹은 모양이다.

이 세상에 거미줄을 완벽하게 대칭으로 치는 거미는 없다. 원형 거미줄은 대체로 하반이 상반보다 크다. 끈적이 줄도 하반에 훨씬 많다. 그런데 우주선을 타고 지구 밖으로 나간 거미는 대칭에 가까운 거미줄을 친다는 연구 결과가 나왔다. 2008년 미국 항공우주국(NASA)이 중학생들과 함께 시작한 실험이 우여곡절 끝에 이제야 쾌거를 이뤄 냈다.

첫 실험에는 거미 두 종을 한 마리씩 따로 실험 상자에 넣어 가져갔는데, 어쩌다 한 마리가 다른 상자로 진입해 결국 두 마리의 거미줄이 서로 얽혀 버렸다. 게다가 먹이로 가져간 초파리가 번식을 너무 잘해 파리 구더기들이 실험 상자 유리창을 뒤덮어 버려 안을 들여다볼 수 없었다. 2011년에 다시 시작한 실험에서는 같은 종의 거미 네 마리를 선정해 두 마리는 지구에 남겨 두고 다른 두 마리는 국제우주정거장으로 데려갔다. 실험군과 대조군을 비교할 수 있도록 설계했다.

중력의 영향을 받지 않는 우주에서는 거미가 상하 대칭의 거미줄을 만든다는 결과는 사실 그리 놀랍지 않다. 거미학자들은 이미 거미가 비대칭 거미줄을 치는 이유가 중력 때문이라는 가설을 세우고 연구하고 있었다. 놀라운 결과는 빛의 유무에 따라 대칭 정도가 달라진다는 것이다. 무중력 상태에서도 불이 켜져 있으면 거미는 빛을 방향 기준으로 삼아 비대칭 거미줄을 만들었다. 이가 없을 때 잇몸 혹은 입술로 씹는 연습을 미리 해 본 적 없듯이 중력이 사라지면 빛을 이용하라는 지침도 없었을 텐데, 전혀 새로운 환경이 숨은 적응을 드러냈다.

2017

12월 23일

이기적 성공

자신의 삶이 얼마나 성공적인가를 가늠하려면 얼마나 이기적으로 살고 있는가를 평가해 보라는 말이 있다. 미국 비즈니스 잡지 『성공(SUCCESS)』의 초대 편집장 대런 하디는 이렇게 묻는다. 비행기에서 갑자기 기내 여압(與壓) 상태가 나빠져 산소마스크가 내려왔을 때 주변 사람들을 돕느라 정작 자신은 죽음을 면치 못했다면 그게 과연 현명한 일이냐고. 이런 극한 상황이 아니더라도 그는 일단 이기적으로 살아야 한다고 강변한다. 그래야 성공도 하고 남도 도울 수 있다고. 비행기에 탑승할 때마다 듣는 얘기다. 어린이나 노약자를 동반하는 경우 산소마스크는 반드시 자신이 먼저 착용한 다음 다른 사람을 도우라고.

'농구 황제' 마이클 조던이 한 말이다. "성공하려면 이기적이어야 한다. 최고 수준에 오르면 그때부터 이타적으로 행동하라. 다른 사람들과 가까이 교류하며 지내라". 평생 조던을 귀감으로 삼고 살아온 LA 레이커스의 코비 브라이언트가 지난 15일 미네소타와 가진 경기에서 조던을 제치고 미국 프로 농구 통산 득점 3위로 올라섰다. 이제 그보다 득점을 많이 한 선수는 커림 압둘자바와 칼 멜론 둘뿐이다.

그러나 화려한 기록 뒤에는 때로 숨기고 싶은 기록이 있는 법이다. 불과 한 달여 전인 11월 11일 멤피스와 경기에서 브라이언트는 야투 실패 부문에서 보스턴의 존 해블리체크의 기록(13,147)을 갈아 치우는 불명예를 안았다. 그것도 해블리체크보다 무려 18경기나 덜 뛰고서. 조던은 15년 동안 1,072경기에서 평균 30.1점을 기록한 반면 브라이언트는 18년 동안 1,269경기를 뛰며 평균 25.5점을 얻었다. 그래서인지 브라이언트에게는 지나치게 이기적이라는 비난이 끊이지 않는다. 하지만 '아이스하키의 마이클 조던' 웨인 그레츠키는 이런 말을 남겼다. "시도하지 않은 득점 기회는 100퍼센트 실패다". 2014년이 저물고 있다. 실패한 걸 아쉬워할 게 아니라 도전하지 않은 걸 통탄할지어다.

2014

12월 24일

토론에서 숙론으로

나는 그동안 우리 사회에 토론 문화가 없음을 개탄해 왔는데 알고 보니 넘치도록 많았다. '토론'이라는 말은 영어 'discussion'을 우리말로 옮긴 것이다. 원래 discussion은 남의 얘기를 들으며 내 생각을 다듬는 행위인데, 우리나라 사람들이 토론에 임하는 자세를 보면 심히 결연하다. 기어코 상대를 제압하겠다는 결기로 충만해 남의 혜안이 비집고 들어올 여지가 없다. 내 속에 내가 너무 많다.

우리가 주로 하는 것은 discussion이 아니라 debate(논쟁)다. 차라리 debate를 '토론'으로 규정하고 이제부터는 '토의(discussion)'를 하자는 제안도 있다. 토의가 토론보다 덜 논쟁적이라고 생각하는 모양인데, '의'와 '논'의 자원(字源)을 들여다보면 좀 뜻밖이다. 의(議) 자는 '말씀 언(言)'과 '옳을 의(義)'가 합쳐진 것인데, '옳을 의(義)' 자는 양의 머리를 창에 꽂은 제사 장식을 형상화한 글자로 올바름을 신에게 아뢴다는 뜻이다. 반면 논(論)

자의 '둥글 륜(侖)' 부는 죽간을 둥글게 말아 놓은 모습을 그린 것으로 의견을 두루 주고받는 과정을 뜻한다. '의'가 다분히 하향(top-down)식인 데 반해 '논'은 상향(bottom-up)적이라 훨씬 민주적이다.

더 큰 문제는 '토'에 있었다. '칠 토(討)' 자는 '공격하다'와 '두들겨 패다'에서 '비난하다'와 '정벌하다'라는 의미까지 품고 있다. 이렇게 보면 우리는 그동안 토론 제대로 해 온 셈이다. 요즘 선진국의 숙의 민주주의를 부러워하는 사람이 은근히 많다. 숙의(熟議)란 여럿이 특정 문제에 대해 깊이 생각하고 충분히 의논하는 과정을 뜻한다. 나는 이참에 'discussion'을 '숙론(熟論)'이라 부르기를 제안한다. 대의 민주주의를 하자고 뽑아 놓은 정치인들은 대화는 고사하고 제대로 마주 앉을 줄도 모른다. 새해에는 우리 시민이 나서서 숙론의 장을 열었으면 좋겠다.

2019

| Teaching Commons

How to Lead a Discussion

QUICK CHECKLIST

Be Prepared

- Carefully consider your objectives for a discussion. Do you want students to apply newly learned skills, mull over new subject matter, learn to analyze arguments critically, practice synthe conflicting views, or relate material to their own lives? These goals are not mutually exclusive, but they require different types of direction.
- Use discussion to help students link concepts to their own lives; to encourage students to evaluate material critically; and to address topics that are open-ended, have no clear resolution, effectively addressed through multiple approaches.
- Provide students opportunities to "warm up" through brief (one- to five-minute) in-class writing exercises on the topic, three- to five-person mini-discussions, or a homework exercise pri that focuses students on the topic(s) to be covered.
- Consider using a variety of question types such as exploratory, relational, cause and effect, diagnostic, action, and hypothetical.

SETTING THE AGENDA

- Provide clear guidelines for participation. Discuss them beforehand, stick to them, and enforce them during the discussion.
- Share your planning decisions with your students. Let them know what your focus is, and why it is important; also invite students to contribute suggestions for discussion topics and form
- Make sure the assigned material is discussed in class; if the students don't come prepared with questions and responses, do not let the discussion wander. Bringing in specific quotes, pro samples of the assigned material can ensure that even underprepared students will have something to talk about.
- Distributing study questions in advance demonstrates your own interest and helps focus their preparation. Consider asking students to email you their thoughts to one question. This will insight into the students' thoughts while you plan the discussion.

Facilitate, Don't Dominate

- Use open-ended questions and ask students for clarification, examples, and definitions.
- Summarize student responses without taking a stand one way or another.
- Invite students to address one another and not always "go through" you.
- Pause to give students time to reflect on your summaries or others' comments.
- Consider taking notes of main points on a chalkboard or overhead, but, if you do, write everyone's ideas down.
- Toward the end of the discussion, review the main ideas, the thread of the discussion, and conclusions.

Creating a Good Climate for Discussion

You can also significantly increase the quantity and quality of participation simply by creating an encouraging environment for discussion.

- Know and use the students' names. In addition, make sure that the students know one another's names.
- Arrange the room to maximize student- to-student eye contact; e.g., chairs around a table or in a circle. You might vary where you sit from time to time, to break students' habit of staring the room.
- When students ask questions, try to help them find the answers for themselves.
- If arguments develop, try to resolve the disputes by appeal to objective evidence rather than authority of position. If the dispute is over values, help students clarify their values and respe even if resolution is not possible. Disputes can often form the basis for interesting writing assignments.

Evaluate

- Notice how many students participated in the discussion.
- Notice who did and who did not participate (look for gender and racial biases).
- Check the tone of the discussion—was it stimulating and respectful?
- Ask students about their reactions to the discussion session.

MORE DETAILED INFORMATION ABOUT LEADING DISCUSSIONS

Asking Effective Questions

From Tomorrow's Professor:

- Conflict as a Constructive Curricular Strategy
- Student Engagement Techniques for Seminars
- Keeping Discussion Going Though Questioning, Listening, and Responding

12월 25일*

참을 수 없는 생명의 가벼움

* 크리스마스

유엔기후변화협약 총회에 참석하러 폴란드 카토비체에 갔다가 잠시 시간을 내어 인근에 있는 아우슈비츠를 찾았다. 아우슈비츠의 참상에 관해서는 일찍이 학교에서도 배웠고 책이나 영화를 통해서도 많이 접한 터라 나름 마음의 준비를 하고 투어에 임했다. 하지만 그곳은 그 어떤 마음의 준비도 소용없는 곳이었다.

몇 년 전에 가 본 베를린 홀로코스트 추모관은 이제 와 생각하니 너무 잔잔하다. 어떤 아픔인지조차 모르는 우리 마음을 그저 다독일 뿐이다. 스필버그의 작품이라 믿고 본 영화 〈쉰들러 리스트〉도 가서 보니 겨우 수박 겉을 핥았을 따름이다. 어려서 읽은 『안네 프랑크의 일기』는 차라리 낭만적이라는 생각까지 들었다. 나를 기다리고 있던 참혹함의 정도는 상상 그 이상을 뛰어넘는 것이었다.

내 눈으로 직접 확인한 수용소 시설은 요사이 우리가

개선하고자 목청을 높이고 있는 닭이나 돼지의 사육 시설보다 나을 게 전혀 없어 보였다. 어떤 면으로는 유태인보다 더 천대받은 러시아 포로들은 종종 좁디좁은 방에 갇혀 선 채로 잠을 자야 했다. 어느 어두컴컴한 전시관에는 직물 재료로 사용하려고 잘라 둔 머리카락 뭉치가 눈이 모자라게 쌓여 있었다.

인간의 생명을 참을 수 없으리만치 가벼이 여긴 아우슈비츠를 떠나며 이웃은 물론 원수까지 사랑하라는 그리스도의 가르침을 떠올렸다. 귀국해 보니 수능 시험을 마치고 펜션에 놀러갔다 일산화탄소 중독으로 사망한 고등학생 세 명의 소식이 나를 맞이한다. 가스실에서 희생된 사람만 줄잡아 1백만 명이 넘는 아우슈비츠의 여운과 묘하게 겹치며 다시 한번 가슴이 먹먹해진다.

오늘은 예수의 탄생을 기념하는 크리스마스다. 동물행동학자로서 인간이 아닌 다른 동물에 관해 논문을 쓸 때면 너무도 단정적으로 그들의 행동과 품성을 기술하곤 했다. 까치는 이렇고 긴팔원숭이는 저렇고. 하지만 예수와 히틀러가 양립하는 인간은 참으로 기이한 동물이다.

2018

12월 26일

생태계

요즘 들어 부쩍 '생태계'라는 단어가 여기저기에서 튀어나온다. 원래에는 내가 몸담고 있는 학문인 생태학에서만 쓰던 용어인데 언제부터인가 담을 넘어 동네방네 번지고 있다. 생태계라는 단어를 도입하여 가장 본격적으로 사용한 분야는 아마 경영학일 것이다. 『경쟁의 종말』의 저자 제임스 무어는 1993년 『하버드 비즈니스 리뷰(Harvard Business Review)』에 기고한 논문에서 처음으로 기업 생태계(business ecosystem)의 개념을 소개하여 맥킨지 최우수논문상을 받았다. 그 후 문화 생태계, 벤처 생태계, 앱 생태계 등 온갖 종류의 생태계들이 탄생했다. 하지만 생태학자인 내가 보기에는 이들 모두 생태학에서 용어만 빌렸을 뿐 원리는 제대로 이해하지 못한 것 같다.

무어는 기업 생태계를 "상호 작용하는 조직이나 개인들에 기반을 둔 경제 공동체"라고 정의하고, 그 구성원들이 함께 진화하며 서로의 역할을 다듬어 간다고 설명했다. 기업 생태계의 개념이 소비자를 엄연한 구성원으로 간주하여 새로운 관점을 제공한 것은 분명히 참신한 시도였지만, 무어가 그려 낸 구도는 엄밀히 보아 생태계가 아니다. 자연 생태계는 생산자, 소비자, 분해자 등 '생명환(circle of life)'을 구성하는 생물들뿐 아니라 이들이 삶을 영위할 수 있도록 물질과 에너지를 제공하는 모든 물리적 환경을 포괄한다. 물리적 환경을 제외한 생물 공동체를 생태학에서는 군집(community)이라 일컫는다.

생태계의 개념을 도입하여 대기업과 중소기업이 '공생 발전'하고 기업 생태계의 구성원들이 고르게 '동반 성장' 하길 원한다면 모든 걸 기업 군집의 자율에 맡겨서는 안 된다. 신자유주의는 국가의 시장 개입을 비판하지만, 바람직한 물리적 환경은 시장의 구성원들이 자발적으로 만들어 낼 수 있는 게 아니다. 풍요로운 군집 생태를 위한 공간, 자원, 기후 조건 등이 확보되어야 한다. 그래야 비로소 생태계가 완성된다. 국가가 직접 시장의 생물 군집 한가운데에 뛰어들어 이래라저래라 하는 것은 지극히 유치하지만, 소비자의 권익을 위해 어느 정도의 국가 개입은 불가피하다. 새해에는 우리 사회 곳곳에 훌륭한 생태계들이 많이 탄생할 수 있도록 풍성한 사회 환경이 만들어졌으면 좋겠다.

12월 27일

루돌프의 명운

대통령과 더불어 크리스마스 캐럴도 탄핵당했다는 우스갯소리가 들린다. 크리스마스와 연말 분위기를 한껏 띄워야 하는 상인들조차 시국이 이런데 자칫 캐럴을 틀었다가 뺨 맞을까 두렵단다. 하지만 크리스마스 분위기가 가라앉기 시작한 건 어제오늘의 일이 아니다. 장기적인 경제 불황 때문인지 기독교 정신의 퇴색 때문인지 크리스마스가 영 예전 같지 않다.

해마다 이맘때면 산타의 썰매를 끌던 루돌프의 상황도 여의치 않다. "루돌프 사슴 코는 매우 반짝이는 코"라지만 실제 루돌프는 사슴이 아니라 순록이다. 현재 순록은 북극 지방 20여 곳에 총 250만 마리 정도가 살고 있지만 거의 모든 곳에서 그 수가 빠르게 줄고 있다. 세계에서 가장 큰 순록 개체군은 러시아 타이미르(Taimyr)반도에 서식하고 있는데, 지난 2000년에는 100만 마리에 달했던 것이 무려 40퍼센트나 감소해 지금은 60만 마리 정도가 남아 있다.

기후변화로 인해 순록의 영역이 바뀌고 있다. 북극 지방의 평균 기온이 1.5도가량 오르면서 강물이 일찍 녹는 바람에 예전에는 얼음 위로 걸어서 이동하던 순록들이 이제는 헤엄을 쳐서 건너야 한다. 게다가 2000년대로 접어들며 그들의 여름 서식처가 동쪽으로 밀리면서 이동 거리도 훨씬 늘었다. 소련이 붕괴한 후 사냥이 금지돼 순록의 개체 수가 느는 듯싶더니 늑대의 수도 걷잡을 수 없이 함께 늘고 있다. 산불도 점점 빈번해지고 모기도 훨씬 더 극성스러워지고 있다. 무르만스크에 이어 북극권에서 둘째로 큰 도시로 성장한 노릴스크(Norilsk)가 순록의 이동 경로를 막고 오염 물질을 뿜어내고 있다.

산타의 고민도 덩달아 깊어 가고 있다. 캐럴의 작사가는 썰매를 끄는 순록에게 남성 이름을 붙였지만 루돌프는 실제로 암컷일 가능성이 높다. 수컷만 뿔이 나는 사슴과 달리 순록은 암수 모두 뿔이 나지만 수컷은 12월에 뿔갈이를 한다. 뿔이 없는 민머리 수컷으로 만족하거나 새끼를 배고 있을 암컷 순록을 기용하고 이름도 새로 지어 줘야 할지 모른다.

2016

12월 28일

디지털 탄소발자국

또 한 해가 저문다. 2021년은 그냥 코로나로 시작해서 코로나로 끝이 난다. 해마다 이맘때면 크리스마스로 한껏 들떴던 마음이 다가오는 새해에 대한 계획과 다짐으로 한결 차분해진다. 하지만 새해를 기획하기 전에 해야 할 일이 있다. 우선 올해를 잘 마감해야 한다. 이번 연말에 나는 올 한 해 동안 내가 남긴 탄소발자국을 되돌아보며 그중 몇 발자국이라도 지우려 한다.

탄소발자국은 사람의 활동이나 상품을 생산하고 소비하는 과정에서 배출되는 온실기체, 그중에서도 특히 이산화탄소의 총량을 의미한다. 2006년 영국 의회 과학기술처가 최초로 제안한 개념으로 배출한 이산화탄소의 무게 혹은 그를 상쇄하기 위해 심어야 할 나무 수로 표시한다. 이산화탄소는 화석 연료를 사용하는 발전과 자동차 운행을 비롯해 에어컨과 냉장고 냉매에서 많이 발생한다. 전체 온실기체의 약 16퍼센트를 차지하는 메탄은 주로 가축 분뇨에서 나온다.

흔히 자동차나 비행기를 타고 직접 가지 않고 전화나 인터넷으로 처리하면 탄소발자국이 찍히지 않는 줄 알지만, 휴대폰이나 컴퓨터 등 디지털 기기를 사용할 때 발생하는 '디지털 탄소발자국'도 만만치 않다. 디지털 기기로 정보를 공유하려면 와이파이나 랜(LAN) 같은 네트워크가 필요하다. 문제는 이런 네트워크를 사용할 때마다 데이터 센터의 서버를 냉각하느라 엄청난 전력이 소모된다는 것이다.

이메일 하나 전송하는 데 4그램, 전화 통화 1분에 3.6그램, 동영상 10분 시청하는 데 1그램의 이산화탄소가 방출된다. 스마트폰의 발달로 너도나도 즐겨 하는 사진 전송은 10장 보내는 데 배출되는 이산화탄소 양이 자동차 1킬로미터 주행에 근사하다. 다시 꺼내 볼 일 없는 메일만 삭제해도 데이터 센터의 전력 손실을 획기적으로 줄일 수 있다. 코로나19 방역에도 동참할 겸 이해가 가기 전에 우리 모두 차분히 이메일부터 정리하자.

12월 29일

세밑 온파

세밑 한파가 매섭지만 세밑 온파도 만만치 않다. 이번 겨울 엘니뇨 덕분에 유난히 포근한 미국에서 가슴 따뜻한 얘기들이 들려온다. 뉴욕 브롱스의 47지구대 경찰관들이 이번 크리스마스에 훈훈한 깜짝 이벤트를 연출했다. 뒷좌석에 아이를 태우고 지나가는 차를 불러 세워 교통 위반을 적발한 듯 다가가선 느닷없이 장난감을 나눠 줘 많은 부모를 울렸다. 일주일 전쯤 미국 조지아 몬로 자치주 경찰서에 5천 달러가 넘는 기부금이 들어왔다. 경미한 교통 법규 위반자들에게 범칙금 쪽지 대신 100달러 지폐를 나눠 달라는 요청과 함께. 뜻밖의 선물을 받은 시민들이 차에서 내려 경찰관을 끌어안는 진풍경이 벌어졌다.

2015년 대한민국의 세밑 거리. 유난히도 춥고 우울한 이 거리에서 나는 할 수만 있다면, 아무리 두드려도 열리지 않는 취업의 문 앞에서 어깨를 떨군 이 땅의 모든 젊음에게 일일이 합격 통지서를 나눠 주고 싶다. 지금은 제법 학자랍시고 거들먹거리지만 나는 대학 시절 공부를 제대로 해 본 적이 없다. 그때는 다들 대충 건성건성 학교에 다녔다. 그래도 그때는 경제가 팽창하던 시절이라 대학만 나오면 그럭저럭 직장을 얻었다. 그때에 비하면 요즘 학생들은 정말 열심히 공부한다. 그런데도 대학의 문을 나설 때 반겨 주는 곳이 별로 없다. 뭔가 잘못돼도 크게 잘못된 것 같다.

그리고 또 할 수만 있다면, 아직도 살아갈 날이 구만리 같은데 너무 일찍 거리로 내몰린 이 땅의 모든 퇴직자들에게도 조촐하게나마 일할 곳을 찾아 주고 싶다. 나는 여전히 일하고 싶고 그럴 능력도 있건만 어느새 정년이라며 집에 가란다. 정년 제도, 도대체 누가 언제 만든 제도인지 모르지만 이제는 버릴 때가 된 듯싶다.

나는 안다. 어쩌면 내가 지금 앞뒤가 안 맞는 얘기를 하고 있다는 걸. 정년 제도를 없애면 청년 실업이 더 심해질 수 있으니 말이다. 하지만 정말 그럴까? 세상에서 제일 잘사는 나라, 그래서 세밀 온파가 가슴을 적시는 나라 미국에는 정년 제도란 게 없다. 길은 찾으면 있다. 내년에는 꼭 찾자.

2015

12월 30일

뱀, 축복과 저주를 한 몸에

뱀은 에덴동산에서 이브로 하여금 선악과를 먹도록 꼬드긴 죄로 분명 길짐승인데 다리도 없이 배로 기어다니라는 하느님의 저주를 받았지만, 실제로는 헤엄도 잘 치고 나무도 잘 탄다. 네발 달린 짐승 따위는 비할 바가 아니다. 백악기 중반쯤 일군의 도마뱀에서 다리가 퇴화하며 진화한 뱀은 가는 몸매를 유지하기 위해 우리처럼 콩팥을 좌우로 나란히 두지 못하고 몸체의 길이를 따라 앞뒤로 나란히 배치하고 폐는 대개 둘 중 하나만 발달시켜야 하는 어려움을 겪지만, 극지방을 제외한 전 세계 모든 곳에 무려 3,400종이나 살고 있다.

새천년의 첫해도 뱀의 해였다는 걸 떠올리는 이들이 별로 많지 않은 것 같다. 새 정부를 맞이하는 이 시점에서 그 당시 품었던 기대와 우려가 새롭다. 뱀과 관련된 속담 중 단연 압권은 역시 '곧기는 뱀의 창자다'라는 속담일 것이다. 겉으로 보기에는 구불구불 어디 하나 곧은 곳이라곤 없어 보이는 동물이지만 온갖 장기들을 일렬로 세워 가며 의외로 곧은 창자를 지닌 동물이 바로 뱀이다. 오히려 겉보기에는 직립하여 곧아 보이지만 속에는 꼬불꼬불 뒤엉킨 내장을 꾸겨 넣고 사는 우리 인간이야말로 겉과 속이 다른 동물이다.

'개구리 삼킨 뱀 같다'라는 속담도 있다. 배만 불룩하게 튀어나온 사람을 비웃는 표현이지만, 달리 풀이해 보면 올바르게 행동하지 않으면 숨길 곳 없이 그대로 드러난다는 뜻으로 이해할 수도 있을 것 같다. 내일부터 시작되는 새해에는 모든 일에 부끄럼 없이 살아야겠다 다짐해 본다. '뱀 제 꼬리 잘라 먹기'라지만 적어도 손해를 자초하는 짓만큼은 하지 말아야겠다. '뱀이 용이 되어도 뱀은 뱀이다'라는 속담의 교훈을 받들어 자기 주제와 본분을 잊지 않는 한 해가 되었으면 한다. '실뱀 한 마리가 온 강물을 흐린다'니 적어도 그런 실뱀은 되지 않도록 몸가짐을 제대로 해야겠다. 새 정부 인수위원회도 새겨들을 만한 속담이다.

우리 집에는 뱀이 세 마리나 산다. 아내와 나는 뱀띠 동갑이고 아들은 우리와 띠동갑이다. 평생 야생에서 뱀을 한 번도 보지 못한 사람들이 수두룩하겠지만, 나는 자연 속으로 발을 들여놓기 무섭게 뱀들이 앞다퉈 나와 반긴다. 어쩌면 나는 전생에 뱀이었는지도 모르겠다. 내가 무슨 착한 일을 했길래 이 생에 사람으로 태어났는지는 잘 모르겠지만.

2012

12월 31일

Back to the Future 2020

소싯적에 팝송깨나 들었다면 〈2525년에는(In the Year 2525)〉이라는 노래를 기억할 것이다. 1969년 여름 장장 6주 동안 빌보드 차트 1위를 지킨 노래다. 2525년에 시작해 1,010년 간격으로 3535년, 4545년 등에 관해 예측하다가 7510년과 8510년을 거쳐 9595년에 이르면 "이 늙은 지구가 줄 수 있는 모든 걸 앗아 가곤 하나도 되돌려주지 않는 인간이 과연 살아남을 수 있을까?" 하고 묻는다. 가히 미래학 주제가로서 손색없어 보인다.

현재의 경향을 분석해 변화 방향을 예측하는 학문인 미래학은 종종 공상과학소설에 연루돼 신빙성을 의심받지만, 최근 빅데이터의 도움을 받아 과학으로 거듭나고 있다. '밀레니엄 버그 Y2K'로 뒤숭숭하던 지난 세기말, 진화학자라서 늘 과거를 뒤돌아보며 사는 내게도 미래 연구에 참여할 기회가 주어졌다. 2020년은 당시 우리가 설정한 주된 미래 시점이었다.

2010년대로 접어들며 미래 시점으로 잡은 2020년이 차츰 코앞으로 다가오자 나는 미래를 예측하기보다 거꾸로 시대 경향을 짚어 보기로 했다. 모두 여섯 꼭지로 정리했다. '기후변화 시대', '고령화 시대', '여성 시대', '자원 고갈 시대'와 모든 게 경계를 허물고 섞이는 '혼화(混和) 시대', 그리고 '창의와 혁신 시대'. 최근 나는 이 목록에 '불확정성 시대'를 보탰다. 4차산업혁명이 드리우는 미래는 실로 한 치 앞을 가늠하기 어렵다.

반세기 전 한국미래학회를 설립한 고(故) 이한빈 교수의 생활신조는 "적어도 30년을 내다보며 살라"였다. 1985년에 나와 전설이 된 영화 〈백 투 더 퓨처(Back to the Future)〉의 제목이 새삼스럽다. 우리가 그토록 그리던 2020년이 바로 내일 열린다. Back to 2020! 미래가 과연 우리가 예측한 대로 펼쳐졌는지 살펴보고, 이제 2050년으로 돌아가자!

2019

10
8
6

7
9

최재천

서울대학교에서 동물학을 전공하고,
미국 펜실베이니아주립대학교에서 생태학 석사 학위를,
하버드대학교에서 생물학 박사 학위를 받았다.

서울대학교 생명과학부 교수, 환경운동연합 공동대표,
한국생태학회장, 국립생태원 초대원장을 지냈고, 현재
이화여자대학교 에코과학부 석좌교수와 생명다양성재단 이사장을
맡고 있다. 평생 자연을 관찰해 온 생태학자이자 동물행동학자로
자연과학과 인문학의 경계를 넘나들며 생명에 대한 지식과
사랑을 널리 나누고 실천해 왔다. 2019년에는 세계 동물행동학자
500여 명을 이끌고 총괄편집장으로서 『동물행동학 백과사전』을
편찬했다.

『숙론』, 『다윈의 사도들』, 『다윈 지능』, 『생명이 있는 것은 다
아름답다』, 『통찰: 자연, 인간, 사회를 관통하는 최재천의 생각』,
『호모 심비우스: 이기적 인간은 살아남을 수 있는가?』 등 다양한
분야에서 명저를 출간했다.

2020년 유튜브 채널 〈최재천의 아마존〉을 개설해 인간과 자연에
대해 다양한 이야기를 들려주고 있다.